高等数学习题与解析

（下册）

◎ 雷 强　李晓华　编著

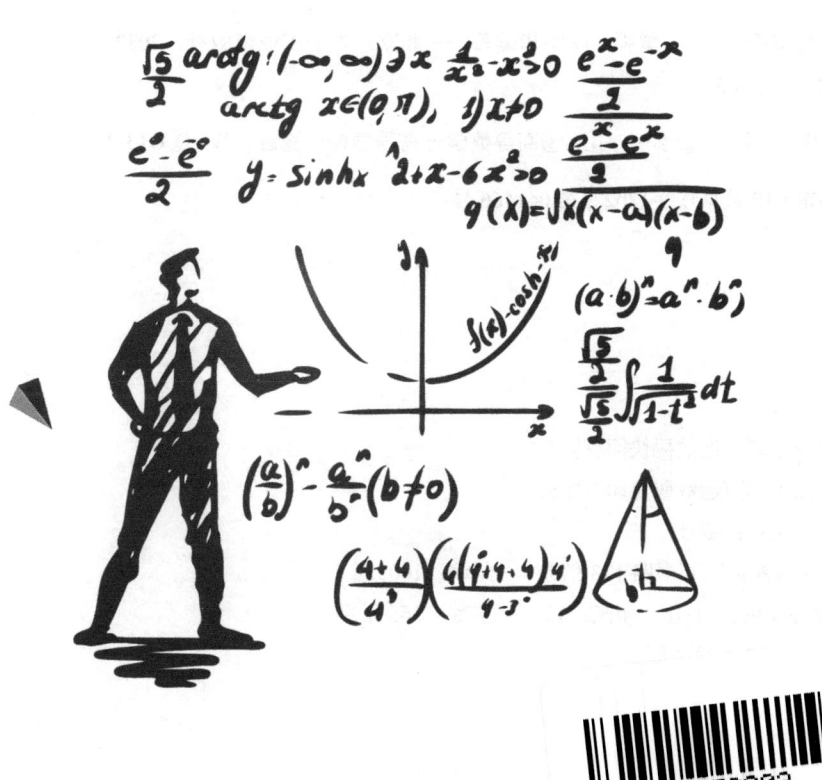

电子工业出版社
Publishing House of Electronics Industry
北京·BEIJING

内 容 简 介

本书以全国硕士研究生招生考试数学考试大纲为依据，精讲了高等数学中的重要知识点，同时配备了相应的例题和习题．本书共 11 章，分上、下两册，每章都由知识点提要、例题与方法、习题三部分组成．其中，知识点提要部分精讲了每章的重要知识点；例题与方法、习题部分包含历年考研真题和相似类型的练习题，便于学生练习和巩固．本书上册共 7 章，内容包括函数、极限与连续、导数与微分、中值定理及导数应用、不定积分、定积分及反常积分、微分方程；下册共 4 章，内容包括空间解析几何、多元函数微分学、多元函数积分学、无穷级数．

本书适合想要提高高等数学学习能力和解题能力的大一、大二本科生，也适合参加全国硕士研究生招生考试的考生．

未经许可，不得以任何方式复制或抄袭本书之部分或全部内容．
版权所有，侵权必究.

图书在版编目（CIP）数据

高等数学习题与解析. 下册 / 雷强，李晓华编著. — 北京：电子工业出版社，2022.3
ISBN 978-7-121-43116-6

Ⅰ. ①高… Ⅱ. ①雷… ②李… Ⅲ. ①高等数学－高等学校－题解 Ⅳ. ①O13-44

中国版本图书馆 CIP 数据核字（2022）第 041466 号

责任编辑：张　鑫
印　　刷：北京七彩京通数码快印有限公司
装　　订：北京七彩京通数码快印有限公司
出版发行：电子工业出版社
　　　　　北京市海淀区万寿路 173 信箱　　邮编：100036
开　　本：787×1 092　1/16　印张：15　字数：365 千字
版　　次：2022 年 3 月第 1 版
印　　次：2025 年 9 月第 6 次印刷
定　　价：52.00 元

凡所购买电子工业出版社图书有缺损问题，请向购买书店调换．若书店售缺，请与本社发行部联系，联系及邮购电话：(010)88254888，88258888．
质量投诉请发邮件至 zlts@phei.com.cn，盗版侵权举报请发邮件至 dbqq@phei.com.cn．
本书咨询联系方式：zhangxinbook@126.com．

前言

  高等数学是本科高校所有理工科大一新生入学后都要学习的一门公共基础课,其涉及的内容非常多,难度大,一直以来都令大一学生感到"头疼". 同时,数学也是全国硕士研究生招生考试中十分重要的一门课程,所以高等数学是学生在大学数学学习中的重中之重.

  本书是针对非数学专业本科生学习高等数学的辅导资料,旨在帮助学生能更好地理解和掌握高等数学的定义、定理、公式、解题方法. 本书共 11 章,分上、下两册,每章都由知识点提要、例题与方法、习题三部分构成. 其中,知识点提要部分精讲了高等数学中的重要知识点,帮助学生理解基本概念,掌握基本理论,熟悉基本公式;例题与方法部分详细讲解了解题的方法和技巧,帮助学生梳理解题思路,澄清困惑;习题部分由历年考研真题和相似类型的练习题构成,使学生感受考研真题的难易,体会考研数学的命题特点,从而提高学生学习高等数学的能力和参加全国硕士研究生招生考试的应试能力.

  本书作者都是常年从事高等数学教学工作的一线教师,对高等数学中知识点的重点、难点的把握及易错点的分析有着丰富的经验,在选择例题和习题时特别注重题目的针对性. 本书特色如下:

- 按照高等数学的教学进度安排章节内容,而且内容全面、精炼,知识点总结细致,典型例题讲解透彻,易错点分析清晰. 本书是对主教材的一个很好补充,适合大一、大二学生初学和考研学生进行系统复习时使用.
- 习题难度由浅入深、循序渐进,包含历年考研真题和一些遵循研究生考试大纲思路的扩展题目,使学生在提前感受考研试题的同时,还能进行考前强化训练,以开阔眼界.
- 书后配有习题解析,学生查阅十分方便.

  本书上册共 7 章,内容包括函数、极限与连续、导数与微分、中值定理及导数应用、不定积分、定积分及反常积分、微分方程;下册共 4 章,内容包括空间解析几何、多元函数微分学、多元函数积分学、无穷级数.

  本书由尹逊波主编,上册由任雪昆、洪成构、张夏编写,下册由雷强、李晓华编写.

  由于作者水平有限,加之编写时间仓促,书中难免存在错误和疏漏之处,欢迎读者批评指正.

作 者
2021 年 10 月

CONTENTS

目录

第 8 章 空间解析几何 1
- 8.1 内容提要 1
  - 8.1.1 向量的定义、向量的运算及运算的几何表述 1
  - 8.1.2 平面与直线 2
  - 8.1.3 曲面与空间曲线 4
- 8.2 例题与方法 5
  - 8.2.1 向量的定义、向量的运算及运算的几何表述 5
  - 8.2.2 平面与直线 7
  - 8.2.3 曲面与曲线 10
- 8.3 习题 10

第 9 章 多元函数微分学 13
- 9.1 内容提要 13
  - 9.1.1 多元函数的极限、连续、偏导和全微分 13
  - 9.1.2 方向导数、梯度、散度和旋度 15
  - 9.1.3 多元函数极值及其求法 16
  - 9.1.4 多元函数微分学的几何应用 16
  - 9.1.5 二元函数的泰勒公式 17
- 9.2 例题与方法 17
  - 9.2.1 多元函数极限、连续、偏导与可微性 17
  - 9.2.2 偏导数、全微分的计算 20
  - 9.2.3 极值与最值 23
  - 9.2.4 多元函数微分学的几何应用 26
  - 9.2.5 方向导数、梯度与泰勒公式 28
- 9.3 习题 29

第 10 章 多元函数积分学 37
- 10.1 内容提要 37
  - 10.1.1 二重积分 37
  - 10.1.2 三重积分 39
  - 10.1.3 曲线积分 40
  - 10.1.4 曲面积分 42

10.1.5　多元积分应用	44
10.2　例题与方法	44
10.2.1　二重积分	44
10.2.2　三重积分	50
10.2.3　重积分的应用	51
10.2.4　对弧长的曲线积分	55
10.2.5　对坐标的曲线积分	55
10.2.6　对面积的曲面积分	59
10.2.7　对坐标的曲面积分	60
10.3　习题	63
第 11 章　无穷级数	74
11.1　内容提要	74
11.1.1　数项级数	74
11.1.2　函数项级数	77
11.2　例题与方法	80
11.2.1　数项级数的敛散性判定	80
11.2.2　幂级数的收敛域及和函数的求法	90
11.2.3　函数的级数展开方法	97
11.3　习题	103
习题解析	111
第 8 章　空间解析几何习题解析	111
第 9 章　多元函数微分学习题解析	116
第 10 章　多元函数积分学习题解析	152
第 11 章　无穷级数习题解析	195

第 8 章 空间解析几何

向量代数是研究空间几何图形的主要工具. 空间解析几何在几何空间中建立坐标系,从而图形的几何性质可以表示为图形上点的坐标之间的关系,特别是代数关系. 空间解析几何是微积分学的基础,随着空间维数的增加,一元函数的微积分学发展到多元函数的微积分学. 本章内容包括向量的各种运算、两向量之间的位置关系;空间直线、曲线,空间平面、曲面的方程和四者之间的位置关系;常见二次曲面的方程及图形. 本章为数一内容.

8.1 内容提要

8.1.1 向量的定义、向量的运算及运算的几何表述

1. 向量

称有方向、大小的量为向量,记为 a 或 $\bar{a}$. 向量 a 的模记为 $|a|$. 由定义可知:$a = b \Leftrightarrow |a| = |b|$,且 a 与 b 同向. 以 A 为起点、B 为终点的向量记为 $\mathbf{AB}$.

在直角坐标系下,向量 a 可表示为

$$a = a_x \boldsymbol{i} + a_y \boldsymbol{j} + a_z \boldsymbol{k} \text{ 或 } (a_x, a_y, a_z)$$

其中,a_x, a_y, a_z 称为 a 在 x, y, z 坐标轴上的投影. 此时,向量 a 的模为 $|a| = \sqrt{a_x^2 + a_y^2 + a_z^2}$. 另外,$a = b \Leftrightarrow a_x = b_x, a_y = b_y, a_z = b_z$.

零向量:若向量 a 满足 $|a| = 0$,称 a 为零向量. 记为 $a = \mathbf{0}$. 零向量的方向为任意.

单位向量:若向量 a 满足 $|a| = 1$,称 a 为单位向量.

若 $a \neq \mathbf{0}$,与 a 同向的单位向量为

$$a^0 = \frac{a}{|a|} = (\cos(\widehat{a, x}), \cos(\widehat{a, y}), \cos(\widehat{a, z}))$$

其中,$\cos(\widehat{a,x}), \cos(\widehat{a,y}), \cos(\widehat{a,z})$ 称为 a 的方向余弦. 可知 $|a^0|^2 = \cos^2(\widehat{a,i}) + \cos^2(\widehat{a,j}) + \cos^2(\widehat{a,k}) = 1$.

2. 向量的运算、性质及关系

(1) 加法:$a \pm b = (a_x \pm b_x, a_y \pm b_y, a_z \pm b_z)$.

(2) 数量积(点积):$a \cdot b = |a| \cdot |b| \cos(\widehat{a,b}) = a_x b_x + a_y b_y + a_z b_z$.

(3) 向量积(叉积):$a \times b = \begin{vmatrix} \boldsymbol{i} & \boldsymbol{j} & \boldsymbol{k} \\ a_x & a_y & a_z \\ b_x & b_y & b_z \end{vmatrix}$. 向量 $a \times b$ 满足:$a \times b \perp a$, $a \times b \perp b$,且满足右

手法则. 向量 $a \times b$ 的模为 $|a \times b| = |a||b|\sin(\widehat{a,b})$，它表示以向量 a,b 为边的平行四边形的面积.

（4）混合积：$(a \times b) \cdot c = \begin{vmatrix} a_x & a_y & a_z \\ b_x & b_y & b_z \\ c_x & c_y & c_z \end{vmatrix}$，其绝对值表示以向量 a,b,c 为棱的平行六面体的体积. 也可记混合积 $(a \times b) \cdot c$ 为 (a,b,c) 或 $[a,b,c]$.

（5）点积满足：交换律 $a \cdot b = b \cdot a$；加法的分配律 $a \cdot (b+c) = a \cdot b + a \cdot c$；结合律 $(ma) \cdot b = m(a \cdot b) = a \cdot (mb)$，其中 m 是实数.

叉积满足：反交换律 $a \times b = -b \times a$；加法的分配律 $a \times (b+c) = a \times b + a \times c$.

（6）$a \perp b \Leftrightarrow a \cdot b = 0$；

$(\widehat{a,b}) = \arccos \dfrac{a \cdot b}{|a| \cdot |b|}$；

$a /\!/ b \Leftrightarrow a \times b = 0 \Leftrightarrow \dfrac{a_x}{b_x} = \dfrac{a_y}{b_y} = \dfrac{a_z}{b_z}$；

a,b,c 共面 $\Leftrightarrow (a \times b) \cdot c = 0 \Leftrightarrow a,b,c$ 线性相关.

8.1.2 平面与直线

1. 直角坐标系下的平面方程

（1）已知平面上一点 $M_0(x_0,y_0,z_0)$ 及平面的法向量 $n = (A,B,C)$. 平面的点法式方程为 $\mathbf{M_0M} \cdot n = 0$，其中 $M(x,y,z)$ 为平面上任一点. 也即

$$A(x-x_0) + B(y-y_0) + C(z-z_0) = 0$$

（2）已知平面上一点 M_0 及与该平面平行的两个不共线向量 U_1, U_2. 由向量的混合积，平面的方程可表示为 $(\mathbf{M_0M}, U_1, U_2) = 0$，其中 M 为平面上任一点.

（3）平面的一般式方程为 $Ax + By + Cz + D = 0$.

（4）过已知直线 $\begin{cases} A_1x + B_1y + C_1z + D_1 = 0 \\ A_2x + B_2y + C_2z + D_2 = 0 \end{cases}$ 的平面，其方程可表示为如下平面束方程形式：

$$A_1x + B_1y + C_1z + D_1 + \lambda(A_2x + B_2y + C_2z + D_2) = 0$$

2. 直角坐标系下的直线方程

（1）已知直线上一点 $M_0(x_0,y_0,z_0)$ 及方向向量 $\tau = (m,n,p)$，此直线方程为

$$\dfrac{x-x_0}{m} = \dfrac{y-y_0}{n} = \dfrac{z-z_0}{p}$$

（2）直线作为两个不同平面的交线，其方程为

$$\begin{cases} A_1x + B_1y + C_1z + D_1 = 0 \\ A_2x + B_2y + C_2z + D_2 = 0 \end{cases}$$

3. 重要关系与公式

（1）点 $P_0(x_0,y_0,z_0)$ 到平面 $Ax + By + Cz + D = 0$ 的距离为

$$d = \frac{|Ax_0 + By_0 + Cz_0 + D|}{\sqrt{A^2 + B^2 + C^2}}$$

（2）点 $P_0(x_0, y_0, z_0)$ 到直线 $\dfrac{x - x_1}{m} = \dfrac{y - y_1}{n} = \dfrac{z - z_1}{p}$ 的距离. 记向量

$$\boldsymbol{\tau} = \begin{vmatrix} \boldsymbol{i} & \boldsymbol{j} & \boldsymbol{k} \\ x_1 - x_0 & y_1 - y_0 & z_1 - z_0 \\ m & n & p \end{vmatrix}$$

则距离为

$$d = \frac{|\boldsymbol{\tau}|}{\sqrt{m^2 + n^2 + p^2}}$$

（3）两条不平行直线 $\dfrac{x - x_1}{m_1} = \dfrac{y - y_1}{n_1} = \dfrac{z - z_1}{p_1}$ 与 $\dfrac{x - x_2}{m_2} = \dfrac{y - y_2}{n_2} = \dfrac{z - z_2}{p_2}$ 之间的最短距离为

$$d = \frac{|\mathbf{M_1 M_2} \cdot (\boldsymbol{\tau}_1 \times \boldsymbol{\tau}_2)|}{|\boldsymbol{\tau}_1 \times \boldsymbol{\tau}_2|}$$

其中，$M_1 = (x_1, y_1, z_1)$，$M_2 = (x_2, y_2, z_2)$，$\boldsymbol{\tau}_1 = (m_1, n_1, p_1)$，$\boldsymbol{\tau}_2 = (m_2, n_2, p_2)$.

由此可知，两直线 $L_1 : \dfrac{x - x_1}{m_1} = \dfrac{y - y_1}{n_1} = \dfrac{z - z_1}{p_1}$，$L_2 : \dfrac{x - x_2}{m_2} = \dfrac{y - y_2}{n_2} = \dfrac{z - z_2}{p_2}$ 为异面直线的充要条件是 $(\mathbf{M_1 M_2}, \boldsymbol{\tau}_1, \boldsymbol{\tau}_2) \neq 0$.

（4）设平面 $\pi_1 : A_1 x + B_1 y + C_1 z + D_1 = 0$ 和 $\pi_2 : A_2 x + B_2 y + C_2 z + D_2 = 0$ 不重合，$\boldsymbol{\tau}_1 = (m_1, n_1, p_1)$，$\boldsymbol{\tau}_2 = (m_2, n_2, p_2)$ 则

$$\pi_1 // \pi_2 \Leftrightarrow \frac{A_1}{A_2} = \frac{B_1}{B_2} = \frac{C_1}{C_2} \neq \frac{D_1}{D_2}$$

$$\pi_1 \perp \pi_2 \Leftrightarrow A_1 A_2 + B_1 B_2 + C_1 C_2 = 0$$

若 π_1 与 π_2 的夹角为 θ，则

$$\cos \theta = \frac{|A_1 A_2 + B_1 B_2 + C_1 C_2|}{\sqrt{A_1^2 + B_1^2 + C_1^2} \cdot \sqrt{A_2^2 + B_2^2 + C_2^2}}$$

（5）设直线 $L_1 : \dfrac{x - x_1}{m_1} = \dfrac{y - y_1}{n_1} = \dfrac{z - z_1}{p_1}$，$L_2 : \dfrac{x - x_2}{m_2} = \dfrac{y - y_2}{n_2} = \dfrac{z - z_2}{p_2}$，$\boldsymbol{\tau}_1 = (m_1, n_1, p_1)$，$\boldsymbol{\tau}_2 = (m_2, n_2, p_2)$，则

$$L_1 // L_2 \Leftrightarrow \boldsymbol{\tau}_1 // \boldsymbol{\tau}_2$$
$$L_1 \perp L_2 \Leftrightarrow \boldsymbol{\tau}_1 \perp \boldsymbol{\tau}_2$$

若 L_1 与 L_2 的夹角 θ，则

$$\cos \theta = \frac{|\boldsymbol{\tau}_1 \cdot \boldsymbol{\tau}_2|}{|\boldsymbol{\tau}_1||\boldsymbol{\tau}_2|} = \frac{|m_1 m_2 + n_1 n_2 + p_1 p_2|}{\sqrt{m_1^2 + n_1^2 + p_1^2} \sqrt{m_2^2 + n_2^2 + p_2^2}}$$

（6）设直线 $L : \dfrac{x - x_0}{m} = \dfrac{y - y_0}{n} = \dfrac{z - z_0}{p}$，平面 $\pi : Ax + By + Cz + D = 0$，则

$$L // \pi \Leftrightarrow \boldsymbol{\tau} \perp \boldsymbol{n}$$

$$L \perp \pi \Leftrightarrow \boldsymbol{\tau} // \boldsymbol{n}$$

其中，$\boldsymbol{n} = (A, B, C)$ 为平面 π 的法向量.

若 L 与 π 的夹角 θ，则

$$\sin\theta = \frac{|\boldsymbol{\tau} \cdot \boldsymbol{n}|}{|\boldsymbol{\tau}| \cdot |\boldsymbol{n}|} = \frac{|Am + Bn + Cp|}{\sqrt{m^2 + n^2 + p^2} \cdot \sqrt{A^2 + B^2 + C^2}}$$

8.1.3 曲面与空间曲线

1. 空间曲线

（1）一般方程：

$$\Gamma : \begin{cases} F(x, y, z) = 0 \\ G(x, y, z) = 0 \end{cases}$$

（2）参数方程：

$$\Gamma : \begin{cases} x = x(t) \\ y = y(t) \\ z = z(t) \end{cases}$$

（3）空间曲线在坐标面上的投影曲线方程.

设曲线 $L : \begin{cases} F(x, y, z) = 0 \\ G(x, y, z) = 0 \end{cases}$. 在此方程组中消掉 z，得 $f(x, y) = 0$. 曲线 L 在 xOy 平面上的投影曲线方程为 $\begin{cases} f(x, y) = 0 \\ z = 0 \end{cases}$.

同理，可以得到空间曲线在另外两个坐标平面上的投影方程.

2. 空间曲面

（1）空间曲面一般方程为 $F(x, y, z) = 0$.

（2）双参数方程为 $\begin{cases} x = x(u, v) \\ y = y(u, v) \\ z = z(u, v) \end{cases}$.

（3）空间曲线绕坐标轴旋转的旋转曲面方程.

设曲线 $x = x(t)$，$y = y(t)$，$z = z(t)$. 其中，$z = z(t)$ 存在单值的反函数 $t = \varphi(z)$，则曲线绕 z 轴旋转的旋转曲面方程为

$$x^2 + y^2 = [x(\varphi(z))]^2 + [y(\varphi(z))]^2$$

（4）柱面：设 Γ 是一条空间曲线，直线 L 沿 Γ 平行移动所产生的曲面称为柱面. Γ 称为柱面的准线，L 称为柱面的母线.

若准线 Γ 的方程为 $\begin{cases} f(x, y) = 0 \\ z = 0 \end{cases}$，母线的方向向量为 $\boldsymbol{\tau} = (m, n, p)$，则柱面方程为

$$f\left(x-\frac{m}{p}z, y-\frac{n}{p}z\right)=0$$

若准线 Γ 的方程为 $\begin{cases} x=f(t) \\ y=g(t) \\ z=h(t) \end{cases}$，母线的方向向量为 $\tau=(m,n,p)$，则柱面方程为

$$\begin{cases} x=f(t)+mu \\ y=g(t)+nu, \quad -\infty<u<+\infty \\ z=h(t)+pu \end{cases}$$

另外，柱面还可以定义为：平行于 z（或 x,y）轴的曲面，其方程为 $F(x,y)=0$（或 $F(y,z)=0$，$F(x,z)=0$）.

（5）常见二次曲面方程.

椭球面：$\dfrac{x^2}{a^2}+\dfrac{y^2}{b^2}+\dfrac{z^2}{c^2}=1$.

椭圆锥面：$\dfrac{x^2}{a^2}+\dfrac{y^2}{b^2}-\dfrac{z^2}{c^2}=0$.

单叶双曲面：$\dfrac{x^2}{a^2}+\dfrac{y^2}{b^2}-\dfrac{z^2}{c^2}=1$.

双叶双曲面：$\dfrac{x^2}{a^2}+\dfrac{y^2}{b^2}-\dfrac{z^2}{c^2}=-1$.

椭圆抛物面：$z=\dfrac{x^2}{a^2}+\dfrac{y^2}{b^2}$.

双曲抛物面：$z=\dfrac{x^2}{a^2}-\dfrac{y^2}{b^2}$.

8.2 例题与方法

8.2.1 向量的定义、向量的运算及运算的几何表述

例 8-1 已知 $|\boldsymbol{a}-\boldsymbol{b}|=18$，$\boldsymbol{a}\cdot\boldsymbol{b}=-77$，求 $|\boldsymbol{a}+\boldsymbol{b}|$.

解：由于

$$|\boldsymbol{a}+\boldsymbol{b}|^2=(\boldsymbol{a}+\boldsymbol{b})\cdot(\boldsymbol{a}+\boldsymbol{b})=\boldsymbol{a}\cdot\boldsymbol{a}+\boldsymbol{b}\cdot\boldsymbol{b}+2\boldsymbol{a}\cdot\boldsymbol{b}$$

$$|\boldsymbol{a}-\boldsymbol{b}|^2=(\boldsymbol{a}-\boldsymbol{b})\cdot(\boldsymbol{a}-\boldsymbol{b})=\boldsymbol{a}\cdot\boldsymbol{a}+\boldsymbol{b}\cdot\boldsymbol{b}-2\boldsymbol{a}\cdot\boldsymbol{b}$$

则 $|\boldsymbol{a}+\boldsymbol{b}|^2=|\boldsymbol{a}-\boldsymbol{b}|^2+4\boldsymbol{a}\cdot\boldsymbol{b}=18^2-4\times77=16$. 故 $|\boldsymbol{a}+\boldsymbol{b}|=4$.

例 8-2 设向量 $\boldsymbol{a}+3\boldsymbol{b}$ 与 $7\boldsymbol{a}-5\boldsymbol{b}$ 垂直，向量 $\boldsymbol{a}-4\boldsymbol{b}$ 与 $7\boldsymbol{a}-2\boldsymbol{b}$ 垂直，求 $\boldsymbol{a}$ 与 $\boldsymbol{b}$ 的交角.

解：由条件知

$$\begin{cases} (\boldsymbol{a}+3\boldsymbol{b})\cdot(7\boldsymbol{a}-5\boldsymbol{b})=0 \\ (\boldsymbol{a}-4\boldsymbol{b})\cdot(7\boldsymbol{a}-2\boldsymbol{b})=0 \end{cases}$$

则

$$\begin{cases} 7|a|^2 - 15|b|^2 + 16a \cdot b = 0 \\ 7|a|^2 + 8|b|^2 - 30a \cdot b = 0 \end{cases}$$

整理得，$|a|^2 = 2a \cdot b$，$|b|^2 = 2a \cdot b$．进而有 $\cos\theta = \dfrac{a \cdot b}{|a| \cdot |b|} = \dfrac{1}{2}$，所以 a 与 b 的交角 $\theta = \dfrac{\pi}{3}$．

例 8-3 已知三个不共面的向量 a, b, c．设 $\alpha = 3a + b - 7c$，$\beta = a - 3b + kc$，$\gamma = a + b - 3c$，求 k 使得向量 α, β, γ 共面，并将 α 用 β, γ 线性表示.

解：

方法一：由于

$$(\alpha \times \beta) \cdot \gamma = [(3a + b - 7c) \times (a - 3b + kc)] \cdot (a + b - 3c)$$
$$= (27 + 3 - 21 - 3k + k - 7)(a \times b) \cdot c = (2 - 2k)(a \times b) \cdot c = 0$$

令 $(\alpha \times \beta) \cdot \gamma = 0$，因 $(a \times b) \cdot c \neq 0$，解得 $k = 1$.

设 $\alpha = x\beta + y\gamma$，则有 $3a + b - 7c = (x+y)a + (-3x+y)b + (x-3y)c$．故

$$\begin{cases} x + y = 3 \\ -3x + y = 1 \\ x - 3y = -7 \end{cases}$$

解得 $\begin{cases} x = \dfrac{1}{2} \\ y = \dfrac{5}{2} \end{cases}$，所以 $\alpha = \dfrac{1}{2}\beta + \dfrac{5}{2}\gamma$.

方法二：由于混合积 $[\alpha, \beta, \gamma] = [a, b, c]\begin{pmatrix} 3 & 1 & 1 \\ 1 & -3 & 1 \\ -7 & k & -3 \end{pmatrix}$．根据条件知，矩阵 $\begin{pmatrix} 3 & 1 & 1 \\ 1 & -3 & 1 \\ -7 & k & -3 \end{pmatrix}$ 的秩为 2，可得 $k = 1$．其余同方法一.

例 8-4 设 a, b 为非零向量，c^0 为沿向量 a, b 夹角平分线方向的单位向量，求 c^0．

解： 取向量 a^0, b^0 分别为 a, b 的单位向量，则 a, b 的夹角等于 a^0, b^0 的夹角．故

$$c^0 = \dfrac{a^0 + b^0}{|a^0 + b^0|} = \dfrac{|b|a + |a|b}{||b|a + |a|b|}$$

例 8-5 设 $\alpha_1, \alpha_2, \alpha_3$ 为三个不共面向量，a, b, c 为三个已知常数．根据方程组

$$\begin{cases} [\beta, \alpha_1, \alpha_2] = a \\ [\beta, \alpha_2, \alpha_3] = b \\ [\beta, \alpha_3, \alpha_1] = c \end{cases}$$

求向量 β．

解： 设 $\beta = x_1\alpha_1 + x_2\alpha_2 + x_3\alpha_3$，则混合积 $[\beta, \alpha_1, \alpha_2] = x_3[\alpha_3, \alpha_1, \alpha_2]$．由条件方程组中第一个方程，可解得 $x_3 = \dfrac{a}{[\alpha_1, \alpha_2, \alpha_3]}$．同理可解得 x_2, x_1．故向量

$$\beta = \dfrac{1}{[\alpha_1, \alpha_2, \alpha_3]}(b\alpha_1 + c\alpha_2 + a\alpha_3)$$

8.2.2 平面与直线

例 8-6 求过原点且与两直线 $\begin{cases} x=1 \\ y=-1+t \\ z=2+t \end{cases}$ 及 $\dfrac{x+1}{1} = \dfrac{y+2}{2} = \dfrac{z-1}{1}$ 都平行的平面方程.

解：设 (x,y,z) 为平面上任一点. 由条件知，向量 $(0,1,1)$ 和 $(1,2,1)$ 不共线且与平面平行，则 $\begin{vmatrix} x & y & z \\ 0 & 1 & 1 \\ 1 & 2 & 1 \end{vmatrix} = 0$. 整理得，平面方程为 $x-y+z=0$.

例 8-7 设一平面过原点及点 $(6,-3,2)$ 且与平面 $4x-y+2z=8$ 垂直，求此平面方程.

解：设 (x,y,z) 为平面上任一点. 由条件知，向量 $(6,-3,2)$ 和 $(4,-1,2)$ 不共线且与平面平行，则 $\begin{vmatrix} x & y & z \\ 6 & -3 & 2 \\ 4 & -1 & 2 \end{vmatrix} = 0$. 整理得，平面方程为 $2x+2y-3z=0$.

例 8-8 求过直线 $\dfrac{x-x_0}{m} = \dfrac{y-y_0}{n} = \dfrac{z-z_0}{p}$ 及该直线外一点 $H_1(x_1,y_1,z_1)$ 的平面方程.

解：设 (x,y,z) 为平面上任一点. 由于点 (x_0,y_0,z_0) 与 (x_1,y_1,z_1) 在平面上，向量 (m,n,p) 与平面平行，则 $\begin{vmatrix} x-x_0 & y-y_0 & z-z_0 \\ m & n & p \\ x_1-x_0 & y_1-y_0 & z_1-z_0 \end{vmatrix} = 0$. 整理可得平面方程.

例 8-9 求经过直线 $l: \begin{cases} x+5y+z=0 \\ x-z+4=0 \end{cases}$ 且与平面 $x-4y-8z+12=0$ 交成二面角为 $\dfrac{\pi}{4}$ 的平面方程.

解：过直线 l 的平面束方程为 $x+5y+z+\lambda(x-z+4)=0$，也即
$$(1+\lambda)x + 5y + (1-\lambda)z + 4\lambda = 0$$
其法向量为 $(1+\lambda, 5, 1-\lambda)$. 由于与平面 $x-4y-8z+12=0$ 交成的二面角为 $\dfrac{\pi}{4}$，则
$$\cos\dfrac{\pi}{4} = \dfrac{\sqrt{2}}{2} = \dfrac{9|\lambda-3|}{9\sqrt{2\lambda^2+27}}$$
解得 $\lambda = -\dfrac{3}{4}$. 所求平面方程为 $x+20y+7z-12=0$.

另外，可验证平面方程 $x-z+4=0$ 也满足此题条件.

例 8-10 求经过点 $p(-1,-4,3)$ 并与两直线 $L_1: \begin{cases} 2x-4y+z=1 \\ x+3y=-5 \end{cases}$，$L_2: \begin{cases} x=2+4t \\ y=-1-t \\ z=-3+2t \end{cases}$ 都垂直的直线方程.

解：由向量叉积的定义可知，直线 L_1 的方向向量 $\tau_1 = \begin{vmatrix} i & j & k \\ 2 & -4 & 1 \\ 1 & 3 & 0 \end{vmatrix} = -3i + j + 10k$. 所求直线

的方向向量为

$$\tau = \begin{vmatrix} i & j & k \\ -3 & 1 & 10 \\ 4 & -1 & 2 \end{vmatrix} = 12i + 46j - k$$

所求直线方程为 $\dfrac{x+1}{12} = \dfrac{y+4}{46} = \dfrac{z-3}{-1}$.

例 8-11 求直线 $\dfrac{x-5}{3} = y = z-4$ 在平面 $\pi: x + 2y + z = 3$ 上的投影线方程.

解：过已知直线做与平面 π 垂直的平面，其方程为

$$\begin{vmatrix} x-5 & y & z-4 \\ 3 & 1 & 1 \\ 1 & 2 & 1 \end{vmatrix} = 0$$

整理得 $x + 2y - 5z + 15 = 0$. 故投影线方程为 $\begin{cases} x + 2y + z = 3 \\ x + 2y - 5z = -15 \end{cases}$.

例 8-12 求经过点 $(-1,0,4)$ 且与直线 $L_1: \dfrac{x}{1} = \dfrac{y}{2} = \dfrac{z}{3}$，$L_2: \dfrac{x-1}{2} = \dfrac{y-2}{1} = \dfrac{z-3}{4}$ 都相交的直线方程.

解：由点 $(-1,0,4)$ 与直线 L_1 确定的平面方程为 $\begin{vmatrix} x & y & z \\ 1 & 2 & 3 \\ -1 & 0 & 4 \end{vmatrix} = 0$，整理得 $8x - 7y + 2z = 0$；由

点 $(-1,0,4)$ 与直线 L_2 确定的平面方程为 $\begin{vmatrix} x-1 & y-2 & z-3 \\ 2 & 1 & 4 \\ -1-1 & 0-2 & 4-3 \end{vmatrix} = 0$，整理得 $9x - 10y - 2z = -17$.

所求直线为上述两平面的交线，其方程为 $\begin{cases} 8x - 7y + 2z = 0 \\ 9x - 10y - 2z = -17 \end{cases}$.

例 8-13 求过点 $M(2,-1,3)$，平行于平面 $\pi: x - y + z = 1$，且与直线 $L: \begin{cases} x = -1 + t \\ y = 3 + t \\ z = 2t \end{cases}$ 相交的直线方程.

解：

方法一：设 (x,y,z) 为所求直线上任一点. 由于此直线过点 $M(2,-1,3)$ 且与平面 π 平行，则 $(x-2) - (y+1) + (z-3) = 0$. 另外，所求直线与 L 相交，解方程组

$$\begin{cases} (x-2) - (y+1) + (z-3) = 0 \\ x = -1 + t \\ y = 3 + t \\ z = 2t \end{cases}$$

得交点为 $(4,8,10)$. 故所求直线方程为 $\dfrac{x-2}{4-2} = \dfrac{y+1}{8+1} = \dfrac{z-3}{10-3}$，即 $\dfrac{x-2}{2} = \dfrac{y+1}{9} = \dfrac{z-3}{7}$.

方法二：设 (x,y,z) 为所求直线上任一点．由于此直线过点 $M(2,-1,3)$ 且与平面 π 平行，则 $(x-2)-(y+1)+(z-3)=0$．由点 $(2,-1,3)$ 与直线 L 确定的平面方程为

$$\begin{vmatrix} x+1 & y-3 & z \\ 1 & 1 & 2 \\ 2+1 & -1-3 & 3-0 \end{vmatrix}=0$$

则所求直线方程为 $\begin{cases} x-y+z-6=0 \\ 11x+3y-7z+2=0 \end{cases}$．

例 8-14 给定直线 $L:\begin{cases} x+3y+2z+1=0 \\ 2x-y-10z+3=0 \end{cases}$ 及平面 $\pi:4x-2y+z=2$，则直线 L（　　）。

（A）平行于 π　　（B）在 π 上　　（C）垂直于 π　　（D）与 π 斜交

解：直线的方向向量 $\boldsymbol{\tau}=\begin{vmatrix} \boldsymbol{i} & \boldsymbol{j} & \boldsymbol{k} \\ 1 & 3 & 2 \\ 2 & -1 & -10 \end{vmatrix}=-28\boldsymbol{i}+14\boldsymbol{j}-7\boldsymbol{k}=-7(4,-2,1)$，故选择（C）．

例 8-15 若矩阵 $\begin{pmatrix} a_1 & b_1 & c_1 \\ a_2 & b_2 & c_2 \\ a_3 & b_3 & c_3 \end{pmatrix}$ 是满秩的，则直线 $\dfrac{x-a_3}{a_1-a_2}=\dfrac{y-b_3}{b_1-b_2}=\dfrac{z-c_3}{c_1-c_2}$ 与 $\dfrac{x-a_1}{a_2-a_3}=\dfrac{y-b_1}{b_2-b_3}=\dfrac{z-c_1}{c_2-c_3}$（　　）．

（A）相交于一点　　（B）重合　　（C）平行但不重合　　（D）异面

解：点 (a_1,b_1,c_1) 和 (a_3,b_3,c_3) 分别在两条直线上且

$$\begin{vmatrix} a_1-a_2 & b_1-b_2 & c_1-c_2 \\ a_2-a_3 & b_2-b_3 & c_2-c_3 \\ a_1-a_3 & b_1-b_3 & c_1-c_3 \end{vmatrix}=0$$

故两直线共面．又由于矩阵 $\begin{pmatrix} a_1 & b_1 & c_1 \\ a_2 & b_2 & c_2 \\ a_3 & b_3 & c_3 \end{pmatrix}$ 满秩，则向量 $(a_1-a_2,b_1-b_2,c_1-c_2)$ 与 $(a_2-a_3,b_2-b_3,c_2-c_3)$ 不平行．故选择（A）．

例 8-16 证明直线 $L_1:\dfrac{x}{1}=\dfrac{y}{2}=\dfrac{z}{3}$ 与 $L_2:\dfrac{x-1}{1}=\dfrac{y+1}{1}=\dfrac{z-2}{1}$ 异面，并求其公垂线方程及公垂线的长．

证明：设 $\boldsymbol{\tau}_1=(1,2,3)$，$\boldsymbol{\tau}_2=(1,1,1)$，点 $p_1(0,0,0)$，点 $p_2(1,-1,2)$．由混合积，有

$$(\mathbf{p}_1\mathbf{p}_2,\boldsymbol{\tau}_1,\boldsymbol{\tau}_2)=\begin{vmatrix} 1 & -1 & 2 \\ 1 & 2 & 3 \\ 1 & 1 & 1 \end{vmatrix}=-5\neq 0$$

则直线 L_1 与 L_2 异面．

公垂线的方向向量为 $\boldsymbol{\tau}=\boldsymbol{\tau}_1\times\boldsymbol{\tau}_2=(-1,2,-1)$．公垂线与 L_1 构成的平面为 $4x+y-2z=0$．公垂线与 L_2 构成的平面为 $x-z+1=0$．则公垂线的方程为

$$\begin{cases} 4x+y-2z=0 \\ x-z+1=0 \end{cases}$$

公垂线的长为

$$d=\frac{|(\mathbf{p}_1\mathbf{p}_2,\boldsymbol{\tau}_1,\boldsymbol{\tau}_2)|}{|\boldsymbol{\tau}_1\times\boldsymbol{\tau}_2|}=\frac{5}{\sqrt{6}}$$

8.2.3 曲面与曲线

例 8-17 已知两点 $A(1,0,0)$, $B(0,1,1)$，线段 AB 绕 z 轴旋转一周所成的旋转曲面为 S，求 S 与 $z=0$，$z=1$ 所围立体的体积.

解：AB 所在直线方程为 $\frac{x-1}{-1}=\frac{y}{1}=\frac{z}{1}$. 曲面 S 的方程为 $x^2+y^2=(1-z)^2+z^2$. 所求体积为

$$V=\int_0^1\pi[(1-z)^2+z^2]\,\mathrm{d}z=\frac{2}{3}\pi$$

例 8-18 求直线 $L:\frac{x-1}{1}=\frac{y}{1}=\frac{z-1}{-1}$ 在平面 $\pi:x-y+2z-1=0$ 上的投影线 L_0 的方程，并求 L_0 绕 y 轴旋转一周所得的曲面方程.

解：过直线 L 且与 π 垂直的平面方程为 $\begin{vmatrix} x-1 & y & z-1 \\ 1 & 1 & -1 \\ 1 & -1 & 2 \end{vmatrix}=0$，整理得 $x-3y-2z=-1$. 则 L_0 的方程为 $\begin{cases} x-y+2z=1 \\ x-3y-2z=-1 \end{cases}$.

所求曲面方程为 $x^2+z^2=(2y)^2+(-\frac{1}{2}y+\frac{1}{2})^2$.

例 8-19 求母线平行于 z 轴，准线为曲线 $L:\begin{cases} x^2+y^2+z^2=a^2 \\ x+y+z=a \end{cases}$ 的柱面方程.

解：曲线 L 的方程也可表示为 $\begin{cases} x^2+y^2+(a-x-y)^2=a^2 \\ x+y+z=a \end{cases}$，故所求柱面方程为 $x^2+y^2+(a-x-y)^2=a^2$.

8.3 习题

1. 选择题.

（1）若直线 $\frac{x-1}{1}=\frac{y+1}{2}=\frac{z-1}{\lambda}$ 与 $\frac{x+1}{1}=\frac{y-1}{1}=\frac{z}{1}$ 相交，则 $\lambda=$（   ）.

（A）1 （B）$\frac{3}{2}$ （C）$-\frac{5}{4}$ （D）$\frac{5}{4}$

（2）两条平行直线 $L_1:\begin{cases} x=t+1 \\ y=2t-1 \\ z=t \end{cases}$, $L_2:\begin{cases} x=t+2 \\ y=2t-1 \\ z=t+1 \end{cases}$ 之间的距离 $d=$（   ）.

(A) $\dfrac{2}{3}$ (B) $\dfrac{2}{3}\sqrt{3}$ (C) 1   (D) 2

2. 已知 x 与 $a = 2i - j + 2k$ 共线, 且 $a \cdot x = -18$, 求 x.

3. 已知 $|a| = 2$, $|b| = \sqrt{2}$, 且 $a \cdot b = 2$, 求 $|a \times b|$.

4. 已知向量 $x = x_1 i + x_2 j + x_3 k$ 与向量 $a = i + j$, $b = j + k$, $c = i + k$ 的数量积分别为 3,4,5, 求向量 x.

5. 已知向量 $a = -i + 3j$, $b = 3i + j$, 向量 c 满足关系式 $a = b \times c$, 且 $|c| = r$, 求 r 的最小值.

6. 已知 $|a| = 2$, $|b| = 5$, $\widehat{(a,b)} = \dfrac{2\pi}{3}$, 则 λ 为何值时, 向量 $\alpha = \lambda a + 17b$ 与 $\beta = 3a - b$ 垂直?

7. 已知 $|a| = 2\sqrt{2}$, $|b| = 3$, $\widehat{(a,b)} = \dfrac{\pi}{4}$, 求以 $\alpha = 5a + 2b$ 和 $\beta = a - 3b$ 为边的平行四边形的对角线长.

8. 设非零向量 a,b 满足 $|b| = 1$, $\widehat{(a,b)} = \dfrac{\pi}{3}$, 求 $\lim\limits_{x \to 0} \dfrac{|a+xb| - |a|}{x}$.

9. 求点 $M_0(2,1,3)$ 到直线 $\dfrac{x+1}{3} = \dfrac{y-1}{2} = \dfrac{z-4}{-1}$ 的距离.

10. 求过直线 $\begin{cases} x + 5y + z = 0 \\ x - z + 4 = 0 \end{cases}$ 且与平面 $x - 4y - 8z + 12 = 0$ 成 $45°$ 角的平面方程.

11. 求过直线 $\begin{cases} 3x - 2y + 2 = 0 \\ x - 2y - z + 6 = 0 \end{cases}$ 且与点 $(1,2,1)$ 的距离为 1 的平面方程.

12. 求过点 $(1,2,-1)$ 且与直线 $\begin{cases} 2x - 3y + z - 5 = 0 \\ 3x + y - 2z - 4 = 0 \end{cases}$ 垂直的平面方程.

13. 求过点 $(1,2,-1)$ 及直线 $L: \begin{cases} x = 3t + 2 \\ y = t + 2 \\ z = 2t + 1 \end{cases}$ 的平面方程.

14. 求过点 $(1,1,1)$ 且与平面 $\pi_1: x - 2y + 3z = 1$ 和 $\pi_2: x + y - z = 2$ 均垂直的平面方程.

15. 求过直线 $\dfrac{x-2}{1} = \dfrac{y+2}{-1} = \dfrac{z-3}{2}$ 和 $\dfrac{x-1}{-1} = \dfrac{y+1}{2} = \dfrac{z-1}{1}$ 的平面方程.

16. 直线过点 $A(-3,5,9)$ 且和直线 $L_1: \begin{cases} 3x - y + 5 = 0 \\ 2x - z - 3 = 0 \end{cases}$, $L_2: \begin{cases} 4x - y - 7 = 0 \\ 5x - z + 10 = 0 \end{cases}$ 均相交, 求此直线方程.

17. 设平面 $\pi: x - 4y + 2z + 9 = 0$, 直线 $L: \begin{cases} 2x - 2y + z + 9 = 0 \\ x - 2y + 2z + 11 = 0 \end{cases}$. 求在平面 π 内, 过 L 与 π 的交点且与 L 垂直的直线方程.

18. 求直线 $L: \dfrac{x-1}{1} = \dfrac{y}{1} = \dfrac{z-1}{-1}$ 在平面 $\pi: x - y + 2z - 1 = 0$ 的投影直线 L_0 的方程, 并求 L_0 绕 y 轴旋转一周所成旋转曲面的方程.

19. 求过点 $P(1,2,1)$ 且与直线 $L_1: \dfrac{x-1}{3} = \dfrac{y}{2} = \dfrac{z+1}{1}$ 垂直, 与直线 $L_2: \dfrac{x}{2} = y = -z$ 相交的直线方程.

20. 求与直线 $L_1:\begin{cases} x=3z-1 \\ y=2z-3 \end{cases}$ 和 $L_2:\begin{cases} y=2x-5 \\ z=7x+2 \end{cases}$ 均垂直相交的直线方程.

21. 求直线 $L_1:\begin{cases} x+2y+z-1=0 \\ x-2y+z+1=0 \end{cases}$ 和直线 $L_2:\begin{cases} x-y-z=0 \\ x-y+2z+1=0 \end{cases}$ 之间的夹角.

22. 求直线 $\begin{cases} x+y-z+1=0 \\ x-y+2z-2=0 \end{cases}$ 与平面 $x-2y+3z-3=0$ 之间夹角的正弦.

23. 设曲线方程为 $\begin{cases} 2x^2+4y+z^2=2z \\ x^2-8y+3z^2=12z \end{cases}$，求它在三个坐标平面上的投影.

24. 求直线 $L:\dfrac{x-1}{1}=\dfrac{y}{2}=\dfrac{z-1}{1}$ 绕 z 轴旋转一周所成旋转曲面的方程.

25. 椭球面 S_1 是椭圆 $\dfrac{x^2}{4}+\dfrac{y^2}{3}=1$ 绕 x 轴旋转而成的，圆锥面 S_2 是由过点 $(4,0)$ 且与椭圆 $\dfrac{x^2}{4}+\dfrac{y^2}{3}=1$ 相切的直线绕 x 轴旋转而成的.

（1）求 S_1 及 S_2 的方程；

（2）求 S_1 与 S_2 之间立体的体积.

第 9 章 多元函数微分学

多元函数微分学是一元函数微分学的发展，二者之间既有相同点，又有很多区别．在学习中，要注意比较异同，加深对基本理论的理解和应用；体会多元函数极限和连续的概念及多元函数的几何意义．多元复合函数、隐函数的一二阶偏导数与全微分计算是本章考核重点．建议读者掌握多元函数极值、最值的求解方法及简单应用．方向导数、梯度、空间曲线的切线和法平面、曲面的切平面和法线、二元函数的泰勒公式等知识点为数一内容．

9.1 内容提要

9.1.1 多元函数的极限、连续、偏导和全微分

1. 极限

设函数 $f(x,y)$ 在区域 D 内有定义，$P_0(x_0,y_0) \in D$ 或为 D 边界上的一点．若对任意给定的 $\varepsilon > 0$，存在 $\delta > 0$，当点 $P(x,y) \in D$ 满足

$$0 < |P_0 P| = \sqrt{(x-x_0)^2 + (y-y_0)^2} < \delta$$

时，恒有

$$|f(x,y) - A| < \varepsilon$$

则称常数 A 为 $(x,y) \to (x_0, y_0)$ 时 $f(x,y)$ 的极限．记为 $\lim\limits_{(x,y) \to (x_0,y_0)} f(x,y) = A$ 或 $\lim\limits_{\substack{x \to x_0 \\ y \to y_0}} f(x,y) = A$．

2. 连续

如果 $\lim\limits_{\substack{x \to x_0 \\ y \to y_0}} f(x,y) = f(x_0, y_0)$，则称 $f(x,y)$ 在点 (x_0, y_0) 处连续．

3. 偏导数

设函数 $z = f(x,y)$ 在点 $P_0(x_0, y_0)$ 的某邻域内有定义．若极限 $\lim\limits_{\Delta x \to 0} \dfrac{f(x_0 + \Delta x, y_0) - f(x_0, y_0)}{\Delta x}$ 存在，则称此极限值为函数 $z = f(x,y)$ 在点 P_0 处对 x 的偏导数，记为 $\dfrac{\partial f}{\partial x}\bigg|_{(x_0,y_0)}$ 或 $\dfrac{\partial z}{\partial x}\bigg|_{(x_0,y_0)}$ 或 $f'_x(x_0, y_0)$ 或 $z'_x(x_0, y_0)$．

类似地，可以定义 $z = f(x,y)$ 在点 P_0 处对 y 的偏导数．

设函数 $z = f(x,y)$ 在区域 D 内每一点 $P(x,y)$ 处都存在偏导数，则偏导数 $f'_x(x,y)$ 和

$f'_y(x,y)$ 仍是 (x,y) 的函数. 若它们的偏导数存在，则称之为函数 $z=f(x,y)$ 的二阶偏导数，记为

$$\frac{\partial}{\partial x}\left(\frac{\partial z}{\partial x}\right)=\frac{\partial^2 z}{\partial x^2}=f''_{xx}(x,y), \quad \frac{\partial}{\partial y}\left(\frac{\partial z}{\partial x}\right)=\frac{\partial^2 z}{\partial x \partial y}=f''_{xy}(x,y)$$

$$\frac{\partial}{\partial x}\left(\frac{\partial z}{\partial y}\right)=\frac{\partial^2 z}{\partial y \partial x}=f''_{yx}(x,y), \quad \frac{\partial}{\partial y}\left(\frac{\partial z}{\partial y}\right)=\frac{\partial^2 z}{\partial y^2}=f''_{yy}(x,y)$$

4. 全微分

设函数 $z=f(x,y)$ 在点 $P_0(x_0,y_0)$ 的某邻域内有定义. 若存在常数 A,B 使得

$$\Delta z = z(x_0+\Delta x, y_0+\Delta y) - z(x_0,y_0) = A\Delta x + B\Delta y + o(\rho)$$

其中，$\rho = \sqrt{(\Delta x)^2+(\Delta y)^2}$，则称 $z=f(x,y)$ 在点 P_0 处可微. 记为 $\mathrm{d}z\big|_{P_0} = A\Delta x + B\Delta y$，称之为函数 $z=f(x,y)$ 在点 P_0 处的全微分.

5. 结论

（1）设 $f''_{xy}(x,y)$ 与 $f''_{yx}(x,y)$ 在点 (x,y) 处均连续，则 $f''_{xy}(x,y)=f''_{yx}(x,y)$.

（2）若 $z=f(x,y)$ 在点 $P_0(x_0,y_0)$ 处可微，则 $z=f(x,y)$ 在点 P_0 处的两个偏导数 $f'_x(x_0,y_0)$，$f'_y(x_0,y_0)$ 必存在，且 $A=f'_x(x_0,y_0)$，$B=f'_y(x_0,y_0)$.

（3）若 $z=f(x,y)$ 在点 $P_0(x_0,y_0)$ 处的一阶偏导数 $f'_x(x,y)$，$f'_y(x,y)$ 都连续，则 $z=f(x,y)$ 在点 P_0 处可微.

6. 计算

（1）设函数 $z=f(u,v)$ 可微，$u=u(x,y)$ 和 $v=v(x,y)$ 都具有一阶偏导数，则复合函数 $z=f(u(x,y),v(x,y))$ 满足如下求导法则：

$$\frac{\partial z}{\partial x}=\frac{\partial z}{\partial u}\frac{\partial u}{\partial x}+\frac{\partial z}{\partial v}\frac{\partial v}{\partial x}, \quad \frac{\partial z}{\partial y}=\frac{\partial z}{\partial u}\frac{\partial u}{\partial y}+\frac{\partial z}{\partial v}\frac{\partial v}{\partial y}$$

（2）由方程确定的隐函数：设点 (x_0,y_0) 满足方程 $F(x,y)=0$；在点 (x_0,y_0) 的某邻域内，函数 $F(x,y)$ 有连续偏导数 $F'_x(x,y)$，$F'_y(x,y)$，且 $F'_y(x_0,y_0)\neq 0$，则方程 $F(x,y)=0$，在点 (x_0,y_0) 的某邻域内，确定唯一的一个函数 $y=f(x)$，满足

$$F(x,f(x))=0, \quad y_0=f(x_0)$$

而且在 x_0 的某邻域内 $y=f(x)$ 是单值的，有连续的导数，求导公式为

$$\frac{\mathrm{d}y}{\mathrm{d}x}=-\frac{F'_x(x,y)}{F'_y(x,y)}$$

7. 由方程组确定的隐函数

设由方程组

$$\begin{cases} F(x,y,u,v)=0 \\ G(x,y,u,v)=0 \end{cases}$$

确定两个二元函数 $u=u(x,y)$，$v=v(x,y)$. 则有

$$\frac{\partial u}{\partial x}=-\left.\begin{vmatrix}\dfrac{\partial F}{\partial x}&\dfrac{\partial F}{\partial v}\\\dfrac{\partial G}{\partial x}&\dfrac{\partial G}{\partial v}\end{vmatrix}\right/\begin{vmatrix}\dfrac{\partial F}{\partial u}&\dfrac{\partial F}{\partial v}\\\dfrac{\partial G}{\partial u}&\dfrac{\partial G}{\partial v}\end{vmatrix},\quad \frac{\partial v}{\partial x}=-\left.\begin{vmatrix}\dfrac{\partial F}{\partial u}&\dfrac{\partial F}{\partial x}\\\dfrac{\partial G}{\partial u}&\dfrac{\partial G}{\partial x}\end{vmatrix}\right/\begin{vmatrix}\dfrac{\partial F}{\partial u}&\dfrac{\partial F}{\partial v}\\\dfrac{\partial G}{\partial u}&\dfrac{\partial G}{\partial v}\end{vmatrix}$$

$$\frac{\partial u}{\partial y}=-\left.\begin{vmatrix}\dfrac{\partial F}{\partial y}&\dfrac{\partial F}{\partial v}\\\dfrac{\partial G}{\partial y}&\dfrac{\partial G}{\partial v}\end{vmatrix}\right/\begin{vmatrix}\dfrac{\partial F}{\partial u}&\dfrac{\partial F}{\partial v}\\\dfrac{\partial G}{\partial u}&\dfrac{\partial G}{\partial v}\end{vmatrix},\quad \frac{\partial v}{\partial y}=-\left.\begin{vmatrix}\dfrac{\partial F}{\partial u}&\dfrac{\partial F}{\partial y}\\\dfrac{\partial G}{\partial u}&\dfrac{\partial G}{\partial y}\end{vmatrix}\right/\begin{vmatrix}\dfrac{\partial F}{\partial u}&\dfrac{\partial F}{\partial v}\\\dfrac{\partial G}{\partial u}&\dfrac{\partial G}{\partial v}\end{vmatrix}$$

9.1.2 方向导数、梯度、散度和旋度

1. 方向导数

设 $u=f(x,y,z)$ 在点 $M_0(x_0,y_0,z_0)$ 的某邻域内有定义，L 为以 M_0 为顶点的一条射线，$M(x,y,z)\in L$ 是该邻域内任一点. 记 $\boldsymbol{l}=\mathbf{M_0M}$，$\rho=|\mathbf{M_0M}|$.

若 $\lim\limits_{\rho\to 0}\dfrac{f(x,y,z)-f(x_0,y_0,z_0)}{\rho}$ 存在，则称此极限为 $f(x,y,z)$ 在点 M_0 沿 $\boldsymbol{l}$ 方向的方向导数，记为 $\left.\dfrac{\partial u}{\partial \boldsymbol{l}}\right|_{M_0}$，即

$$\left.\frac{\partial u}{\partial \boldsymbol{l}}\right|_{M_0}=\lim_{\rho\to 0}\frac{f(x,y,z)-f(x_0,y_0,z_0)}{\rho}$$

设 $u=u(x,y,z)$ 在点 $P_0(x_0,y_0,z_0)$ 处可微，向量 $\boldsymbol{l}$ 的单位向量 $\boldsymbol{l}^0=(\cos\alpha,\cos\beta,\cos\gamma)$，则 u 在点 P_0 处沿 $\boldsymbol{l}$ 方向的方向导数为

$$\left.\frac{\partial u}{\partial \boldsymbol{l}}\right|_{P_0}=\left.\left(\frac{\partial u}{\partial x}\cos\alpha+\frac{\partial u}{\partial y}\cos\beta+\frac{\partial u}{\partial z}\cos\gamma\right)\right|_{P_0}$$

2. 梯度

梯度是数量场（函数）$u(P)$ 在点 P 处的一个向量，其方向为 $u(P)$ 在点 P 的变化率最大的方向，其模恰好等于这个最大的变化率，记为 $\mathrm{grad}\,u$.

设 $u=u(x,y,z)$ 在点 $P_0(x_0,y_0,z_0)$ 处可微. 在直角坐标系下，u 在点 P_0 处的梯度计算公式为

$$\mathrm{grad}\,u|_{P_0}=\left(\frac{\partial u}{\partial x},\frac{\partial u}{\partial y},\frac{\partial u}{\partial z}\right)_{P_0}.$$

3. 散度

设 $\boldsymbol{A}(x,y,z)=(P(x,y,z),Q(x,y,z),R(x,y,z))$ 为一个向量场，其中，P,Q,R 有一阶连续偏导数，则 $\boldsymbol{A}$ 的散度 $\mathrm{div}\boldsymbol{A}=\dfrac{\partial P}{\partial x}+\dfrac{\partial Q}{\partial y}+\dfrac{\partial R}{\partial z}$.

4. 旋度

设 $\boldsymbol{A}(x,y,z)=(P(x,y,z),Q(x,y,z),R(x,y,z))$ 为一个向量场，其中，P,Q,R 有一阶连续偏导数，则 $\boldsymbol{A}$ 的旋度为

$$\operatorname{rot} \boldsymbol{A} = \begin{vmatrix} \boldsymbol{i} & \boldsymbol{j} & \boldsymbol{k} \\ \dfrac{\partial}{\partial x} & \dfrac{\partial}{\partial y} & \dfrac{\partial}{\partial z} \\ P & Q & R \end{vmatrix}$$

9.1.3 多元函数极值及其求法

1. 极值的必要条件

设 $z = f(x,y)$ 在点 $P_0(x_0, y_0)$ 处取到极值，且在点 P_0 处存在一阶偏导数，则 $f'_x(x_0, y_0) = 0$，且 $f'_y(x_0, y_0) = 0$. 若 $\begin{cases} f'_x(x_0, y_0) = 0 \\ f'_y(x_0, y_0) = 0 \end{cases}$，则称 (x_0, y_0) 为 $f(x,y)$ 的驻点.

2. 二元函数极值的充分条件

设 $z = f(x,y)$ 在点 $P_0(x_0, y_0)$ 处具有二阶连续偏导数且点 P_0 是 $f(x,y)$ 的驻点. 记
$$A = f''_{xx}(x_0, y_0), \quad B = f''_{xy}(x_0, y_0), \quad C = f''_{yy}(x_0, y_0)$$

则 ①当 $AC - B^2 > 0$，$A > 0$ 时，$f(x_0, y_0)$ 为极小值；
②当 $AC - B^2 > 0$，$A < 0$ 时，$f(x_0, y_0)$ 为极大值；
③当 $AC - B^2 < 0$ 时，$f(x_0, y_0)$ 不是极值；
④当 $AC - B^2 = 0$ 时，不能确定 $f(x_0, y_0)$ 是否为极值.

3. 拉格朗日乘数法（在约束条件下极值的必要条件的求法）

求 $W = f(x,y,z)$ 在约束条件 $\varphi(x,y,z) = 0$ 下的极值，其中，f, φ 均可微. 构造函数
$$F(x,y,z,\lambda) = f(x,y,z) + \lambda \varphi(x,y,z)$$

则
$$\begin{cases} F'_x = f'_x + \lambda \varphi'_x = 0 \\ F'_y = f'_y + \lambda \varphi'_y = 0 \\ F'_z = f'_z + \lambda \varphi'_z = 0 \\ F'_\lambda = \varphi(x,y,z) = 0 \end{cases}$$

为 W 在约束条件 $\varphi(x,y,z) = 0$ 下取极值的必要条件.

9.1.4 多元函数微分学的几何应用

1. 曲面的法向量与切平面方程、法线方程

曲面 $S: F(x,y,z) = 0$，在点 M_0 处的法向量为 $\boldsymbol{n}|_{M_0} = (F'_x, F'_y, F'_z)|_{M_0}$.

切平面方程为
$$F'_x(x_0, y_0, z_0)(x - x_0) + F'_y(x_0, y_0, z_0)(y - y_0) + F'_z(x_0, y_0, z_0)(z - z_0) = 0$$

法线方程为

$$\frac{x-x_0}{F'_x(x_0,y_0,z_0)} = \frac{y-y_0}{F'_y(x_0,y_0,z_0)} = \frac{z-z_0}{F'_z(x_0,y_0,z_0)}$$

2. 曲线的切向量与切线方程、法平面方程

曲线 $\Gamma: \begin{cases} x=x(t) \\ y=y(t) \\ z=z(t) \end{cases}$ 在 $t=t_0$ 对应点处的切向量为 $\boldsymbol{\tau}|_{t=t_0} = (x'(t_0), y'(t_0), z'(t_0))$.

切线方程为

$$\frac{x-x_0}{x'(t_0)} = \frac{y-y_0}{y'(t_0)} = \frac{z-z_0}{z'(t_0)}$$

法平面方程为

$$x'(t_0)(x-x_0) + y'(t_0)(y-y_0) + z'(t_0)(z-z_0) = 0$$

9.1.5 二元函数的泰勒公式

设 $z=f(x,y)$ 在点 $P_0(x_0,y_0)$ 某邻域内具有三阶连续偏导数，(x_0+h, y_0+k) 为此邻域内的任意点，则有

$$f(x_0+h, y_0+k) = f(x_0,y_0) + \left(h\frac{\partial}{\partial x} + k\frac{\partial}{\partial y}\right)f(x_0,y_0) + \frac{1}{2!}\left(h\frac{\partial}{\partial x} + k\frac{\partial}{\partial y}\right)^2 f(x_0,y_0)$$

$$+ \frac{1}{3!}\left(h\frac{\partial}{\partial x} + k\frac{\partial}{\partial y}\right)^3 f(x_0+\theta h, y_0+\theta k), \quad 0<\theta<1$$

称之为 $z=f(x,y)$ 在点 $P_0(x_0,y_0)$ 处的带拉格朗日余项的二阶泰勒公式.

9.2 例题与方法

9.2.1 多元函数极限、连续、偏导与可微性

1. 极限

（1）若证明 $\lim\limits_{\substack{x\to x_0 \\ y\to y_0}} f(x,y)$ 存在，可用定义或极限的性质.

（2）若证明极限不存在，可找到两种不同的方式使点 (x,y) 趋于点 (x_0,y_0)，此时两个极限值不相等.

（3）若极限存在，要计算极限.

例 9-1 设 $f(x,y) = \begin{cases} \dfrac{xy}{\sqrt{x^2+y^2}}, & x^2+y^2 \neq 0 \\ 0, & x^2+y^2=0 \end{cases}$，判断 $\lim\limits_{\substack{x\to 0 \\ y\to 0}} f(x,y)$ 是否存在.

解：当 $x^2+y^2 \neq 0$ 时，$|f(x,y)-0| = \dfrac{|xy|}{\sqrt{x^2+y^2}} \leqslant \dfrac{1}{2}\sqrt{x^2+y^2}$，故 $\lim\limits_{\substack{x\to 0 \\ y\to 0}} f(x,y) = 0$.

例 9-2 设 $f(x,y)=\begin{cases}\dfrac{x^4+y^4-2x^2y^3}{x+y}, & x+y\neq 0 \\ 0, & x+y=0\end{cases}$，判断 $\lim\limits_{\substack{x\to 0\\y\to 0}}f(x,y)$ 是否存在.

解：取两条特殊路径，取极限情况如下：

$$\lim_{\substack{x=y\\x\to 0}}f(x,y)=\lim_{x\to 0}\frac{2x^4-2x^5}{2x}=0$$

$$\lim_{\substack{y=-x+x^4\\x\to 0}}f(x,y)=\lim_{x\to 0}\frac{x^4+(-x+x^4)^4-2x^2(-x+x^4)^3}{x^4}=2\neq 0$$

综上，$\lim\limits_{\substack{x\to 0\\y\to 0}}f(x,y)$ 不存在.

例 9-3 已知函数 $f(x,y)$ 在点 $(0,0)$ 的某邻域内连续且 $\lim\limits_{\substack{x\to 0\\y\to 0}}\dfrac{f(x,y)-xy}{(x^2+y^2)^2}=1$，则（   ）.

（A）点 $(0,0)$ 不是 $f(x,y)$ 的极值点

（B）点 $(0,0)$ 是 $f(x,y)$ 的极大值点

（C）点 $(0,0)$ 是 $f(x,y)$ 的极小值点

（D）根据条件无法判定点 $(0,0)$ 是否为 $f(x,y)$ 的极值点

解：应选（A）. 由极限与无穷小的关系，$f(x,y)=xy+(x^2+y^2)^2+o((x^2+y^2)^2)$. 在点 $(0,0)$ 的邻域内取两类特殊的点 $y=x$ 或 $y=-x$，可得结论.

2. 连续

（1）对二元函数 $z=f(x,y)$，若固定 x，关于 y 连续；固定 y，关于 x 连续 $\Rightarrow z=f(x,y)$ 是二元连续函数.

（2）设 $f(x,y)$ 在有界闭区域 D 内连续，则有界性、最值定理、介值定理仍成立.

例 9-4 设 $f(x,y)=\begin{cases}\dfrac{xy}{x^2+y^2}, & x^2+y^2\neq 0 \\ 0, & x^2+y^2=0\end{cases}$. 证明 $f(x,y)$ 在点 $(0,0)$ 处不连续，但对任意的 x_0，$f(x_0,y)$ 连续；且对任意的 y_0，$f(x,y_0)$ 也连续.

证明：

$$\lim_{\substack{x=y\\x\to 0}}f(x,y)=\lim_{x\to 0}\frac{x^2}{2x^2}=\frac{1}{2}$$

$$\lim_{\substack{x=-y\\x\to 0}}f(x,y)=\lim_{x\to 0}\frac{-x^2}{2x^2}=-\frac{1}{2}$$

所以 $f(x,y)$ 在点 $(0,0)$ 处不连续. 但显然 $f(x_0,y)$，$f(x,y_0)$ 是连续的.

3. 偏导数

（1）$\left.\dfrac{\partial z}{\partial x}\right|_{(x_0,y_0)}=\dfrac{\mathrm{d}}{\mathrm{d}x}(z(x,y_0))|_{x=x_0}$.

（2）$\left.\dfrac{\partial z}{\partial y}\right|_{(x_0,y_0)}$ 表示曲线 $\begin{cases}z=z(x,y)\\x=x_0\end{cases}$ 在 $(x_0,y_0,z(x_0,y_0))$ 处的切线斜率.

（3）偏导数表示函数关于所求偏导数变量的变化率.

（4）$z = f(x,y)$ 在点 (x_0, y_0) 处的两个一阶偏导数均存在 $\not\Rightarrow f(x,y)$ 在点 (x_0, y_0) 处连续.

（5）$\dfrac{\partial z}{\partial x}$ 是一"整体"符号.

例 9-5 设 $f(x,y) = xy + (x-1)y^3 \arctan\sqrt{\dfrac{\cos(x+y)}{\ln(3+xy)}}$，求 $f'_y(1,0)$.

解： $f'_y(1,0) = \dfrac{\mathrm{d}}{\mathrm{d}y}[f(1,y)]|_{y=0} = (y)'|_{y=0} = 1$.

例 9-6 设 $f(x,y) = \begin{cases} \dfrac{xy}{x^2+y^2}, & x^2+y^2 \neq 0 \\ 0, & x^2+y^2 = 0 \end{cases}$. 讨论 $f(x,y)$ 在点 $(0,0)$ 处是否连续，偏导数是否存在.

解： $f(x,y)$ 在点 $(0,0)$ 处不连续. 而 $f'_x(0,0) = 0$，$f'_y(0,0) = 0$.

4. 全微分

通常，将自变量 x, y 的增量 $\Delta x, \Delta y$ 分别记为 $\mathrm{d}x, \mathrm{d}y$，从而得到全微分的公式

$$\mathrm{d}z = \dfrac{\partial z}{\partial x}\mathrm{d}x + \dfrac{\partial z}{\partial y}\mathrm{d}y$$

对于多元函数具有的性质，重要关系如下图所示：

偏导数连续 $\Rightarrow$ 可微 $\Rightarrow$ 连续 $\Rightarrow$ 有极限 （全方位性）

可微 $\Rightarrow$ 有偏导数 （单向性）

例 9-7 设 $f(x,y) = \begin{cases} \dfrac{xy}{\sqrt{x^2+y^2}}, & x^2+y^2 \neq 0 \\ 0, & x^2+y^2 = 0 \end{cases}$，则 $f(x,y)$ 在点 $(0,0)$ 处（　　）.

（A）偏导数不存在　　　　　　　　（B）偏导数存在但不可微

（C）可微但偏导数不连续　　　　　（D）偏导数连续

解： 应选（B）.

例 9-8 设 $f(x,y) = \begin{cases} \dfrac{xy^3}{x^2+y^2}, & x^2+y^2 \neq 0 \\ 0, & x^2+y^2 = 0 \end{cases}$，求 $f''_{xy}(0,0)$，$f''_{yx}(0,0)$.

解： $f'_x(0,0) = 0$，$f'_y(0,0) = 0$. 另外，$f'_x(0,y) = y$，$f'_y(x,0) = 0$. 则

$$f''_{xy}(0,0) = \lim_{\Delta y \to 0} \dfrac{f'_x(0, \Delta y) - f'_x(0,0)}{\Delta y} = 1$$

$$f''_{yx}(0,0) = \lim_{\Delta x \to 0} \dfrac{f'_y(\Delta x, 0) - f'_y(0,0)}{\Delta x} = 0$$

例 9-9 设 $z = f(x,y)$ 在点 (x_0, y_0) 处 $f'_x(x,y)$ 连续，$f'_y(x,y)$ 存在，证明 $z = f(x,y)$ 在点

(x_0, y_0) 处可微.

证明： $\Delta z|_{(x_0,y_0)} = f(x_0 + \Delta x, y_0 + \Delta y) - f(x_0, y_0)$
$= [f(x_0 + \Delta x, y_0 + \Delta y) - f(x_0, y_0 + \Delta y)] + [f(x_0, y_0 + \Delta y) - f(x_0, y_0)]$

由一元函数的拉格朗日中值定理，有

$$\Delta z|_{(x_0,y_0)} = f'_x(x_0 + \theta \Delta x, y_0 + \Delta y)\Delta x + [f(x_0, y_0 + \Delta y) - f(x_0, y_0)]$$

其中，$0 < \theta < 1$. 由于 $f'_x(x, y)$ 在点 (x_0, y_0) 处连续，则由极限与无穷小的关系可得

$$f'_x(x_0 + \theta \Delta x, y_0 + \Delta y) = f'_x(x_0, y_0) + \alpha$$

其中，$\lim\limits_{\substack{\Delta x \to 0 \\ \Delta y \to 0}} \alpha = 0$. 又由于 $f'_y(x_0, y_0) = \lim\limits_{\Delta y \to 0} \dfrac{f(x_0, y_0 + \Delta y) - f(x_0, y_0)}{\Delta y}$，故

$$f(x_0, y_0 + \Delta y) - f(x_0, y_0) = f'_y(x_0, y_0)\Delta y + \beta \Delta y$$

其中，$\lim\limits_{\Delta y \to 0} \beta = 0$. 综上，有

$$\Delta z|_{(x_0, y_0)} = f'_x(x_0, y_0)\Delta x + f'_y(x_0, y_0)\Delta y + \alpha \Delta x + \beta \Delta y$$

而 $\lim\limits_{\substack{\Delta x \to 0 \\ \Delta y \to 0}} \left|\dfrac{\alpha \Delta x + \beta \Delta y}{\rho}\right| \leqslant \lim\limits_{\substack{\Delta x \to 0 \\ \Delta y \to 0}} [|\alpha| + |\beta|] = 0$，其中 $\rho = \sqrt{(\Delta x)^2 + (\Delta y)^2}$. 所以 $z = f(x, y)$ 在点 (x_0, y_0) 处可微.

例 9-10 已知 $(axy^3 - y^2\cos x)dx + (1 + by\sin x + 3x^2 y^2)dy$ 为某二元函数 $f(x, y)$ 的全微分，求 a, b 及 $f(x, y)$.

解： 由条件知

$$\frac{\partial f}{\partial x} = axy^3 - y^2\cos x, \quad \frac{\partial^2 f}{\partial x \partial y} = 3axy^2 - 2y\cos x$$

$$\frac{\partial f}{\partial y} = 1 + by\sin x + 3x^2 y^2, \quad \frac{\partial^2 f}{\partial y \partial x} = by\cos x + 6xy^2$$

由于 $\dfrac{\partial^2 f}{\partial x \partial y}, \dfrac{\partial^2 f}{\partial y \partial x}$ 连续，则 $\dfrac{\partial^2 f}{\partial x \partial y} = \dfrac{\partial^2 f}{\partial y \partial x}$. 所以 $a = 2$，$b = -2$.

对 $\dfrac{\partial f}{\partial x} = 2xy^3 - y^2\cos x$ 关于 x 积分得 $f = x^2 y^3 - y^2\sin x + \varphi(y)$. 则

$$\frac{\partial f}{\partial y} = 3x^2 y^2 - 2y\sin x + \varphi'(y) = 1 - 2y\sin x + 3x^2 y^2$$

进而有 $\varphi'(y) = 1$，所以 $\varphi(y) = y + c$.

故 $f(x, y) = x^2 y^3 - y^2\sin x + y + c$.

9.2.2 偏导数、全微分的计算

重点考核二、三元复合函数、抽象复合函数，方程、方程组确定隐函数的一、二阶偏导数和全微分.

例 9-11 设 $z = f(x^2 - y^2, e^{xy})$，其中 f 具有连续二阶偏导数，求 $\dfrac{\partial z}{\partial x}, \dfrac{\partial z}{\partial y}, \dfrac{\partial^2 z}{\partial x \partial y}$.

解：$\dfrac{\partial z}{\partial x} = f_1' \cdot 2x + f_2' \cdot e^{xy} \cdot y$，$\dfrac{\partial z}{\partial y} = -f_1' \cdot 2y + f_2' \cdot e^{xy} \cdot x$，则

$$\dfrac{\partial^2 z}{\partial x \partial y} = -4xy f_{11}'' + e^{xy} 2(x^2 - y^2) f_{12}'' + xy e^{2xy} f_{22}'' + e^{xy}(1+xy) f_2'$$

例 9-12 设 $f(x,y)$ 具有二阶连续偏导数. 若 $z = f(x, f(x,y))$，求 $\dfrac{\partial^2 z}{\partial x^2}$.

解：$\dfrac{\partial z}{\partial x} = f_1'(x, f(x,y)) + f_2'(x, f(x,y)) f_1'(x,y)$

$$\dfrac{\partial^2 z}{\partial x^2} = f_{11}''(x, f(x,y)) + f_{12}''(x, f(x,y)) f_1'(x,y)$$
$$+ f_{11}''(x,y) f_2'(x, f(x,y)) + f_1'(x,y) \{ f_{21}''(x, f(x,y)) + f_{22}''(x, f(x,y)) \cdot f_1'(x,y) \}$$

例 9-13 设 $u = yf\left(\dfrac{x}{y}\right) + xf\left(\dfrac{y}{x}\right)$，其中 f 具有二阶连续导数，求 $x\dfrac{\partial^2 u}{\partial x^2} + y\dfrac{\partial^2 u}{\partial x \partial y}$.

解：
$$\dfrac{\partial u}{\partial x} = f'\left(\dfrac{x}{y}\right) + f\left(\dfrac{y}{x}\right) - \dfrac{y}{x} f'\left(\dfrac{y}{x}\right)$$

$$\dfrac{\partial^2 u}{\partial x^2} = \dfrac{1}{y} f''\left(\dfrac{x}{y}\right) + \dfrac{y^2}{x^3} f''\left(\dfrac{y}{x}\right)$$

$$\dfrac{\partial^2 u}{\partial x \partial y} = -\dfrac{x}{y^2} f''\left(\dfrac{x}{y}\right) - \dfrac{y}{x^2} f''\left(\dfrac{y}{x}\right)$$

则 $x\dfrac{\partial^2 u}{\partial x^2} + y\dfrac{\partial^2 u}{\partial x \partial y} = 0$.

例 9-14 设 $u = u(x,t)$ 具有二阶连续偏导数，且满足方程 $\dfrac{\partial^2 u}{\partial t^2} = 4\dfrac{\partial^2 u}{\partial x^2}$，在变换 $\begin{cases} \xi = x + 2t \\ \eta = x + at \end{cases}$ 下，方程变为 $\dfrac{\partial^2 u}{\partial \xi \partial \eta} = 0$，求 a.

解：
$$u_t' = u_\xi' \dfrac{\partial \xi}{\partial t} + u_\eta' \dfrac{\partial \eta}{\partial t} = 2u_\xi' + au_\eta'$$

$$u_{tt}'' = 2[u_{\xi\xi}'' \cdot 2 + u_{\xi\eta}'' a] + a[u_{\eta\xi}'' 2 + au_{\eta\eta}'']$$

$$u_x' = u_\xi' + u_\eta', \quad u_{xx}'' = u_{\xi\xi}'' + 2u_{\xi\eta}'' + u_{\eta\eta}''$$

所以
$$u_{tt}'' - 4u_{xx}'' = (4a - 8)u_{\xi\eta}'' + (a^2 - 4)u_{\eta\eta}'' = 0$$

进而有 $\begin{cases} a^2 = 4 \\ 4a - 8 \neq 0 \end{cases}$，解得 $a = -2$.

例 9-15 设 $f(t)$ 在 $[1, +\infty)$ 上有连续的二阶导数，且 $f(1) = 0$，$f'(1) = 1$. 若二元函数

$z=(x^2+y^2)f(x^2+y^2)$ 满足 $\dfrac{\partial^2 z}{\partial x^2}+\dfrac{\partial^2 z}{\partial y^2}=0$，求 $f(t)$ 在 $[1,+\infty)$ 上的最大值.

解：令 $t=x^2+y^2$，则 $z=tf(t)$. 可知

$$\frac{\partial z}{\partial x}=[f(t)+tf'(t)]2x$$

$$\frac{\partial^2 z}{\partial x^2}=2[f(t)+tf'(t)]+[2f'(t)+tf''(t)]4x^2$$

$$\frac{\partial^2 z}{\partial y^2}=2f(t)+2tf'(t)+[2f'(t)+tf''(t)]4y^2$$

$$\frac{\partial^2 z}{\partial x^2}+\frac{\partial^2 z}{\partial y^2}=4f(t)+12tf'(t)+4t^2 f''(t)=0$$

则有

$$\begin{cases} t^2 f''(t)+3tf'(t)+f(t)=0 \\ f(1)=0,\ f'(1)=1 \end{cases}$$

解上述二阶欧拉方程得 $f(t)=\dfrac{\ln t}{t}$，则 $f'(t)=\dfrac{1-\ln t}{t^2}$.

令 $f'(t)=\dfrac{1-\ln t}{t^2}=0$，解得 $t=\mathrm{e}$. 当 $1<t<\mathrm{e}$ 时，$f'(t)>0$；当 $t>\mathrm{e}$ 时，$f'(t)<0$. 可得 $f(\mathrm{e})=\dfrac{1}{\mathrm{e}}$ 为最大值.

例 9-16 设 $f(x,y)$ 与 $\varphi(x,y)$ 均为可微函数，且 $\varphi'_y(x,y)\neq 0$. 已知点 (x_0,y_0) 是 $f(x,y)$ 在约束条件 $\varphi(x,y)=0$ 下的一个极值点，下列选项正确的是（　　）.

（A）若 $f'_x(x_0,y_0)=0$，则 $f'_y(x_0,y_0)=0$

（B）若 $f'_x(x_0,y_0)=0$，则 $f'_y(x_0,y_0)\neq 0$

（C）若 $f'_x(x_0,y_0)\neq 0$，则 $f'_y(x_0,y_0)=0$

（D）若 $f'_x(x_0,y_0)\neq 0$，则 $f'_y(x_0,y_0)\neq 0$

解：由约束条件 $\varphi(x,y)=0$ 可确定函数 $y=y(x)$ 且 $\dfrac{\mathrm{d}y}{\mathrm{d}x}=-\dfrac{\varphi'_x(x,y)}{\varphi'_y(x,y)}$. 另外，点 $x=x_0$ 是函数 $z=f(x,y(x))$ 的极值点，则 $\left.\dfrac{\mathrm{d}z}{\mathrm{d}x}\right|_{x=x_0}=f'_x(x_0,y_0)+f'_y(x_0,y_0)\left.\dfrac{\mathrm{d}y}{\mathrm{d}x}\right|_{x=x_0}=0$. 故

$$f'_x(x_0,y_0)+f'_y(x_0,y_0)\left(-\frac{\varphi'_x(x_0,y_0)}{\varphi'_y(x_0,y_0)}\right)=0$$

若 $f'_x(x_0,y_0)\neq 0$，则 $f'_y(x_0,y_0)\varphi'_x(x_0,y_0)\neq 0$，所以 $f'_y(x_0,y_0)\neq 0$. 故选择（D）.

例 9-17 设有方程 $xy-z\ln y+\mathrm{e}^{xz}=1$，根据隐函数存在定理，存在点 $(0,1,1)$ 的一个邻域，在此邻域内该方程（　　）.

（A）只能确定一个具有连续偏导数的隐函数 $z=z(x,y)$

（B）可确定两个具有连续偏导数的隐函数 $y = y(x,z)$ 和 $z = z(x,y)$

（C）可确定两个具有连续偏导数的隐函数 $x = x(y,z)$ 和 $z = z(x,y)$

（D）可确定两个具有连续偏导数的隐函数 $x = x(y,z)$ 和 $y = y(x,z)$

解：令 $F(x,y,z) = xy - z\ln y + e^{xz} - 1$. 显然 $F(x,y,z)$ 在点 $(0,1,1)$ 的邻域内具有一阶连续偏导数，且 $F(0,1,1) = 0$, $F'_x(0,1,1) = 2 \neq 0$, $F'_y(0,1,1) = -1 \neq 0$，所以由隐函数存在定理方程 $xy - z\ln y + e^{xz} = 1$ 可确定两个具有连续偏导数的隐函数 $x = x(y,z)$ 和 $y = y(x,z)$. 故选择（D）.

例 9-18 已知 $\dfrac{x}{z} = \ln\dfrac{z}{y}$ 确定 $z = z(x,y)$，求 $\dfrac{\partial z}{\partial x}, \dfrac{\partial z}{\partial y}, \dfrac{\partial^2 z}{\partial x \partial y}$.

解：对上式两端求微分得 $\dfrac{z\mathrm{d}x - x\mathrm{d}z}{z^2} = \dfrac{y}{z} \cdot \dfrac{y\mathrm{d}z - z\mathrm{d}y}{y^2}$，整理得 $\mathrm{d}z = \dfrac{z}{x+z}\mathrm{d}x + \dfrac{z^2}{y(x+z)}\mathrm{d}y$. 所以 $\dfrac{\partial z}{\partial x} = \dfrac{z}{x+z}$，$\dfrac{\partial z}{\partial y} = \dfrac{z^2}{y(x+z)}$ 且 $\dfrac{\partial^2 z}{\partial x \partial y} = \dfrac{xz^2}{y(x+z)^3}$.

例 9-19 设 $z = f(u)$，方程 $u = \varphi(u) + \int_y^x P(t)\mathrm{d}t$，可确定 u 是 x,y 的函数，其中，$\varphi(u), f(u)$ 可微，$P(t)$ 连续且 $\varphi'(u) \neq 1$，求 $P(y)\dfrac{\partial z}{\partial x} + P(x)\dfrac{\partial z}{\partial y}$.

解：由于 $\begin{cases} z = f(u) \\ u = \varphi(u) + \int_y^x P(t)\mathrm{d}t \end{cases}$，则 $\begin{cases} \mathrm{d}z = f'(u)\mathrm{d}u \\ \mathrm{d}u = \varphi'(u)\mathrm{d}u + P(x)\mathrm{d}x - P(y)\mathrm{d}y \end{cases}$. 可解得 $\mathrm{d}z = \dfrac{f'(u)P(x)}{1-\varphi'(u)}\mathrm{d}x - \dfrac{f'(u)P(y)}{1-\varphi'(u)}\mathrm{d}y$，所以 $P(y)\dfrac{\partial z}{\partial x} + P(x)\dfrac{\partial z}{\partial y} = 0$.

例 9-20 设 $u = f(x,y,z)$ 有一阶连续偏导数，又 $y = y(x), z = z(x)$ 分别由下列两式确定：$e^{xy} - xy = 2$，$e^z = \int_0^{x-z} \dfrac{\sin t}{t}\mathrm{d}t$，求 $\dfrac{\mathrm{d}u}{\mathrm{d}x}$.

解：由 $\begin{cases} u = f(x,y,z) \\ e^{xy} - xy = 2 \\ e^z = \int_0^{x-z} \dfrac{\sin t}{t}\mathrm{d}t \end{cases}$，可得 $\begin{cases} \dfrac{\mathrm{d}u}{\mathrm{d}x} = f'_1 + f'_2 \dfrac{\mathrm{d}y}{\mathrm{d}x} + f'_3 \dfrac{\mathrm{d}z}{\mathrm{d}x} \\ e^{xy}(y + xy') - (y + xy') = 0 \\ e^z z' = \dfrac{\sin(x-z)}{x-z}(1-z') \end{cases}$. 解得 $y' = -\dfrac{y}{x}$，$z' = \dfrac{\sin(x-z)}{e^z(x-z) + \sin(x-z)}$，所以 $\dfrac{\mathrm{d}u}{\mathrm{d}x} = f'_1 - \dfrac{y}{x}f'_2 + \dfrac{\sin(x-z)f'_3}{e^z(x-z) + \sin(x-z)}$.

9.2.3 极值与最值

（1）应用题中求最值的解题步骤.

① 建立目标函数并写出相应的定义域 D. 如果有约束条件，也应同时写出.

② 求出驻点（有约束条件时，可用拉格朗日乘数法求出驻点）.

③ 按实际问题检查，如果最大（小）值必定存在，且最大（小）值点必定在 D 的内部.

④ 比较驻点处函数值的大小，即可得最值.

（2）设闭域 D 由光滑曲线 $\varphi(x,y) = 0$ 所围. 求函数 $z = f(x,y)$ 在 D 内最值的解题步骤.

① 求 $z = f(x,y)$ 在 D 内的驻点.

② 求函数 $F(x,y,\lambda) = f(x,y) + \lambda\varphi(x,y)$ 的驻点.

③ 比较函数 $f(x,y)$ 在上述两类驻点处的函数值大小, 即可得最值.

例 9-21 设函数 $u = u(x,y)$ 在闭域 D 内连续, 在 D 的内部可微. 若 u 满足方程 $3\dfrac{\partial u}{\partial x} + 4\dfrac{\partial u}{\partial y} + 5u = 0$ 且在 D 的边界 ∂D 上 $u = 0$, 求 u. 这样的 u 唯一吗? 为什么?

解: $u \equiv 0$ 是解且解唯一.

若有非零解 u. 由于 u 在闭域 D 内连续, 则 u 在 D 内必可取到最大值和最小值. 不妨设 u 的最大值在点 M_0 处达到且 $u(M_0) > 0$, 则 M_0 必为 D 的内点, 进而 M_0 必为 u 的驻点. 则在 M_0 处有 $3\dfrac{\partial u}{\partial x} + 4\dfrac{\partial u}{\partial y} + 5u > 0$, 矛盾.

例 9-22 设函数 $z = z(x,y)$ 由方程 $x^2 - 6xy + 10y^2 - 2yz - z^2 + 18 = 0$ 确定, 求 $z = z(x,y)$ 的极值点和极值.

解: 方程两端分别对 x, y 求导, 得

$$\begin{cases} 2x - 6y - 2yz'_x - 2zz'_x = 0 \\ -6x + 20y - 2z - 2yz'_y - 2zz'_y = 0 \end{cases}$$

令 $z'_x = 0$, $z'_y = 0$, 得 $\begin{cases} x = 3y \\ z = y \end{cases}$. 代入方程中解得驻点为 $(9,3)$, $(-9,-3)$. 计算得 $z(9,3) = 3$, $z(-9,-3) = -3$, 且

$$z''_{xx}(9,3) = \frac{1}{6}, \quad z''_{xy}(9,3) = -\frac{1}{2}, \quad z''_{yy}(9,3) = \frac{5}{3}$$

$$z''_{xx}(-9,-3) = -\frac{1}{6}, \quad z''_{xy}(-9,-3) = \frac{1}{2}, \quad z''_{yy}(-9,-3) = -\frac{5}{3}$$

验证得 $z(9,3) = 3$ 是极小值, $(9,3)$ 是极小值点; $z(-9,-3) = -3$ 是极大值, $(-9,-3)$ 是极大值点.

例 9-23 已知函数 $z = f(x,y)$ 的全微分 $dz = 2xdx - 2ydy$ 且 $f(1,1) = 2$, 求 $f(x,y)$ 在椭圆域 $D = \left\{(x,y) \mid x^2 + \dfrac{y^2}{4} \leq 1\right\}$ 内的最大值和最小值.

解: 由条件知 $z = f(x,y) = x^2 - y^2 + 2$. 令 $\begin{cases} \dfrac{\partial z}{\partial x} = 2x = 0 \\ \dfrac{\partial z}{\partial y} = -2y = 0 \end{cases}$, 解得驻点 $(0,0)$ 且 $f(0,0) = 2$.

在 D 的边界上 $z = x^2 - (4-4x^2) + 2 = 5x^2 - 2$, $-1 \leq x \leq 1$, 可能取到最值的点为 $(\pm 1, 0)$, $(0, \pm 2)$. 计算得 $f(\pm 1, 0) = 3$, $f(0, \pm 2) = -2$.

比较可知 $f(x,y)$ 在 D 内的最大值为 3, 最小值为 -2.

例 9-24 生产某种产品必须投入两种要素, 设 x_1, x_2 分别为两种要素的投入量, P_1, P_2 分别为两种要素的价格, Q 为产出量, 生产函数 $Q = 2x_1^\alpha x_2^\beta$, 其中, α, β 为正常数且 $\alpha + \beta = 1$. 问当产出量为 12 时, 两种要素各投入多少, 才能使投入总费用最小?

解: 令 $F(x_1, x_2, \lambda) = P_1 x_1 + P_2 x_2 + \lambda(x_1^\alpha x_2^\beta - 6)$. 则由

$$\begin{cases}\dfrac{\partial F}{\partial x_1}=P_1+\lambda\alpha x_1^{\alpha-1}x_2^{\beta}=0\\[6pt]\dfrac{\partial F}{\partial x_2}=P_2+\lambda\beta x_1^{\alpha}x_2^{\beta-1}=0\\[6pt]\dfrac{\partial F}{\partial \lambda}=x_1^{\alpha}x_2^{\beta}-6=0\end{cases}$$

解得 $\begin{cases} x_1=6\left(\dfrac{P_2\alpha}{P_1\beta}\right)^{\beta}\\[6pt] x_2=6\left(\dfrac{P_1\beta}{P_2\alpha}\right)^{\alpha}\end{cases}$.

故当两种要素分别投入为 $6\left(\dfrac{P_2\alpha}{P_1\beta}\right)^{\beta}$，$6\left(\dfrac{P_1\beta}{P_2\alpha}\right)^{\alpha}$ 时，投入总费用最小.

例 9-25 已知曲线 c：$\begin{cases}x^2+y^2-2z^2=0\\ x+y+3z=5\end{cases}$，求 c 上距离 xOy 平面最远的点和最近的点.

解：点 (x,y,z) 到 xOy 平面的距离为 $|z|$，故求 c 上距离 xOy 平面最远的点和最近的点的坐标等价于求函数 $H=z^2$ 在条件 $x^2+y^2-2z^2=0$ 与 $x+y+3z=5$ 下的最大值点和最小值点.

令 $L(x,y,z,\lambda,\mu)=z^2+\lambda(x^2+y^2-2z^2)+\mu(x+y+3z-5)$.

由 $\begin{cases}L'_x=2\lambda x+\mu=0\\ L'_y=2\lambda y+\mu=0\\ L'_z=2z-4\lambda z+3\mu=0\\ L'_\lambda=x^2+y^2-2z^2=0\\ L'_\mu=x+y+3z-5=0\end{cases}$，解得 $x=y$. 从而 $\begin{cases}2x^2-2z^2=0\\ 2x+3z=5\end{cases}$，则可得

$\begin{cases}x=-5\\ y=-5\\ z=5\end{cases}$ 或 $\begin{cases}x=1\\ y=1\\ z=1\end{cases}$.

根据几何意义，曲线 c 存在距离 xOy 平面最远的点和最近的点，故所求点依次为 $(-5,-5,5)$ 和 $(1,1,1)$.

例 9-26 已知 x,y,z 为实数，且 $\mathrm{e}^x+y^2+|z|=3$，证明 $\mathrm{e}^x y^2|z|\leq 1$.

证明：构造函数 $u=\mathrm{e}^x y^2(3-\mathrm{e}^x-y^2)$. 令

$$\begin{cases}\dfrac{\partial u}{\partial x}=\mathrm{e}^x y^2(3-\mathrm{e}^x-y^2)-\mathrm{e}^{2x}y^2=0\\[6pt] \dfrac{\partial u}{\partial y}=2y\mathrm{e}^x(3-\mathrm{e}^x-y^2)-2y^3\mathrm{e}^x=0\end{cases}$$

若 $y=0$，则方程组显然成立.

若 $y\neq 0$，则 $\begin{cases}3-2\mathrm{e}^x-y^2=0\\ 3-\mathrm{e}^x-2y^2=0\end{cases}$. 解得 $\begin{cases}x=0\\ y=1\end{cases}$，$\begin{cases}x=0\\ y=-1\end{cases}$.

而 $u(0,\pm 1)=1$，故 $\mathrm{e}^x y^2|z|\leq 1$.

9.2.4 多元函数微分学的几何应用

1. 曲面的切平面、法线

关键在于寻找曲面的法向量.

曲面 $S: F(x,y,z)=0$ 在点 M_0 处的法向量为 $\boldsymbol{n}|_{M_0}=(F_x', F_y', F_z')|_{M_0}$.

曲面 $S: z=f(x,y)$ 在点 M_0 处的法向量为 $\boldsymbol{n}|_{M_0}=(f_x', f_y', -1)|_{M_0}$.

曲面 $S: \begin{cases} x=x(u,v) \\ y=y(u,v) \\ z=z(u,v) \end{cases}$ 在点 M_0 处的法向量为 $\boldsymbol{n}|_{(u_0,v_0)}=\begin{vmatrix} \boldsymbol{i} & \boldsymbol{j} & \boldsymbol{k} \\ \dfrac{\partial x}{\partial u} & \dfrac{\partial y}{\partial u} & \dfrac{\partial z}{\partial u} \\ \dfrac{\partial x}{\partial v} & \dfrac{\partial y}{\partial v} & \dfrac{\partial z}{\partial v} \end{vmatrix}_{(u_0,v_0)}$.

2. 曲线的切线、法平面

关键在于寻找曲线的切向量.

曲线 $\Gamma: \begin{cases} x=x(t) \\ y=y(t) \\ z=z(t) \end{cases}$ 在 $t=t_0$ 对应点处的切向量为 $\boldsymbol{\tau}|_{t=t_0}=(x'(t_0), y'(t_0), z'(t_0))$.

曲线 $\Gamma: \begin{cases} F(x,y,z)=0 \\ G(x,y,z)=0 \end{cases}$ 在点 M_0 处的切向量为 $\boldsymbol{\tau}|_{M_0}=\begin{vmatrix} \boldsymbol{i} & \boldsymbol{j} & \boldsymbol{k} \\ \dfrac{\partial F}{\partial x} & \dfrac{\partial F}{\partial y} & \dfrac{\partial F}{\partial z} \\ \dfrac{\partial G}{\partial x} & \dfrac{\partial G}{\partial y} & \dfrac{\partial G}{\partial z} \end{vmatrix}_{M_0}$.

例 9-27 设函数 $f(x,y)$ 在点 $(0,0)$ 附近有定义，且 $\begin{cases} f_x'(0,0)=3 \\ f_y'(0,0)=1 \end{cases}$，则（　　）.

(A) $dz|_{(0,0)}=3dx+dy$

(B) 曲面 $z=f(x,y)$ 在点 $(0,0,f(0,0))$ 处的法向量为 $(3,1,1)$

(C) 曲线 $\begin{cases} z=f(x,y) \\ y=0 \end{cases}$ 在点 $(0,0,f(0,0))$ 处的切向量为 $(1,0,3)$

(D) 曲线 $\begin{cases} z=f(x,y) \\ y=0 \end{cases}$ 在点 $(0,0,f(0,0))$ 处的切向量为 $(3,0,1)$

解：选择（C）. 曲线 $\begin{cases} x=x \\ y=0 \\ z=f(x,0) \end{cases}$ 在 $x=0$ 对应点处的切向量为 $\boldsymbol{\tau}=(1,0,3)$.

例 9-28 求曲线 $\Gamma: \begin{cases} x=\int_0^t e^u\cos u\, du \\ y=2\sin t+\cos t \\ z=1+e^{3t} \end{cases}$ 在 $t=0$ 对应点处的切线和法平面方程.

解：$t=0$ 对应点 $M_0(0,1,2)$. 点 M_0 处的切向量为

$$\tau|_{t=0} = (e^t \cos t, 2\cos t - \sin t, 3e^{3t})|_{t=0} = (1,2,3)$$

切线方程为 $\dfrac{x-0}{1} = \dfrac{y-1}{2} = \dfrac{z-2}{3}$.

法平面方程为 $x + 2y + 3z - 8 = 0$.

例 9-29 求曲线 $\begin{cases} x^2 + y^2 + z^2 = 6 \\ x + y + z = 0 \end{cases}$ 在点 $M_0(1,-2,1)$ 处的切线和法平面方程.

解：曲线过点 $M_0(1,-2,1)$. 在点 M_0 处的切向量为

$$\tau|_{M_0} = \begin{vmatrix} \boldsymbol{i} & \boldsymbol{j} & \boldsymbol{k} \\ 2x & 2y & 2z \\ 1 & 1 & 1 \end{vmatrix}_{(1,-2,1)} = -6\boldsymbol{i} + 6\boldsymbol{k}$$

切线方程为 $\dfrac{x-1}{-1} = \dfrac{y+2}{0} = \dfrac{z-1}{1}$.

法平面方程为 $x - z = 0$.

例 9-30 设直线 $L: \begin{cases} x + y + b = 0 \\ x + ay - z - 3 = 0 \end{cases}$ 在平面 π 上，平面 π 与曲面 $z = x^2 + y^2$ 相切于点 $(1,-2,5)$，求 a, b 的值.

解：曲面 $z = x^2 + y^2$ 在点 $(1,-2,5)$ 处的法向量为

$$\boldsymbol{n}|_{(1,-2,5)} = (2x, 2y, -1)|_{(1,-2,5)} = (2, -4, -1)$$

平面 π 为点 $(1,-2,5)$ 处的切平面，其方程为

$$2(x-1) - 4(y+2) - (z-5) = 0$$

即 $2x - 4y - z - 5 = 0$. 由于直线 L 在平面 π 上，则方程组

$$\begin{cases} x + y + b = 0 \\ x + ay - z - 3 = 0 \\ 2x - 4y - z - 5 = 0 \end{cases}$$

有无穷多解. 所以，$a = -5, b = -2$.

例 9-31 求过直线 $L: \begin{cases} x + 2y + z - 1 = 0 \\ x - y - 2z + 3 = 0 \end{cases}$ 且与曲线 $\begin{cases} x^2 + y^2 = \dfrac{1}{2}z^2 \\ x + y + 2z = 4 \end{cases}$ 在点 $(1,-1,2)$ 处的切线平行的平面方程.

解：设过直线 L 的平面束方程为 $x + 2y + z - 1 + \lambda(x - y - 2z + 3) = 0$，即

$$(1+\lambda)x + (2-\lambda)y + (1-2\lambda)z - 1 + 3\lambda = 0$$

曲线在 $(1,-1,2)$ 处的切向量 $\tau|_{(1,-1,2)} = \begin{vmatrix} \boldsymbol{i} & \boldsymbol{j} & \boldsymbol{k} \\ 2x & 2y & -z \\ 1 & 1 & 2 \end{vmatrix}_{(1,-1,2)} = (-2, -6, 4)$. 故

$$-2(1+\lambda) - 6(2-\lambda) + 4(1-2\lambda) = 0$$

解得 $\lambda = -\dfrac{5}{2}$。所求平面方程为 $3x - 9y - 12z + 17 = 0$.

例 9-32 求 $x^2 + 2y^2 + 3z^2 = 21$ 上点 M_0 处切平面 π 的方程，使得平面 π 过直线 $\dfrac{x-6}{2} = \dfrac{y-3}{1} = \dfrac{2z-1}{-2}$.

解： 曲面在点 $M_0(x_0, y_0, z_0)$ 处切平面 π 的方程为
$$x_0 x + 2y_0 y + 3z_0 z = 21$$

平面 π 过点 $\left(0, 0, \dfrac{7}{2}\right)$，$\left(6, 3, \dfrac{1}{2}\right)$. 代入 π 的方程有

$$\begin{cases} 3z_0 \cdot \dfrac{7}{2} = 21 \\ 6x_0 + 6y_0 + \dfrac{3}{2} z_0 = 21 \end{cases}$$

由于 $x_0^2 + 2y_0^2 + 3z_0^2 = 21$，解得 $\begin{cases} x_0 = 3 \\ y_0 = 0 \\ z_0 = 2 \end{cases}$ 或 $\begin{cases} x_0 = 1 \\ y_0 = 2 \\ z_0 = 2 \end{cases}$.

故所求平面 π 的方程为 $x + 2z = 7$ 或 $x + 4y + 6z = 21$.

例 9-33 求曲面 $2x^2 + 3y^2 + z^2 = 9$ 的切平面方程，使其平行于平面 $2x - 3y + 2z + 1 = 0$.

解： 曲面上点 (x, y, z) 处的法向量 $\boldsymbol{n} = (4x, 6y, 2z)$. 由条件得，$\dfrac{4x}{2} = \dfrac{6y}{-3} = \dfrac{2z}{2}$，从而切点坐标为 $(1, -1, 2)$ 或 $(-1, 1, -2)$. 于是所求平面方程为
$$2(x-1) - 3(y+1) + 2(z-2) = 0 \text{ 或 } 2(x+1) - 3(y-1) + 2(z+2) = 0$$

9.2.5 方向导数、梯度与泰勒公式

例 9-34 设 $u = \ln(x^2 + y^2 + z^2)$. 求 u 在点 $M_0(2, 1, 1)$ 处沿曲面 S 在点 M_0 处的内法线方向的方向导数，其中，S 为曲线 $\begin{cases} 3x^2 + 2y^2 = 17 \\ z = 0 \end{cases}$ 绕 y 轴旋转一周所得的旋转面.

解： 函数 u 在点 M_0 处沿方向 $\boldsymbol{n}$ 的方向导数为
$$\left.\dfrac{\partial u}{\partial \boldsymbol{n}}\right|_{M_0} = \left.\dfrac{\partial u}{\partial x}\right|_{M_0} \cos(\widehat{\boldsymbol{n}, \boldsymbol{i}}) + \left.\dfrac{\partial u}{\partial y}\right|_{M_0} \cos(\widehat{\boldsymbol{n}, \boldsymbol{j}}) + \left.\dfrac{\partial u}{\partial z}\right|_{M_0} \cos(\widehat{\boldsymbol{n}, \boldsymbol{k}})$$

曲面 S 的方程为 $3(x^2 + z^2) + 2y^2 = 17$. 所以，在点 M_0 处的内法线方向向量为
$$\boldsymbol{n}|_{M_0} = -(6x, 4y, 6z)_{M_0} = -(12, 4, 6)$$

单位法向量为
$$\boldsymbol{n}^0|_{M_0} = (\cos(\widehat{\boldsymbol{n}, \boldsymbol{i}}), \cos(\widehat{\boldsymbol{n}, \boldsymbol{j}}), \cos(\widehat{\boldsymbol{n}, \boldsymbol{k}})) = \left(-\dfrac{6}{7}, -\dfrac{2}{7}, -\dfrac{3}{7}\right)$$

由于
$$\left.\dfrac{\partial u}{\partial x}\right|_{M_0} = \left.\dfrac{2x}{x^2 + y^2 + z^2}\right|_{M_0} = \dfrac{2}{3}, \quad \left.\dfrac{\partial u}{\partial y}\right|_{M_0} = \left.\dfrac{2y}{x^2 + y^2 + z^2}\right|_{M_0} = \dfrac{1}{3}, \quad \left.\dfrac{\partial u}{\partial z}\right|_{M_0} = \left.\dfrac{2z}{x^2 + y^2 + z^2}\right|_{M_0} = \dfrac{1}{3}$$

所以 $\dfrac{\partial u}{\partial \boldsymbol{n}}\bigg|_{M_0} = -\dfrac{17}{21}$.

例 9-35 设 $z = z(x,y)$ 由方程 $z^3 - 2xz + y = 0$ 确定，且 $z(1,1) = 1$，求 $z(x,y)$ 在点 $(1,1)$ 处带皮亚诺余项的二阶泰勒公式.

解： $z(x,y) = z(1,1) + z'_x(1,1)(x-1) + z'_y(1,1)(y-1)$
$$+ \frac{1}{2}[z''_{xx}(1,1)(x-1)^2 + 2z''_{xy}(1,1)(x-1)(y-1) + z''_{yy}(1,1)(y-1)^2]$$
$$+ o[(x-1)^2 + (y-1)^2]$$

由于 $z^3 - 2xz + y = 0$，则 $3z^2 z'_x - 2z - 2xz'_x = 0$，且 $3z^2 z'_y - 2xz'_y + 1 = 0$. 所以，$z'_x(1,1) = 2$，$z'_y(1,1) = -1$. 另外，可计算得 $z''_{xx}(1,1) = -16$，$z''_{xy}(1,1) = 10$，$z''_{yy}(1,1) = -6$. 故

$$z(x,y) = 1 + 2(x-1) - (y-1) + \frac{1}{2}[-16(x-1)^2 + 20(x-1)(y-1) - 6(y-1)^2] + o((x-1)^2 + (y-1)^2)$$

9.3 习题

1. 选择题.

（1）下列函数在点 $(0,0)$ 处不可微的是（   ）.

（A）$f(x,y) = \begin{cases} \dfrac{x^2 y^2}{x^2 + y^2}, & x^2 + y^2 \neq 0 \\ 0, & x^2 + y^2 = 0 \end{cases}$
（B）$f(x,y) = \begin{cases} xy\dfrac{x^2 - y^2}{x^2 + y^2}, & x^2 + y^2 \neq 0 \\ 0, & x^2 + y^2 = 0 \end{cases}$

（C）$f(x,y) = \begin{cases} xy\dfrac{x-y}{\sqrt{x^2 + y^2}}, & x^2 + y^2 \neq 0 \\ 0, & x^2 + y^2 = 0 \end{cases}$
（D）$f(x,y) = \begin{cases} xy\dfrac{x-y}{x^2 + y^2}, & x^2 + y^2 \neq 0 \\ 0, & x^2 + y^2 = 0 \end{cases}$

（2）设函数 $f(x,y)$ 在区域 D 内可微，下列说法中不正确的是（   ）.

（A）若在 D 内有 $\dfrac{\partial f}{\partial x} = \dfrac{\partial f}{\partial y} = 0$，则 $f(x,y) \equiv$ 常数

（B）若在 D 内任何一点处沿两个不共线方向的方向导数都为零，则 $f(x,y) \equiv$ 常数

（C）若在 D 内有 $\mathrm{d}f(x,y) \equiv 0$，则 $f(x,y) \equiv$ 常数

（D）若在 D 内有 $x\dfrac{\partial f}{\partial x} + y\dfrac{\partial f}{\partial y} \equiv 0$，则 $f(x,y) \equiv$ 常数

（3）设函数 $z = z(x,y)$ 由方程 $F\left(\dfrac{y}{x}, \dfrac{z}{x}\right) = 0$ 确定，其中 F 为可微函数，且 $F'_z \neq 0$，则 $x\dfrac{\partial z}{\partial x} + y\dfrac{\partial z}{\partial y} = $（   ）.

（A）x （B）z （C）$-x$ （D）$-z$

（4）设函数 $f(x)$ 有二阶连续导数，且 $f(x) > 0, f'(0) = 0$，则函数 $z = f(x)\ln f(y)$ 在点 $(0,0)$ 处取得极小值的一个充分条件是（   ）.

（A）$f(0) > 1, f''(0) > 0$ （B）$f(0) > 1, f''(0) < 0$
（C）$f(0) < 1, f''(0) > 0$ （D）$f(0) < 1, f''(0) < 0$

(5) 设函数 $f(x),g(x)$ 均有二阶连续导数，满足 $f(0)>0$，$g(0)<0$，且 $f'(0)=g'(0)=0$，则函数 $z=f(x)g(y)$ 在点 $(0,0)$ 处取得极小值的一个充分条件是（　　）.

(A) $f''(0)<0$，$g''(0)>0$
(B) $f''(0)<0$，$g''(0)<0$
(C) $f''(0)>0$，$g''(0)>0$
(D) $f''(0)>0$，$g''(0)<0$

(6) 若函数 $f(x,y)$ 在点 $(0,0)$ 处连续，则下列命题正确的是（　　）.

(A) 若极限 $\lim\limits_{\substack{x\to 0\\y\to 0}}\dfrac{f(x,y)}{|x|+|y|}$ 存在，则 $f(x,y)$ 在点 $(0,0)$ 处可微

(B) 若极限 $\lim\limits_{\substack{x\to 0\\y\to 0}}\dfrac{f(x,y)}{x^2+y^2}$ 存在，则 $f(x,y)$ 在点 $(0,0)$ 处可微

(C) 若 $f(x,y)$ 在点 $(0,0)$ 处可微，则极限 $\lim\limits_{\substack{x\to 0\\y\to 0}}\dfrac{f(x,y)}{|x|+|y|}$ 存在

(D) 若 $f(x,y)$ 在点 $(0,0)$ 处可微，则极限 $\lim\limits_{\substack{x\to 0\\y\to 0}}\dfrac{f(x,y)}{x^2+y^2}$ 存在

(7) 曲面 $x^2+\cos xy+yz+x=0$ 在点 $(0,1,-1)$ 处的切平面方程为（　　）.

(A) $x-y+z=-2$
(B) $x+y+z=0$
(C) $x-2y+z=-3$
(D) $x-y-z=0$

(8) 设函数 $f(x,y)$ 可微，且对任意的 x,y，有 $\dfrac{\partial f(x,y)}{\partial x}>0$，$\dfrac{\partial f(x,y)}{\partial y}<0$，则使不等式 $f(x_1,y_1)<f(x_2,y_2)$ 成立的一个充分条件是（　　）.

(A) $x_1>x_2$，$y_1<y_2$
(B) $x_1>x_2$，$y_1>y_2$
(C) $x_1<x_2$，$y_1<y_2$
(D) $x_1<x_2$，$y_1>y_2$

(9) 设函数 $u(x,y)$ 在有界闭区域 D 上连续，在 D 内有二阶连续偏导数，且满足 $\dfrac{\partial^2 u}{\partial x\partial y}\neq 0$ 及 $\dfrac{\partial^2 u}{\partial x^2}+\dfrac{\partial^2 u}{\partial y^2}=0$，则（　　）.

(A) $u(x,y)$ 的最大值和最小值均在 D 的边界上取得
(B) $u(x,y)$ 的最大值和最小值均在 D 的内部取得
(C) $u(x,y)$ 的最大值在 D 的内部取得，最小值在 D 的边界上取得
(D) $u(x,y)$ 的最小值在 D 的内部取得，最大值在 D 的边界上取得

(10) 设 $z=\dfrac{y}{x}f(xy)$，其中函数 f 可微，则 $\dfrac{x}{y}\dfrac{\partial z}{\partial x}+\dfrac{\partial z}{\partial y}=$（　　）.

(A) $2yf'(xy)$
(B) $-2yf'(xy)$
(C) $\dfrac{2}{x}f(xy)$
(D) $-\dfrac{2}{x}f(xy)$

(11) 设函数 $f(u,v)$ 满足 $f(x+y,\dfrac{y}{x})=x^2-y^2$，则 $\dfrac{\partial f}{\partial u}\bigg|_{\substack{u=1\\v=1}}$ 与 $\dfrac{\partial f}{\partial v}\bigg|_{\substack{u=1\\v=1}}$ 依次是（　　）.

(A) $\dfrac{1}{2},0$
(B) $0,\dfrac{1}{2}$
(C) $-\dfrac{1}{2},0$
(D) $0,-\dfrac{1}{2}$

(12) 已知函数 $f(x,y) = \dfrac{e^x}{x-y}$，则（　　）.

(A) $f'_x - f'_y = 0$ (B) $f'_x + f'_y = 0$

(C) $f'_x - f'_y = f$ (D) $f'_x + f'_y = f$

(13) 设 $f(x,y)$ 有一阶偏导数，且对任意的 (x,y)，有 $\dfrac{\partial f(x,y)}{\partial x} > 0$，$\dfrac{\partial f(x,y)}{\partial y} < 0$，则（　　）.

(A) $f(0,0) > f(1,1)$ (B) $f(0,0) < f(1,1)$

(C) $f(0,1) > f(1,0)$ (D) $f(0,1) < f(1,0)$

(14) 函数 $f(x,y,z) = x^2 y + z^2$ 在点 $(1,2,0)$ 处沿向量 $\boldsymbol{n} = (1,2,2)$ 的方向导数为（　　）.

(A) 12   (B) 6   (C) 4   (D) 2

(15) 过点 $(1,0,0),(0,1,0)$ 且与曲面 $z = x^2 + y^2$ 相切的平面为（　　）.

(A) $z = 0$ 与 $x + y - z = 1$ (B) $z = 0$ 与 $2x + 2y - z = 2$

(C) $x = y$ 与 $x + y - z = 1$ (D) $x = y$ 与 $2x + 2y - z = 2$

(16) 设函数 $f(x,y)$ 在点 $(0,0)$ 处可微，$f(0,0) = 0$，$\boldsymbol{n} = \left(\dfrac{\partial f}{\partial x}, \dfrac{\partial f}{\partial y}, -1\right)\bigg|_{(0,0)}$ 且非零向量 $\boldsymbol{d}$ 与 $\boldsymbol{n}$ 垂直，则（　　）.

(A) $\lim\limits_{(x,y)\to(0,0)} \dfrac{|\boldsymbol{n}\cdot(x,y,f(x,y))|}{\sqrt{x^2+y^2}}$ 存在

(B) $\lim\limits_{(x,y)\to(0,0)} \dfrac{|\boldsymbol{n}\times(x,y,f(x,y))|}{\sqrt{x^2+y^2}}$ 存在

(C) $\lim\limits_{(x,y)\to(0,0)} \dfrac{|\boldsymbol{d}\cdot(x,y,f(x,y))|}{\sqrt{x^2+y^2}}$ 存在

(D) $\lim\limits_{(x,y)\to(0,0)} \dfrac{|\boldsymbol{d}\times(x,y,f(x,y))|}{\sqrt{x^2+y^2}}$ 存在

(17) 关于函数 $f(x,y) = \begin{cases} xy, & xy \neq 0 \\ x, & y = 0 \\ y, & x = 0 \end{cases}$，给出下列结论：

① $\dfrac{\partial f}{\partial x}\bigg|_{(0,0)} = 1$；② $\dfrac{\partial^2 f}{\partial x \partial y}\bigg|_{(0,0)} = 1$；③ $\lim\limits_{(x,y)\to(0,0)} f(x,y) = 0$；④ $\lim\limits_{y\to 0}\lim\limits_{x\to 0} f(x,y) = 0$，其中正确的个数为（　　）.

(A) 4   (B) 3   (C) 2   (D) 1

2. 设 $z = \arctan\dfrac{x}{1+y^2}$，求 $dz\big|_{(1,1)}$.

3. 设 $z = \sqrt{|xy|}$，求 $\dfrac{\partial z}{\partial x}\bigg|_{(0,0)}$.

4. 设 $f(x,y) = \begin{cases} \dfrac{x^3 y}{x^6 + y^6}, & x^2 + y^2 \neq 0 \\ 0, & x^2 + y^2 = 0 \end{cases}$. 证明 $f(x,y)$ 在点 $(0,0)$ 处不连续，两个一阶偏导数都存在，但两个偏导数在点 $(0,0)$ 处不连续.

5. 试证 $f(x,y) = \begin{cases} \dfrac{x^3 + y^3}{x^2 + y^2}, & x^2 + y^2 \neq 0 \\ 0, & x^2 + y^2 = 0 \end{cases}$ 在点 $(0,0)$ 处一阶偏导数存在，但不可微.

6. 设当 $(x,y) \neq (0,0)$ 时，$f(x,y) = \dfrac{xy^3}{x^2 + y^2}$，且 $f(0,0) = 0$，求 $f''_{xy}(0,0)$ 与 $f''_{yx}(0,0)$.

7. 若函数 $f(x,y)$ 在点 (x_0, y_0) 处沿任何方向的方向导数都存在且相等，问 $f(x,y)$ 在点 (x_0, y_0) 处偏导数是否存在？是否可微？

8. 已知方程 $y\dfrac{\partial z}{\partial x} - x\dfrac{\partial z}{\partial y} = (y-x)z$，做变换 $u = x^2 + y^2$，$v = \dfrac{1}{x} + \dfrac{1}{y}$，$w = \ln z - (x+y)$，其中 $w = w(u,v)$，求经过变换后原方程化成的关于 u, v, w 的形式.

9. 设 $u = x^2 y + 2xy^2 - 3yz^2$，求 $\mathrm{div}(\mathrm{grad}\, u)$.

10. 求数量场 $u = x^2 yz + 4xz^2$ 在点 $(1,-2,1)$ 处的梯度，以及在该点处沿方向 $\boldsymbol{l} = 2\boldsymbol{i} - \boldsymbol{j} - 2\boldsymbol{k}$ 的方向导数.

11. 设 $w = f(x+y, xyz)$，其中，f 有二阶连续偏导数，求 $\mathrm{div}(\mathrm{grad}\, w)$.

12. 求向量场 $\boldsymbol{A} = 2x^3 yz\boldsymbol{i} - x^2 y^2 z\boldsymbol{j} - x^2 yz^2 \boldsymbol{k}$ 的散度 $\mathrm{div}\boldsymbol{A}$ 在点 $M(1,1,2)$ 处沿方向 $\boldsymbol{l} = 2\boldsymbol{i} + 2\boldsymbol{j} - \boldsymbol{k}$ 的方向导数，$\mathrm{div}\boldsymbol{A}$ 在点 M 处沿哪个方向的方向导数最大？求此最大值.

13. 求函数 $u = \dfrac{x}{x^2 + y^2 + z^2}$ 在点 $A(1,2,2)$ 及 $B(-3,1,0)$ 处梯度之间的夹角.

14. 已知 $f(x,y,z) = x^3 y^2 z^2$，其中 $z = z(x,y)$ 由方程 $x^3 + y^3 + z^3 - 3xyz = 0$ 所确定，求 $\dfrac{\partial}{\partial x}[f(x,y,z(x,y))]$.

15. 设函数 $u(x,y) = \varphi(x+y) + \varphi(x-y) + \displaystyle\int_{x-y}^{x+y} \psi(t)\mathrm{d}t$，其中 φ 有二阶导数，ψ 有一阶导数，求 $\dfrac{\partial^2 u}{\partial x^2}$，$\dfrac{\partial^2 u}{\partial x \partial y}$，$\dfrac{\partial^2 u}{\partial y^2}$.

16. 设 $z = f(x^2 - y^2, \mathrm{e}^{xy})$，其中 f 有连续二阶偏导数，求 z'_x, z'_y, z''_{xy}.

17. 设 $f(u,v)$ 有二阶连续偏导数，且满足 $\dfrac{\partial^2 f}{\partial u^2} + \dfrac{\partial^2 f}{\partial v^2} = 1$，又 $g(x,y) = f\left[xy, \dfrac{1}{2}(x^2 - y^2)\right]$，求 $\dfrac{\partial^2 g}{\partial x^2} + \dfrac{\partial^2 g}{\partial y^2}$.

18. 设 $z = f(x, 2x-y, xy)$，其中 f 有二阶连续偏导数，求 $\dfrac{\partial z}{\partial x}$，$\dfrac{\partial^2 z}{\partial x \partial y}$.

19. 若 $f(u,v)$ 满足 $\dfrac{\partial^2 f}{\partial u^2} + \dfrac{\partial^2 f}{\partial v^2} = 0$，证明 $z = f(x^2 - y^2, 2xy)$ 满足 $\dfrac{\partial^2 z}{\partial x^2} + \dfrac{\partial^2 z}{\partial y^2} = 0$.

20. 设 $z=z(x,y)$ 由方程 $x^2+y^2+z^2=yf\left(\dfrac{z}{y}\right)$ 所确定，且 $f'\left(\dfrac{z}{y}\right)\neq 2z$，证明

$$(x^2-y^2-z^2)\dfrac{\partial z}{\partial x}+2xy\dfrac{\partial z}{\partial y}=2xz$$

21. 设 $z=f(\mathrm{e}^x\sin y, x^2+y^2)$ 有二阶连续偏导数，求 $\dfrac{\partial^2 z}{\partial x \partial y}$.

22. 设 $z=z(x,y)$ 由方程 $x+y-z=\mathrm{e}^z$ 所确定，求 $\dfrac{\partial^2 z}{\partial x \partial y}$.

23. 设函数 $z=z(u,v)$ 有连续二阶偏导数．在变换 $u=x-2y, v=x+ay$ 下，方程 $6\dfrac{\partial^2 z}{\partial x^2}+\dfrac{\partial^2 z}{\partial x \partial y}-\dfrac{\partial^2 z}{\partial y^2}=0$ 可化为 $\dfrac{\partial^2 z}{\partial u \partial v}=0$，求 a.

24. 设 $u=f(x,y,z)$，$\varphi(x^2,\mathrm{e}^y,z)=0$，$y=\sin x$，其中 f,φ 有一阶连续偏导数，且 $\dfrac{\partial \varphi}{\partial z}\neq 0$，求 $\dfrac{\mathrm{d}u}{\mathrm{d}x}$.

25. 求方程 $\dfrac{\partial^2 z}{\partial y^2}=2$ 满足 $z(x,0)=1$，$z'_y(x,0)=x$ 的解 $z=z(x,y)$.

26. 设函数 $z=f(x,y)$ 在点 $(1,1)$ 处可微，且 $f(1,1)=1$，$\dfrac{\partial f}{\partial x}(1,1)=2$，$\dfrac{\partial f}{\partial y}(1,1)=3$，$\varphi(x)=f(x,f(x,x))$，求 $\dfrac{\mathrm{d}}{\mathrm{d}x}(\varphi^3(x))\big|_{x=1}$.

27. 设函数 $z=f(x,y)$ 二阶偏导数连续，且 $f'_y\neq 0$．证明：对任意的常数 C，$f(x,y)=C$ 为一直线的充要条件是 $(f'_y)^2 f''_{xx}-2f'_x f'_y f''_{xy}+(f'_x)^2 f''_{yy}=0$.

28. 设 $\begin{cases} x=-u^2+v+z \\ y=u+vz \end{cases}$，求 $\dfrac{\partial u}{\partial x}, \dfrac{\partial v}{\partial x}, \dfrac{\partial u}{\partial z}$.

29. 设由 $\begin{cases} u=f(ux,v+y) \\ v=g(u-x,v^2 y) \end{cases}$ 确定 u,v 是 x,y 函数，其中 f,g 都有一阶连续偏导数，求 $\dfrac{\partial u}{\partial x}, \dfrac{\partial v}{\partial x}$.

30. 设由 $x=\varphi(u,v)$，$y=\psi(u,v)$，$z=f(u,v)$ 确定 z 是 x,y 的二元函数，求 $\dfrac{\partial z}{\partial x}, \dfrac{\partial z}{\partial y}$.

31. 求曲线 $\begin{cases} xyz=1 \\ y^2=x \end{cases}$ 在点 $M_0(1,1,1)$ 处的切线方程.

32. 设 $\Gamma:\begin{cases} x=x(t) \\ y=y(t) \end{cases}$ ($\alpha<t<\beta$) 是区域 D 内的光滑曲线，即 $x(t),y(t)$ 在 (α,β) 内有连续导数，且 $x'^2(t)+y'^2(t)\neq 0$. 若 $f(x,y)$ 在 D 内有一阶连续偏导数，且 $P_0\in\Gamma$ 是 $f(x,y)$ 在 Γ 上的极值点，求证 $f(x,y)$ 在点 P_0 处沿 Γ 的切线方向的方向导数为 0.

33. 求曲线 $x=\dfrac{t}{1+t}$，$y=\dfrac{1+t}{t}$，$z=t^2$ 在 $t=1$ 对应点处的切线方程及法平面方程.

34．求曲面 $az = x^2 + y^2$ 在其与直线 $x = y = z$ 交点处的切平面方程．

35．设 $f' \neq 0$．证明曲面 $z = f(x^2 + y^2)$ 上任意一点处的法线与 z 轴相交．

36．求平面方程，使此平面包含曲线 $x = \varphi_1(t)$，$y = \varphi_2(t)$，$z = \varphi_3(t)$ 在 $t = t_0$ 时的切线，且过切线外一点 $M_1(x_1, y_1, z_1)$．

37．证明曲面 $z = xf\left(\dfrac{y}{x}\right)$ 上任意一点的切平面都经过坐标原点．

38．设 $F(u, v)$ 是可微的二元函数，证明曲面 $F(cx - az, cy - bz) = 0$ 上各点处的法向量都垂直于常向量 $A = (a, b, c)$．

39．求曲面 $z = x^2 + y^2$ 与平面 $2x + 4y - z = 0$ 平行的切平面方程．

40．求正数 λ，使曲面 $xyz = \lambda$ 与椭球面 $\dfrac{x^2}{a^2} + \dfrac{y^2}{b^2} + \dfrac{z^2}{c^2} = 1$ 在第一卦限内相切，并求出在切点处两曲面的公共切平面方程．

41．设函数 $u = f(x, y)$ 有二阶连续偏导数，且满足 $4\dfrac{\partial^2 u}{\partial x^2} + 12\dfrac{\partial^2 u}{\partial x \partial y} + 5\dfrac{\partial^2 u}{\partial y^2} = 0$．试确定 a, b 的值，使等式在变换 $\zeta = x + ay, \eta = x + by$ 下可化为 $\dfrac{\partial^2 u}{\partial \zeta \partial \eta} = 0$．

42．已知三角形周长为 $2P$，求三角形，使它绕着其中一边旋转一周所构成立体的体积最大．

43．求在条件 $x + 2y + 3z = a$ 下，函数 $u = x^3 y^2 z$（$x > 0, y > 0, z > 0$）的最大值，其中 $a > 0$．

44．已知四边形四个边长分别为 a, b, c, d，问何时四边形面积最大？

45．求椭圆 $x^2 + 2xy + 5y^2 - 16y = 0$ 与直线 $x + y - 6 = 0$ 之间的最短距离．

46．设长方体的三个面在坐标平面上，其一个顶点在平面 $\dfrac{x}{a} + \dfrac{y}{b} + \dfrac{z}{c} = 1$（$a > 0, b > 0, c > 0$）上，求其最大体积．

47．求二元函数 $z = f(x, y) = x^2 y(4 - x - y)$ 在由直线 $x + y = 6$、x 轴和 y 轴所围成闭区域 D 上的极值、最大值与最小值．

48．求由方程 $2x^2 + 2y^2 + z^2 + 8xz - z + 8 = 0$ 所确定的隐函数 $z = z(x, y)$ 的极值．

49．求函数 $f(x, y) = x^2 + 2y^2 - x^2 y^2$ 在区域 $D = \{(x, y) \mid x^2 + y^2 \leq 4, y \geq 0\}$ 上的最大值和最小值．

50．设 $P(x^*, y^*)$ 是椭圆 $\Gamma : \dfrac{x^2}{a^2} + \dfrac{y^2}{b^2} = 1$ 外一点，点 $M_0(x_0, y_0)$ 是 Γ 上与点 P 距离最近的点，求证 M_0 与 P 的连线是椭圆 Γ 在点 M_0 处的法线．

51．设 $u = f(\sqrt{x^2 + y^2}, z)$，其中 f 有二阶连续偏导数．若函数 $z = z(x, y)$ 由方程 $xy + x + y - z = e^z$ 所确定，求 $\dfrac{\partial^2 u}{\partial x \partial y}$．

52．设 $u = f(x, z)$，其中 $f(x, z)$ 有一阶连续偏导数．若函数 $z = z(x, y)$ 由方程 $z = x + y\varphi(z)$ 所确定，而 $\varphi(z)$ 有连续导数，求 $\mathrm{d}u$．

53．设 $u = x - 2\sqrt{y}$，$v = x + 2\sqrt{y}$．若以 u, v 作为新的自变量，变换方程

$$\frac{\partial^2 z}{\partial x^2} - y\frac{\partial^2 z}{\partial y^2} = \frac{1}{2}\frac{\partial z}{\partial y}, \quad y > 0$$

求解该方程.

54. 设平面 π 是椭球面 $x^2 + \frac{1}{2}y^2 + z^2 = \frac{5}{2}$ 的切平面. 若 π 平行于直线 $L_1: x = t, y = 1 + 2t$, $z = -2 + 2t$ 及 $L_2: \begin{cases} x - 2y + 4z - 8 = 0 \\ 2x + y - 2z + 4 = 0 \end{cases}$.

（1）求平面 π 的方程；
（2）求直线 L_1 到平面 π 的距离.

55. 设函数 $F(x,y) = \int_0^{xy} \frac{\sin t}{1+t^2} dt$，求 $\left.\frac{\partial^2 F}{\partial x^2}\right|_{(0,2)}$.

56. 设函数 $z = f(xy, yg(x))$，其中函数 f 有二阶连续偏导数，函数 $g(x)$ 可导，且在 $x = 1$ 处取得极值 $g(1) = 1$. 求 $\left.\frac{\partial^2 z}{\partial x \partial y}\right|_{(1,1)}$.

57. 求 $\left.\text{grad}\left(xy + \frac{z}{y}\right)\right|_{(2,1,1)}$.

58. 求函数 $f(x,y) = xe^{-\frac{x^2+y^2}{2}}$ 的极值.

59. 设 $z = f\left(\ln x + \frac{1}{y}\right)$，其中 $f(u)$ 可微，求 $x\frac{\partial z}{\partial x} + y^2\frac{\partial z}{\partial y}$.

60. 求函数 $f(x,y) = \left(y + \frac{x^3}{3}\right)e^{x+y}$ 的极值.

61. 求曲线 $x^3 - xy + y^3 = 1$ （$x \geq 0, y \geq 0$）上的点到坐标原点的最长距离与最短距离.

62. 求曲面 $z = x^2(1 - \sin y) + y^2(1 - \sin x)$ 在点 $(1, 0, 1)$ 处的切平面方程.

63. 设函数 $f(u)$ 有二阶连续导数，$z = f(e^x \cos y)$ 满足 $\frac{\partial^2 z}{\partial x^2} + \frac{\partial^2 z}{\partial y^2} = (4z + e^x \cos y)e^{2x}$. 若 $f(0) = 0, f'(0) = 0$，求 $f(u)$ 的表达式.

64. 设 $z = z(x, y)$ 是由方程 $e^{2yz} + x + y^2 + z = \frac{7}{4}$ 确定的函数，求 $\left.dz\right|_{(\frac{1}{2}, \frac{1}{2})}$.

65. 若函数 $z = z(x, y)$ 由方程 $e^z + xyz + x + \cos x = 2$ 确定，求 $\left.dz\right|_{(0,1)}$.

66. 已知函数 $f(x, y) = x + y + xy$，曲线 $c: x^2 + y^2 + xy = 3$，求 $f(x, y)$ 在曲线 c 上的最大方向导数.

67. 若函数 $z = z(x, y)$ 由方程 $e^{x+2y+3z} + xyz = 1$ 确定，求 $\left.dz\right|_{(0,0)}$.

68. 已知函数 $f(x, y)$ 满足 $f''_{xy}(x, y) = 2(y+1)e^x$，$f'_x(x, 0) = (x+1)e^x$，$f(0, y) = y^2 + 2y$，求 $f(x, y)$ 的极值.

69. 已知函数 $z = z(x, y)$ 由方程 $(x^2 + y^2)z + \ln z + 2(x + y + 1) = 0$ 确定，求 $z = z(x, y)$ 的极值.

70. 设函数 $f(x, y)$ 有一阶连续偏导数，且 $df(x, y) = ye^y dx + x(1+y)e^y dy$，$f(0, 0) = 0$，求

$f(x,y)$.

71. 设函数 $f(u,v)$ 可微，$z=z(x,y)$ 由方程 $(x+1)z-y^2=x^2f(x-z,y)$ 确定，求 $dz|_{(0,1)}$.

72. 设函数 $f(u,v)$ 有二阶连续偏导数，$y=f(e^x,\cos x)$，求 $\dfrac{dy}{dx}\bigg|_{x=0}$，$\dfrac{d^2y}{dx^2}\bigg|_{x=0}$.

73. 将长为 2m 的铁丝分成三段，依次围成圆、正方形与正三角形. 三个图形的面积之和是否存在最小值？若存在，求出最小值.

74. 设函数 $z=z(x,y)$ 由方程 $\ln z+e^{z-1}=xy$ 确定，求 $\dfrac{\partial z}{\partial x}\bigg|_{(2,\frac{1}{2})}$.

75. 设函数 $f(u)$ 可导，$z=f(\sin y-\sin x)+xy$，求 $\dfrac{1}{\cos x}z'_x+\dfrac{1}{\cos y}z'_y$.

76. 设函数 $f(u)$ 可导，$z=yf\left(\dfrac{y^2}{x}\right)$，求 $2x\dfrac{\partial z}{\partial x}+y\dfrac{\partial z}{\partial y}$.

77. 已知函数 $u(x,y)$ 满足 $2\dfrac{\partial^2 u}{\partial x^2}-2\dfrac{\partial^2 u}{\partial y^2}+3\dfrac{\partial u}{\partial x}+3\dfrac{\partial u}{\partial y}=0$，求 a,b 的值，使在变换 $u(x,y)=v(x,y)e^{ax+by}$ 下，上述等式可化为函数 $v(x,y)$ 的不含一阶偏导数的等式.

78. 设 $f(x,y)=x^2+axy+by^2$ 在点 $P(2,1)$ 处沿 $\boldsymbol{l}=(0,1)$ 的方向导致取得最大值 2.
（1）求 a,b 的值；
（2）求原点 $O(0,0)$ 到曲线 $f(x,y)=1$ 上的点的距离的最大值与最小值.

79. 设可微函数 $z=f(x,y)$ 在点 (x,y) 处沿方向 $\boldsymbol{l}_1=(-1,0)$ 与 $\boldsymbol{l}_2=(0,-1)$ 的方向导数分别为 x^2-y 与 $1-x$，且 $f(1,1)=-\dfrac{1}{3}$.
（1）求 $f(x,y)$；
（2）求 $f(x,y)$ 在 $D=\{(x,y)\,|\,0\leqslant y\leqslant 7-x,0\leqslant x\leqslant 7\}$ 上的最大值.

80. 设 $f(x)$ 在 $[1,+\infty)$ 上有连续二阶导数，$f(1)=0$，$f'(1)=1$，且二元函数
$$z=(x^2+y^2)f(x^2+y^2)$$
满足 $\dfrac{\partial^2 z}{\partial x^2}+\dfrac{\partial^2 z}{\partial y^2}=0$，求 $f(x)$ 在 $[1,+\infty)$ 上的最大值.

第 10 章 多元函数积分学

多元函数积分学为一元函数积分学的发展与推广. 本章内容包含：二、三重积分的概念、性质、计算和应用；两类曲线积分的概念、性质、计算和关系，格林公式、斯托克斯公式和与路径无关条件，二元函数全微分的原函数；两类曲面积分的概念、性质、计算和关系，高斯公式；曲线、曲面积分的应用. 注意，数二、数三的考生只需掌握二重积分相关知识即可.

10.1 内容提要

10.1.1 二重积分

1. 二重积分的概念

设 $f(x,y)$ 是有界闭区域 D 上的有界函数. 将 D 分割为 n 个小闭区域,即 $\Delta\sigma_1,\Delta\sigma_2,\cdots,\Delta\sigma_n$，同时用它们表示其面积. 称数 $d_i = \sup\limits_{P_1,P_2 \in \Delta\sigma_i} d(P_1,P_2)$ 为 $\Delta\sigma_i$ 的直径，记 $\lambda = \max\limits_{1 \leqslant i \leqslant n}\{d_i\}$. 任取点 $P_i(\xi_i,\eta_i) \in \Delta\sigma_i$（$i=1,2,\cdots,n$），作乘积的和式 $\sum\limits_{i=1}^{n} f(\xi_i,\eta_i)\Delta\sigma_i$.

如果不论怎样分割 D 及怎样取点 (ξ_i,η_i)，极限 $\lim\limits_{\lambda \to 0}\sum\limits_{i=1}^{n} f(\xi_i,\eta_i)\Delta\sigma_i$ 都存在，且为同一个值，则称此极限值为函数 $f(x,y)$ 在有界闭域 D 上的二重积分，记为 $\iint\limits_{D} f(x,y)\mathrm{d}\sigma$，或 $\iint\limits_{D} f(x,y)\mathrm{d}x\mathrm{d}y$. 此时也称 $f(x,y)$ 在 D 上可积，称 $f(x,y)$ 为被积函数，$f(x,y)\mathrm{d}\sigma$ 为被积表达式，D 为积分区域，$\mathrm{d}\sigma$ 为 D 的面积微元.

2. 二重积分的性质

（1）$\iint\limits_{D} \mathrm{d}\sigma = \sigma$，其中 σ 表示区域 D 的面积.

（2）线性性质：

$$\iint\limits_{D} kf(x,y)\mathrm{d}\sigma = k\iint\limits_{D} f(x,y)\mathrm{d}\sigma$$

$$\iint\limits_{D} [f(x,y) \pm g(x,y)]\mathrm{d}\sigma = \iint\limits_{D} f(x,y)\mathrm{d}\sigma \pm \iint\limits_{D} g(x,y)\mathrm{d}\sigma$$

（3）积分区域可加性：

若 $D = D_1 \cup D_2$，$D_1 \cap D_2 = \varnothing$，则

$$\iint\limits_D f(x,y)\mathrm{d}\sigma = \iint\limits_{D_1} f(x,y)\mathrm{d}\sigma + \iint\limits_{D_2} f(x,y)\mathrm{d}\sigma$$

（4）比较性质：

若 $\forall (x,y) \in D$，有 $f(x,y) \leqslant g(x,y)$，则

$$\iint\limits_D f(x,y)\mathrm{d}\sigma \leqslant \iint\limits_D g(x,y)\mathrm{d}\sigma$$

特别地，

$$\left|\iint\limits_D f(x,y)\mathrm{d}\sigma\right| \leqslant \iint\limits_D |f(x,y)|\mathrm{d}\sigma$$

（5）估值性质：

若 $m \leqslant f(x,y) \leqslant M$，$\forall (x,y) \in D$，则

$$m\sigma \leqslant \iint\limits_D f(x,y)\mathrm{d}\sigma \leqslant M\sigma$$

（6）积分中值定理：

设 $f(x,y)$ 在闭区域 D 上连续，则 $\exists (\xi,\eta) \in D$，使

$$\iint\limits_D f(x,y)\mathrm{d}\sigma = f(\xi,\eta)\sigma$$

（7）奇偶对称性：

在直角坐标系 Oxy 下，设积分区域 D 关于坐标轴 $x=0$ 对称．若被积函数是 x 的奇函数（即满足 $f(-x,y) = -f(x,y)$），则

$$\iint\limits_D f(x,y)\mathrm{d}\sigma = 0$$

若被积函数是 x 的偶函数（即满足 $f(-x,y) = f(x,y)$），则

$$\iint\limits_D f(x,y)\mathrm{d}\sigma = 2\iint\limits_{D^+} f(x,y)\mathrm{d}\sigma$$

其中，$D^+ = \{(x,y) \mid (x,y) \in D, \text{且 } x \geqslant 0\}$．

（8）轮换对称性：

若积分区域 D 关于直线 $x=y$ 对称，则 $\iint\limits_D f(x,y)\mathrm{d}\sigma = \iint\limits_D f(y,x)\mathrm{d}\sigma$．

以上积分中出现的函数均可积．

3．二重积分的意义

（1）几何意义：

$\iint\limits_D f(x,y)\mathrm{d}\sigma$ 是以 D 的边界为准线、母线平行 z 轴的柱面被 xOy 平面和曲面 $z = f(x,y)$ 截得的曲顶柱体的体积之代数和．

（2）物理意义：

$\iint\limits_{D} f(x,y)\mathrm{d}\sigma$ 是以 $f(x,y)$ 为面密度的平面区域 D 的质量之代数和.

4．二重积分的计算

设 $z = f(x,y)$ 在有界闭区域 D 上连续.

（1）直角坐标系下的二重积分：

若积分区域为 $D: a \leqslant x \leqslant b$，$y_1(x) \leqslant y \leqslant y_2(x)$，则

$$\iint\limits_{D} f(x,y)\mathrm{d}x\mathrm{d}y = \int_a^b \left(\int_{y_1(x)}^{y_2(x)} f(x,y)\mathrm{d}y \right) \mathrm{d}x \triangleq \int_a^b \mathrm{d}x \int_{y_1(x)}^{y_2(x)} f(x,y)\mathrm{d}y$$

若积分区域为 $D: a \leqslant y \leqslant b$，$x_1(y) \leqslant x \leqslant x_2(y)$，则

$$\iint\limits_{D} f(x,y)\mathrm{d}x\mathrm{d}y = \int_a^b \left(\int_{x_1(y)}^{x_2(y)} f(x,y)\mathrm{d}x \right) \mathrm{d}y \triangleq \int_a^b \mathrm{d}y \int_{x_1(y)}^{x_2(y)} f(x,y)\mathrm{d}x$$

（2）极坐标系下的二重积分：

若积分区域为 $D: \alpha \leqslant \theta \leqslant \beta$，$r_1(\theta) \leqslant r \leqslant r_2(\theta)$，则

$$\iint\limits_{D} f(x,y)\mathrm{d}x\mathrm{d}y = \iint\limits_{D} f(r\cos\theta, r\sin\theta) r \mathrm{d}r\mathrm{d}\theta = \int_\alpha^\beta \mathrm{d}\theta \int_{r_1(\theta)}^{r_2(\theta)} f(r\cos\theta, r\sin\theta) r \mathrm{d}r$$

10.1.2 三重积分

1．三重积分的概念

设 $f(x,y,z)$ 是空间有界闭区域 Ω 上的有界函数. 将 Ω 分割为 n 个小闭区域，即 $\Delta V_1, \Delta V_2, \cdots, \Delta V_n$. 同时用它们表示其体积. 称 $d_i = \sup\limits_{P_1, P_2 \in \Delta V_i}(P_1, P_2)$ 为 ΔV_i 的直径，记 $\lambda = \max\limits_{1 \leqslant i \leqslant n}\{d_i\}$. 任取点 $P_i(\xi_i, \eta_i, \varsigma_i) \in \Delta V_i$（$i = 1, 2, \cdots, n$），作乘积的和式 $\sum\limits_{i=1}^n f(\xi_i, \eta_i, \varsigma_i) \Delta V_i$. 如果不论怎样分割 Ω 及怎样取点 $(\xi_i, \eta_i, \varsigma_i)$，极限 $\lim\limits_{\lambda \to 0} \sum\limits_{i=1}^n f(\xi_i, \eta_i, \varsigma_i) \Delta V_i$ 都存在，且为同一个值，则称此极限值为函数 $f(x,y,z)$ 在有界闭域 Ω 上的三重积分，记为 $\iiint\limits_{\Omega} f(x,y,z) \mathrm{d}V$ 或 $\iiint\limits_{V} f(x,y,z)\mathrm{d}x\mathrm{d}y\mathrm{d}z$. 此时也称 $f(x,y,z)$ 在 Ω 上可积，这里 $\mathrm{d}V$ 是体积微元.

2．三重积分的性质

与二重积分的性质类似.

3．三重积分的意义

物理意义：$\iiint\limits_{\Omega} f(x,y,z)\mathrm{d}V$ 是以 $f(x,y,z)$ 为密度的空间区域 Ω 的质量之代数和. 三重积分无几何意义.

4. 三重积分的计算

（1）直角坐标系下的三重积分.

① 投影法（先一后二法）：积分区域可表示为 $V: (x,y) \in \sigma_{xy}$，$z_1(x,y) \leq z \leq z_2(x,y)$.

$$\iiint_V f(x,y,z) \mathrm{d}x\mathrm{d}y\mathrm{d}z = \iint_{\sigma_{xy}} \mathrm{d}\sigma \int_{z_1(x,y)}^{z_2(x,y)} f(x,y,z) \mathrm{d}z$$

② 截面法（先二后一法）：积分区域可表示为 $V: a \leq x \leq b$，$(y,z) \in \sigma_x$.

$$\iiint_V f(x,y,z) \mathrm{d}V = \int_a^b \mathrm{d}x \iint_{\sigma_x} f(x,y,z) \mathrm{d}y\mathrm{d}z$$

（2）柱坐标系下的三重积分.

柱坐标变换 (r,θ,z) 为 $x = r\cos\theta$，$y = r\sin\theta$，$z = z$.

若积分区域可表示为 $V: \alpha \leq \theta \leq \beta$，$r_1(\theta) \leq r \leq r_2(\theta)$，$z_1(r,\theta) \leq z \leq z_2(r,\theta)$，则

$$\iiint_V f(x,y,z)\mathrm{d}V = \iiint_V f(r\cos\theta, r\sin\theta, z) r \mathrm{d}r\mathrm{d}\theta\mathrm{d}z$$

$$= \int_\alpha^\beta \mathrm{d}\theta \int_{r_1(\theta)}^{r_2(\theta)} r\mathrm{d}r \int_{z_1(r,\theta)}^{z_2(r,\theta)} f(r\cos\theta, r\sin\theta, z) \mathrm{d}z$$

（3）球坐标系下的三重积分.

球坐标变换 (ρ,φ,θ) 为 $x = \rho\sin\varphi\cos\theta$，$y = \rho\sin\varphi\sin\theta$，$z = \rho\cos\varphi$.

若积分区域可表示为 $V: \alpha \leq \theta \leq \beta$，$a \leq \varphi \leq b$，$\rho_1(\theta,\varphi) \leq \rho \leq \rho_2(\theta,\varphi)$，则

$$\iiint_V f(x,y,z)\mathrm{d}x\mathrm{d}y\mathrm{d}z = \iiint_V f(\rho\sin\varphi\cos\theta, \rho\sin\varphi\sin\theta, \rho\cos\varphi) \rho^2 \sin\varphi \mathrm{d}\rho\mathrm{d}\varphi\mathrm{d}\theta$$

$$= \int_\alpha^\beta \mathrm{d}\theta \int_a^b \sin\varphi \mathrm{d}\varphi \int_{\rho_1(\theta,\varphi)}^{\rho_2(\theta,\varphi)} f(\rho\sin\varphi\cos\theta, \rho\sin\varphi\sin\theta, \rho\cos\varphi) \rho^2 \mathrm{d}\rho$$

10.1.3 曲线积分

1. 对弧长的曲线积分

（1）曲线积分 $\int_c f(x,y,z)\mathrm{d}s$ 的意义.

① 若 $f(x,y,z) = 1$，则积分为曲线 c 的弧长.

② 若 $f(x,y,z) \geq 0$ 是曲线 c 的线密度，则积分为曲线 c 的质量.

③ 若 $f(x,y,z) \geq 0$ 是以曲线 c 为准线的柱面的高度，则积分为柱面面积.

（2）性质同二重积分性质.

（3）曲线积分 $\int_c f(x,y,z)\mathrm{d}s$ 的计算.

若曲线 c 的方程为 $\begin{cases} x = x(t) \\ y = y(t)，\quad \alpha \leq t \leq \beta，\text{则} \\ z = z(t) \end{cases}$

$$\mathrm{d}s = \sqrt{(\mathrm{d}x)^2 + (\mathrm{d}y)^2 + (\mathrm{d}z)^2} = \sqrt{[x'(t)]^2 + [y'(t)]^2 + [z'(t)]^2} \mathrm{d}t$$

$$\int_c f(x,y,z)\mathrm{d}s = \int_\alpha^\beta f[x(t),y(t),z(t)]\sqrt{[x'(t)]^2+[y'(t)]^2+[z'(t)]^2}\mathrm{d}t$$

2. 对坐标的曲线积分

（1）$\int_c P(x,y)\mathrm{d}x + Q(x,y)\mathrm{d}y = \int_c \boldsymbol{F}\cdot\mathrm{d}\boldsymbol{s}$ 的意义.

若 $\boldsymbol{F}=(P,Q)$ 为力，$\mathrm{d}\boldsymbol{s}=(\mathrm{d}x,\mathrm{d}y)$ 为位移，则积分为质点在力 $\boldsymbol{F}$ 的作用下由曲线起点沿曲线 c 运动到曲线终点所做的功.

（2）两类曲线积分的关系.

$$\int_c P\mathrm{d}x + Q\mathrm{d}y = \int_c [P\cos(\widehat{\boldsymbol{\tau},\boldsymbol{i}}) + Q\cos(\widehat{\boldsymbol{\tau},\boldsymbol{j}})]\mathrm{d}s$$

其中，$\boldsymbol{\tau}$ 为曲线在任一点处沿曲线方向的切向量.

（3）对坐标的曲线积分的性质.

① 具有线性、积分区域可加性.

② $\int_{\widehat{AB}} P\mathrm{d}x + Q\mathrm{d}y = -\int_{\widehat{BA}} P\mathrm{d}x + Q\mathrm{d}y$.

③ 当曲线 c 垂直于 x 轴时，则有 $\int_c p\mathrm{d}x = 0$. 同理可写出其他情况.

（4）对坐标的曲线积分的计算.

① 参数法：若 $\widehat{AB}:\begin{cases}x=x(t)\\y=y(t)\end{cases}$，其中，起点 A 对应 $t=\alpha$，终点 B 对应 $t=\beta$，则

$$\int_{\widehat{AB}} P\mathrm{d}x + Q\mathrm{d}y = \int_\alpha^\beta [P(x(t),y(t))x'(t) + Q(x(t),y(t))y'(t)]\mathrm{d}t$$

② 格林公式：若 c 是 xOy 平面上区域 D 的正向边界曲线，P,Q 有一阶连续偏导数，则 $\oint_c P\mathrm{d}x + Q\mathrm{d}y = \iint_D \left(\dfrac{\partial Q}{\partial x} - \dfrac{\partial P}{\partial y}\right)\mathrm{d}x\mathrm{d}y$.

③ 斯托克斯公式：若 c 是空间曲面 Σ 的正向边界曲线，P,Q,R 在包含曲面 Σ 的某区域内有一阶连续偏导数，则

$$\oint_c P\mathrm{d}x + Q\mathrm{d}y + R\mathrm{d}z = \iint_\Sigma \begin{vmatrix} \boldsymbol{i} & \boldsymbol{j} & \boldsymbol{k} \\ \dfrac{\partial}{\partial x} & \dfrac{\partial}{\partial y} & \dfrac{\partial}{\partial z} \\ P & Q & R \end{vmatrix} \cdot \mathrm{d}\boldsymbol{S} = \iint_\Sigma \mathrm{rot}\boldsymbol{v}\cdot\mathrm{d}\boldsymbol{S}$$

其中，$\boldsymbol{v}=(P,Q,R)$，$\boldsymbol{v}$ 的旋度为 $\mathrm{rot}\boldsymbol{v}=\begin{vmatrix} \boldsymbol{i} & \boldsymbol{j} & \boldsymbol{k} \\ \dfrac{\partial}{\partial x} & \dfrac{\partial}{\partial y} & \dfrac{\partial}{\partial z} \\ P & Q & R \end{vmatrix}$，其方向为在该点环量面密度最大的方向.

曲面的侧与封闭曲线 c 的方向满足右手螺旋法则.

④ 与路径无关：积分 $\int_c P\mathrm{d}x + Q\mathrm{d}y$ 与路径无关，则

$$\int_c P\mathrm{d}x + Q\mathrm{d}y = \int_{(x_0,y_0)}^{(x_1,y_1)} P\mathrm{d}x + Q\mathrm{d}y = \int_{x_0}^{x_1} P(x,y_0)\mathrm{d}x + \int_{y_0}^{y_1} Q(x_1,y)\mathrm{d}x$$

(5) $\int_c P\mathrm{d}x + Q\mathrm{d}y$ 与路径无关的充要条件：

平面曲线积分 $\int_c P\mathrm{d}x + Q\mathrm{d}y$ 与路径无关 $\Leftrightarrow$ 对任意的封闭曲线 c，$\oint_c P\mathrm{d}x + Q\mathrm{d}y = 0$

$\Leftrightarrow P\mathrm{d}x + Q\mathrm{d}y = \mathrm{d}u$

$\Leftrightarrow \dfrac{\partial Q}{\partial x} = \dfrac{\partial P}{\partial y}$ （单连通域，P, Q 有一阶连续偏导数）

推广上述结论，可得空间曲线积分 $\oint_c P\mathrm{d}x + Q\mathrm{d}y + R\mathrm{d}z$ 与路径无关的条件.

(6) 若 $P\mathrm{d}x + Q\mathrm{d}y = \mathrm{d}u$，则

$$u(x,y) = \int_{(x_0,y_0)}^{(x,y)} P(x,y)\mathrm{d}x + Q(x,y)\mathrm{d}y + C = \int_{x_0}^{x} P(x,y_0)\mathrm{d}x + \int_{y_0}^{y} Q(x,y)\mathrm{d}x + C$$

为 $P\mathrm{d}x + Q\mathrm{d}y$ 的原函数.

10.1.4 曲面积分

1. 对面积的曲面积分

(1) $\iint\limits_{\Sigma} f(x,y,z)\mathrm{d}S$ 的意义.

当 $f \equiv 1$ 时，积分为曲面 Σ 的面积；

当 $f > 0$ 为 Σ 的面密度时，积分为 Σ 的质量.

(2) $\iint\limits_{\Sigma} f(x,y,z)\mathrm{d}S$ 的计算.

若 Σ 的方程为 $z = z(x,y)$，Σ 在 xOy 平面上的投影区域为 D_{xy}，则

$$\iint\limits_{\Sigma} f(x,y,z)\mathrm{d}S = \iint\limits_{D_{xy}} f(x,y,z(x,y))\sqrt{1+\left(\dfrac{\partial z}{\partial x}\right)^2 + \left(\dfrac{\partial z}{\partial y}\right)^2}\mathrm{d}x\mathrm{d}y$$

同理有

$$\iint\limits_{\Sigma} f(x,y,z)\mathrm{d}S = \iint\limits_{D_{xz}} f(x,y(x,z),z)\sqrt{1+\left(\dfrac{\partial y}{\partial x}\right)^2 + \left(\dfrac{\partial y}{\partial z}\right)^2}\mathrm{d}x\mathrm{d}z$$

$$\iint\limits_{\Sigma} f(x,y,z)\mathrm{d}S = \iint\limits_{D_{yz}} f(x(y,z),y,z)\sqrt{1+\left(\dfrac{\partial x}{\partial y}\right)^2 + \left(\dfrac{\partial x}{\partial z}\right)^2}\mathrm{d}y\mathrm{d}z$$

(3) 性质同二重积分性质.

2. 对坐标的曲面积分

(1) $\iint\limits_{\Sigma} P\mathrm{d}y\mathrm{d}z + Q\mathrm{d}z\mathrm{d}x + R\mathrm{d}x\mathrm{d}y$ 的意义.

若 $\mathbf{v} = (P,Q,R)$，$\mathrm{d}\mathbf{S} = (\mathrm{d}y\mathrm{d}z, \mathrm{d}z\mathrm{d}x, \mathrm{d}x\mathrm{d}y)$，积分表示在单位时间内流体经过曲面 Σ 流向指定一侧的流量，其中 $\mathbf{v}$ 为流体速度.

(2) 两种曲面积分的关系：

$$\iint\limits_{\Sigma} P\mathrm{d}y\mathrm{d}z + Q\mathrm{d}z\mathrm{d}x + R\mathrm{d}x\mathrm{d}y = \iint\limits_{\Sigma} [P\cos(\widehat{\mathbf{n},\mathbf{i}}) + Q\cos(\widehat{\mathbf{n},\mathbf{j}}) + R\cos(\widehat{\mathbf{n},\mathbf{k}})]\mathrm{d}S$$

（3） $\iint\limits_{\Sigma} P\mathrm{d}y\mathrm{d}z + Q\mathrm{d}z\mathrm{d}x + R\mathrm{d}x\mathrm{d}y$ 的性质：

① 满足线性、积分区域可加性；

② $\iint\limits_{\Sigma} \boldsymbol{v}\cdot\mathrm{d}\boldsymbol{S} = -\iint\limits_{-\Sigma} \boldsymbol{v}\cdot\mathrm{d}\boldsymbol{S}$，其中 $-\Sigma$ 表示曲面 Σ 且与 Σ 相反的一侧.

③ 当 Σ 为垂直于 yOz 平面的柱面时，有 $\iint\limits_{\Sigma} P\mathrm{d}y\mathrm{d}z = 0$. 同理可写出其他情况.

（4） $\iint\limits_{\Sigma} P\mathrm{d}y\mathrm{d}z + Q\mathrm{d}z\mathrm{d}x + R\mathrm{d}x\mathrm{d}y$ 的计算.

① 投影法：$\iint\limits_{\Sigma} P(x,y,z)\mathrm{d}y\mathrm{d}z = \pm\iint\limits_{D_{yz}} P(x(y,z),y,z)\mathrm{d}y\mathrm{d}z$，其中，$\Sigma$ 的方程为 $x = x(y,z)$，D_{yz} 为 Σ 在 yOz 平面的投影.

当 Σ 指定一侧的法向量与 x 轴正向夹角小于 $\dfrac{\pi}{2}$ 时，取"＋"；夹角大于 $\dfrac{\pi}{2}$ 时，取"－".

同理，可计算 $\iint\limits_{\Sigma} Q\mathrm{d}z\mathrm{d}x$，$\iint\limits_{\Sigma} R\mathrm{d}x\mathrm{d}y$.

② 合面法：

$$\iint\limits_{\Sigma} P\mathrm{d}y\mathrm{d}z + Q\mathrm{d}z\mathrm{d}x + R\mathrm{d}x\mathrm{d}y = \iint\limits_{\Sigma} \left[P\cdot\left(-\dfrac{\partial z}{\partial x}\right) + Q\cdot\left(-\dfrac{\partial z}{\partial y}\right) + R\right]\mathrm{d}x\mathrm{d}y$$

$$= \iint\limits_{D_{xy}} \left[P\cdot\left(-\dfrac{\partial z}{\partial x}\right) + Q\cdot\left(-\dfrac{\partial z}{\partial y}\right) + R\right]\mathrm{d}x\mathrm{d}y$$

其中，Σ 的方程为 $z = z(x,y)$，D_{xy} 为 Σ 在 xOy 平面的投影. 当 Σ 指定一侧的法向量与 z 轴正向夹角小于 $\dfrac{\pi}{2}$ 时，取"＋"；当 Σ 指定一侧的法向量与 z 轴正向夹角大于 $\dfrac{\pi}{2}$ 时，取"－".

③ 高斯公式：$\oiint\limits_{\Sigma} P\mathrm{d}y\mathrm{d}z + Q\mathrm{d}z\mathrm{d}x + R\mathrm{d}x\mathrm{d}y = \pm\iiint\limits_{\Omega}\left(\dfrac{\partial P}{\partial x} + \dfrac{\partial Q}{\partial y} + \dfrac{\partial R}{\partial z}\right)\mathrm{d}V$，其中，$P,Q,R$ 在 Σ 所围区域 Ω 内有连续偏导数. 若 Σ 取外侧，则积分取"＋"；若 Σ 取内侧，则积分取"－".

由高斯公式得

$$\iint\limits_{\Sigma} P\mathrm{d}y\mathrm{d}z + Q\mathrm{d}z\mathrm{d}x + R\mathrm{d}x\mathrm{d}y = \iint\limits_{\Sigma} \boldsymbol{v}\cdot\mathrm{d}\boldsymbol{S} = \pm\iiint\limits_{\Omega} \mathrm{div}\,\boldsymbol{v}\,\mathrm{d}V$$

其中，$\mathrm{div}\,\boldsymbol{v} = \dfrac{\partial P}{\partial x} + \dfrac{\partial Q}{\partial y} + \dfrac{\partial R}{\partial z}$ 为 $\boldsymbol{v}$ 的散度. 若 $\mathrm{div}\,\boldsymbol{v}|_{M_0} > 0$，则 M_0 为流速场 $\boldsymbol{v}$ 的"泉".

④ 高斯公式（补面）：$\iint\limits_{\Sigma} P\mathrm{d}y\mathrm{d}z + Q\mathrm{d}z\mathrm{d}x + R\mathrm{d}x\mathrm{d}y = \left[\iint\limits_{\Sigma} + \iint\limits_{\Sigma^*} - \iint\limits_{\Sigma^*}\right] P\mathrm{d}y\mathrm{d}z + Q\mathrm{d}z\mathrm{d}x + R\mathrm{d}x\mathrm{d}y$. 其中，$\Sigma + \Sigma^*$ 构成封闭曲面，所围区域为 Ω. 另外，P,Q,R 在 Ω 内有一阶连续偏导数.

由高斯公式得

$$\oiint\limits_{\Sigma+\Sigma^*}(P\mathrm{d}y\mathrm{d}z + Q\mathrm{d}z\mathrm{d}x + R\mathrm{d}x\mathrm{d}y) = \pm\iiint\limits_{\Omega}\left(\dfrac{\partial P}{\partial x} + \dfrac{\partial Q}{\partial y} + \dfrac{\partial R}{\partial z}\right)\mathrm{d}V - \iint\limits_{\Sigma^*} P\mathrm{d}y\mathrm{d}z + Q\mathrm{d}z\mathrm{d}x + R\mathrm{d}x\mathrm{d}y$$

10.1.5 多元积分应用

1. 空间几何体的应用

设 Ω 为空间几何体，密度为 $\mu(P)$，$P \in \Omega$，则

（1）质量为 $\int_\Omega \mu(P)\mathrm{d}\Omega$；

（2）质心为 $\bar{x} = \dfrac{\int_\Omega \mu(P)x\mathrm{d}\Omega}{\int_\Omega \mu(P)\mathrm{d}\Omega}$，$\bar{y} = \dfrac{\int_\Omega \mu(P)y\mathrm{d}\Omega}{\int_\Omega \mu(P)\mathrm{d}\Omega}$，$\bar{z} = \dfrac{\int_\Omega \mu(P)z\mathrm{d}\Omega}{\int_\Omega \mu(P)\mathrm{d}\Omega}$；

（3）转动惯量为 $I = \int_\Omega r^2 \mu(P)\mathrm{d}\Omega$，其中，$r$ 为 Ω 到轴的距离.

2. 变力沿曲线做功

质点在力 $\boldsymbol{F} = (P,Q,R)$ 的作用下由曲线起点沿曲线 c 运动到曲线终点所做的功为

$$\int_c P(x,y,z)\mathrm{d}x + Q(x,y,z)\mathrm{d}y + R(x,y,z)\mathrm{d}z = \int_c \boldsymbol{F} \cdot \mathrm{d}\boldsymbol{s}$$

3. 流向曲面一侧的流量

在单位时间内流体 $\boldsymbol{v} = (P,Q,R)$ 经过曲面 Σ 流向指定一侧的流量为

$$\iint_\Sigma P\mathrm{d}y\mathrm{d}z + Q\mathrm{d}z\mathrm{d}x + R\mathrm{d}x\mathrm{d}y$$

10.2 例题与方法

10.2.1 二重积分

1. 二重积分的性质

例 10-1 设 $f(x) = \begin{cases} a, & 0 \leq x \leq 1 \\ 0, & \text{其他} \end{cases}$，求 $\iint_{R^2} f(x)f(y-x)\mathrm{d}x\mathrm{d}y$.

解：设 $D: \begin{cases} 0 \leq x \leq 1 \\ 0 \leq y - x \leq 1 \end{cases}$，则

$$\iint_{R^2} f(x)f(y-x)\mathrm{d}x\mathrm{d}y = \iint_D a^2 \mathrm{d}x\mathrm{d}y = a^2$$

例 10-2 设 $I_1 = \iint_D \cos\sqrt{x^2+y^2}\,\mathrm{d}x\mathrm{d}y$，$I_2 = \iint_D \cos(x^2+y^2)\mathrm{d}x\mathrm{d}y$，$I_3 = \iint_D \cos(x^2+y^2)^2 \mathrm{d}x\mathrm{d}y$，其中，$D: x^2 + y^2 \leq 1$，则（　　）.

（A）$I_3 > I_2 > I_1$　　　　　　　（B）$I_1 > I_2 > I_3$
（C）$I_2 > I_1 > I_3$　　　　　　　（D）$I_3 > I_1 > I_2$

解：在 D 内，$\cos(x^2+y^2)^2 \geq \cos(x^2+y^2) \geq \cos\sqrt{x^2+y^2}$，故选择（A）.

例 10-3 求极限 $\lim\limits_{t \to 0} \dfrac{1}{\pi t^2} \iint_{D_t} \mathrm{e}^{x^2+y^2} \cos(x+y)\mathrm{d}x\mathrm{d}y$，其中，$D_t = \{(x,y) \mid x^2 + y^2 \leq t^2\}$.

解：由积分中值定理，原式 $= \lim\limits_{t \to 0} \dfrac{1}{\pi t^2} e^{\xi^2 + \eta^2} \cos(\xi + \eta) \pi t^2 = 1$.

例 10-4 设 $f(x,y)$ 在区域 D 上连续，且 $\forall D_0 \subset D$，有 $\iint\limits_{D_0} f(x,y) \mathrm{d}\sigma = 0$，证明 $f(x,y) = 0$，$\forall (x,y) \in D$.

证明：用反证法. 若 $f(x,y) \neq 0$，则存在点 $(x_0, y_0) \in D$，使 $f(x_0, y_0) \neq 0$，不妨设 $f(x_0, y_0) > 0$. 由连续函数性质，存在 $\delta > 0$，使得当 $\sqrt{(x - x_0)^2 + (y - y_0)^2} < \delta$ 时，有 $f(x,y) > \dfrac{f(x_0, y_0)}{2}$，则 $\iint\limits_{\sqrt{(x-x_0)^2 + (y-y_0)^2} < \delta} f(x,y) \mathrm{d}\sigma > \dfrac{f(x_0, y_0)}{2} \cdot \pi \delta^2 > 0$，矛盾. 故 $f(x,y) = 0$.

例 10-5 设 $f(x,y)$ 为闭域 $D: x^2 + y^2 \leq y$（$x \geq 0$）上的连续函数，且
$$f(x,y) = \sqrt{1 - x^2 - y^2} - \dfrac{8}{\pi} \iint\limits_D f(u,v) \mathrm{d}u \mathrm{d}v$$
求 $f(x,y)$.

解：设 $\iint\limits_D f(x,y) \mathrm{d}x \mathrm{d}y = A$，则 $f(x,y) = \sqrt{1 - x^2 - y^2} - \dfrac{8}{\pi} A$. 在 D 上积分得
$$A = \iint\limits_D \left(\sqrt{1 - x^2 - y^2} - \dfrac{8}{\pi} A \right) \mathrm{d}x \mathrm{d}y = \iint\limits_D \sqrt{1 - x^2 - y^2} \mathrm{d}x \mathrm{d}y - A$$
解得 $A = \dfrac{1}{6}\left(\dfrac{\pi}{2} - \dfrac{2}{3} \right)$. 所以，$f(x,y) = \sqrt{1 - x^2 - y^2} - \dfrac{4}{3\pi}\left(\dfrac{\pi}{2} - \dfrac{2}{3} \right)$.

2. 二重积分的计算

（1）选择积分顺序.

例 10-6 求二重积分 $I = \iint\limits_D e^{\max\{x^2, y^2\}} \mathrm{d}x \mathrm{d}y$，其中，$D = \{(x,y) \mid 0 \leq x \leq 1, 0 \leq y \leq 1\}$.

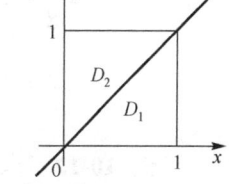

解：如右图所示.
$$I = \iint\limits_{D_1} e^{x^2} \mathrm{d}x \mathrm{d}y + \iint\limits_{D_2} e^{y^2} \mathrm{d}x \mathrm{d}y = 2 \int_0^1 x e^{x^2} \mathrm{d}x = e - 1$$

例 10-7 求二重积分 $I = \iint\limits_D e^{\frac{y}{x}} \mathrm{d}x \mathrm{d}y$，其中，$D$ 是由 $y = x^2$ 与 $y = x$ 所围成的区域.

解：如右图所示.
$$I = \int_0^1 \mathrm{d}x \int_{x^2}^x e^{\frac{y}{x}} \mathrm{d}y = \dfrac{e}{2} - 1$$

（2）交换积分顺序.

例 10-8 交换下列积分顺序.

（1）$I = \int_0^1 \mathrm{d}x \int_0^{\sqrt{2x - x^2}} f(x,y) \mathrm{d}y + \int_1^2 \mathrm{d}x \int_0^{2-x} f(x,y) \mathrm{d}y$

（2）$I = \int_1^2 \mathrm{d}x \int_x^{x^2} f(x,y) \mathrm{d}y + \int_2^8 \mathrm{d}x \int_x^8 f(x,y) \mathrm{d}y$

(3) $I = \int_{\frac{\pi}{4}}^{\frac{\pi}{2}} d\theta \int_0^{2a\cos\theta} f(r,\theta)dr$

解：(1) $I = \int_0^1 dy \int_{1-\sqrt{1-y^2}}^{2-y} f(x,y)dx$

(2) $I = \int_1^4 dy \int_{\sqrt{y}}^{y} f(x,y)dx + \int_4^8 dy \int_2^{y} f(x,y)dx$

(3) $I = \int_0^{\sqrt{2}a} dr \int_{\frac{\pi}{4}}^{\arccos\frac{r}{2a}} f(r,\theta)d\theta + \int_{\sqrt{2}a}^{2a} dr \int_{-\arccos\frac{r}{2a}}^{\arccos\frac{r}{2a}} f(r,\theta)d\theta$

例 10-9 求 $I = \int_{\frac{1}{4}}^{\frac{1}{2}} dy \int_{\frac{1}{2}}^{\sqrt{y}} e^{\frac{y}{x}} dx + \int_{\frac{1}{2}}^{1} dy \int_{y}^{\sqrt{y}} e^{\frac{y}{x}} dx$.

解：$I = \int_{\frac{1}{2}}^{1} dx \int_{x^2}^{x} e^{\frac{y}{x}} dy = \int_{\frac{1}{2}}^{1} (ex - xe^x)dx = \frac{3}{8}e - \frac{\sqrt{e}}{2}$

例 10-10 设 $f(x)$ 为连续函数，$F(t) = \int_1^t dy \int_y^t f(x)dx$，求 $F'(2)$.

解：如右图所示．$F(t) = \int_1^t dx \int_1^x f(x)dy = \int_1^t f(x)(x-1)dx$．故 $F'(t) = f(t)(t-1)$，所以 $F'(2) = f(2)$．

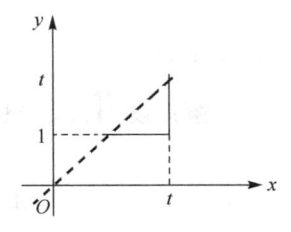

(3) 选取坐标系.

例 10-11 求 $I = \iint_D |x^2 + y^2 - 1| dxdy$，其中，$D: 0 \le x \le 1, 0 \le y \le 1$.

解：如右图所示.

$I = \iint_{D_1}(1 - x^2 - y^2)dxdy + \iint_{D_2}(x^2 + y^2 - 1)dxdy$

$= \frac{\pi}{8} + \int_0^1 dx \int_{\sqrt{1-x^2}}^1 (x^2 + y^2 - 1)dy$

$= \frac{\pi}{8} + \int_0^1 \left[x^2 + \frac{2}{3}(1-x^2)^{\frac{3}{2}} - \frac{2}{3} \right] dx = \frac{\pi}{4} - \frac{1}{3}$

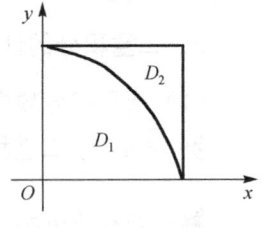

例 10-12 求 $I = \iint_D (\sqrt{x^2+y^2} + y)d\sigma$，其中，$D$ 为由圆 $x^2 + y^2 = 4$ 和 $(x+1)^2 + y^2 = 1$ 围成的平面区域.

解：如右图所示.

$I = \iint_D \sqrt{x^2+y^2} dxdy$

$= \int_0^{2\pi} d\theta \int_0^2 r^2 dr - \int_{\frac{\pi}{2}}^{\frac{3\pi}{2}} d\theta \int_0^{-2\cos\theta} r^2 dr$

$= \frac{16\pi}{3} + \int_{\frac{\pi}{2}}^{\frac{3\pi}{2}} \frac{8}{3} \cos^3\theta d\theta = \frac{16\pi}{3} - \frac{32}{9}$

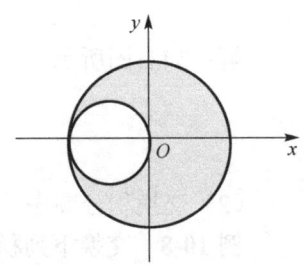

例 10-13 求 $I = \iint\limits_{D} \dfrac{\sqrt{x^2+y^2}}{\sqrt{4a^2-x^2-y^2}} dxdy$，其中，$D$ 为由 $y=-a+\sqrt{a^2-x^2}$ 与 $y=-x$ 围成的平面区域，$a>0$.

解：如右图所示.
$$I = \int_{-\frac{\pi}{4}}^{0} d\theta \int_{0}^{-2a\sin\theta} \frac{r^2}{\sqrt{4a^2-r^2}} dr$$
$$\xlongequal{r=2a\sin t} \int_{-\frac{\pi}{4}}^{0} d\theta \int_{0}^{-\theta} \frac{(2a\sin t)^2}{2a\cos t} 2a\cos t \, dt$$
$$= a^2\left(\frac{\pi^2}{16}-\frac{1}{2}\right)$$

例 10-14 求 $I = \int_0^1 dx \int_{-\sqrt{1-x^2}}^{\sqrt{1-x^2}} \left(\dfrac{1-x^2-y^2}{1+x^2+y^2}\right)^{\frac{1}{2}} dy$.

解：$I = \int_{-\frac{\pi}{2}}^{\frac{\pi}{2}} d\theta \int_0^1 \left(\dfrac{1-r^2}{1+r^2}\right)^{\frac{1}{2}} r dr \xlongequal{r^2=t} \dfrac{\pi}{2} \int_0^1 \dfrac{\sqrt{1-t}}{\sqrt{1+t}} dt$
$$= \frac{\pi}{2} \int_0^1 \frac{1-t}{\sqrt{1-t^2}} dt = \frac{\pi^2}{4} - \frac{\pi}{2}$$

例 10-15 设 $f(r)$ 连续，$F(u,v) = \iint\limits_{D_{uv}} \dfrac{f(x^2+y^2)}{\sqrt{x^2+y^2}} dxdy$，其中，$D_{uv}$ 是由 $r=u>1, r=1$, $\theta=0, \theta=v>0$ 围成的平面区域，求 $\dfrac{\partial F}{\partial u}$.

解：$F(u,v) = \int_0^v d\theta \int_1^u \dfrac{f(r^2)}{r} r dr = v\int_1^u f(r^2) dr$，则 $\dfrac{\partial F}{\partial u} = vf(u^2)$.

例 10-16 设二元函数 $f(x,y) = \begin{cases} x^2, & |x|+|y| \leq 1 \\ \dfrac{1}{\sqrt{x^2+y^2}}, & 1<|x|+|y| \leq 2 \end{cases}$. 求 $\iint\limits_{D} f(x,y) dxdy$，其中，$D = \{(x,y) \mid |x|+|y| \leq 2\}$.

解：设 D_1 为由直线 $x+y=1$ 与 x 轴、y 轴围成的区域，D_2 为由直线 $x+y=1, x+y=2$ 与 x 轴、y 轴围成的区域. 由于被积函数 $f(x,y)$ 关于 x 和 y 都是偶函数，而积分区域 D 关于 x 轴和 y 轴都对称，则
$$\iint\limits_{D} f(x,y) dxdy = 4\left(\iint\limits_{D_1} x^2 dxdy + \iint\limits_{D_2} \frac{1}{\sqrt{x^2+y^2}} dxdy\right)$$

计算得
$$\iint\limits_{D_1} x^2 dxdy = \int_0^1 dx \int_0^{1-x} x^2 dy = \frac{1}{12}$$

$$\iint\limits_{D_2} \frac{1}{\sqrt{x^2+y^2}} dxdy = \int_0^{\frac{\pi}{2}} d\theta \int_{\frac{1}{\cos\theta+\sin\theta}}^{\frac{2}{\cos\theta+\sin\theta}} dr = \int_0^{\frac{\pi}{2}} \frac{d\theta}{\cos\theta+\sin\theta} = \frac{1}{\sqrt{2}} \int_0^{\frac{\pi}{2}} \frac{d\theta}{\sin\left(\theta+\frac{\pi}{4}\right)} = \sqrt{2}\ln(1+\sqrt{2})$$

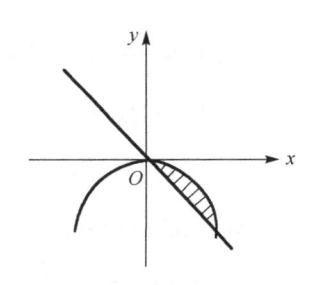

故原式 $= \dfrac{1}{3} + 4\sqrt{2}\ln(1+\sqrt{2})$.

（4）积分对称性的应用.

例 10-17 设 $f(x)$ 在 $[0,1]$ 上连续，且 $f(x) = x + \int_x^1 f(y)f(y-x)\mathrm{d}y$，求 $\int_0^1 f(x)\mathrm{d}x$.

解：如右图所示.

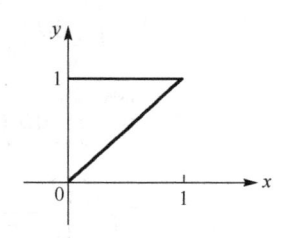

$$\int_0^1 f(x)\mathrm{d}x = \dfrac{1}{2} + \int_0^1 \mathrm{d}x \int_x^1 f(y)f(y-x)\mathrm{d}y$$

$$= \dfrac{1}{2} + \int_0^1 \mathrm{d}y \int_0^y f(y)f(y-x)\mathrm{d}x$$

$$= \dfrac{1}{2} + \int_0^1 f(y)\mathrm{d}y \int_0^y f(y-x)\mathrm{d}x$$

$$\stackrel{y-x=t}{=} \dfrac{1}{2} - \int_0^1 f(y)\mathrm{d}y \int_y^0 f(t)\mathrm{d}t = \dfrac{1}{2} + \int_0^1 f(y)\mathrm{d}y \int_0^y f(x)\mathrm{d}x$$

$$= \dfrac{1}{2} + \dfrac{1}{2} \int_0^1 f(y)\mathrm{d}y \int_0^1 f(x)\mathrm{d}x = \dfrac{1}{2} + \dfrac{1}{2}\left(\int_0^1 f(x)\mathrm{d}x\right)^2$$

所以，$\int_0^1 f(x)\mathrm{d}x = 1$.

例 10-18 求 $I = \int_{-\infty}^{+\infty} \mathrm{d}x \int_{-\infty}^{+\infty} \min\{x,y\} \mathrm{e}^{-(x^2+y^2)} \mathrm{d}y$.

解：$I = 2\int_{-\infty}^{+\infty} \mathrm{d}y \int_{-\infty}^{y} x\mathrm{e}^{-(x^2+y^2)}\mathrm{d}x$

$$= -\int_{-\infty}^{+\infty} \mathrm{e}^{-y^2} \int_{-\infty}^{y} \mathrm{e}^{-x^2} \mathrm{d}(-x^2)$$

$$= -\int_{-\infty}^{+\infty} \mathrm{e}^{-y^2} \mathrm{e}^{-x^2}\Big|_{-\infty}^{y} \mathrm{d}y = -\int_{-\infty}^{+\infty} \mathrm{e}^{-2y^2}\mathrm{d}y$$

$$= -2\int_0^{+\infty} \mathrm{e}^{-2y^2}\mathrm{d}y = -\sqrt{\dfrac{\pi}{2}}$$

例 10-19 求 $I = \iint_D y\left(1 + x\mathrm{e}^{\frac{1}{2}(x^2+y^2)}\right)\mathrm{d}x\mathrm{d}y$，其中，$D$ 是由直线 $y=x$，$y=-1$，$x=1$ 围成的区域.

解：如右图所示.

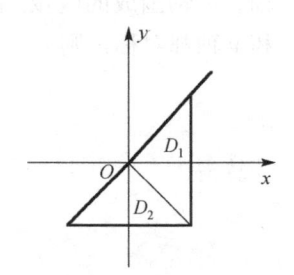

$$I = \iint_D y\mathrm{d}x\mathrm{d}y + \iint_D xy\mathrm{e}^{\frac{1}{2}(x^2+y^2)}\mathrm{d}x\mathrm{d}y$$

$$= 2\int_{-1}^0 \mathrm{d}x \int_{-1}^x y\mathrm{d}y = -\dfrac{2}{3}$$

例 10-20 求 $I = \iint_D \dfrac{1 + y + y\ln(x+\sqrt{1+x^2})}{1+x^2+y^2}\mathrm{d}x\mathrm{d}y$，其中，$D = \{(x,y) \mid x^2+y^2 \leqslant 1,\ y \geqslant 0\}$.

解： $I = \iint\limits_{D} \dfrac{1+y}{1+x^2+y^2} dxdy$

$= \int_0^{\pi} d\theta \int_0^1 \dfrac{1+r\sin\theta}{1+r^2} rdr = \dfrac{\pi}{2}\ln 2 + 2\left(1 - \dfrac{\pi}{4}\right)$

（5）平移变换的应用.

$$\iint\limits_{D} f(x,y)dxdy \xlongequal[y=v+b]{x=u+a} \iint\limits_{D'} f[u+a, v+b]dudv$$

例 10-21 求 $I = \iint\limits_{D}(x+y)dxdy$，其中，$D: x^2 + y^2 \leq x + y + 1$.

解： 令 $u = x - \dfrac{1}{2}$，$v = y - \dfrac{1}{2}$. 在此变换下，区域 D 变为

$$D_{uv}: u^2 + v^2 \leq \dfrac{3}{2}$$

则 $I = \iint\limits_{D_{uv}}(u+v+1)dudv = \iint\limits_{D_{uv}}dudv = \dfrac{3}{2}\pi$.

例 10-22 求 $I = \iint\limits_{D} ydxdy$，其中，$D$ 由 $x = -2, x = -\sqrt{2y-y^2}, y = 0, y = 2$ 所围成.

解： 令 $u = y - 1$，$v = x$. 在此变换下，区域 D 变为 D_{uv}. 则

$$I = \iint\limits_{D_{uv}}(u+1)dudv = \iint\limits_{D_{uv}}dudv = 4 - \dfrac{\pi}{2}$$

例 10-23 求 $\int_0^1 dy \int_{\sqrt{y}}^1 \sqrt{x^3+1}dx$.

解： 交换积分顺序得

$$\int_0^1 dy \int_{\sqrt{y}}^1 \sqrt{x^3+1}dx = \int_0^1 dx \int_0^{x^2} \sqrt{x^3+1}dy = \int_0^1 x^2\sqrt{x^3+1}dx$$

$$= \dfrac{1}{3}\int_0^1 \sqrt{x^3+1}d(x^3+1) = \dfrac{4\sqrt{2}}{9} - \dfrac{2}{9}$$

例 10-24 求二重积分 $\iint\limits_{D} \dfrac{\sqrt{x^2+y^2}}{x} d\sigma$，其中，$D$ 由 $x = 1, x = 2, y = x$ 及 x 轴所围成.

解： 在极坐标系下，

$$\iint\limits_{D} \dfrac{\sqrt{x^2+y^2}}{x} d\sigma = \int_0^{\frac{\pi}{4}} d\theta \int_{\sec\theta}^{2\sec\theta} \dfrac{r}{r\cos\theta} rdr = \dfrac{3}{2}\int_0^{\frac{\pi}{4}} \sec^3\theta d\theta = \dfrac{3\sqrt{2}}{4} + \dfrac{3}{4}\ln(1+\sqrt{2})$$

例 10-25 设 $f(t)$ 在 $[0,+\infty)$ 上连续，且 $f(t) = 1 + \iint\limits_{x^2+y^2 \leq 4t^2} f\left(\dfrac{1}{2}\sqrt{x^2+y^2}\right)dxdy$，求 $f(t)$.

解： $f(t) = 1 + \int_0^{2\pi} d\theta \int_0^{2t} f\left(\dfrac{r}{2}\right)rdr = 1 + 2\pi\int_0^{2t} f\left(\dfrac{r}{2}\right)rdr$. 两端对 t 求导得

$$f'(t) = 8\pi t \cdot f(t)$$

由于 $f(0)=1$，解得 $f(t)=e^{4\pi t^2}$.

例 10-26 设 $f(x)$ 为 $[0,1]$ 上单调递增的连续函数，证明

$$\frac{\int_0^1 xf^3(x)dx}{\int_0^1 xf^2(x)dx} \geq \frac{\int_0^1 f^3(x)dx}{\int_0^1 f^2(x)dx}$$

证明：只需证 $\int_0^1 xf^3(x)dx \int_0^1 f^2(x)dx - \int_0^1 f^3(x)dx \int_0^1 xf^2(x)dx \geq 0$ 即可.

计算得

$$\int_0^1 xf^3(x)dx \int_0^1 f^2(x)dx - \int_0^1 f^3(x)dx \int_0^1 xf^2(x)dx$$

$$= \int_0^1 yf^3(y)dy \int_0^1 f^2(x)dx - \int_0^1 f^3(y)dy \int_0^1 xf^2(x)dx$$

$$= \iint_D f^2(y)f^2(x)f(y)(y-x)dxdy$$

其中，$D: 0 \leq x \leq 1, 0 \leq y \leq 1$. 由于 D 关于 $y=x$ 对称，则

$$\int_0^1 xf^3(x)dx \int_0^1 f^2(y)dy - \int_0^1 f^3(x)dx \int_0^1 yf^2(y)dy$$

$$= \iint_D f^2(y)f^2(x)f(x)(x-y)dxdy$$

$$= \frac{1}{2}\iint_D f^2(y)f^2(x)(f(y)-f(x))(y-x)dxdy \geq 0$$

10.2.2 三重积分

例 10-27 将 $I = \int_0^1 dx \int_0^{1-x} dy \int_0^{x+y} f(x,y,z)dz$ 按 x,z,y 的次序积分.

解：$I = \int_0^1 dy \int_0^y dz \int_0^{1-y} f(x,y,z)dx + \int_0^1 dy \int_y^1 dz \int_{z-y}^{1-y} f(x,y,z)dx$

例 10-28 将 $I = \int_0^1 dx \int_0^1 dy \int_0^{x^2+y^2} f(x,y,z)dz$ 按 y,z,x 的次序积分.

解：$I = \int_0^1 dx \int_0^{x^2} dz \int_0^1 f(x,y,z)dy + \int_0^1 dx \int_{x^2}^{1+x^2} dz \int_{\sqrt{z-x^2}}^1 f(x,y,z)dy$

例 10-29 求 $I = \iiint_\Omega (x^2+y^2)dV$，其中，$\Omega$ 为平面曲线 $\begin{cases} y^2=2z \\ x=0 \end{cases}$ 绕 z 轴旋转一周所得的旋转曲面与 $z=8$ 围成的区域.

解：旋转曲面方程为 $x^2+y^2=2z$. 令

$$\begin{cases} x=r\cos\theta \\ y=r\sin\theta \\ z=z \end{cases}$$

则 $dv = rd\theta drdz$. 用柱坐标系计算得

$$I = \int_0^{2\pi} d\theta \int_0^4 r^3 dr \int_{\frac{r^2}{2}}^8 dz = \frac{1024}{3}\pi$$

例 10-30 求 $I = \iiint\limits_\Omega \left|\sqrt{x^2+y^2+z^2}-1\right|dV$，其中，$\Omega: \sqrt{x^2+y^2} \leq z \leq 1$.

解： 设 $\Omega_1 = \{(x,y,z) | x^2+y^2+z^2 \leq 1\} \cap \Omega$，$\Omega_2 = \Omega - \Omega_1$. 令

$$\begin{cases} x = \rho\sin\varphi\cos\theta \\ y = \rho\sin\varphi\sin\theta \\ z = \rho\cos\varphi \end{cases}$$

则 $dv = \rho^2\sin\varphi d\theta d\varphi d\rho$. 利用球坐标计算得

$$I = \iiint\limits_{\Omega_1}(1-\sqrt{x^2+y^2+z^2})dV + \iiint\limits_{\Omega_2}(\sqrt{x^2+y^2+z^2}-1)dV$$

$$= \int_0^{2\pi}d\theta\int_0^{\frac{\pi}{4}}d\varphi\int_0^1(1-\rho)\rho^2\sin\varphi d\rho + \int_0^{2\pi}d\theta\int_0^{\frac{\pi}{4}}d\varphi\int_1^{\frac{1}{\cos\varphi}}(\rho-1)\rho^2\sin\varphi d\rho$$

$$= \frac{\pi}{12}(2-\sqrt{2}) + \frac{\pi}{12}(3\sqrt{2}-4) = \frac{\pi}{6}(\sqrt{2}-1)$$

例 10-31 求 $I = \int_{-1}^1 dx \int_0^{\sqrt{1-x^2}} dy \int_1^{1+\sqrt{1-x^2-y^2}} \frac{dz}{\sqrt{x^2+y^2+z^2}}$.

解： $I = \int_0^\pi d\theta \int_0^{\frac{\pi}{4}} d\varphi \int_{\frac{1}{\cos\varphi}}^{2\cos\varphi} \frac{\rho^2\sin\varphi}{\rho}d\rho$

$$= \frac{\pi}{2}\int_0^{\frac{\pi}{4}}\sin\varphi\left(4\cos^2\varphi - \frac{1}{\cos^2\varphi}\right)d\varphi$$

$$= \frac{\pi}{3}\left(\frac{7}{2} - 2\sqrt{2}\right)$$

10.2.3 重积分的应用

（1）曲面面积：设曲面方程为 $z = f(x,y)$，其中，$(x,y) \in D_{xy}$，且 $f(x,y)$ 在 D_{xy} 上具有连续的一阶偏导数 $\frac{\partial z}{\partial x}, \frac{\partial z}{\partial y}$，则其面积为

$$S = \iint\limits_{D_{xy}} \sqrt{1+\left(\frac{\partial z}{\partial x}\right)^2 + \left(\frac{\partial z}{\partial y}\right)^2}dxdy$$

（2）重心的计算：设物体的体密度函数为 $\rho = f(x,y,z), (x,y,z) \in \Omega$，则其重心 $M^*(x^*, y^*, z^*)$ 的坐标计算公式为

$$x^* = \frac{1}{m}\iiint\limits_\Omega xf(x,y,z)dV, \quad y^* = \frac{1}{m}\iiint\limits_\Omega yf(x,y,z)dV, \quad z^* = \frac{1}{m}\iiint\limits_\Omega zf(x,y,z)dV$$

其中，$m = \iiint\limits_\Omega f(x,y,z)dV$.

（3）转动惯量的计算：设物体的体密度函数 $\rho = f(x,y,z)$，$(x,y,z) \in \Omega$，则此物体关于直线 l 的转动惯量为

$$J = \iiint_\Omega r^2 f(x,y,z) dV$$

其中，r 为 Ω 中的点到直线 l 的距离.

例 10-32 设薄片型物体 S 是圆锥面 $z = \sqrt{x^2+y^2}$ 被柱面 $z^2 = 2x$ 割下的有限部分，其上任一点的密度为 $\mu(x,y,z) = 9\sqrt{x^2+y^2+z^2}$. 记圆锥面与柱面的交线为 c. 求：

（1）c 在 xOy 平面上的投影曲线的方程；

（2）S 的质量 M.

解：（1）圆锥面与柱面的交线 c 的方程为 $\begin{cases} z = \sqrt{x^2+y^2} \\ z^2 = 2x \end{cases}$. 消去 z，得到 c 的方程也可表示为 $\begin{cases} x^2+y^2 = 2x \\ z^2 = 2x \end{cases}$. 故所求投影曲线的方程为 $\begin{cases} x^2+y^2 = 2x \\ z = 0 \end{cases}$.

（2）因为 S 的面密度为 $\mu(x,y,z) = 9\sqrt{x^2+y^2+z^2}$，故 S 的质量为

$$M = \iint_S 9\sqrt{x^2+y^2+z^2} dS$$

S 在 xOy 平面上的投影区域为 $D = \{(x,y) \mid x^2+y^2 \le 2x\}$，所以

$$M = \iint_D 9\sqrt{2(x^2+y^2)} \sqrt{1+\left(\frac{x}{\sqrt{x^2+y^2}}\right)^2 + \left(\frac{y}{\sqrt{x^2+y^2}}\right)^2} dxdy$$

$$= 18 \iint_D \sqrt{x^2+y^2} dxdy = 64$$

例 10-33 设有半径为 R 的球体，P_0 是此球面上一定点. 若球体上任一点的密度与该点到 P_0 的距离的平方成正比（比例系数 $k > 0$），求球体重心位置.

解： 建立直角坐标系. 设球面方程为 $x^2+y^2+z^2 = R^2$，点 P_0 坐标为 $(R,0,0)$，则球体上任一点 (x,y,z) 处的密度为

$$\rho = K[(x-R)^2 + y^2 + z^2]$$

由积分对称性知 $y^* = 0$，$z^* = 0$. 由于

$$m = \iiint_\Omega \rho dV = \iiint_\Omega K[x^2+y^2+z^2+R^2] dV$$

$$= K \int_0^{2\pi} d\theta \int_0^\pi d\varphi \int_0^R (\rho^2+R^2)\rho^2 \sin\varphi d\rho = \frac{32\pi}{15} R^5 \cdot K$$

$$\iiint_\Omega x\rho dV = K \iiint_\Omega [x(x^2+y^2+z^2+R^2) - 2Rx] dV$$

$$= -2KR \iiint_\Omega x^2 dV = -2KR \int_{-R}^R x^2(R^2-x^2)\pi dx$$

$$= -\frac{8\pi}{15} R^6 \cdot K$$

故 $x^* = -\dfrac{R}{4}$，重心坐标为 $\left(-\dfrac{R}{4},0,0\right)$.

例 10-34 设立体 Ω：$\sqrt{x^2+y^2} \leq z \leq 1$ 的密度为 1，试求 Ω 绕直线 $x=y=z$ 的转动量.

解：设 (x,y,z) 为 Ω 上任一点，此点到直线 $x=y=z$ 的距离为
$$r = \dfrac{1}{\sqrt{3}}\sqrt{(y-x)^2+(x-z)^2+(z-y)^2}$$

转动量为
$$J = \dfrac{1}{3}\iiint_\Omega [(y-x)^2+(x-z)^2+(z-y)^2]\mathrm{d}V$$
$$= \dfrac{2}{3}\iiint_\Omega (y^2+z^2+x^2)\mathrm{d}V = \dfrac{2}{3}\int_0^1 \mathrm{d}z \int_0^{2\pi} \mathrm{d}\theta \int_0^z (r^2+z^2)r\mathrm{d}r$$
$$= \dfrac{\pi}{5}$$

例 10-35 设连续曲线 $y=f(x)>0$ 和 $x=0, x=t>0, y=0$ 三条直线围成区域绕 x 轴旋转所得的旋转体为 Ω. 若 Ω 密度均匀，质心坐标为 $\left(\dfrac{4}{5}t,0,0\right)$，求函数 $y=f(x)$.

解：设 u 为旋转体 Ω 的密度，则 $\dfrac{4}{5}t = \dfrac{\iiint_\Omega xu\mathrm{d}V}{\iiint_\Omega u\mathrm{d}V}$. 整理得

$$\dfrac{4}{5}t\int_0^t \pi f^2(x)\mathrm{d}x = \int_0^t \pi x f^2(x)\mathrm{d}x$$

上式两端对 t 求导得 $4\int_0^t f^2(x)\mathrm{d}x = tf^2(t)$.

上式两端对 t 再次求导得 $4f^2(t) = f^2(t) + 2tf(t)f'(t)$.

解方程得 $f(t) = Ct^{\frac{3}{2}}$，其中 C 为任意常数. 故 $f(x) = Cx^{\frac{3}{2}}$.

例 10-36 设 $\Omega = \{(x,y,z) \mid x^2+y^2 \leq z \leq 1\}$，求 Ω 形心的竖坐标 $\bar{z}$.

解：设 $D = \{(x,y) \mid x^2+y^2 \leq 1\}$，则

$$\iiint_\Omega \mathrm{d}x\mathrm{d}y\mathrm{d}z = \iint_D \mathrm{d}x\mathrm{d}y \int_{x^2+y^2}^1 \mathrm{d}z = \iint_D (1-x^2-y^2)\mathrm{d}x\mathrm{d}y = \int_0^{2\pi}\mathrm{d}\theta \int_0^1 (1-r^2)r\mathrm{d}r = \dfrac{\pi}{2}$$

$$\iiint_\Omega z\mathrm{d}x\mathrm{d}y\mathrm{d}z = \iint_D \mathrm{d}x\mathrm{d}y \int_{x^2+y^2}^1 z\mathrm{d}z = \dfrac{1}{2}\iint_D [1-(x^2+y^2)^2]\mathrm{d}x\mathrm{d}y$$
$$= \dfrac{1}{2}\int_0^{2\pi}\mathrm{d}\theta \int_0^1 (1-r^4)r\mathrm{d}r = \dfrac{\pi}{3}$$

所以 $\bar{z} = \dfrac{\iiint_\Omega z\mathrm{d}x\mathrm{d}y\mathrm{d}z}{\iiint_\Omega \mathrm{d}x\mathrm{d}y\mathrm{d}z} = \dfrac{2}{3}$.

例 10-37 设函数 $f(x)$ 连续且恒大于 0. 定义

$$F(t) = \frac{\iiint\limits_{\Omega(t)} f(x^2+y^2+z^2)dV}{\iint\limits_{D(t)} f(x^2+y^2)d\sigma}, \quad G(t) = \frac{\iint\limits_{D(t)} f(x^2+y^2)d\sigma}{\int_{-t}^{t} f(x^2)dx}$$

其中，$\Omega(t) = \{(x,y,z) \mid x^2+y^2+z^2 \leq t^2\}$，$D(t) = \{(x,y) \mid x^2+y^2 \leq t^2\}$.

（1）讨论 $F(t)$ 在区间 $(0,+\infty)$ 内的单调性.

（2）证明当 $t > 0$ 时，$F(t) > \dfrac{2}{\pi} G(t)$.

（1）**解**：整理得

$$F(t) = \frac{\int_0^{2\pi} d\theta \int_0^{\pi} d\varphi \int_0^t f(\rho^2)\rho^2 \sin\varphi d\rho}{\int_0^{2\pi} d\theta \int_0^t f(r^2)r dr} = \frac{2\int_0^t f(\rho^2)\rho^2 d\rho}{\int_0^t f(r^2)r dr}$$

$$G(t) = \frac{\int_0^{2\pi} d\theta \int_0^t f(r^2)r dr}{2\int_0^t f(x^2)dx} = \frac{\pi \int_0^t f(r^2)r dr}{\int_0^t f(x^2)dx}$$

$$F'(t) = \frac{2f(t^2)t^2 \int_0^t f(r^2)r dr - 2f(t^2)t \int_0^t f(\rho^2)\rho^2 d\rho}{\left[\int_0^t f(r^2)r dr\right]^2}$$

$$= \frac{2f(t^2)t \int_0^t f(r^2)r(t-r)dr}{\left[\int_0^t f(r^2)r dr\right]^2} > 0$$

故在 $(0,+\infty)$ 内 $F(t)$ 单调递增.

（2）**证明**：只需证 $\int_0^t f(\rho^2)\rho^2 d\rho \int_0^t f(x^2)dx - \int_0^t f(r^2)r dr \int_0^t f(r^2)r dr > 0$ 即可.

令

$$H(t) = \int_0^t f(x^2)x^2 dx \int_0^t f(x^2)dx - \left(\int_0^t f(x^2)x dx\right)^2$$

则 $H(0) = 0$. 对 $H(t)$ 关于 t 求导得

$$H'(t) = f(t^2)t^2 \int_0^t f(x^2)dx + f(t^2) \int_0^t f(x^2)x^2 dx - 2\int_0^t f(x^2)x dx \cdot f(t^2)t$$

$$= f(t^2) \int_0^t f(x^2)[t^2 + x^2 - 2xt]dx > 0$$

当 $t > 0$ 时，$H'(t) > 0$，则 $H(t) > H(0) = 0$.

10.2.4 对弧长的曲线积分

例 10-38 设 l 为椭圆 $\dfrac{x^2}{4}+\dfrac{y^2}{3}=1$，其周长为 a，求 $\oint_l (2xy+3x^2+4y^2)\mathrm{d}s$.

解： $\oint_l (2xy+3x^2+4y^2)\mathrm{d}s = \oint_l 2xy\mathrm{d}s + \oint_l (3x^2+4y^2)\mathrm{d}s$

$$= 12\oint_l \left(\dfrac{x^2}{4}+\dfrac{y^2}{3}\right)\mathrm{d}s = 12\oint_l \mathrm{d}s = 12a$$

例 10-39 求 $I = \oint_c |y|\mathrm{d}s$，其中，$c:\begin{cases} x=y \\ x^2+y^2+4z^2=1 \end{cases}$.

解： 曲线 c 的参数方程为

$$x=\dfrac{1}{\sqrt{2}}\cos t,\ y=\dfrac{1}{\sqrt{2}}\cos t,\ z=\dfrac{1}{2}\sin t$$

则

$$\mathrm{d}s = \sqrt{[x'(t)]^2+[y'(t)]^2+[z'(t)]^2}\mathrm{d}t = \dfrac{1}{2}\sqrt{1+3\sin^2 t}\mathrm{d}t$$

$$I = 2\int_{-\frac{\pi}{2}}^{\frac{\pi}{2}} \dfrac{1}{\sqrt{2}}\cos t \cdot \dfrac{1}{2}\sqrt{1+3\sin^2 t}\mathrm{d}t$$

$$= \sqrt{\dfrac{2}{3}}\int_0^{\frac{\pi}{2}} \sqrt{1+3\sin^2 t}\,\mathrm{d}(\sqrt{3}\sin t)$$

$$= \sqrt{2}+\dfrac{1}{\sqrt{6}}\ln(2+\sqrt{3})$$

例 10-40 求八分之一球面 $x^2+y^2+z^2=R^2$（$x\geqslant 0,\ y\geqslant 0,\ z\geqslant 0$）的边界曲线的重心，设其线密度 $\rho=1$.

解： $\bar{x} = \dfrac{1}{\dfrac{3\pi R}{2}}\int_c x\mathrm{d}s = \dfrac{4}{3\pi R}\int_0^{\frac{\pi}{2}} R\cos\theta R\mathrm{d}\theta = \dfrac{4R}{3\pi}$.

利用对称性可知 $\bar{x}=\bar{y}=\bar{z}$，因此重心坐标为 $\left(\dfrac{4R}{3\pi},\dfrac{4R}{3\pi},\dfrac{4R}{3\pi}\right)$.

例 10-41 求柱面 $x^2+y^2=ax$ 被球面 $x^2+y^2+z^2=a^2$ 所截下部分的柱面面积.

解： 设 $C:\begin{cases} x^2+y^2=ax \\ z=0 \end{cases}$，$C_1$ 为 C 在第一象限部分，即 $C_1: r=a\cos\theta$.

$$S = 4\int_{C_1} \sqrt{a^2-x^2-y^2}\mathrm{d}s = 4\int_{C_1} \sqrt{a^2-ax}\mathrm{d}s$$

$$= 4\int_0^{\frac{\pi}{2}} \sqrt{a^2-a^2\cos^2\theta}\,a\mathrm{d}\theta = 4a^2$$

10.2.5 对坐标的曲线积分

例 10-42 在力 $\boldsymbol{F}$ 的作用下，质点 P 沿着以 AB 为直径的下半圆 C 从点 $A(1,2)$ 运动到点

$B(3,4)$，其中$|F|=|OP|$，F的方向与OP垂直且与y轴的夹角为锐角，求F所做的功.

解：由条件知，$F=\{-y,x\}$ 且 $C:\begin{cases}x=2+\sqrt{2}\cos\theta\\y=3+\sqrt{2}\sin\theta\end{cases}$，始点$\theta=-\dfrac{3}{4}\pi$，终点$\theta=\dfrac{\pi}{4}$，则

$$W=\int_C F\cdot ds=\int_C -ydx+xdy$$

$$=\int_{-\frac{3\pi}{4}}^{\frac{\pi}{4}}[-(2+\sqrt{2}\sin\theta)(-\sqrt{2}\sin\theta)+(1+\sqrt{2}\cos\theta)(\sqrt{2}\cos\theta)]d\theta$$

$$=2(\pi-3)$$

例 10-43 已知平面区域$D=\{(x,y)|0\le x\le\pi,\ 0\le y\le\pi\}$，$L$为$D$的边界并取正向. 证明：

(1) $\oint_L xe^{\sin y}dy-ye^{-\sin x}dx=\oint_L xe^{-\sin y}dy-ye^{\sin x}dx$；

(2) $\oint_L xe^{\sin y}dy-ye^{-\sin x}dx\ge 2\pi^2$.

证明：(1) 左边$=\int_0^\pi \pi e^{\sin y}dy-\int_\pi^0 \pi e^{-\sin x}dx=\pi\int_0^\pi(e^{\sin x}+e^{-\sin x})dx$

右边$=\int_0^\pi \pi e^{-\sin y}dy-\int_\pi^0 \pi e^{\sin x}dx=\pi\int_0^\pi(e^{-\sin x}+e^{\sin x})dx=$左边

(2) $\oint_L xe^{\sin y}dy-ye^{-\sin x}dx=\pi\int_0^\pi(e^{-\sin x}+e^{\sin x})dx\ge 2\pi^2$

例 10-44 设函数$f(x)$在$(-\infty,+\infty)$内有一阶连续导数，L为上半平面（$y>0$）内的有向分段光滑曲线，起点为(a,b)，终点为(c,d). 记

$$I=\int_L \dfrac{1}{y}[1+y^2f(xy)]dx+\dfrac{x}{y^2}[y^2f(xy)-1]dy$$

(1) 证明曲线积分I与路径L无关；

(2) 当$ab=cd$时，求I的值.

(1) **证明**：

$$\dfrac{\partial Q}{\partial x}=\dfrac{\partial}{\partial x}\left[xf(xy)-\dfrac{x}{y^2}\right]=f+xyf'-\dfrac{1}{y^2}$$

$$\dfrac{\partial P}{\partial y}=\dfrac{\partial}{\partial y}\left[\dfrac{1}{y}+yf(xy)\right]=-\dfrac{1}{y^2}+f+xyf'$$

上半平面为单连通域，且$\dfrac{\partial Q}{\partial x}=\dfrac{\partial P}{\partial y}$，则$I$与$L$无关.

(2) **解**：如右图所示.

$$I=\int_L\left[\dfrac{1}{y}+yf(xy)\right]dx+\left[xf(xy)-\dfrac{x}{y^2}\right]dy$$

$$=\int_a^c\left[\dfrac{1}{b}+bf(bx)\right]dx+\int_b^d\left[cf(cy)-\dfrac{c}{y^2}\right]dy$$

$$=\dfrac{c-a}{b}+\dfrac{c}{d}-\dfrac{c}{b}+\int_a^c f(bx)d(bx)+\int_b^d f(cy)d(cy)$$

$$=\dfrac{c}{d}-\dfrac{a}{b}+\int_{ab}^{cd}f(t)dt=\dfrac{c}{d}-\dfrac{a}{b}$$

例 10-45 设函数 $\varphi(y)$ 有连续导数. 若在围绕原点的任意分段光滑简单正的闭曲线 L 上, 曲线积分 $\oint_L \dfrac{\varphi(y)\mathrm{d}x + 2xy\mathrm{d}y}{2x^2 + y^4}$ 的值恒为同一常数.

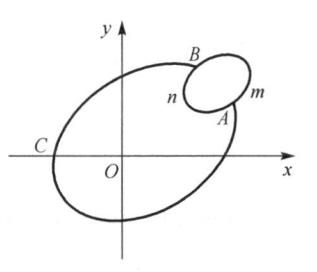

（1）证明：在右半平面 $x > 0$ 内，曲线积分 $\oint_L \dfrac{\varphi(y)\mathrm{d}x + 2xy\mathrm{d}y}{2x^2 + y^4}$ 与路径无关.

（2）求 $\varphi(y)$ 的表达式.

（1）证明：如右图所示. 设曲线 $\overset{\frown}{AmBnA}$ 为右半平面内任一封闭曲线，正向有

$$\oint_{\overset{\frown}{AmBnA}} \dfrac{\varphi(y)\mathrm{d}x + 2xy\mathrm{d}y}{2x^2 + y^4} = \int_C \dfrac{\varphi(y)\mathrm{d}x + 2xy\mathrm{d}y}{2x^2 + y^4} - \int_C \dfrac{\varphi(y)\mathrm{d}x + 2xy\mathrm{d}y}{2x^2 + y^2} = 0$$

则在右半平面 $x > 0$ 内，曲线积分 $\oint_L \dfrac{\varphi(y)\mathrm{d}x + 2xy\mathrm{d}y}{2x^2 + y^4}$ 与路径无关.

（2）解：$\dfrac{\partial Q}{\partial x} = \dfrac{\partial}{\partial x}\left[\dfrac{2xy}{2x^2 + y^4}\right] = \dfrac{2y(2x^2 + y^4) - 2xy \cdot 4x}{(2x^2 + y^4)^2} = \dfrac{2y^5 - 4x^2 y}{(2x^2 + y^4)^2}$

$\dfrac{\partial P}{\partial y} = \dfrac{\partial}{\partial y}\left[\dfrac{\varphi(y)}{2x^2 + y^4}\right] = \dfrac{\varphi'(y)(2x^2 + y^4) - \varphi(y) \cdot 4y^3}{(2x^2 + y^4)^2}$

$= \dfrac{[\varphi'(y)y - 4\varphi(y)]y^3 + 2\varphi'(y)x^2}{(2x^2 + y^4)^2}$

由结论（1），$\dfrac{\partial Q}{\partial x} = \dfrac{\partial P}{\partial y}$，则有 $\varphi'(y) = -2y$，且 $\varphi'(y)y - 4\varphi(y) = 2y^2$. 解得 $\varphi(y) = -y^2$.

例 10-46 设 $f(x)$ 有二阶连续导数，且 $f(0) = 0$，$f'(0) = 1$. 若曲线积分

$$\int_L (x^2 y - y f(x))\mathrm{d}x + (f'(x) - y^2)\mathrm{d}y$$

与路径无关，求 $f(x)$. 并求 $\displaystyle\int_{(0,0)}^{(\pi,\pi)} (x^2 y - y f(x))\mathrm{d}x + (f'(x) - y^2)\mathrm{d}y$.

解：由条件知 $\dfrac{\partial Q}{\partial x} = f''(x) = \dfrac{\partial P}{\partial y} = x^2 - f(x)$. 则

$$\begin{cases} f''(x) + f(x) = x^2 \\ f(0) = 0, \ f'(0) = 1 \end{cases}$$

解得 $f(x) = 2\cos x + x^2 - 2 + \sin x$. 如右图所示，则

$$\int_{(0,0)}^{(\pi,\pi)} (x^2 y - y f(x))\mathrm{d}x + (f'(x) - y^2)\mathrm{d}y$$

$$= \int_0^\pi [f'(\pi) - y^2]\mathrm{d}y = \pi f'(\pi) - \dfrac{\pi^3}{3}$$

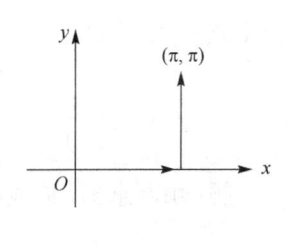

$$= (2\pi - 1)\pi - \dfrac{\pi^3}{3}$$

例 10-47 确定常数 λ，使在右半平面 $x > 0$ 上，向量

$$A = 2xy(x^4+y^2)^\lambda \boldsymbol{i} - x^2(x^4+y^2)^\lambda \boldsymbol{j}$$

为某二元函数 $u(x,y)$ 的梯度，求 $u(x,y)$.

解：由条件知 $2xy(x^4+y^2)^\lambda dx - x^2(x^4+y^2)^\lambda dy = du$. 则

$$\frac{\partial}{\partial x}[-x^2(x^4+y^2)^\lambda] - \frac{\partial}{\partial y}[2xy(x^4+y^2)^\lambda] = -4x(\lambda+1)(x^4+y^2)^\lambda = 0$$

解得 $\lambda = -1$. 所以

$$u = \int_{(0,0)}^{(x,y)} \frac{2xy}{x^4+y^2} dx - \frac{x^2}{x^4+y^2} dy + C$$

解得 $u(x,y) = -\arctan\dfrac{y}{x^2} + C$.

例 10-48 求 $I = \int_L [e^x \sin y - b(x+y)]dx + (e^x \cos y - ax)dy$，其中，$a,b$ 为正数，L 为从点 $(2a,0)$ 沿曲线 $y = \sqrt{2ax-x^2}$ 到原点 $(0,0)$ 的弧.

解：如右图所示.

$$I = \left[\int_{L+\overline{OA}} - \int_{\overline{OA}}\right][e^x \sin y - b(x+y)]dx + (e^x \cos y - ax)dy$$

$$= \iint_D [e^x \cos y - a - e^x \cos y + b]dxdy + \int_0^{2a} bx dx$$

$$= \frac{(b-a)\pi a^2}{2} + 2ba^2$$

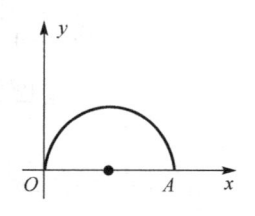

例 10-49 求 $I = \int_{\widehat{AB}} \dfrac{-ydx+xdy}{x^2+y^2}$，其中，$\widehat{AB}: \begin{cases} x = a(t-\sin t) - a\pi \\ y = a(1-\cos t) \end{cases}$，$0 \le t \le 2\pi$，$A(-a\pi,0)$，$B(a\pi,0)$.

解：设 $\widehat{BmA}$ 为上半圆弧 $x^2+y^2 = (a\pi)^2$. 则

$$I = \left[\int_{\widehat{AB}} + \int_{\widehat{BmA}} - \int_{\widehat{BmA}}\right] \frac{-ydx+xdy}{x^2+y^2}$$

$$= -\int_0^\pi \frac{(a\pi\sin\theta)^2 + (a\pi\cos\theta)^2}{(a\pi)^2} d\theta = -\pi$$

例 10-50 设函数 $Q(x,y) = \dfrac{x}{y^2}$. 若对上半平面（$y > 0$）内的任意有向光滑封闭曲线 c 都有 $\oint_c P(x,y)dx + Q(x,y)dy = 0$，则函数 $P(x,y)$ 可取为（　　）.

(A) $y - \dfrac{x^2}{y^3}$　　(B) $\dfrac{1}{y} - \dfrac{x^2}{y^3}$　　(C) $\dfrac{1}{x} - \dfrac{1}{y}$　　(D) $x - \dfrac{1}{y}$

解：由题意知，曲线积分与路径无关，故 $\dfrac{\partial P}{\partial y} = \dfrac{\partial Q}{\partial x}$. 由于 $\dfrac{\partial Q}{\partial x} = \dfrac{1}{y^2}$，故 $\dfrac{\partial P}{\partial y} = \dfrac{1}{y^2}$. 排除（A）和（B）.

对于（C），当 $x = 0$ 时，函数在上半平面偏导数不连续. 故选择（D）.

例 10-51 求 $I = \oint_L (y^2 - z^2)dx + (2z^2 - x^2)dy + (3x^2 - y^2)dz$，其中，$L$ 是平面 $x+y+z=2$ 与柱面 $|x|+|y|=1$ 的交线，从 z 轴正向看去 L 为逆时针方向.

解：$z = 2-x-y$，$dz = -dx - dy$.

$$I = \oint_L [y^2 - (2-x-y)^2]dx + [2(2-x-y)^2 - x^2]dy - (3x^2 - y^2)(dx + dy)$$

$$= \oint_L [y^2 - (2-x-y)^2 - (3x^2 - y^2)]dx + [2(2-x-y)^2 - x^2 - (3x^2 - y^2)]dy$$

$$= \oint_{L'} [y^2 - (2-x-y)^2 - (3x^2 - y^2)]dx + [2(2-x-y)^2 - x^2 - (3x^2 - y^2)]dy$$

其中，L' 为 L 在 xOy 平面的投影. 记 D 为 L' 所围的平面区域，由格林公式可得

$$I = \iint_D [-4(2-x-y) - 2x - 6x - 2y - 2(2-x-y) - 2y]dxdy$$
$$= -24$$

10.2.6 对面积的曲面积分

例 10-52 求由锥面 $z = \sqrt{x^2 + y^2}$，平面 $z=0$ 及圆柱面 $x^2 + y^2 = 2y$ 围成的立体的全表面积.

解：立体的底面面积为 $S_1 = \pi$.

立体的侧面面积为

$$S_2 = 2\int_c zds = 2\int_c \sqrt{x^2 + y^2}ds$$

其中，$c : x^2 + y^2 = 2y, x \geq 0$. c 的极坐标方程是 $r = 2\sin\theta$，计算得

$$S_2 = 2\int_0^{\frac{\pi}{2}} 2\sin\theta \cdot 2d\theta = 8$$

顶面面积为

$$S_3 = \iint_\Sigma dS = \iint_D \sqrt{1 + \left(\frac{\partial z}{\partial x}\right)^2 + \left(\frac{\partial z}{\partial y}\right)^2} dxdy$$

其中，$D : x^2 + y^2 \leq 2y$. 计算得

$$S_3 = \iint_D \sqrt{1 + \frac{x^2}{x^2+y^2} + \frac{y^2}{x^2+y^2}} dxdy = \sqrt{2}\pi$$

故全表面积为 $S = S_1 + S_2 + S_3 = 8 + (1+\sqrt{2})\pi$.

例 10-53 求曲面积分 $I = \iint_\Sigma (ax + by + cz + d)^2 dS$，其中，$a, b, c, d$ 为常数，Σ 是球面 $x^2 + y^2 + z^2 = R^2$.

解：$I = \iint_\Sigma [a^2x^2 + b^2y^2 + c^2z^2 + d^2]dS$

$$= \frac{a^2+b^2+c^2}{3}\iint_\Sigma (x^2+y^2+z^2)\mathrm{d}S + 4\pi R^2 d^2$$

$$= \frac{a^2+b^2+c^2}{3} R^2 \cdot 4\pi R^2 + d^2 4\pi R^2$$

例 10-54 设 Σ 为椭球面 $\dfrac{x^2}{2}+\dfrac{y^2}{2}+z^2=1$ 的上半部分. 取点 $P(x,y,z)\in\Sigma$，π 为曲面 Σ 在点 P 处的切平面，$\rho(x,y,z)$ 为点 $O(0,0,0)$ 到平面 π 的距离，求 $I=\iint\limits_\Sigma \dfrac{z}{\rho(x,y,z)}\mathrm{d}S$.

解：曲面 Σ 在点 P 处的法向量 $\boldsymbol{n}=\left(\dfrac{x}{2},\dfrac{y}{2},z\right)$，则切平面 π 的方程为

$$\frac{x}{2}X + \frac{y}{2}Y + zZ = 1$$

则

$$\rho(x,y,z) = \frac{1}{\sqrt{\left(\dfrac{x}{2}\right)^2+\left(\dfrac{y}{2}\right)^2+z^2}} = \frac{1}{\sqrt{1-\dfrac{x^2}{4}-\dfrac{y^2}{4}}}$$

由于

$$\mathrm{d}S = \sqrt{1+\left(\frac{\partial z}{\partial x}\right)^2+\left(\frac{\partial z}{\partial y}\right)^2}\mathrm{d}x\mathrm{d}y = \sqrt{1+\frac{x^2}{4z^2}+\frac{y^2}{4z^2}}\mathrm{d}x\mathrm{d}y$$

$$= \frac{1}{z}\sqrt{1-\frac{x^2}{4}-\frac{y^2}{4}}\mathrm{d}x\mathrm{d}y$$

计算得

$$I = \iint\limits_\Sigma \frac{z}{\rho(x,y,z)}\mathrm{d}S = \iint\limits_D\left(1-\frac{x^2}{4}-\frac{y^2}{4}\right)\mathrm{d}x\mathrm{d}y$$

$$= \frac{1}{4}\int_0^{2\pi}\mathrm{d}\theta\int_0^{\sqrt{2}}(4-r^2)r\mathrm{d}r = \frac{3\pi}{2}$$

例 10-55 在球面 $x^2+y^2+z^2=1$ 上取三点 $A(1,0,0)$，$B(0,1,0)$，$C\left(\dfrac{1}{\sqrt{2}},0,\dfrac{1}{\sqrt{2}}\right)$，并用球面上的大圆弧将它们连接起来成为球面上的三角形. 设球面的面密度函数为 $\rho=x^2+z^2$，求此三角形的质量.

解：$m = \iint\limits_{D_{xz}}(x^2+z^2)\sqrt{1+\left(\dfrac{\partial y}{\partial x}\right)^2+\left(\dfrac{\partial y}{\partial z}\right)^2}\mathrm{d}x\mathrm{d}z = \iint\limits_{D_{xz}}\dfrac{x^2+z^2}{\sqrt{1-x^2-z^2}}\mathrm{d}x\mathrm{d}z = \int_0^{\frac{\pi}{4}}\mathrm{d}\theta\int_0^1\dfrac{r^3}{\sqrt{1-r^2}}\mathrm{d}r = \dfrac{\pi}{6}$

10.2.7 对坐标的曲面积分

例 10-56 设 S 为平面 $x-y+z=1$ 介于三坐标平面间的有限部分, 法向量与 z 轴交角为锐角，$f(x,y,z)$ 连续，计算

$$I = \iint\limits_S [f(x,y,z)+x]\mathrm{d}y\mathrm{d}z + [2f(x,y,z)+y]\mathrm{d}z\mathrm{d}x + +[f(x,y,z)+z]\mathrm{d}x\mathrm{d}y$$

解：将 S 投影到 xOy 平面，其投影域为
$$D = \{(x,y) \mid x - y \leq 1, x \geq 0, y \leq 0\}$$

从 S 的方程解出
$$z = 1 - x + y$$
$$\frac{\partial z}{\partial x} = -1, \quad \frac{\partial z}{\partial y} = 1$$

于是
$$I = \iint_D \left\{ [f(x,y,1-x+y) + x]\left(-\frac{\partial z}{\partial x}\right) + [2f(x,y,1-x+y) + y]\left(-\frac{\partial z}{\partial y}\right) \right.$$
$$\left. + f(x,y,1-x+y) + (1-x+y) \right\} dxdy$$
$$= \iint_D (x - y + 1 - x + y) dxdy = \iint_D dxdy \, (D \text{ 的面积})$$
$$= \frac{1}{2}$$

例 10-57 已知点 $A(0,0,0)$ 与点 $B(0,1,1)$，Σ 是由直线 AB 绕 z 轴旋转一周所得旋转曲面（介于 $z=1$ 与 $z=2$ 之间部分的内侧），$f(x)$ 可导．

（1）求曲面 Σ 的方程；

（2）计算 $I = \iint_\Sigma \left[xf\left(\frac{x}{y}\right) + x \right] dydz + \left[yf\left(\frac{x}{y}\right) + y \right] dzdx + \left[zf\left(\frac{x}{y}\right) + 4z \right] dxdy$．

解：（1）直线 AB 的方程为
$$\frac{x-0}{0} = \frac{y-0}{1} = \frac{z-0}{1} = t$$

其参数方程为 $x = 0$，$y = t$，$z = t$，故 AB 绕 z 轴旋转一周所得曲面 Σ 为
$$x^2 + y^2 = 0^2 + t^2 = z^2, \quad 1 \leq t \leq 2$$
即 $z = \sqrt{x^2 + y^2}$ $(1 \leq t \leq 2)$．

（2）Σ 如右图所示，用投影法．令 $F = z - \sqrt{x^2 + y^2}$，则法向量
$$\boldsymbol{n} = (F'_x, F'_y, F'_z) = \left(\frac{-x}{\sqrt{x^2+y^2}}, \frac{-y}{\sqrt{x^2+y^2}}, 1 \right) = \left(-\frac{x}{z}, -\frac{y}{z}, 1 \right)$$

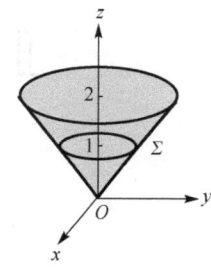

故
$$I = \iint_\Sigma \left[xf\left(\frac{x}{y}\right) + x \right] dydz + \left[yf\left(\frac{x}{y}\right) + y \right] dzdx + \left[zf\left(\frac{x}{y}\right) + 4z \right] dxdy$$
$$= \iint_\Sigma \left[xf\left(\frac{x}{y}\right) \cdot \left(-\frac{x}{z}\right) - \frac{x^2}{z} + yf\left(\frac{x}{y}\right) \cdot \left(-\frac{y}{z}\right) - \frac{y^2}{z} + zf\left(\frac{x}{y}\right) + 4z \right] dxdy$$
$$= \iint_\Sigma \left[\frac{-(x^2+y^2)}{z} f\left(\frac{x}{y}\right) - \frac{x^2+y^2}{z} + zf\left(\frac{x}{y}\right) + 4z \right] dxdy$$

$$= \iint_\Sigma \left[\frac{-z^2}{z}f\left(\frac{x}{y}\right) - z + zf\left(\frac{x}{y}\right) + 4z\right]dxdy$$

$$= \iint_\Sigma 3zdxdy = 3\iint_{D_{xy}}\sqrt{x^2+y^2}dxdy$$

其中，D_{xy} 如右图所示. 于是

$$I = 3\iint_{D_{xy}}\sqrt{x^2+y^2}dxdy = 3\int_0^{2\pi}d\theta\int_1^2 r\cdot rdr$$

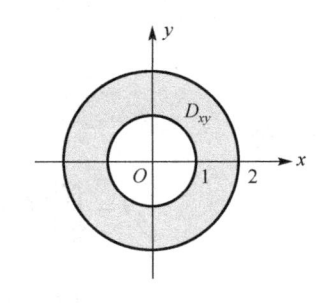

$$= 3\cdot 2\pi\cdot\left.\frac{r^3}{3}\right|_1^2 = 14\pi$$

例 10-58 计算曲面积分 $\iint_S \dfrac{xdydz + z^2dxdy}{x^2+y^2+z^2}$，其中，$S$ 是由曲面 $x^2+y^2=R^2$ 及两平面 $z=R$，$z=-R$（$R>0$）围成立体表面的外侧.

解：设 S_1，S_2，S_3 依次为 S 的上底、下底和圆柱面部分，如右图所示，则

$$\iint_{S_1}\frac{xdydz}{x^2+y^2+z^2} = \iint_{S_2}\frac{xdydz}{x^2+y^2+z^2} = 0$$

设 S_1，S_2 在 xOy 平面上的投影区域为 D_{xy}，则

$$\iint_{S_1+S_2}\frac{x^2dydz}{x^2+y^2+z^2} = \iint_{D_{xy}}\frac{R^2dydz}{x^2+y^2+R^2} = \iint_{D_{xy}}\frac{(-R^2)dydz}{x^2+y^2+R^2} = 0$$

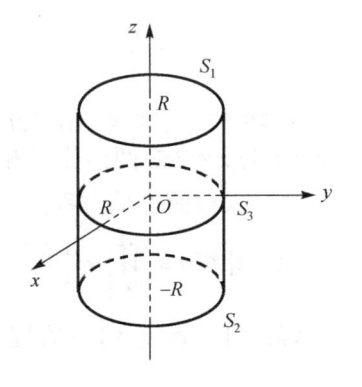

在 S_3 上，$\iint_{S_3}\dfrac{z^2dxdy}{x^2+y^2+z^2} = 0$.

记 S_3 在 yOz 平面上的投影区域为 D_{yz}，则

$$\iint_{S_3}\frac{xdydz}{x^2+y^2+z^2} = \iint_{D_{yz}}\frac{\sqrt{R^2-y^2}}{R^2+z^2}dydz - \iint_{D_{yz}}\left(-\frac{\sqrt{R^2-y^2}}{R^2+z^2}\right)dydz$$

$$= 2\iint_{D_{yz}}\frac{\sqrt{R^2-y^2}}{R^2+z^2}dydz = 2\int_{-R}^R\sqrt{R^2-y^2}dy\int_{-R}^R\frac{dz}{R^2+z^2}$$

$$= \frac{\pi^2}{2}R$$

所以，原式 $= \dfrac{1}{2}\pi^2 R$.

例 10-59 求曲面积分 $I = \iint_\Sigma 2x^3dydz + 2y^3dzdx + 3(z^2-1)dxdy$，其中，$\Sigma$ 是曲面 $z = 1-x^2-y^2$（$z\geq 0$）的上侧.

解：取 Σ_1 为平面区域 $x^2+y^2\leq 1$，取下侧. Σ 和 Σ_1 在 xOy 平面上的投影均为 $D: x^2+y^2\leq 1$.

结合高斯公式，得

$$I = \left[\iint_{\Sigma} + \iint_{\Sigma_1} - \iint_{\Sigma_1}\right]\left[2x^3 dydz + 2y^3 dzdx + 3(z^2-1)dxdy\right]$$

$$= \iiint_{\Omega} 6(x^2+y^2+z)dV - \iint_{\Sigma_1} 2x^3 dydz + 2y^3 dzdx + 3(z^2-1)dxdy$$

$$= 6\int_0^1 dz \int_0^{2\pi} d\theta \int_0^{\sqrt{1-z}} (r^2+z)rdr - \iint_D 3dxdy = -\pi$$

例 10-60 求 $I = \iint_{\Sigma} \dfrac{axdydz + (z+a)^2 dxdy}{(x^2+y^2+z^2)^{\frac{1}{2}}}$，其中，$\Sigma$ 为下半球面 $z = -\sqrt{a^2-x^2-y^2}$ 的上侧，常数 $a > 0$.

解：取 Σ_1 为平面区域 $x^2+y^2 \leq a^2$，取下侧. Σ_1 在 xOy 平面上的投影为 $D: x^2+y^2 \leq a^2$. 结合高斯公式，得

$$I = \frac{1}{a}\left[\iint_{\Sigma} axdydz + (a+z)^2 dxdy\right]$$

$$= \frac{1}{a}\left[\iint_{\Sigma} + \iint_{\Sigma_1} - \iint_{\Sigma_1}\right][axdydz + (a+z)^2 dxdy]$$

$$= \frac{1}{a}\left[-\iiint_{\Omega} (3a+2z)dV - \iint_{\Sigma_1} axdydz + (a+z)^2 dxdy\right]$$

$$= \frac{1}{a}\left[-\int_{-a}^0 (3a+2z)(a^2-z^2)\pi dz + \iint_D a^2 dxdy\right] = -\frac{\pi a^3}{2}$$

10.3 习题

1. 选择题.

（1）累次积分 $\int_0^{\frac{\pi}{2}} d\theta \int_0^{\cos\theta} f(r\cos\theta, r\sin\theta) rdr$ 可化为（　　）．

(A) $\int_0^1 dy \int_0^{\sqrt{y-y^2}} f(x,y)dx$ (B) $\int_0^1 dy \int_0^{\sqrt{1-y^2}} f(x,y)dx$

(C) $\int_0^1 dy \int_0^1 f(x,y)dx$ (D) $\int_0^1 dx \int_0^{\sqrt{x-x^2}} f(x,y)dy$

（2）$\int_{-1}^0 dx \int_{-x}^{2-x^2} (1-xy)dy + \int_0^1 dx \int_x^{2-x^2} (1-xy)dy = $（　　）．

(A) $\dfrac{5}{3}$ (B) $\dfrac{5}{6}$ (C) $\dfrac{7}{3}$ (D) $\dfrac{7}{6}$

（3）设 $D = \{(x,y) \mid (x-1)^2 + y^2 \leq 1\}$，且

$I_1 = \iint_D \sqrt{2x-x^2-y^2} dxdy$，$I_2 = \iint_D (1-\sqrt{x^2+y^2-2x+1})\,dxdy$，$I_3 = \iint_D \sqrt{x^2+y^2-2x+1} dxdy$

则 $I_1:I_2:I_3=$（　　）.

  (A) $2:1:2$ (B) $2:2:1$ (C) $1:2:2$ (D) $2:1:1$

(4) 设 $f(u)$ 为连续函数，区域 $D=\{(x,y)\mid x^2+y^2\leqslant 2y\}$，则 $\iint\limits_{D}f(xy)\mathrm{d}x\mathrm{d}y$ 等于（　　）.

  (A) $\int_{-1}^{1}\mathrm{d}x\int_{-\sqrt{1-x^2}}^{\sqrt{1-x^2}}f(xy)\mathrm{d}y$ (B) $2\int_{0}^{2}\mathrm{d}y\int_{0}^{\sqrt{2y-y^2}}f(xy)\mathrm{d}x$

  (C) $\int_{0}^{\pi}\mathrm{d}\theta\int_{0}^{2\sin\theta}f(r^2\sin\theta\cos\theta)\mathrm{d}r$ (D) $\int_{0}^{\pi}\mathrm{d}\theta\int_{0}^{2\sin\theta}f(r^2\cos\theta\sin\theta)r\mathrm{d}r$

(5) 极限 $\lim\limits_{n\to\infty}\sum\limits_{i=1}^{n}\sum\limits_{j=1}^{n}\dfrac{n}{(n+i)(n^2+j^2)}=$（　　）.

  (A) $\int_{0}^{1}\mathrm{d}x\int_{0}^{x}\dfrac{1}{(1+x)(1+y^2)}\mathrm{d}y$ (B) $\int_{0}^{1}\mathrm{d}x\int_{0}^{x}\dfrac{1}{(1+x)(1+y)}\mathrm{d}y$

  (C) $\int_{0}^{1}\mathrm{d}x\int_{0}^{1}\dfrac{1}{(1+x)(1+y)}\mathrm{d}y$ (D) $\int_{0}^{1}\mathrm{d}x\int_{0}^{1}\dfrac{1}{(1+x)(1+y^2)}\mathrm{d}y$

(6) 设 $L_1:x^2+y^2=1$，$L_2:x^2+y^2=2$，$L_3:x^2+2y^2=2$，$L_4:2x^2+y^2=2$ 为 4 条逆时针方向的平面曲线. 记

$$I_i=\oint_{L_i}\left(y+\frac{y^3}{6}\right)\mathrm{d}x+\left(2x-\frac{x^3}{3}\right)\mathrm{d}y,\quad i=1,2,3,4$$

则 $\max\{I_1,I_2,I_3,I_4\}=$（　　）.

  (A) I_1 (B) I_2 (C) I_3 (D) I_4

(7) 设 $f(x,y)$ 是连续函数，则 $\int_{0}^{1}\mathrm{d}y\int_{-\sqrt{1-y^2}}^{1-y}f(x,y)\mathrm{d}x=$（　　）.

  (A) $\int_{0}^{1}\mathrm{d}x\int_{0}^{x-1}f(x,y)\mathrm{d}y+\int_{-1}^{0}\mathrm{d}x\int_{0}^{\sqrt{1-x^2}}f(x,y)\mathrm{d}y$

  (B) $\int_{0}^{1}\mathrm{d}x\int_{0}^{1-x}f(x,y)\mathrm{d}y+\int_{-1}^{0}\mathrm{d}x\int_{-\sqrt{1-x^2}}^{0}f(x,y)\mathrm{d}y$

  (C) $\int_{0}^{\frac{\pi}{2}}\mathrm{d}\theta\int_{0}^{\frac{1}{\cos\theta+\sin\theta}}f(r\cos\theta,r\sin\theta)\mathrm{d}r+\int_{\frac{\pi}{2}}^{\pi}\mathrm{d}\theta\int_{0}^{1}f(r\cos\theta,r\sin\theta)\mathrm{d}r$

  (D) $\int_{0}^{\frac{\pi}{2}}\mathrm{d}\theta\int_{0}^{\frac{1}{\cos\theta+\sin\theta}}f(r\cos\theta,r\sin\theta)r\mathrm{d}r+\int_{\frac{\pi}{2}}^{\pi}\mathrm{d}\theta\int_{0}^{1}f(r\cos\theta,r\sin\theta)r\mathrm{d}r$

(8) 设 D 是第一象限中由曲线 $2xy=1,4xy=1$ 与直线 $y=x,y=\sqrt{3}x$ 围成的平面区域，函数 $f(x,y)$ 在 D 上连续，则 $\iint\limits_{D}f(x,y)\mathrm{d}x\mathrm{d}y=$（　　）.

  (A) $\int_{\frac{\pi}{4}}^{\frac{\pi}{3}}\mathrm{d}\theta\int_{\frac{1}{2\sin 2\theta}}^{\frac{1}{\sin 2\theta}}f(r\cos\theta,r\sin\theta)r\mathrm{d}r$

  (B) $\int_{\frac{\pi}{4}}^{\frac{\pi}{3}}\mathrm{d}\theta\int_{\frac{1}{\sqrt{2\sin 2\theta}}}^{\frac{1}{\sqrt{\sin 2\theta}}}f(r\cos\theta,r\sin\theta)r\mathrm{d}r$

（C）$\int_{\frac{\pi}{4}}^{\frac{\pi}{3}} d\theta \int_{\frac{1}{2\sin 2\theta}}^{\frac{1}{\sin 2\theta}} f(r\cos\theta, r\sin\theta) dr$

（D）$\int_{\frac{\pi}{4}}^{\frac{\pi}{3}} d\theta \int_{\frac{1}{\sqrt{2\sin 2\theta}}}^{\frac{1}{\sqrt{\sin 2\theta}}} f(r\cos\theta, r\sin\theta) dr$

（9）设区域 D 由曲线 $y=\sin x$，$x=\pm\frac{\pi}{2}$，$y=1$ 围成，则 $\iint_D (xy^5-1)dxdy = $（　　）．

（A）π　　　　（B）2　　　　（C）-2　　　　（D）$-\pi$

（10）设 D_k 是圆域 $D=\{(x,y)|x^2+y^2\leq 1\}$ 在第 k 象限的部分，记 $I_k = \iint_{D_k}(y-x)dxdy$（$k=1,2,3,4$），则（　　）．

（A）$I_1 > 0$　　（B）$I_2 > 0$　　（C）$I_3 > 0$　　（D）$I_4 > 0$

（11）已知平面区域 $D=\left\{(x,y)\Big||x|+|y|\leq\frac{\pi}{2}\right\}$．记

$$I_1 = \iint_D \sqrt{x^2+y^2} dxdy, \quad I_2 = \iint_D \sin\sqrt{x^2+y^2} dxdy, \quad I_3 = \iint_D (1-\cos\sqrt{x^2+y^2}) dxdy$$

则（　　）．

（A）$I_3 < I_2 < I_1$　（B）$I_2 < I_1 < I_3$　（C）$I_1 < I_2 < I_3$　（D）$I_2 < I_3 < I_1$

2．变换积分次序．

（1）$\int_0^1 dx \int_0^{x^2} f(x,y) dy + \int_1^3 dx \int_0^{\frac{1}{2}(3-x)} f(x,y) dy$；

（2）$\int_0^1 dy \int_{\sqrt{y}}^{\sqrt{2-y^2}} f(x,y) dx$．

3．设平面区域 D 由直线 $x+y=1$，$x+y=\frac{1}{2}$，$x=0$，$y=0$ 围成．记

$$I_1 = \iint_D [\ln(x+y)]^9 dxdy, \quad I_2 = \iint_D (x+y)^9 dxdy, \quad I_3 = \iint_D [\sin(x+y)]^9 dxdy$$

比较 I_1, I_2, I_3 的大小．

4．利用二重积分性质证明不等式

$$-8 \leq \iint_D (x+xy-x^2-y^2) dxdy \leq \frac{2}{3}$$

其中，$D: 0\leq x\leq 1$，$0\leq y\leq 2$．

5．求二重积分 $I = \iint_D e^{x^2} dxdy$，其中，D 是第一象限中由直线 $y=x$ 和曲线 $y=x^3$ 围成的封闭区域．

6．求 $I = \int_1^2 dx \int_{\sqrt{x}}^x \sin\frac{\pi x}{2y} dy + \int_2^4 dx \int_{\sqrt{x}}^2 \sin\frac{\pi x}{2y} dy$．

7．求 $I = \iint_D x[1+yf(x^2+y^2)] dxdy$，其中，$D$ 由 $y=x^3$，$y=1$，$x=-1$ 围成，$f(t)$ 连续．

8．求 $I = \iint_D |\cos(x+y)| dxdy$，其中，$D: 0\leq x\leq\frac{\pi}{2}$，$0\leq y\leq\frac{\pi}{2}$．

9. 求 $I = \int_0^{\frac{\pi}{6}} dy \int_y^{\frac{\pi}{6}} \frac{\cos x}{x} dx$.

10. 求 $I = \int_0^2 dx \int_x^2 e^{-y^2} dy$.

11. 求 $I = \iint_D \frac{1-x^2-y^2}{1+x^2+y^2} dxdy$，其中，$D$ 是 $x^2+y^2=1$，$x=0$ 和 $y=0$ 所围成区域在第一象限的部分.

12. 求 $I = \iint_D y dxdy$，其中，D 由 x 轴、y 轴与曲线 $\sqrt{\frac{x}{a}}+\sqrt{\frac{y}{b}}=1$ 围成，$a>0$，$b>0$.

13. 求 $I = \iint_D \left(\frac{x^2}{a^2}+\frac{y^2}{b^2}\right) dxdy$，其中，$D: x^2+y^2 \leq R^2$.

14. 求 $I = \iint_D x^2 y dxdy$，其中，D 是由双曲线 $x^2-y^2=1$ 及直线 $y=0, y=1$ 围成的平面区域.

15. 求 $I = \iint_D \sqrt{x^2+y^2} dxdy$，其中，$D = \{(x,y) | 0 \leq y \leq x, x^2+y^2 \leq 2x\}$.

16. 设 D 是以点 $O(0,0)$, $A(1,2)$ 和 $B(2,1)$ 为顶点的三角形区域，求 $I = \iint_D x dxdy$.

17. 求 $I = \iint_D \sin\sqrt{x^2+y^2} dxdy$，其中，$D: \pi^2 \leq x^2+y^2 \leq 4\pi^2$.

18. 求 $I = \iint_D \ln\frac{x^2+y+1}{x+y^2+1} dxdy$，其中，$D:(x-2)^2+(y-2)^2 \leq 1$.

19. 求二重积分 $I = \iint_D r^2 \sin\theta \sqrt{1-r^2\cos 2\theta} drd\theta$，其中，$D = \left\{(r,\theta) | 0 \leq r \leq \sec\theta, 0 \leq \theta \leq \frac{\pi}{4}\right\}$.

20. 交换积分次序 $I = \int_0^{2a} dx \int_{\sqrt{2ax-x^2}}^{\sqrt{2ax}} f(x,y) dy$.

21. 求 $I = \iint_D \frac{\sin y}{y} dxdy$，其中，$D$ 由 $y^2=x$ 与 $y=x$ 围成.

22. 求 $I = \iint_D |x^2+y^2-4| dxdy$，其中，$D: x^2+y^2 \leq 9$.

23. 求 $I = \iint_D |y| dxdy$，其中，$D: \frac{x^2}{a^2}+\frac{y^2}{b^2} \leq 1$.

24. 求 $I = \iint_D (x^3 y + y^3\sqrt{x^2+y^2} + x\sqrt{x^2+y^2}) dxdy$，其中，$D: x^2+y^2 \leq ax$.

25. 设 a,b 为实数，函数 $z = 2 + ax^2 + by^2$ 在点 $(3,4)$ 处的方向导数中，沿方向 $\boldsymbol{l} = -3\boldsymbol{i} - 4\boldsymbol{j}$ 的方向导数最大，最大值为 10.

（1）求 a,b；

（2）求曲面 $z = 2 + ax^2 + by^2 (z \geq 0)$ 的面积.

26. 求曲面 $z = x^2 + y^2 + 1$ 上点 $M_0(1,-1,3)$ 处的切平面与曲面 $z = x^2 + y^2$ 所围空间立体的体积.

27. 求 $I = \iint\limits_{D} x|y|\mathrm{d}x\mathrm{d}y$，其中，$D: y \leq x, x \leq 1, y \geq -\sqrt{2-x^2}$.

28. 求曲面 $z = x^2 - y^2$ 包含在曲面 $z = 3x^2 + y^2 - 2$ 和 $z = 3x^2 + y^2 - 4$ 之间的面积.

29. 设区域 $D = \{(x,y) | x^2 + y^2 \leq 1, y \geq 0\}$，连续函数 $f(x,y)$ 满足 $f(x,y) = y\sqrt{1-x^2} + x\iint\limits_{D} f(x,y)\mathrm{d}x\mathrm{d}y$. 求 $\iint\limits_{D} xf(x,y)\mathrm{d}x\mathrm{d}y$.

30. 设 $f \in C_{[a,b]}$，证明
$$\left(\int_a^b f(x)\mathrm{d}x\right)^2 \leq (b-a)\int_a^b f^2(x)\mathrm{d}x$$

提示：$\iint\limits_{D} [f(x) - f(y)]^2 \mathrm{d}x\mathrm{d}y \geq 0$，$D: a \leq x \leq b, a \leq y \leq b$.

31. 求 $I = \int_1^5 \mathrm{d}y \int_y^5 \frac{1}{\ln x}\mathrm{d}x$.

32. 设 $D = \{(x,y) | x^2 + y^2 \leq \sqrt{2}, x \geq 0, y \geq 0\}$，$[1 + x^2 + y^2]$ 表示不超过 $1 + x^2 + y^2$ 的最大整数，计算二重积分 $\iint\limits_{D} xy[1 + x^2 + y^2]\mathrm{d}x\mathrm{d}y$.

33. 求 $I = \iint\limits_{D} \mathrm{e}^{-(x^2+y^2-\pi)}\sin(x^2+y^2)\mathrm{d}x\mathrm{d}y$，其中，$D: x^2 + y^2 \leq \pi$.

34. 求下列积分.

（1）$\int_0^1 \frac{x^b - x^a}{\ln x}\mathrm{d}x$，$a, b > 0$；

（2）$\iint\limits_{D} \sqrt{|y - x^2|}\mathrm{d}x\mathrm{d}y$，$D: \begin{cases} |x| \leq 1 \\ 0 \leq y \leq 2 \end{cases}$.

35. 求由 $z = x^2 + y^2$，$y = x^2$，$y = 1$，$z = 0$ 围成立体的体积.

36. 由曲线 $xy = 1$ 及直线 $x + y = \frac{5}{2}$ 围成的平面板，其质量面密度为 $\frac{1}{x}$，求板的质量.

37. 求抛物面 $z = x^2 + y^2 + 1$ 的一个切平面，使它与该抛物面及圆柱面 $(x-1)^2 + y^2 = 1$ 围成立体的体积最小，并求这个最小体积.

38. 设有一半径为 R、高为 H 的圆柱形容器，盛有 $\frac{2}{3}H$ 高的水，放在离心机上高速旋转，受离心力作用，水面呈抛物面形，问当水刚要溢出水面时，液面的最低点在何处？

39. 求三重积分 $I = \iiint\limits_{\Omega} z^2\mathrm{d}x\mathrm{d}y\mathrm{d}z$，其中，$\Omega: \begin{cases} x^2 + y^2 + z^2 \leq R^2 \\ x^2 + y^2 + z^2 \leq 2Rz \end{cases}$.

40. 用不同的方法改变积分次序：$I = \int_0^1 \mathrm{d}x \int_0^{1-x} \mathrm{d}y \int_0^{x+y} f(x,y,z)\mathrm{d}z$.

41. 设 $f(u)$ 连续，$\Omega: 0 \leq z \leq h, x^2 + y^2 \leq t^2$. 若
$$F(t) = \iiint\limits_{\Omega} [z^2 + f(x^2 + y^2)]\mathrm{d}x\mathrm{d}y\mathrm{d}z$$

求 $\dfrac{\mathrm{d}F}{\mathrm{d}t}$ 和 $\lim\limits_{t\to 0^+}\dfrac{F(t)}{t^2}$.

42. 设 $f(t)$ 在 $[0,1]$ 上连续，证明

$$I=\int_0^1 \mathrm{d}x\int_x^1 \mathrm{d}y\int_x^y f(x)f(y)f(z)\mathrm{d}z=\dfrac{1}{3!}\left(\int_0^1 f(t)\mathrm{d}t\right)^3$$

43. 求曲面 $(x^2+y^2+z^2)^2=a^2(x^2+y^2)$（$a>0$）围成区域的体积.

44. 设 $f(t)$ 连续，证明 $\int_0^x \mathrm{d}v\int_0^v \mathrm{d}u\int_0^u f(t)\mathrm{d}t=\dfrac{1}{2}\int_0^x (x-t)^2 f(t)\mathrm{d}t$.

45. 求由 $(x^2+y^2+z^2)^2=a^2(x^2+y^2)$（$a>0$）围成密度均匀的物体对 z 轴的转动惯量.

46. 求含在柱面 $x^2+y^2=ax$（$a>0$）内的球面 $x^2+y^2+z^2=a^2$ 的面积.

47. 一半径为 R、高为 H 的密度均匀的圆柱体，底面置于 xOy 平面上，对称轴为 z 轴，在其对称轴上，上底上方距离 a 处有一质量为 m 的质点，求圆柱体对此质点的引力.

48. 求抛物面 $z=4+x^2+y^2$ 的切平面 π，使它与该抛物面之间介于圆柱面 $(x-1)^2+y^2=1$ 内部的体积最小.

49. 有一半径为 a 的均质半球体，在其大圆上拼接一个材料相同的半径为 a 的圆柱体，问圆柱体的高 H 为多少时，拼接后的立体重心在球心处？

50. 求 $I=\int_C \sqrt{2y^2+z^2}\mathrm{d}s$，其中，$C:\begin{cases}x^2+y^2+z^2=R^2\\ y=x\end{cases}$.

51. 求密度均匀的曲线 $x=a\cos t,\ y=a\sin t,\ z=\dfrac{h}{2\pi}t$ 上自 $t=0$ 到 $t=2\pi$ 的一段对 z 轴的转动惯量.

52. 求 $I=\oint_C \dfrac{-y\mathrm{d}x+x\mathrm{d}y}{x^2+y^2}$，其中，

（1）$C:(x-2)^2+y^2=1$，取顺时针方向；

（2）$C:x^2+y^2=4$，取逆时针方向.

53. 求 $I=\int_C (y+2xy)\mathrm{d}x+(x^2+2x+y^2)\mathrm{d}y$，其中，$C$ 是 $x^2+y^2=4x$ 的上半圆周，取点 $A(4,0)$ 到 $O(0,0)$ 一段.

54. （1）证明 $\boldsymbol{F}=(2xy^3-y^2\cos x)\boldsymbol{i}+(1-2y\sin x+3x^2y^2)\boldsymbol{j}$ 是保守场；

（2）求 $I=\int_C \boldsymbol{F}\cdot \mathrm{d}\boldsymbol{s}$，其中，$C$ 是从点 $O(0,0)$ 到 $A\left(\dfrac{\pi}{2},1\right)$ 的任意曲线段.

55. 求 $I=\int_C \sqrt{x^2+y^2}\mathrm{d}x+y[xy+\ln(x+\sqrt{x^2+y^2})]\mathrm{d}y$，其中，$C$ 是曲线段 $y=\sin x$（$\pi\le x\le 2\pi$），取 x 增加方向.

56. 求 $I=\int_C \dfrac{-y\mathrm{d}x+x\mathrm{d}y}{(x-y)^2}$，其中，$C$ 是以 $A(0,-1)$ 为起点、以 $B(1,0)$ 为终点且不与 $y=x$ 相交的任意曲线.

57. 设曲线积分 $\int_C xy^2\mathrm{d}x+y\varphi(x)\mathrm{d}y$ 与路径无关，其中，$\varphi(x)$ 有连续导数，且 $\varphi(0)=0$，求 $\varphi(x)$，并求

$$I = \int_{(0,0)}^{(1,1)} xy^2 dx + y\varphi(x) dy$$

58. 在椭圆 $x = a\cos t$, $y = b\sin t$ 上每一点 M 有作用力 F，其大小等于点 M 到椭圆中心的距离，方向指向椭圆中心．

（1）试求质点 M 沿着椭圆位于第一象限中的弧从点 $A(a,0)$ 到点 $B(0,b)$ 时，力 F 所做的功．

（2）求质点 M 按逆时针方向走遍全椭圆时力 F 所做的功．

59. 求 $I = \int_c (x^2+y^2) dx + (x^2-y^2) dy$，其中，$c: y = 1-|1-x|$, $0 \leqslant x \leqslant 2$，沿 x 增加方向．

60. 求 $I = \oint_c (y-z) dx + (z-x) dy + (x-y) dz$，其中，

$$c: \begin{cases} x^2 + y^2 = a^2 \\ \dfrac{x}{a} + \dfrac{z}{h} = 1 \end{cases}, \quad a > 0, h > 0$$

从 z 轴正向看，c 是逆时针方向．

61. 求 $I = \oint_l (y^2-z^2) dx + (2z^2-x^2) dy + (3x^2-y^2) dz$，其中，$l$ 是平面 $x+y+z=2$ 与柱面 $|x|+|y|=1$ 的交线，从 z 轴正向看，l 为逆时针方向．

62. 求 $I = \oint_c \dfrac{(x+4y) dx + (x-y) dy}{x^2 + 4y^2}$，其中，$c$ 为 $(x-a)^2 + (y-b)^2 = 1$，取正向．

63. 求 $I = \int_{\widehat{AO}} (e^x \sin y - my) dx + (e^x \cos y - m) dy$，其中，$\widehat{AO}$ 是 $x^2 + y^2 = ax$ 从点 $A(a,0)$ 到 $O(0,0)$ 的上半圆周．

64. 验证 $\dfrac{-y dx + x dy}{x^2 + y^2}$ 在半平面 $x > 0$ 内是某一函数 $u(x,y)$ 的全微分，并求 $u(x,y)$．

65. 求 $I = \oint_c \dfrac{(2y^2 - x^2) dx - 4xy dy}{(x^2+y^2)^2}$，其中，$c: |x|+|y|=1$，取正向．

66. 求微分方程 $(x\cos y + \cos x) y' - y\sin x + \sin y = 0$ 的通解．

67. 设位于点 $(0,1)$ 处的质点 A 对质点 M 的引力大小为 $\dfrac{k}{r^2}$（$k > 0$ 为常数），r 为点 A 与点 M 之间的距离，质点 M 沿曲线 $y = \sqrt{2x - x^2}$ 从 $B(2,0)$ 运动到 $O(0,0)$，求在此运动过程中，质点 A 对质点 M 的引力所做的功．

68. 设常数 a 和 b 使曲线积分 $\int_{AB} \dfrac{(x+ay) dx - (x+by) dy}{x^2 + y^2}$ 在任何不包含坐标原点的单连通域中与积分路径无关，请计算 $\oint_L \dfrac{(x+ay) dx - (x+by) dy}{x^2 + y^2}$，其中，$L$ 为一包含原点在内的封闭曲线，取逆时针方向．

69. 求曲线积分 $I = \oint_L \dfrac{dx + dy}{|x| + |y|}$，其中，$L$ 为 $|y| + |2-x| = 1$，取正向．

70. 求 $I = \iint_S (x^2 + y^2) dS$，其中，$S$ 为立体 $\sqrt{x^2+y^2} \leqslant z \leqslant 1$ 的表面．

71. 求 $I = \oiint\limits_{S} \dfrac{x\mathrm{d}y\mathrm{d}z + y\mathrm{d}z\mathrm{d}x + z\mathrm{d}x\mathrm{d}y}{\sqrt{x^2+y^2+z^2}}$，其中，$S$ 为 $x^2+y^2+z^2 = a^2$，取外侧.

72. 求 $F(t) = \iint\limits_{S} f(x,y,z)\mathrm{d}S$，其中，$S$ 为 $x^2+y^2+z^2 = t^2$，

$$f(x,y,z) = \begin{cases} x^2+y^2, & z \geqslant \sqrt{x^2+y^2} \\ 0, & z < \sqrt{x^2+y^2} \end{cases}$$

73. 求 $I = \iint\limits_{S} \mathrm{rot}\,\boldsymbol{A} \cdot \boldsymbol{n}\mathrm{d}S$，其中，$S$ 是球面 $x^2+y^2+z^2=9$ 上半部的上侧，$\boldsymbol{n}$ 表示 S 的单位外法向量，$\boldsymbol{A} = 2y\boldsymbol{i} + 3x\boldsymbol{j} - z^2\boldsymbol{k}$，$\Gamma$ 是 S 的边界曲线.
（1）利用对面积的曲面积分计算；
（2）利用对坐标的曲面积分计算；
（3）利用高斯公式计算；
（4）利用斯托克斯公式计算.

74. 求 $I = \oint\limits_{c} (y^2-z^2)\mathrm{d}x + (z^2-x^2)\mathrm{d}y + (x^2-y^2)\mathrm{d}z$，其中，$c$ 为 $x+y+z=1$ 与立方体 $0 \leqslant x \leqslant 1$，$0 \leqslant y \leqslant 1$，$0 \leqslant z \leqslant 1$ 表面的交线，从 x 轴正向看为逆时针方向.

75. 求 $I = \iint\limits_{S} (x^3\cos\alpha + y^3\cos\beta + z^3\cos\gamma)\mathrm{d}S$，其中，$S$ 为 $x^2+y^2 = z^2$ （$0 \leqslant z \leqslant h$），$\cos\alpha, \cos\beta, \cos\gamma$ 为 S 下侧方向余弦.

76. 求向量 $\boldsymbol{A} = -y\boldsymbol{i} + x\boldsymbol{j} + C\boldsymbol{k}$ 沿着曲线 $l: \begin{cases} x^2+y^2 = 1 \\ z = 0 \end{cases}$ 的环流量，其中，C 为常数，l 取正向.

77. 求 $I = \iint\limits_{S} (x^3+az^2)\mathrm{d}y\mathrm{d}z + (y^3+ax^2)\mathrm{d}z\mathrm{d}x + (z^3+ay^2)\mathrm{d}x\mathrm{d}y$，其中，$S$ 为上半球面 $z = \sqrt{a^2-x^2-y^2}$，取上侧.

78. 设 S 为曲面 $x^2+y^2+z^2=1$ 的外侧. 计算曲面积分

$$I = \oiint\limits_{S} x^3\mathrm{d}y\mathrm{d}z + y^3\mathrm{d}z\mathrm{d}x + z^3\mathrm{d}x\mathrm{d}y$$

79. 设空间区域 Ω 由曲面 $z = a^2 - x^2 - y^2$ 与平面 $z = 0$ 围成，其中，a 为正常数. 记 Ω 的表面为 S，取外侧，Ω 的体积为 V，证明

$$\oiint\limits_{S} x^2yz^2\mathrm{d}y\mathrm{d}z - xy^2z^2\mathrm{d}z\mathrm{d}x + z(1+xyz)\mathrm{d}x\mathrm{d}y = V$$

80. 求 $I = \iint\limits_{S} yz\mathrm{d}z\mathrm{d}x + 2\mathrm{d}x\mathrm{d}y$，其中，$S$ 为 $x^2+y^2+z^2=4$ 的上半部分，取上侧.

81. 求 $I = \iint\limits_{S} 4zx\mathrm{d}y\mathrm{d}z - 2zy\mathrm{d}z\mathrm{d}x + (1-z^2)\mathrm{d}x\mathrm{d}y$，其中，$S$ 是曲线 $z = \mathrm{e}^y$ （$0 \leqslant y \leqslant a$）绕 z 轴旋转一周所围成的曲面，取下侧.

82. 求 $I = \iint\limits_{\Sigma} xy\,dydz + y^2\,dzdx + z^2\,dxdy$，其中，$\Sigma$ 为上半球面 $(x-1)^2 + y^2 + z^2 = 1$（$z \geq 0$）被锥面 $z = \sqrt{x^2 + y^2}$ 所截下的部分，取上侧.

83. 设函数 $u(x,y,z)$ 在由球面 $S: x^2 + y^2 + z^2 = 2z$ 包围的闭区域 Ω 上有二阶连续偏导数，且满足 $\dfrac{\partial^2 u}{\partial x^2} + \dfrac{\partial^2 u}{\partial y^2} + \dfrac{\partial^2 u}{\partial z^2} = x^2 + y^2 + z^2$. 若 $\boldsymbol{n}^0$ 为 S 的外法线方向的单位向量，求 $I = \iint\limits_{S} \dfrac{\partial u}{\partial n}\,dS$.

84. 求 $I = \oiint\limits_{S} |xy|z^2\,dxdy + |x|y^2\,dydz$，其中，$S$ 为由曲面 $z = x^2 + y^2$ 与平面 $z = 1$ 围成的封闭曲面，取外侧.

85. 已知曲线 L 的方程为 $y = 1 - |x|$，$x \in [-1,1]$，起点是 $(-1,0)$，终点是 $(1,0)$，求曲线积分 $\int_L xy\,dx + x^2\,dy$.

86. 设 P 为椭球面 $S: x^2 + y^2 + z^2 - yz = 1$ 上的动点，若 S 在点 P 处的切平面与 xOy 平面垂直，求点 P 的轨迹 c. 并求曲面积分 $I = \iint\limits_{\Sigma} \dfrac{(x+\sqrt{3})|y-2z|}{\sqrt{4+y^2+z^2-4yz}}\,dS$，其中，$\Sigma$ 是椭球面 S 位于曲线 c 上方的部分.

87. 设 L 是柱面 $x^2 + y^2 = 1$ 与平面 $z = x + y$ 的交线，从 z 轴正向往 z 轴负向看为逆时针方向，求曲线积分 $\oint_L xz\,dx + x\,dy + \dfrac{y^2}{2}\,dz$.

88. 已知函数 $f(x,y)$ 有二阶连续偏导数，且 $f(x,1) = 0$，$f(1,y) = 0$，$\iint\limits_{D} f(x,y)\,dxdy = a$，其中，$D = \{(x,y) \mid 0 \leq x \leq 1, 0 \leq y \leq 1\}$，求二重积分 $I = \iint\limits_{D} xy f''_{xy}(x,y)\,dxdy$.

89. 设 $\Sigma = \{(x,y,z) \mid x+y+z = 1, x \geq 0, y \geq 0, z \geq 0\}$，求 $\iint\limits_{\Sigma} y^2\,dS$.

90. 已知 L 是第一象限中从点 $(0,0)$ 沿圆周 $x^2 + y^2 = 2x$ 到点 $(2,0)$，再沿圆周 $x^2 + y^2 = 4$ 到点 $(0,2)$ 的曲线段，求曲线积分 $I = \int_L 3x^2 y\,dx + (x^3 + x - 2y)\,dy$.

91. 设直线 L 过 $A(1,0,0), B(0,1,1)$ 两点，将 L 绕 z 轴旋转一周得到曲面 Σ，由 Σ 与平面 $z = 0$，$z = 2$ 围成的立体为 Ω.

（1）求曲面 Σ 的方程；

（2）求 Ω 的形心坐标.

92. 设 L 是柱面 $x^2 + y^2 = 1$ 与平面 $y + z = 0$ 的交线，从 z 轴正向往 z 轴负向看去为逆时针方向，求曲线积分 $\oint_L z\,dx + y\,dz$.

93. 设 Σ 为曲面 $z = x^2 + y^2 (z \leq 1)$ 的上侧，计算曲面积分
$$I = \iint\limits_{\Sigma} (x-1)^3\,dydz + (y-1)^3\,dzdx + (z-1)\,dxdy$$

94. 设 Ω 是由平面 $x + y + z = 1$ 与三个坐标平面围成的空间区域，求 $\iiint\limits_{\Omega} (x + 2y + 3z)\,dxdydz$.

95. 已知曲线 $L:\begin{cases} z=\sqrt{2-x^2-y^2} \\ z=x \end{cases}$，起点为 $A(0,\sqrt{2},0)$，终点为 $B(0,-\sqrt{2},0)$，求曲线积分
$I=\int_L (y+z)\mathrm{d}x+(z^2-x^2+y)\mathrm{d}y+x^2y^2\mathrm{d}z$.

96. 求向量场 $A(x,y,z)=(x+y+z)\boldsymbol{i}+xy\boldsymbol{j}+z\boldsymbol{k}$ 的旋度 rot A.

97. （1）设函数 $f(x)$ 有一阶连续导数，且 $f(1)=1$，D 为不包含原点的单连通区域，在 D 内曲线积分 $\int_L \dfrac{y\mathrm{d}x-x\mathrm{d}y}{2x^2+f(y)}$ 与路径无关，求 $f(y)$；

（2）在（1）的条件下，求 $\oint_{L'} \dfrac{y\mathrm{d}x-x\mathrm{d}y}{2x^2+f(y)}$，其中，$L'$ 为曲线 $x^{\frac{2}{3}}+y^{\frac{2}{3}}=a^{\frac{2}{3}}$，$a>0$，且取逆时针方向.

98. 设函数 $f(x,y)$ 满足 $\dfrac{\partial f(x,y)}{\partial x}=(2x+1)\mathrm{e}^{2x-y}$，且 $f(0,y)=y+1$，L_t 是从点 $(0,0)$ 到点 $(1,t)$ 的光滑曲线. 求曲线积分 $I(t)=\int_{L_t} \dfrac{\partial f(x,y)}{\partial x}\mathrm{d}x+\dfrac{\partial f(x,y)}{\partial y}\mathrm{d}y$，并求 $I(t)$ 的最小值.

99. 设有界区域 Ω 由平面 $2x+y+2z=2$ 与三个坐标平面围成，Σ 为 Ω 的表面，取外侧，求曲面积分 $I=\iint_\Sigma (x^2+1)\mathrm{d}y\mathrm{d}z-2y\mathrm{d}z\mathrm{d}x+3z\mathrm{d}x\mathrm{d}y$.

100. 若曲线积分 $\int_L \dfrac{x\mathrm{d}x-ay\mathrm{d}y}{x^2+y^2-1}$ 在区域 $D=\{(x,y)\mid x^2+y^2<1\}$ 内与路径无关，求 a.

101. 设 $F(x,y,z)=xy\boldsymbol{i}-yz\boldsymbol{j}+zx\boldsymbol{k}$，求 rot$F(1,1,0)$.

102. 设 L 为球面 $x^2+y^2+z^2=1$ 与平面 $x+y+z=0$ 的交线，求 $\oint_L xy\mathrm{d}s$.

103. 设 Σ 是曲面 $x=\sqrt{1-3y^2-3z^2}$，取前侧. 求曲面积分
$$I=\iint_\Sigma x\mathrm{d}y\mathrm{d}z+(y^3+2)\mathrm{d}z\mathrm{d}x+z^3\mathrm{d}x\mathrm{d}y$$

104. 设 Σ 为曲面 $x^2+y^2+4z^2=4$（$z\geq 0$）的上侧，求 $\iint_\Sigma \sqrt{4-x^2-4z^2}\mathrm{d}x\mathrm{d}y$.

105. 设 Ω 是由锥面 $x^2+(y-z)^2=(1-z)^2(0\leq z\leq 1)$ 与平面 $z=0$ 围成的锥体，求 Ω 的形心坐标.

106. 设 Σ 为曲面 $z=\sqrt{x^2+y^2}$（$1\leq x^2+y^2\leq 4$）的下侧，$f(x)$ 为连续函数. 计算
$$I=\iint_\Sigma [xf(xy)+2x-y]\mathrm{d}y\mathrm{d}z+[yf(xy)+2y+x]\mathrm{d}z\mathrm{d}x+[zf(xy)+z]\mathrm{d}x\mathrm{d}y$$

107. L 是曲面 $\Sigma:4x^2+y^2+z^2=1$，$x\geq 0$，$y\geq 0$，$z\geq 0$ 的边界，曲面方向朝上，已知曲线 L 的方向和曲面的方向符合右手法则，求
$$I=\oint_L (yz^2-\cos z)\mathrm{d}x+2xz^2\mathrm{d}y+(2xyz+x\sin z)\mathrm{d}x$$

108. 计算 $I=\oint_L |y|\mathrm{d}s$，其中，L 为双纽线 $(x^2+y^2)^2=a^2(x^2-y^2)$，$a>0$.

109. 设平面区域 $D=\{(x,y)\mid 1\leq x^2+y^2\leq 4,x\geq 0,y\geq 0\}$. 求 $\iint_D \dfrac{x\sin(\pi\sqrt{x^2+y^2})}{x+y}\mathrm{d}x\mathrm{d}y$.

110. 设 $L:\begin{cases} x^2+y^2+z^2=4 \\ x+y+z=1 \end{cases}$，求 $\oint_L (x^2+y)\mathrm{d}s$.

111. 设 $D \subset R^2$ 是有界单连通闭区域，$I(D) = \iint\limits_{D}(4-x^2-y^2)\mathrm{d}x\mathrm{d}y$ 取得最大值的积分区域记为 D_1.

（1）求 $I(D_1)$ 的值；

（2）计算 $\int_{\partial D_1} \dfrac{(xe^{x^2+4y^2}+y)\mathrm{d}x+(4ye^{x^2+4y^2}-x)\mathrm{d}y}{x^2+4y^2}$，其中，$\partial D_1$ 是 D_1 的正向边界.

112. 求 $\int_0^1 \mathrm{d}y \int_y^1 \dfrac{\tan x}{x}\mathrm{d}x$.

113. 设 V 是由曲面 $z=\sqrt{1-x^2-y^2}$ 与曲面 $z=\sqrt{x^2+y^2}-1$ 围成的立体，立体 V 的全表面为 S，取外侧，计算 $I = \oiint\limits_{S} \dfrac{x\mathrm{d}y\mathrm{d}z+y\mathrm{d}z\mathrm{d}x+z\mathrm{d}x\mathrm{d}y}{(x^2+y^2+z^2)^{\frac{3}{2}}}$.

114. 设 $f(x)$ 有连续导数，L 为从 $O(0,0)$ 沿 $x^2+(y-\pi)^2=\pi^2$ 右半圆周到 $A(0,2\pi)$ 的一段弧，计算 $I = \int_L \dfrac{f'(x)\sin y\mathrm{d}x+[f(x)\cos y-\pi x]\mathrm{d}y}{x^2+(y-\pi)^2}$.

115. 设立体 V 由曲面 $\Sigma: x^2+y^2 = -2x(z-1)$（$0 \leqslant z \leqslant 1$）与平面 $z=0$ 围成，V 的密度为 $\rho=1$.

（1）求 V 的质心坐标 $\bar{x}$；

（2）求曲面积分 $I = \iint\limits_{\Sigma} \dfrac{2x^2}{\sqrt{4x^4+(x^2+y^2)^2}}\mathrm{d}S$.

116. 求曲线积分 $\int_L \dfrac{4x-y}{4x^2+y^2}\mathrm{d}x + \dfrac{x+y}{4x^2+y^2}\mathrm{d}y$，其中，$L: x^2+y^2=2$，取逆时针方向.

117. 设 Σ 为曲面 $z=\sqrt{x^2+y^2}$（$1 \leqslant x^2+y^2 \leqslant 4$），取下侧，$f(x)$ 为连续函数，求
$I = \iint\limits_{\Sigma} [xf(xy)+2x-y]\mathrm{d}y\mathrm{d}z + [yf(xy)+2y+x]\mathrm{d}z\mathrm{d}x + [zf(xy)+z]\mathrm{d}x\mathrm{d}y$.

118. 设 Ω 为平面 $\dfrac{x}{a}+\dfrac{y}{b}+\dfrac{z}{c}=1$（$a$，$b$，$c$ 均大于 0）与三个坐标平面围成的四面体区域，Σ 为 Ω 的全表面的外侧.

（1）计算曲面积分 $I(a,b,c) = \iint\limits_{\Sigma} \dfrac{1}{2}z^2\mathrm{d}x\mathrm{d}y$；

（2）若 $a+b+c=1$，求使得 $I(a,b,c)$ 最大的 a,b,c 的值，并求 $I(a,b,c)$ 的最大值.

119. 设 Σ 为光滑闭曲面，取外侧，$I = \iint\limits_{\Sigma}(x^3-x)\mathrm{d}y\mathrm{d}z+(y^3-y)\mathrm{d}z\mathrm{d}x+(z^3-z)\mathrm{d}x\mathrm{d}y$.

（1）确定曲面 Σ 使得 I 最小，并求 I 的最小值；

（2）若（1）中曲面 Σ 被曲面 $z=\sqrt{x^2+y^2}$ 分成两部分，求这两部分曲面的面积之比.

第 11 章 无穷级数

无穷级数是微积分学的重要组成部分，是研究函数的一个重要工具，而且其与微积分学其他内容结合在一起的综合性题目不断出现. 本章主要介绍级数的基本内容，如级数收敛、发散、条件收敛、绝对收敛的判定；幂级数的收敛半径及收敛区间（均指开区间），收敛域及和函数的求法；将函数展开成幂级数（包括写出其收敛域）的方法；函数的傅里叶系数和傅里叶级数的求法等.

11.1 内容提要

11.1.1 数项级数

1. 级数收敛和发散

将数列 $\{u_n\}$ 的各项依次用"+"连接所得的式子 $u_1+u_2+\cdots+u_n+\cdots$ 称为无穷级数，记为 $\sum\limits_{n=1}^{\infty}u_n$，即 $\sum\limits_{n=1}^{\infty}u_n=u_1+u_2+\cdots+u_n+\cdots$.

记 $S_n=u_1+u_2+\cdots+u_n$，称 S_n 为级数 $\sum\limits_{n=1}^{\infty}u_n$ 的前 n 项和.

若 $\lim\limits_{n\to\infty}S_n=S$（存在），称级数 $\sum\limits_{n=1}^{\infty}u_n$ 收敛，S 为此级数的和，记为 $S=\sum\limits_{n=1}^{\infty}u_n$.

若极限 $\lim\limits_{n\to\infty}S_n$ 不存在，称级数 $\sum\limits_{n=1}^{\infty}u_n$ 发散.

2. 级数性质

（1）设常数 $k\neq 0$，则级数 $\sum\limits_{n=1}^{\infty}ku_n$ 与级数 $\sum\limits_{n=1}^{\infty}u_n$ 的敛散性相同.

（2）级数加上（或去掉）有限项，不影响级数的敛散性. 但对收敛级数，一般级数的和是要改变的.

（3）对两个收敛级数作和（或作差）所得到的级数仍然收敛. 但对一个收敛级数和一个发散级数作和（或作差）所得到的级数是发散的.

（4）收敛级数加括号后所成的级数仍然收敛且收敛于原来的和.

（5）级数收敛的必要条件：若级数 $\sum_{n=1}^{\infty} u_n$ 收敛，则 $\lim_{n\to\infty} u_n = 0$．由此得到，若 $\lim_{n\to\infty} u_n \neq 0$，则级数 $\sum_{n=1}^{\infty} u_n$ 发散．

3．正项级数敛散性的判别法

正项级数 $\sum_{n=1}^{\infty} u_n$（$u_n \geq 0$，$n = 1, 2, \cdots$）是很重要的一类级数．许多任意项级数敛散性的问题会归结为正项级数敛散性的问题．

（1）比较判别法．

设正项级数 $\sum_{n=1}^{\infty} u_n$ 和 $\sum_{n=1}^{\infty} v_n$，当 $n > N$ 时，恒有 $u_n \leq k v_n$（$k > 0$ 常数），则当 $\sum_{n=1}^{\infty} v_n$ 收敛时，$\sum_{n=1}^{\infty} u_n$ 收敛；当 $\sum_{n=1}^{\infty} u_n$ 发散时，$\sum_{n=1}^{\infty} v_n$ 发散．

（2）比较判别法的极限形式．

设正项级数 $\sum_{n=1}^{\infty} u_n$ 和 $\sum_{n=1}^{\infty} v_n$，若 $\lim_{n\to\infty} \dfrac{u_n}{v_n} = d$，则

当 $0 < d < +\infty$ 时，级数 $\sum_{n=1}^{\infty} u_n$ 和 $\sum_{n=1}^{\infty} v_n$ 具有相同的敛散性；

当 $d = 0$ 时，若 $\sum_{n=1}^{\infty} v_n$ 收敛，则 $\sum_{n=1}^{\infty} u_n$ 也收敛；

当 $d = +\infty$ 时，若 $\sum_{n=1}^{\infty} v_n$ 发散，则 $\sum_{n=1}^{\infty} u_n$ 也发散．

几何级数 $\sum_{n=0}^{\infty} aq^n$（也称等比级数，$a \neq 0$）的敛散性如下：

当 $|q| < 1$ 时，级数收敛，其和为 $\dfrac{a}{1-q}$；当 $|q| \geq 1$ 时，级数发散．

p-级数 $\sum_{n=1}^{\infty} \dfrac{1}{n^p}$ 的敛散性如下：

当 $p > 1$ 时，级数收敛；当 $p \leq 1$ 时，级数发散．

（3）比值判别法．

设正项级数 $\sum_{n=1}^{\infty} u_n$，若 $\lim_{n\to\infty} \dfrac{u_{n+1}}{u_n} = \rho$，则

当 $\rho < 1$ 时，级数 $\sum_{n=1}^{\infty} u_n$ 收敛；

当 $\rho > 1$（或 $\lim_{n\to\infty} \dfrac{u_{n+1}}{u_n} = \infty$）时，级数 $\sum_{n=1}^{\infty} u_n$ 发散；

当 $\rho=1$ 时，判别法失效；但当 $n>N$ 时，$\dfrac{u_{n+1}}{u_n}>1$，则级数发散；当 $n>N$ 时，$\dfrac{u_{n+1}}{u_n}\leqslant r<1$ （r 为常数），则级数 $\sum\limits_{n=1}^{\infty}u_n$ 收敛.

(4) 根值判别法.

设正项级数 $\sum\limits_{n=1}^{\infty}u_n$，若 $\lim\limits_{n\to\infty}\sqrt[n]{u_n}=\rho$，则：

当 $\rho<1$ 时，级数 $\sum\limits_{n=1}^{\infty}u_n$ 收敛；

当 $\rho>1$（或 $\lim\limits_{n\to\infty}\sqrt[n]{u_n}=\infty$）时，级数 $\sum\limits_{n=1}^{\infty}u_n$ 发散；

当 $\rho=1$ 时，判别法失效；但当 $n>N$ 时，$\sqrt[n]{u_n}>1$，则级数发散；当 $n>N$ 时，$\sqrt[n]{u_n}\leqslant r<1$ （r 为常数），则级数 $\sum\limits_{n=1}^{\infty}u_n$ 收敛.

(5) 积分判别法.

若区间 $[1,+\infty)$ 内有一单调下降的非负连续函数 $f(x)$，且满足 $u_n=f(n)$，$n=1,2,\cdots$，则当 $\int_1^{+\infty}f(x)\mathrm{d}x$ 收敛时，$\sum\limits_{n=1}^{\infty}u_n$ 也收敛；当 $\int_1^{+\infty}f(x)\mathrm{d}x$ 发散时，$\sum\limits_{n=1}^{\infty}u_n$ 也发散.

上述各种判别法基于下面的定理：正项级数收敛的充要条件是它的部分和数列有界，即正项级数 $\sum\limits_{n=1}^{\infty}u_n$ 收敛 $\Leftrightarrow S_n=\sum\limits_{k=1}^{n}u_k$ 是有界数列.

4．任意项级数

(1) 绝对收敛和条件收敛.

对任意项级数 $\sum\limits_{n=1}^{\infty}u_n$ 的每项取绝对值，得到正项级数 $\sum\limits_{n=1}^{\infty}|u_n|$. 若 $\sum\limits_{n=1}^{\infty}|u_n|$ 收敛，则称 $\sum\limits_{n=1}^{\infty}u_n$ 绝对收敛. 若 $\sum\limits_{n=1}^{\infty}u_n$ 收敛，但 $\sum\limits_{n=1}^{\infty}|u_n|$ 发散，称 $\sum\limits_{n=1}^{\infty}u_n$ 条件收敛.

定理 11.1 若级数 $\sum\limits_{n=1}^{\infty}|u_n|$ 收敛，则级数 $\sum\limits_{n=1}^{\infty}u_n$ 收敛且绝对收敛.

定理 11.2 若级数 $\sum\limits_{n=1}^{\infty}u_n$ 和 $\sum\limits_{n=1}^{\infty}v_n$ 均绝对收敛，其和分别为 S 和 σ，则它们的柯西乘积 $u_1v_1+(u_1v_2+u_2v_1)+\cdots+(u_1v_n+u_2v_{n-1}+\cdots+u_nv_1)+\cdots$ 也是绝对收敛的，且其和为 $S\cdot\sigma$.

需要指出的是，两个绝对收敛的级数的（柯西）乘积是绝对收敛的. 但是，两个收敛级数的（柯西）乘积可能是发散级数.

(2) 交错级数和交错级数判别法.

正项与负项相间的级数称为交错级数. 设 $u_n>0$，$n=1,2,\cdots$，则交错级数形如

$$\sum_{n=1}^{\infty}(-1)^{n-1}u_n$$

莱布尼兹判别法：若交错级数 $\sum\limits_{n=1}^{\infty}(-1)^{n-1}u_n$ 满足条件：① $u_n \geq u_{n+1}$，$n=1,2,\cdots$；② $\lim\limits_{n\to\infty}u_n=0$，则交错级数 $\sum\limits_{n=1}^{\infty}(-1)^{n-1}u_n$ 收敛，其和 $S \leq u_1$，其余项的绝对值 $|r_n| \leq u_{n+1}$。

11.1.2 函数项级数

1. 定义

设 $\{u_n(x)\}$ 为定义于某同一区间 I 上的函数序列，称 $\sum\limits_{n=1}^{\infty}u_n(x)=u_1(x)+u_2(x)+\cdots+u_n(x)+\cdots$ 为区间 I 上的函数项级数。称 $u_n(x)$ 为通项或一般项。称 $S_n(x)=u_1(x)+u_2(x)+\cdots+u_n(x)$ 为 $\sum\limits_{n=1}^{\infty}u_n(x)$ 的前 n 项部分和函数。

对于确定的 $x_0 \in I$，若数项级数 $\sum\limits_{n=1}^{\infty}u_n(x_0)$ 收敛，称 x_0 为函数项级数 $\sum\limits_{n=1}^{\infty}u_n(x)$ 的收敛点；否则，称 x_0 为发散点。

收敛点的全体（集合）称为函数项级数 $\sum\limits_{n=1}^{\infty}u_n(x)$ 的收敛域。在收敛域上，函数项级数的和是 x 的函数，记为 $S(x)$，即 $S(x)=\lim\limits_{n\to\infty}S_n(x)$。称 $S(x)$ 为函数项级数的和函数，即 $S(x)=\sum\limits_{n=1}^{\infty}u_n(x)$。

2. 幂级数

形如 $\sum\limits_{n=0}^{\infty}a_n x^n$ 的函数项级数，称为 x 的幂级数，其中，常数 $a_0, a_1, \cdots$ 称为幂级数的系数。

（1）幂级数的收敛域。

定理 11.3（Abel 定理） 若幂级数 $\sum\limits_{n=0}^{\infty}a_n x^n$ 在点 $x=x_0$（$x_0 \neq 0$）处收敛，则当 $|x|<|x_0|$ 时，幂级数 $\sum\limits_{n=0}^{\infty}a_n x^n$ 绝对收敛；反之，若当 $x=x_0$ 时，幂级数 $\sum\limits_{n=0}^{\infty}a_n x^n$ 发散，则当 $|x|>|x_0|$ 时，幂级数 $\sum\limits_{n=0}^{\infty}a_n x^n$ 发散。

推论 幂级数 $\sum\limits_{n=0}^{\infty}a_n x^n$ 具有不为零的收敛点与发散点，则必存在正数 R，具有下列性质：

当 $|x|<R$ 时，幂级数 $\sum\limits_{n=0}^{\infty}a_n x^n$ 绝对收敛；

当 $|x|>R$ 时，幂级数 $\sum\limits_{n=0}^{\infty}a_n x^n$ 发散；

当 $x=R, x=-R$ 时，幂级数 $\sum\limits_{n=0}^{\infty}a_n x^n$ 可能收敛也可能发散。

称正数 R 为幂级数 $\sum_{n=0}^{\infty} a_n x^n$ 的收敛半径.

定理 11.4 设幂级数 $\sum_{n=0}^{\infty} a_n x^n$（$a_n \neq 0$），若

$$b = \lim_{n \to \infty} \left| \frac{a_{n+1}}{a_n} \right| \quad （\text{或 } b = \lim_{n \to +\infty} \sqrt[n]{|a_n|}）$$

则收敛半径 $R = \begin{cases} \dfrac{1}{b}, & 0 < b < +\infty \\ +\infty, & b = 0 \\ 0, & b = +\infty \end{cases}$.

称 $(-R, R)$ 为幂级数的收敛区间. 若 $0 < R < +\infty$ 时，需验证当 $x = \pm R$ 时幂级数是否收敛，若收敛则该点为收敛域内的点.

（2）幂级数在收敛区间内的分析性质.

性质 11.1 幂级数 $\sum_{n=0}^{\infty} a_n x^n$ 的和函数 $S(x)$ 在收敛区间 $(-R, R)$ 内是连续的. 特别地，在收敛域上也是连续的.

性质 11.2 幂级数 $\sum_{n=0}^{\infty} a_n x^n$ 在收敛域内的任一闭子区间内可逐项积分. 特别地，

$$\int_0^x S(x) \mathrm{d}x = \int_0^x \left(\sum_{n=0}^{\infty} a_n x^n \right) \mathrm{d}x = \sum_{n=0}^{\infty} \int_0^x a_n x^n \mathrm{d}x = \sum_{n=0}^{\infty} \frac{a_n}{n+1} x^{n+1}$$

其中，$x \in (-R, R)$，$\sum_{n=0}^{\infty} \dfrac{a_n}{n+1} x^{n+1}$ 的收敛半径仍为 R.

性质 11.3 幂级数 $\sum_{n=0}^{\infty} a_n x^n$ 在收敛区间 $(-R, R)$ 内收敛于 $S(x)$，则对幂级数可以逐项微分，即 $S'(x) = \left(\sum_{n=0}^{\infty} a_n x^n \right)' = \sum_{n=0}^{\infty} (a_n x^n)'$ 且微分后的级数的收敛半径仍为 R.

3．函数的级数展开

（1）函数的幂级数展开.

定理 11.5 设函数 $f(x)$ 在 x_0 点及其邻域内具有任意阶导数，则 $f(x)$ 在点 x_0 处的泰勒级数 $f(x_0) + f'(x_0)(x - x_0) + \dfrac{1}{2!} f''(x_0)(x - x_0)^2 + \cdots + \dfrac{f^{(n)}(x_0)}{n!} (x - x_0)^n + \cdots$ 收敛于 $f(x)$ 的充要条件是 $\lim_{n \to \infty} R_n(x) = \lim_{n \to \infty} \dfrac{f^{(n+1)}(\xi)}{(n+1)!} (x - x_0)^n = 0$，其中 ξ 介于 x 与 x_0 之间.

若 $x_0 = 0$，则幂级数 $\sum_{n=0}^{\infty} \dfrac{f^{(n)}(0)}{n!} x^n$ 称为函数 $f(x)$ 的麦克劳林级数.

常用的几个重要函数的麦克劳林级数如下：

$$\frac{1}{1-x} = \sum_{n=0}^{\infty} x^n, \qquad |x|<1$$

$$e^x = \sum_{n=0}^{\infty} \frac{x^n}{n!}, \qquad |x|<+\infty$$

$$\sin x = \sum_{n=0}^{\infty} (-1)^n \frac{x^{2n+1}}{(2n+1)!}, \qquad |x|<+\infty$$

$$\cos x = \sum_{n=0}^{\infty} (-1)^n \frac{x^{2n}}{(2n)!}, \qquad |x|<+\infty$$

$$\ln(1+x) = \sum_{n=0}^{\infty} (-1)^n \frac{x^{n+1}}{n+1}, \qquad -1<x\le 1$$

$$(1+x)^\alpha = 1 + \sum_{n=1}^{\infty} \frac{\alpha(\alpha-1)\cdots(\alpha-n+1)}{n!} x^n, \qquad |x|<1 \qquad ①$$

注意，式①的展开式端点的收敛情况是，当 $\alpha>0$ 时，在 $x=\pm 1$ 处都绝对收敛；当 $-1<\alpha<0$ 时，在 $x=1$ 处条件收敛，在 $x=-1$ 处发散；当 $\alpha\le -1$ 时，在 $x=\pm 1$ 处都发散．

（2）周期函数展成傅里叶级数．

设函数 $f(x)$ 在区间 $[-\pi,\pi]$ 上连续或只有有限个第一类间断点，分段单调且单调区间个数有限，则傅里叶系数为

$$a_n = \frac{1}{\pi}\int_{-\pi}^{\pi} f(x)\cos nx\,dx, \qquad n=0,1,2,\cdots$$

$$b_n = \frac{1}{\pi}\int_{-\pi}^{\pi} f(x)\sin nx\,dx, \qquad n=1,2,\cdots$$

则 $f(x)$ 诱导的傅里叶级数

$$\frac{a_0}{2} + \sum_{n=1}^{\infty} (a_n\cos nx + b_n\sin nx)$$

在区间 $[-\pi,\pi]$ 上收敛，记其和函数为 $S(x)$．则

当 x 为 $f(x)$ 的连续点时，$S(x)=f(x)$；

当 x 为 $f(x)$ 的间断点时，$S(x)=\dfrac{f(x^+)+f(x^-)}{2}$；

当 $x=\pm\pi$ 时，$S(x)=\dfrac{f(-\pi^+)+f(\pi^-)}{2}$．

（3）奇偶函数的傅里叶级数．

设 $f(x)$ 是以 2π 为周期的奇函数，且在区间 $[-\pi,\pi]$ 上可积，则 $f(x)\sim\sum_{n=1}^{\infty}b_n\sin nx$ 为正弦级数，其中，$b_n=\dfrac{2}{\pi}\int_0^{\pi}f(x)\sin nx\,dx$，$n=1,2,\cdots$．

设 $f(x)$ 是以 2π 为周期的偶函数，且在区间 $[-\pi,\pi]$ 上可积，则 $f(x) \sim \dfrac{a_0}{2} + \sum\limits_{n=1}^{\infty} a_n \cos nx$ 为余弦级数，其中，$a_n = \dfrac{2}{\pi}\int_0^{\pi} f(x)\cos nx \mathrm{d}x,\ n=0,1,2,\cdots$.

有时需要将区间 $[0,\pi]$ 或 $[-\pi,0]$ 上的函数 $f(x)$ 展成正弦级数或余弦级数，先将函数延拓到区间 $[-\pi,0]$ 或 $[0,\pi]$ 上，使延拓后的函数在区间 $[-\pi,\pi]$ 上是奇函数或偶函数. 从而，函数 $f(x)$ 在 $[0,\pi]$ 或 $[-\pi,0]$ 上可展成正弦级数 $\sum\limits_{n=1}^{\infty} b_n \sin nx$，其中，

$$b_n = \dfrac{2}{\pi}\int_0^{\pi} f(x)\sin nx \mathrm{d}x,\quad n=1,2,3,\cdots$$

或展成余弦级数 $\dfrac{a_0}{2} + \sum\limits_{n=1}^{\infty} a_n \cos nx$，其中，

$$a_n = \dfrac{2}{\pi}\int_0^{\pi} f(x)\cos nx \mathrm{d}x,\quad n=0,1,2,\cdots$$

（4）以 $2l$ 为周期的函数的傅里叶级数.

若 $f(x)$ 以 $2l$ 为周期，$f(x)$ 在区间 $[-l,l]$ 上也可诱导傅里叶级数

$$\dfrac{a_0}{2} + \sum_{n=1}^{\infty} a_n \cos\dfrac{n\pi x}{l} + b_n \sin\dfrac{n\pi x}{l}$$

其中，

$$a_n = \dfrac{1}{l}\int_{-l}^{l} f(x)\cos\dfrac{n\pi x}{l}\mathrm{d}x,\quad n=0,1,2,\cdots$$

$$b_n = \dfrac{1}{l}\int_{-l}^{l} f(x)\sin\dfrac{n\pi x}{l}\mathrm{d}x,\quad n=1,2,3,\cdots$$

区间 $[-l,l]$ 上的奇偶函数及区间 $[0,l]$ 或 $[-l,0]$ 上的函数展成傅里叶级数的问题，与 $[-\pi,\pi]$，$[0,\pi]$ 或 $[-\pi,0]$ 的情况相似.

11.2 例题与方法

11.2.1 数项级数的敛散性判定

1. 利用级数收敛的定义判别敛散性

方法是，求级数部分和数列 $\{S_n\}$ 的极限. 若极限存在，则级数收敛；若极限不存在，则级数发散.

例 11-1 判定下列级数的敛散性.

（1）$\sum\limits_{n=1}^{\infty}\arctan\dfrac{1}{n^2+n+1}$；（2）$\sum\limits_{n=1}^{\infty}\dfrac{1}{1+2+\cdots+n}$.

解：将一般项变形，达到"拆项相消"的目的，从而求出 $\{S_n\}$ 的极限.

（1）由于 $u_n = \arctan\dfrac{1}{n^2+n+1} = \arctan\dfrac{(n+1)-n}{1+n(n+1)} = \arctan(n+1) - \arctan n$，于是

$$S_n = \arctan(n+1) - \arctan 1$$

从而

$$\lim_{n\to\infty} S_n = \lim_{n\to\infty}[\arctan(n+1) - \arctan 1] = \frac{\pi}{2} - \frac{\pi}{4} = \frac{\pi}{4}$$

因此原级数收敛.

（2）由于 $1+2+\cdots+n = \dfrac{n(n+1)}{2}$，故

$$S_n = \sum_{k=1}^n \frac{2}{k(k+1)} = 2\left[\frac{1}{1\cdot 2} + \frac{1}{2\cdot 3} + \cdots + \frac{1}{n(n+1)}\right]$$

$$= 2\left[\left(1-\frac{1}{2}\right) + \left(\frac{1}{2}-\frac{1}{3}\right) + \cdots + \left(\frac{1}{n}-\frac{1}{n+1}\right)\right]$$

$$= 2\left(1 - \frac{1}{n+1}\right)$$

于是 $\lim\limits_{n\to\infty} S_n = \lim\limits_{n\to\infty} 2\left(1 - \dfrac{1}{n+1}\right) = 2$，故原级数收敛.

例 11-2 判定级数 $\sum\limits_{n=1}^{\infty} \arctan \dfrac{1}{2n^2}$ 的敛散性.

解：下面，利用数学归纳法找出 S_n 的表达式.

$$S_1 = \arctan \frac{1}{2}$$

$$S_2 = \arctan\frac{1}{2} + \arctan\frac{1}{8} = \arctan\frac{\frac{1}{2}+\frac{1}{8}}{1-\frac{1}{2}\cdot\frac{1}{8}} = \arctan\frac{2}{3}$$

设 $S_k = \arctan \dfrac{k}{k+1}$，则

$$S_{k+1} = S_k + \arctan\frac{1}{2(k+1)^2} = \arctan\frac{k}{k+1} + \arctan\frac{1}{2(k+1)^2}$$

$$= \arctan\frac{\dfrac{k}{k+1} + \dfrac{1}{2(k+1)^2}}{1 - \dfrac{k}{k+1}\cdot\dfrac{1}{2(k+1)^2}} = \arctan\frac{k+1}{(k+1)+1}$$

于是 $S_n = \arctan \dfrac{n}{n+1}$，$\lim\limits_{n\to\infty} S_n = \lim\limits_{n\to\infty} \arctan \dfrac{n}{n+1} = \dfrac{\pi}{4}$，故原级数收敛.

例 11-3 判定级数 $\sum\limits_{n=1}^{\infty} \dfrac{2n-1}{2^n}$ 的敛散性.

解：由于 $S_n = \dfrac{1}{2} + \dfrac{3}{2^2} + \cdots + \dfrac{2n-1}{2^n}$，故

$$\frac{1}{2}S_n = \frac{1}{2^2} + \frac{3}{2^3} + \cdots + \frac{2n-1}{2^{n+1}}$$

得

$$\frac{1}{2}S_n = \frac{1}{2} + \left(\frac{3}{2^2} - \frac{1}{2^2}\right) + \cdots + \left(\frac{2n-1}{2^n} - \frac{2n-3}{2^n}\right) - \frac{2n-1}{2^{n+1}}$$

$$= \frac{1}{2} + \left(\frac{1}{2} + \cdots + \frac{1}{2^{n-1}}\right) - \frac{2n-1}{2^{n+1}}$$

于是

$$S_n = 1 + 2\left(\frac{1}{2} + \frac{1}{2^2} + \cdots + \frac{1}{2^{n-1}}\right) - \frac{2n-1}{2^n}$$

因 $\lim\limits_{n\to\infty}\left(\frac{1}{2} + \frac{1}{2^2} + \cdots + \frac{1}{2^{n-1}}\right) = 1$，$\lim\limits_{n\to\infty}\frac{2n-1}{2^n} = 0$，所以 $\lim\limits_{n\to\infty}S_n = 3$. 故原级数收敛.

2. 利用级数性质

例 11-4 判定下列级数敛散性.

(1) $\sum\limits_{n=1}^{\infty} n\sin\frac{2}{n}$；　　(2) $\sum\limits_{n=1}^{\infty}\left(\frac{1}{n^3} - \frac{\ln^n 3}{3^n}\right)$.

解：(1) 因为 $\lim\limits_{n\to\infty} u_n = \lim\limits_{n\to\infty} n\sin\frac{2}{n} = 2 \neq 0$，所以 $\sum\limits_{n=1}^{\infty} n\sin\frac{2}{n}$ 发散.

(2) 由于 $\sum\limits_{n=1}^{\infty}\frac{1}{n^3}$ 是 p-级数且 $p=3$，故收敛；而 $\sum\limits_{n=1}^{\infty}\left(\frac{\ln 3}{3}\right)^n$ 是等比级数且 $\left|\frac{\ln 3}{3}\right| < 1$，故级数 $\sum\limits_{n=1}^{\infty}\left(\frac{\ln 3}{3}\right)^n$ 收敛；从而 $\sum\limits_{n=1}^{\infty}\left(\frac{1}{n^3} - \frac{\ln^n 3}{3^n}\right)$ 也收敛.

3. 利用正项级数敛散性的判别法

(1) 利用比较判别法及其极限形式.

在应用比较判别法时，常要用到一些熟知的不等式，如 $|a\|b| \leq \frac{1}{2}(a^2 + b^2) < a^2 + b^2$.

而常常作为比较对象的级数就是几何级数 $\sum\limits_{n=0}^{\infty} aq^n$ 和 p-级数 $\sum\limits_{n=1}^{\infty}\frac{1}{n^p}$，因此读者要牢记几何级数和 p-级数的敛散性.

例 11-5 判定下列正项级数敛散性.

(1) $\sum\limits_{n=2}^{\infty}\frac{1}{\sqrt[3]{n^2-1}}$；　　(2) $\sum\limits_{n=1}^{\infty}\int_0^{\frac{1}{n}}\frac{\sqrt{x}}{1+x^2}dx$.

解：(1) 由于 $u_n = \frac{1}{\sqrt[3]{n^2-1}} > \frac{1}{\sqrt[3]{n^2}} = \frac{1}{n^{\frac{2}{3}}}$，且级数 $\sum\limits_{n=2}^{\infty}\frac{1}{n^{\frac{2}{3}}}$ 发散，可知 $\sum\limits_{n=2}^{\infty}\frac{1}{\sqrt[3]{n^2-1}}$ 发散.

(2) 由于 $u_n = \int_0^{\frac{1}{n}}\frac{\sqrt{x}}{1+x^2}dx \leq \int_0^{\frac{1}{n}}\sqrt{x}dx = \frac{2}{3}\frac{1}{n^{\frac{3}{2}}}$，且级数 $\sum\limits_{n=1}^{\infty}\frac{1}{n^{\frac{3}{2}}}$ 收敛，由比较判别法可知原级数收敛.

例 11-6 设 $a_n = \int_0^{\frac{\pi}{4}} \tan^n x \, dx$，求 $\sum_{n=1}^{\infty} \frac{1}{n}(a_n + a_{n+2})$ 的值.

解： 由于 $\frac{1}{n}(a_n + a_{n+2}) = \frac{1}{n} \int_0^{\frac{\pi}{4}} \tan^n x (1 + \tan^2 x) dx$

$$= \frac{1}{n} \int_0^{\frac{\pi}{4}} \tan^n x \sec^2 x \, dx = \frac{1}{n} \cdot \frac{\tan^{n+1} x}{n+1} \bigg|_0^{\frac{\pi}{4}} = \frac{1}{n(n+1)}$$

于是 $\sum_{n=1}^{\infty} \frac{1}{n}(a_n + a_{n+2}) = \sum_{n=1}^{\infty} \frac{1}{n(n+1)}$. 计算得

$$S_n = \frac{1}{1 \cdot 2} + \frac{1}{2 \cdot 3} + \cdots + \frac{1}{n(n+1)} = 1 - \frac{1}{n+1}$$

则 $\sum_{n=1}^{\infty} \frac{1}{n}(a_n + a_{n+2}) = 1$.

例 11-7 若正项级数 $\sum_{n=1}^{\infty} a_n$ 收敛，证明 $\sum_{n=1}^{\infty} a_n^2$ 收敛. 其逆如何？

证明： 由于正项级数 $\sum_{n=1}^{\infty} a_n$ 收敛，则 $\lim_{n \to \infty} a_n = 0$. 取 $\varepsilon = 1$，存在正整数 N，当 $n > N$ 时，恒有 $0 < a_n < 1$. 此时，有 $0 < a_n^2 < a_n$.

由正项级数比较法可知，$\sum_{n=1}^{\infty} a_n^2$ 收敛. 但其逆不真，如 $\sum_{n=1}^{\infty} \frac{1}{n^2}$ 收敛，而 $\sum_{n=1}^{\infty} \frac{1}{n}$ 发散.

例 11-8 判定下列正项级数敛散性.

（1）$\sum_{n=1}^{\infty} \ln\left(1 + \frac{1}{n}\right)$；

（2）$\sum_{n=1}^{\infty} \left(1 - \cos\frac{\pi}{n}\right)$.

解：（1）由 $\lim_{n \to \infty} \frac{\ln(1 + \frac{1}{n})}{\frac{1}{n}} = 1$ 且 $\sum_{n=1}^{\infty} \frac{1}{n}$ 发散，故 $\sum_{n=1}^{\infty} \ln\left(1 + \frac{1}{n}\right)$ 发散.

（2）由 $u_n = 1 - \cos\frac{\pi}{n} = 2\sin^2\frac{\pi}{2n}$，故 $\lim_{n \to \infty} 2 \frac{\sin^2 \frac{\pi}{2n}}{\left(\frac{\pi}{2n}\right)^2} = 2$. 又由 $\sum_{n=1}^{\infty} \left(\frac{\pi}{2n}\right)^2 = \frac{\pi^2}{4} \sum_{n=1}^{\infty} \frac{1}{n^2}$ 收敛，故原级数收敛.

例 11-9 设函数 $F_n(x) = \int_0^x f(t) dt - \int_x^{\frac{1}{n^2}} \frac{1}{f(t)} dt$，$x \in (0, +\infty)$，其中，$n = 1, 2, \cdots$，$f(x)$ 为 $[0, +\infty)$ 内正值连续函数. 求证：

（1）$F_n(x)$ 在 $[0, +\infty)$ 内存在唯一零点 x_n；

（2）$\sum_{n=1}^{\infty} \ln(1 + x_n)$ 收敛；

（3） $\lim\limits_{x \to +\infty} F_n(x) = +\infty$.

证明：（1） $F_n(x)$ 在 $[0, +\infty)$ 内可导. 又

$$F_n(0) = -\int_0^{\frac{1}{n^2}} \frac{1}{f(t)} dt < 0, \quad F_n\left(\frac{1}{n^2}\right) = \int_0^{\frac{1}{n^2}} f(t) dt > 0$$

所以，$F_n(x)$ 在区间 $\left(0, \frac{1}{n^2}\right)$ 内存在零点，记为 x_n，也即 $F_n(x_n) = 0$. 又 $F_n'(x) = f(x) + \frac{1}{f(x)} > 0$，故 $F_n(x)$ 在 $[0, +\infty)$ 内单调上升. 所以，$F_n(x)$ 在 $[0, +\infty)$ 内存在唯一零点.

（2）当 $n \to \infty$ 时，$\ln(1 + x_n) \sim x_n$，级数 $\sum\limits_{n=1}^{\infty} \ln(1 + x_n)$ 与 $\sum\limits_{n=1}^{\infty} x_n$ 具有相同的敛散性. 由于 $0 < x_n < \frac{1}{n^2}$，且级数 $\sum\limits_{n=1}^{\infty} \frac{1}{n^2}$ 收敛，故 $\sum\limits_{n=1}^{\infty} x_n$ 收敛. 进而 $\sum\limits_{n=1}^{\infty} \ln(1 + x_n)$ 收敛.

（3）计算得 $F_n'(x) = f(x) + \frac{1}{f(x)} \geq 2\sqrt{f(x) \cdot \frac{1}{f(x)}} = 2$. 所以，对任意的 $x > 0$，有

$$F_n(x) = F_n(0) + \int_0^x F_n'(t) dt \geq F_n(0) + 2x$$

由于 $\lim\limits_{n \to \infty}(F_n(0) + 2x) = +\infty$，则 $\lim\limits_{x \to +\infty} F(x) = +\infty$.

（2）利用比值判别法和根值判别法.

正项级数的比值判别法简单易用. 特别地，对级数的通项含有 $n!$ 和 n^n 的情形，使用比值判别法更好. 但是当比值 $\frac{u_{n+1}}{u_n}$ 的极限或 $\frac{1}{\sqrt[n]{u_n}}$ 的极限等于1时，比值判别法和根值判别法将失效.

例 11-10 判定下列级数的敛散性.

（1） $\sum\limits_{n=1}^{\infty} n \tan \frac{\pi}{2^{n+1}}$；

（2） $\sum\limits_{n=1}^{\infty} \frac{6^n}{7^n - 5^n}$；

（3） $\sum\limits_{n=1}^{\infty} \frac{x^n}{(1+x)(1+x^2)\cdots(1+x^n)}, \quad x \geq 0$；

（4） $\sum\limits_{n=1}^{\infty} \frac{n \cos^2 \frac{n\pi}{3}}{2^n}$.

解：（1）由于

$$\lim_{n \to \infty} \frac{u_{n+1}}{u_n} = \lim_{n \to \infty} \frac{(n+1) \tan \frac{\pi}{2^{n+2}}}{n \tan \frac{\pi}{2^{n+1}}} = \lim_{n \to \infty} \left(1 + \frac{1}{n}\right) \frac{\tan \frac{\pi}{2^{n+2}}}{\tan \frac{\pi}{2^{n+1}}} = \frac{1}{2} < 1$$

故原级数收敛.

（2）由于

$$\lim_{n \to \infty} \frac{u_{n+1}}{u_n} = \lim_{n \to \infty} \left(\frac{\frac{6^{n+1}}{7^{n+1} - 5^{n+1}}}{\frac{6^n}{7^n - 5^n}}\right) = \lim_{n \to \infty} 6 \left(\frac{7^n - 5^n}{7^{n+1} - 5^{n+1}}\right) = 6 \lim_{n \to \infty} \frac{1 - \left(\frac{5}{7}\right)^n}{7 - 5\left(\frac{5}{7}\right)^n} = \frac{6}{7} < 1$$

故原级数收敛.

（3）由于

$$\lim_{n\to\infty}\frac{u_{n+1}}{u_n}=\lim_{n\to\infty}\frac{\dfrac{x^{n+1}}{(1+x)(1+x^2)\cdots(1+x^{n+1})}}{\dfrac{x^n}{(1+x)(1+x^2)\cdots(1+x^n)}}=\lim_{n\to\infty}\frac{x}{1+x^{n+1}}=\begin{cases}x,&0<x<1\\\dfrac{1}{2},&x=1\\0,&x>1\end{cases}$$

故原级数当 $x\geqslant 0$ 时收敛.

（4）因为

$$u_n=\frac{n\cos^2\dfrac{n\pi}{3}}{2^n}\leqslant\frac{n}{2^n}=v_n$$

又 $\lim\limits_{n\to\infty}\dfrac{v_{n+1}}{v_n}=\lim\limits_{n\to\infty}\dfrac{n+1}{2^{n+1}}\cdot\dfrac{2^n}{n}=\dfrac{1}{2}<1$，所以级数 $\sum\limits_{n=1}^{\infty}\dfrac{n}{2^n}$ 收敛. 由比较判别法可知，原级数也收敛.

例 11-11 讨论级数 $\sum\limits_{n=1}^{\infty}n^{\alpha}\beta^n$ 的敛散性，其中，α 为任意实数，β 为非负实数.

解：由于 $\lim\limits_{n\to\infty}\dfrac{u_{n+1}}{u_n}=\lim\limits_{n\to\infty}\dfrac{(n+1)^{\alpha}\beta^{n+1}}{n^{\alpha}\beta^n}=\lim\limits_{n\to\infty}\left(1+\dfrac{1}{n}\right)^{\alpha}\beta=\beta$，则

当 $\beta<1$ 时，原级数收敛；

当 $\beta>1$ 时，原级数发散；

当 $\beta=1$ 时，原级数为 $\sum\limits_{n=1}^{\infty}n^{\alpha}$. 由 p-级数敛散性结论可知，当 $\alpha<-1$ 时，原级数收敛；当 $\alpha\geqslant-1$ 时，原级数发散.

例 11-12 判定级数 $\sqrt{2}+\sqrt{2-\sqrt{2}}+\sqrt{2-\sqrt{2+\sqrt{2}}}+\sqrt{2-\sqrt{2+\sqrt{2+\sqrt{2}}}}+\cdots$ 的敛散性.

解：

方法一：由于 $\sqrt{2}=2\sin\dfrac{\pi}{4}=2\cos\dfrac{\pi}{4}$

$$\sqrt{2-\sqrt{2}}=\sqrt{2-2\cos\dfrac{\pi}{4}}=2\sin\dfrac{\pi}{2^3}$$

$$\sqrt{2-\sqrt{2+\sqrt{2}}}=\sqrt{2-\sqrt{2+2\cos\dfrac{\pi}{4}}}=\sqrt{2-2\cos\dfrac{\pi}{8}}=2\sin\dfrac{\pi}{2^4}$$

故原级数为 $\sum\limits_{n=1}^{\infty}2\sin\dfrac{\pi}{2^{n+1}}$. 又因 $\lim\limits_{n\to\infty}\dfrac{u_{n+1}}{u_n}=\lim\limits_{n\to\infty}\dfrac{2\sin\dfrac{\pi}{2^{n+2}}}{2\sin\dfrac{\pi}{2^{n+1}}}=\dfrac{1}{2}<1$，故原级数收敛.

方法二：记 $x_1=0, x_2=\sqrt{2}, x_3=\sqrt{2+\sqrt{2}}\cdots, x_n=\underbrace{\sqrt{2+\sqrt{2+\sqrt{2+\cdots}}}}_{n-1\text{层}}$. 由于 $\{x_n\}$ 单调递增且有界，故极限存在，并可计算得 $\lim\limits_{n\to\infty}x_n=2$.

记原函数的通项为 a_n，则 $a_n = \sqrt{2-x_n}$，$a_{n+1} = \sqrt{2-\sqrt{2+x_n}}$．由于

$$\lim_{n\to\infty}\frac{a_{n+1}}{a_n} = \lim_{n\to\infty}\frac{\sqrt{2-\sqrt{2+x_n}}}{\sqrt{2-x_n}} = \lim_{n\to\infty}\frac{\sqrt{2-\sqrt{2+x_n}}}{\sqrt{2-x_n}} \cdot \frac{\sqrt{2+\sqrt{2+x_n}}}{\sqrt{2+\sqrt{2+x_n}}}$$

$$= \lim_{n\to\infty}\frac{1}{\sqrt{2+\sqrt{2+x_n}}} = \frac{1}{2}$$

故原级数收敛．

例 11-13 讨论级数 $\sum\limits_{n=1}^{\infty}\dfrac{e^n n!}{n^n}$ 的敛散性.

解：由比值判别法，有

$$\lim_{n\to\infty}\frac{u_{n+1}}{u_n} = \lim_{n\to\infty}\frac{e^{n+1}(n+1)!}{(n+1)^{n+1}} \cdot \frac{n^n}{e^n n!} = \lim_{n\to\infty}\frac{e}{\left(1+\dfrac{1}{n}\right)^n} = 1$$

此时比值判别法失效．但是，数列 $\left\{\left(1+\dfrac{1}{n}\right)^n\right\}$ 单调递增且趋于 e，即对一切 n 有 $\left(1+\dfrac{1}{n}\right)^n < e$，从而有

$$\frac{u_{n+1}}{u_n} = \frac{e}{\left(1+\dfrac{1}{n}\right)^n} > 1$$

由此得出 $u_{n+1} > u_n$，从而 $\lim\limits_{n\to\infty} u_n \neq 0$，于是推知原级数发散．

例 11-14 判定下列级数敛散性.

(1) $\sum\limits_{n=1}^{\infty}\left(\dfrac{n}{2n+1}\right)^n$；

(2) $\sum\limits_{n=1}^{\infty}\dfrac{2^n}{3^{\ln n}}$；

(3) $\sum\limits_{n=1}^{\infty}\dfrac{a^n n!}{n^n}$，$a > 0$．

解：（1）由

$$\lim_{n\to\infty}\sqrt[n]{u_n} = \lim_{n\to\infty}\sqrt[n]{\left(\dfrac{n}{2n+1}\right)^n} = \lim_{n\to\infty}\frac{n}{2n+1} = \frac{1}{2} < 1$$

故原级数收敛．

（2）由

$$\lim_{n\to\infty}\sqrt[n]{u_n} = \lim_{n\to\infty}\sqrt[n]{\dfrac{2^n}{3^{\ln n}}} = \lim_{n\to\infty}\frac{2}{3^{\frac{\ln n}{n}}} = 2 > 1$$

故原级数发散．

（3）由

$$\lim_{n\to\infty}\sqrt[n]{u_n}=\lim_{n\to\infty}\sqrt[n]{\frac{a^n n!}{n^n}}=\lim_{n\to\infty}\frac{a\cdot\sqrt[n]{n!}}{n}=\frac{a}{\mathrm{e}}$$

故当 $\frac{a}{\mathrm{e}}<1$，即 $0<a<\mathrm{e}$ 时，原级数收敛；当 $a>\mathrm{e}$ 时，原级数发散；当 $a=\mathrm{e}$ 时，由例 11-13 可知，原级数发散.

（3）利用积分判别法.

例 11-15 判定下列级数敛散性.

(1) $\sum_{n=2}^{\infty}\frac{1}{n\ln^p n}$，$p>0$；　　　　(2) $\sum_{n=2}^{\infty}\frac{1}{\ln n}\sin\frac{1}{n}$.

解：（1）当 $p=1$ 时，$\int_3^{+\infty}\frac{\mathrm{d}x}{x\ln^p x}=\ln\ln x\Big|_3^{+\infty}=+\infty$；

当 $0<p<1$ 时，$\int_3^{+\infty}\frac{\mathrm{d}x}{x\ln^p x}=\frac{(\ln x)^{1-p}}{1-p}\Big|_3^{+\infty}=+\infty$；

当 $p>1$ 时，$\int_3^{+\infty}\frac{\mathrm{d}x}{x\ln^p x}=\frac{(\ln x)^{1-p}}{1-p}\Big|_3^{+\infty}=-\frac{(\ln 3)^{1-p}}{1-p}$.

故当 $0<p\leqslant 1$ 时，原级数发散；当 $p>1$ 时，原级数收敛.

（2）由于 $\sum_{n=2}^{\infty}\frac{1}{n\ln n}$ 发散，以及 $\lim_{n\to\infty}\frac{\frac{1}{\ln n}\sin\frac{1}{n}}{\frac{1}{n\ln n}}=1$，由比较判别法的极限形式可知原级数发散.

（4）任意项级数敛散性的判定.

对于任意项级数敛散性的判定，可先考虑级数 $\sum_{n=1}^{\infty}u_n$ 的绝对值级数 $\sum_{n=1}^{\infty}|u_n|$ 的敛散性. 如果 $\sum_{n=1}^{\infty}|u_n|$ 收敛，则 $\sum_{n=1}^{\infty}u_n$ 绝对收敛；若 $\sum_{n=1}^{\infty}u_n$ 是交错级数，可根据莱布尼兹判别法的条件判定敛散性.

例 11-16 判定级数 $\sum_{n=1}^{\infty}(-1)^n(\sqrt{n+1}-\sqrt{n})$ 的敛散性.

解：由 $u_n=\sqrt{n+1}-\sqrt{n}=\frac{1}{\sqrt{n+1}+\sqrt{n}}$ 知 $u_n\geqslant u_{n+1}$，且

$$\lim_{n\to\infty}(\sqrt{n+1}-\sqrt{n})=\lim_{n\to\infty}\frac{1}{\sqrt{n+1}+\sqrt{n}}=0$$

由莱布尼兹判别法可知原级数收敛.

例 11-17 设数列 $\{a_n\}$ 单调递减，且 $\lim_{n\to\infty}a_n=0$，试证：级数 $\sum_{n=1}^{\infty}(-1)^n\frac{a_1+a_2+\cdots+a_n}{n}$ 收敛.

证明：由已知 $\{a_n\}$ 单调递减，且 $\lim_{n\to\infty}a_n=0$，易知 $\forall n, a_n\geqslant 0$. 则级数

$\sum_{n=1}^{\infty}(-1)^n \dfrac{a_1+a_2+\cdots+a_n}{n}$ 为莱布尼兹交错级数.

令 $b_n = \dfrac{1}{n}(a_1+a_2+\cdots+a_n)$，则 $\lim\limits_{n\to\infty} b_n = \lim\limits_{n\to\infty} a_n = 0$. 又

$$nb_n = a_1+a_2+\cdots+a_n, \quad (n+1)b_{n+1} = a_1+a_2+\cdots+a_n+a_{n+1}$$

则

$$nb_n - (n+1)b_{n+1} = -a_{n+1}$$

即 $b_n - b_{n+1} = \dfrac{1}{n}(b_{n+1} - a_{n+1})$. 由于 b_{n+1} 是 $a_1, a_2, \cdots, a_{n+1}$ 的算术平均数，且 $\{a_n\}$ 单调递减，所以 $b_{n+1} \geq a_{n+1}$，从而 $b_n - b_{n+1} \geq 0$. 由莱布尼兹判别法可知原级数收敛.

例 11-18 讨论级数 $\sum_{n=1}^{\infty} \sin\pi\sqrt{n^2+k^2}$ 的敛散性，其中 k 为常数.

解：记 $u_n = \sin\pi\sqrt{n^2+k^2} = \sin\left[\pi\left(\sqrt{n^2+k^2}-n\right)+n\pi\right]$

$$= (-1)^n \sin\pi\left(\sqrt{n^2+k^2}-n\right) = (-1)^n \sin\dfrac{k^2\pi}{\sqrt{n^2+k^2}+n}$$

因 $\lim\limits_{n\to\infty} \dfrac{\pi k^2}{\sqrt{n^2+k^2}+n} = 0 < \dfrac{\pi}{2}$，故存在正整数 N，当 $n > N$ 时，$0 < \dfrac{\pi k^2}{\sqrt{n^2+k^2}+n} < \dfrac{\pi}{2}$.

由此，当 $n > N$ 时，$\left\{\sin\dfrac{k^2\pi}{\sqrt{n^2+k^2}+n}\right\}$ 单调下降，且 $\lim\limits_{n\to\infty}\sin\dfrac{k^2\pi}{\sqrt{n^2+k^2}+n} = 0$. 由莱布尼兹判别法可知级数 $\sum_{n=1}^{\infty} \sin\pi\sqrt{n^2+k^2}$ 收敛.

例 11-19 （1）设 α 为实数，讨论交错级数

$$1 - \dfrac{1}{2^\alpha} + \dfrac{1}{3} - \dfrac{1}{4^\alpha} + \cdots + \dfrac{1}{2n-1} - \dfrac{1}{(2n)^\alpha} + \cdots$$

的敛散性.

（2）设 $\sum_{n=1}^{\infty}(-1)^n a_n 2^n$ 收敛，则级数 $\sum_{n=1}^{\infty} a_n$（　　）.

（A）条件收敛　（B）绝对收敛　（C）发散　（D）敛散性不定

解：（1）当 $\alpha = 1$ 时，交错级数 $1 - \dfrac{1}{2} + \dfrac{1}{3} - \dfrac{1}{4} + \cdots + \dfrac{1}{2n-1} - \dfrac{1}{2n} + \cdots$ 显然收敛.

当 $\alpha > 1$ 时，由 $\sum_{n=1}^{\infty} \dfrac{1}{2n-1}$ 发散，$\sum_{n=1}^{\infty} \dfrac{1}{(2n)^\alpha}$ 收敛，故 $\sum_{n=1}^{\infty}\left(\dfrac{1}{2n-1} - \dfrac{1}{(2n)^\alpha}\right)$ 发散. 所以原级数发散.

当 $\alpha < 1$ 时，原级数的前 $2n+1$ 项和为

$$s_{2n+1} = 1 - \left(\dfrac{1}{2^\alpha} - \dfrac{1}{3}\right) - \left(\dfrac{1}{4^\alpha} - \dfrac{1}{5}\right) - \cdots - \left[\dfrac{1}{(2n)^\alpha} - \dfrac{1}{2n+1}\right]$$

等式右端的每个括号中均为正. 下面考查正项级数 $\sum\limits_{n=1}^{\infty}\left[\dfrac{1}{(2n)^{\alpha}}-\dfrac{1}{2n+1}\right]$ 的敛散性.

由于
$$\lim_{n\to\infty}\dfrac{\dfrac{1}{(2n)^{\alpha}}-\dfrac{1}{2n+1}}{\dfrac{1}{n^{\alpha}}}=\dfrac{1}{2^{\alpha}}$$

且级数 $\sum\limits_{n=1}^{\infty}\dfrac{1}{n^{\alpha}}$ （$\alpha<1$）发散，可知 $\sum\limits_{n=1}^{\infty}\left[\dfrac{1}{(2n)^{\alpha}}-\dfrac{1}{2n+1}\right]$ 发散，故原级数发散.

（2）**方法一**：由 $\sum\limits_{n=1}^{\infty}(-1)^n a_n 2^n$ 收敛，可知 $\lim\limits_{n\to\infty}(-1)^n a_n 2^n=0$，故 $\lim\limits_{n\to\infty}|a_n|2^n=0$. 进而存在 $M>0$，恒有 $|a_n|2^n\leqslant M$，也即 $|a_n|\leqslant M\dfrac{1}{2^n}$. 又因 $\sum\limits_{n=1}^{\infty}\dfrac{1}{2^n}$ 收敛，故 $\sum\limits_{n=1}^{\infty}|a_n|$ 收敛，原级数绝对收敛. 故选择（B）.

方法二：由于级数 $\sum\limits_{n=1}^{\infty}a_n x^n$ 在 $x=-2$ 处是收敛的，所以幂级数 $\sum\limits_{n=1}^{\infty}a_n x^n$ 在 $|x|<|-2|$ 内绝对收敛. 当 $x=1$ 时，$\sum\limits_{n=1}^{\infty}a_n$ 绝对收敛. 故选择（B）.

例 11-20 判定下列级数敛散性.

（1）$\sum\limits_{n=1}^{\infty}(-1)^{\frac{n(n+1)}{2}}\dfrac{1}{2^n}$； （2）$\sum\limits_{n=1}^{\infty}\sin\dfrac{n^2+n\alpha+\beta}{n}\pi$（$\alpha,\beta$ 为常数）.

解：（1）由
$$\left|\dfrac{(-1)^{\frac{n(n+1)}{2}}}{2^n}\right|=\dfrac{1}{2^n}$$

又 $\sum\limits_{n=1}^{\infty}\dfrac{1}{2^n}$ 收敛，所以原级数绝对收敛.

（2）$u_n=\sin\left(\dfrac{n^2+n\alpha+\beta}{n}\pi\right)=\sin\left[n\pi+\left(\alpha+\dfrac{\beta}{n}\right)\pi\right]=(-1)^n\sin\left(\alpha+\dfrac{\beta}{n}\right)\pi$，且当 n 充分大时，$\sin\left(\alpha+\dfrac{\beta}{n}\right)\pi$ 保号. 因此，从某有限项起，级数为交错级数.

原级数可化为
$$\sum_{n=1}^{\infty}(-1)^n\sin\left(\alpha+\dfrac{\beta}{n}\right)\pi$$

当 α 不是整数时，不论 β 为何值，总有
$$\lim_{n\to\infty}\left|\sin\left(\alpha+\dfrac{\beta}{n}\right)\pi\right|=|\sin\alpha\pi|\neq 0$$

故级数发散.

当 α 是整数时，$u_n = (-1)^{n+\alpha} \sin\dfrac{\beta}{n}\pi$，由莱布尼兹判别法可知级数收敛. 但

$$\lim_{n\to\infty}\dfrac{\left|\sin\dfrac{\beta}{n}\pi\right|}{\dfrac{1}{n}} = \lim_{n\to\infty}|\beta\pi|\cdot\left|\dfrac{\sin\dfrac{\beta}{n}\pi}{\dfrac{\beta}{n}\pi}\right| = |\beta\pi|$$

当 $\beta \neq 0$ 时，级数 $\sum\limits_{n=1}^{\infty}\left|\sin\dfrac{\beta}{n}\pi\right|$ 发散，故所给级数条件收敛；当 $\beta = 0$ 时，所给级数显然绝对收敛.

例 11-21 （1）设常数 $\lambda > 0$，且级数 $\sum\limits_{n=1}^{\infty} a_n^2$ 收敛，证明级数 $\sum\limits_{n=1}^{\infty}\dfrac{a_n}{\sqrt{n^2+\lambda}}$ 绝对收敛.

（2）若级数 $\sum\limits_{n=1}^{\infty} a_n^2$ 及 $\sum\limits_{n=1}^{\infty} b_n^2$ 收敛，则级数 $\sum\limits_{n=1}^{\infty}|a_n b_n|$，$\sum\limits_{n=1}^{\infty}(a_n+b_n)^2$，$\sum\limits_{n=1}^{\infty}\left|\dfrac{a_n}{n}\right|$ 都收敛.

证明：（1）由 $\left|\dfrac{a_n}{\sqrt{n^2+\lambda}}\right| = \dfrac{|a_n|}{\sqrt{n^2+\lambda}} < \dfrac{|a_n|}{\sqrt{n^2}} < |a_n|^2 + \left(\dfrac{1}{\sqrt{n^2}}\right)^2 = a_n^2 + \dfrac{1}{n^2}$，又由 $\sum\limits_{n=1}^{\infty} a_n^2$ 及 $\sum\limits_{n=1}^{\infty}\dfrac{1}{n^2}$ 收敛，故 $\sum\limits_{n=1}^{\infty}\dfrac{a_n}{\sqrt{n^2+\lambda}}$ 绝对收敛.

（2）由 $|a_n b_n| < a_n^2 + b_n^2$ 可知，$\sum\limits_{n=1}^{\infty}|a_n b_n|$ 收敛，从而 $\sum\limits_{n=1}^{\infty} a_n b_n$ 绝对收敛.

又因 $(a_n+b_n)^2 = a_n^2 + 2a_n b_n + b_n^2$，故 $\sum\limits_{n=1}^{\infty}(a_n+b_n)^2$ 收敛.

另外，$\left|a_n\dfrac{1}{n}\right| < a_n^2 + \dfrac{1}{n^2}$，可得 $\sum\limits_{n=1}^{\infty}\left|\dfrac{a_n}{n}\right|$ 收敛.

11.2.2 幂级数的收敛域及和函数的求法

1. 幂级数收敛域的求法

（1）求幂级数 $\sum\limits_{n=0}^{\infty} a_n x^n$ （$a_n \neq 0$）的收敛域，要先求它的收敛半径 R，即

$$R = \lim_{n\to\infty}\left|\dfrac{a_n}{a_{n+1}}\right| \quad \text{（或 } R = \lim_{n\to\infty}\dfrac{1}{\sqrt[n]{|a_n|}}\text{）}$$

那么 $(-R, R)$ 为幂级数的收敛区间. 若 $0 < R < +\infty$，还需要验证 $x = \pm R$ 时，幂级数是否收敛. 若收敛，则该点为收敛域内的点.

（2）对于形如 $\sum\limits_{n=0}^{\infty} a_n(x-x_0)^n$ 的幂级数，只要做变换 $y = x - x_0$，将其化为 $\sum\limits_{n=0}^{\infty} a_n y^n$，再解出 x 的变化区间.

（3）若所给的幂级数的系数中有为零的（即缺项的幂级数），不能利用（1）中的方法求收敛域. 可按公式

$$\lim_{n\to\infty}|\frac{u_{n+1}(x)}{u_n(x)}|<1$$

求出 x 的变化区间. 但是，端点要单独判定.

例 11-22 求下列级数的收敛域.

（1）$\sum_{n=1}^{\infty}(-1)^{n-1}\frac{(x-4)^n}{n}$；　　　　（2）$\sum_{n=1}^{\infty}\left(\sin\frac{1}{3n}\right)\cdot\left(\frac{3+x}{3-2x}\right)^n$.

解：（1）设 $y=x-4$，原级数化为 $\sum_{n=1}^{\infty}(-1)^{n-1}\frac{y^n}{n}$，再求此级数的收敛域.

$$R=\lim_{n\to\infty}\left|\frac{a_n}{a_{n+1}}\right|=\lim_{n\to\infty}\frac{n+1}{n}=1$$

当 $y=1$ 时，级数 $\sum_{n=1}^{\infty}(-1)^{n-1}\frac{1}{n}$ 收敛；当 $y=-1$ 时，级数 $\sum_{n=1}^{\infty}(-1)^{n-1}\frac{(-1)^n}{n}=\sum_{n=1}^{\infty}\frac{-1}{n}$ 发散，故级数 $\sum_{n=1}^{\infty}(-1)^{n-1}\frac{y^n}{n}$ 的收敛域为 $-1<y\leq 1$. 所以，原级数的收敛域为 $-1<x-4\leq 1$，即 $3<x\leq 5$.

（2）令 $y=\frac{3+x}{3-2x}$，原级数化为 $\sum_{n=1}^{\infty}\left(\sin\frac{1}{3n}\right)y^n$，此级数的收敛域半径为

$$R=\lim_{n\to\infty}\left|\frac{a_n}{a_{n+1}}\right|=\lim_{n\to\infty}\frac{\sin\frac{1}{3n}}{\sin\frac{1}{3(n+1)}}=1$$

当 $y=1$ 时，级数为 $\sum_{n=1}^{\infty}\sin\frac{1}{3n}$. 由于 $\lim_{n\to\infty}\frac{\sin\frac{1}{3n}}{\frac{1}{3n}}=1$，且级数 $\sum_{n=1}^{\infty}\frac{1}{3n}$ 发散，由比较判别法的极限形式可知，$\sum_{n=1}^{\infty}\sin\frac{1}{3n}$ 发散.

当 $y=-1$ 时，级数化为交错级数 $\sum_{n=1}^{\infty}(-1)^n\sin\frac{1}{3n}$. 因 $\lim_{n\to\infty}\sin\frac{1}{3n}=0$，且 $\left\{\sin\frac{1}{3n}\right\}$ 单调递减，由莱布尼兹判别法可知级数收敛.

所以，级数 $\sum_{n=1}^{\infty}\left(\sin\frac{1}{3n}\right)y^n$ 的收敛域为 $-1\leq y<1$. 原级数的收敛域为 $-1\leq\frac{3+x}{3-2x}<1$，即 $(-\infty,0)\cup[6,+\infty)$.

例 11-23 求下列级数的收敛域.

（1）$\sum_{n=1}^{\infty}\frac{(-1)^n}{4^n n}x^{2n-1}$；　　（2）$\sum_{n=1}^{\infty}\frac{1}{2^n}x^{n^2}$；　　（3）$\sum_{n=1}^{\infty}\left(1+\frac{1}{n}\right)^{-n^2}e^{-nx}$.

解：（1）由 $\lim_{n\to\infty}\left|\frac{u_{n+1}(x)}{u_n(x)}\right|=\lim_{n\to\infty}\left|\frac{x^{2n+1}}{(n+1)4^{n+1}}\cdot\frac{n4^n}{x^{2n-1}}\right|=\lim_{n\to\infty}\left|\frac{n}{n+1}\cdot\frac{x^2}{4}\right|=\frac{x^2}{4}<1$，得 $|x|<2$.

当 $x=-2$ 时，级数 $\sum_{n=1}^{\infty}(-1)^{n+1}\frac{1}{2n}$ 收敛；当 $x=2$ 时，级数 $\sum_{n=1}^{\infty}(-1)^n\frac{1}{2n}$ 收敛. 故原级数的收敛

域为 $[-2,2]$.

（2）由

$$\lim_{n\to\infty}\left|\frac{u_{n+1}(x)}{u_n(x)}\right|=\lim_{n\to\infty}\left|\frac{\frac{x^{(n+1)^2}}{2^{n+1}}}{\frac{x^{n^2}}{2^n}}\right|=\lim_{n\to\infty}\left|\frac{2^n x^{(n+1)^2}}{2^{n+1} x^{n^2}}\right|=\lim_{n\to\infty}\frac{1}{2}|x^{2n+1}|=\begin{cases}0, & |x|<1\\ \frac{1}{2}, & |x|=1\\ \infty, & |x|>1\end{cases}$$

所以原级数的收敛域为 $[-1,1]$.

（3）令 $y=e^{-x}>0$，原级数化为 $\sum_{n=1}^{\infty}\left(1+\frac{1}{n}\right)^{-n^2}y^n$. 此级数的收敛半径为

$$R=\lim_{n\to\infty}\frac{1}{\sqrt[n]{\left(1+\frac{1}{n}\right)^{-n^2}}}=\lim_{n\to\infty}\sqrt[n]{\left(1+\frac{1}{n}\right)^{n^2}}=\lim_{n\to\infty}\left(1+\frac{1}{n}\right)^n=e$$

当 $0<y=e^{-x}<e$，即 $x>-1$ 时，级数收敛；当 $x<-1$ 时，级数发散.

当 $x=-1$ 时，级数的通项为 $\left(1+\frac{1}{n}\right)^{-n^2}e^n$. 由

$$\lim_{x\to 0}\left[\frac{e}{(1+x)^{\frac{1}{x}}}\right]^{\frac{1}{x}}=\lim_{x\to 0}\exp\left[\frac{1}{x}\ln\frac{e}{(1+x)^{\frac{1}{x}}}\right]=\lim_{x\to 0}\exp\left\{\frac{1}{x}\left[\ln e-\frac{1}{x}\ln(1+x)\right]\right\}$$

$$=\exp\left[\lim_{x\to 0}\frac{x-\ln(1+x)}{x^2}\right]=\exp\left[\lim_{x\to 0}\frac{1-\frac{1}{1+x}}{2x}\right]=e^{\frac{1}{2}}\neq 0$$

故级数 $\sum_{n=1}^{\infty}(1+\frac{1}{n})^{-n^2}e^n$ 发散.

综上，原级数的收敛域为 $(-1,+\infty)$.

例 11-24 判定级数 $\sum_{n=1}^{\infty}\frac{(n+x)^n}{n^{n+x}}$ 的收敛域.

解：对任意固定的 x，当 n 充分大时，$u_n=\frac{(n+x)^n}{n^{n+x}}=\frac{1}{n^x}\left(1+\frac{x}{n}\right)^n>0$. 由

$$\lim_{n\to\infty}\frac{\frac{1}{n^x}\left(1+\frac{x}{n}\right)^n}{\frac{1}{n^x}}=\lim_{n\to\infty}\left(1+\frac{x}{n}\right)^n=e^x$$

可知级数 $\sum_{n=1}^{\infty}\frac{(n+x)^n}{n^{n+x}}$ 与 $\sum_{n=1}^{\infty}\frac{1}{n^x}$ 的敛散性相同. 当 $x>1$ 时，$\sum_{n=1}^{\infty}\frac{1}{n^x}$ 收敛；当 $x\leq 1$ 时，$\sum_{n=1}^{\infty}\frac{1}{n^x}$ 发散.

故原级数的收敛域为 $x>1$.

例 11-25 求幂级数 $\sum_{n=1}^{\infty}\frac{1}{3^n+(-2)^n}\cdot\frac{x^n}{n}$ 的收敛域.

解：此级数的收敛半径为

$$R = \lim_{n\to\infty}\left|\frac{a_n}{a_{n+1}}\right| = \lim_{n\to\infty}\left[\frac{3^{n+1}+(-2)^{n+1}}{3^n+(-2)^n}\right]\cdot\frac{n+1}{n} = \lim_{n\to\infty}\frac{3\left[1+\left(-\frac{2}{3}\right)^{n+1}\right]}{\left[1+\left(-\frac{2}{3}\right)^n\right]} = 3$$

故收敛区间为 $(-3,3)$.

当 $x=3$ 时，原级数化为 $\sum_{n=1}^{\infty}\frac{3^n}{3^n+(-2)^n}\cdot\frac{1}{n}$. 由于 $\frac{3^n}{3^n+(-2)^n}\cdot\frac{1}{n}>\frac{1}{2n}$，故级数 $\sum_{n=1}^{\infty}\frac{3^n}{3^n+(-2)^n}\cdot\frac{1}{n}$ 发散.

当 $x=-3$ 时，原级数化为 $\sum_{n=1}^{\infty}\frac{(-3)^n}{3^n+(-2)^n}\cdot\frac{1}{n}$. 可知

$$\frac{(-3)^n}{3^n+(-2)^n}\cdot\frac{1}{n} = \frac{(-3)^n+2^n-2^n}{3^n+(-2)^n}\cdot\frac{1}{n}$$

$$= (-1)^n\frac{3^n+(-2)^n}{3^n+(-2)^n}\cdot\frac{1}{n} - \frac{2^n}{3^n+(-2)^n}\cdot\frac{1}{n}$$

$$= (-1)^n\frac{1}{n} - \frac{2^n}{3^n+(-2)^n}\cdot\frac{1}{n}$$

由于 $\sum_{n=1}^{n}(-1)^n\frac{1}{n}$ 及 $\sum_{n=1}^{\infty}\frac{2^n}{3^n+(-2)^n}\cdot\frac{1}{n}$ 收敛，故级数 $\sum_{n=1}^{\infty}\frac{(-3)^n}{3^n+(-2)^n}\cdot\frac{1}{n}$ 收敛，即原级数在 $x=-3$ 处收敛.

所以，收敛域为 $[-3,3)$.

2. 幂级数和函数的求法

求幂级数的和函数，主要利用幂级数在其收敛域内是一致收敛的，从而可以逐项积分、逐项求导. 通过对幂级数逐项积分、逐项求导等手段，使之变为已知函数的幂级数形式，再经过积分、求导的反运算求出该和函数.

值得注意的是，写出和函数时，其定义域应是该幂级数的收敛域. 对幂级数进行逐项积分或逐项求导时，其收敛半径不变，而收敛域可能变化.

例 11-26 求下列幂级数的和函数.

（1）$\sum_{n=1}^{\infty}n^2 x^{n-1}$，$|x|<1$；   （2）$\sum_{n=1}^{\infty}\frac{n}{n+1}x^n$，$|x|<1$.

解：（1）$S(x) = \sum_{n=1}^{\infty}n^2 x^{n-1} = \sum_{n=1}^{\infty}(n+1)nx^{n-1} - \sum_{n=1}^{\infty}nx^{n-1}$

$$= \sum_{n=1}^{\infty}(x^{n+1})'' - \sum_{n=1}^{\infty}(x^n)' = \left(\sum_{n=1}^{\infty}x^{n+1}\right)'' - \left(\sum_{n=1}^{\infty}x^n\right)'$$

$$= \left(\frac{x^2}{1-x}\right)'' - \left(\frac{x}{1-x}\right)' = \frac{1+x}{(1-x)^3}, \quad |x|<1$$

（2）$S(x) = \sum_{n=1}^{\infty} \frac{n}{n+1} x^n = \sum_{n=1}^{\infty} \left(1 - \frac{1}{n+1}\right) x^n = \sum_{n=1}^{\infty} x^n - \sum_{n=1}^{\infty} \frac{x^n}{n+1} = \frac{x}{1-x} - \sum_{n=1}^{\infty} \frac{x^n}{n+1}$

令 $S_1(x) = \sum_{n=1}^{\infty} \frac{x^n}{n+1}$，于是 $[x \cdot S_1(x)]' = \sum_{n=1}^{\infty} x^n = \frac{x}{1-x}$，从而

$$xS_1(x) = \int_0^x \frac{x}{1-x} \mathrm{d}x = -x - \ln(1-x), \quad |x|<1$$

当 $x \neq 0$ 时，$S_1(x) = -1 - \frac{\ln(1-x)}{x}$. 故

$$S(x) = \begin{cases} \dfrac{1}{1-x} + \dfrac{\ln(1-x)}{x}, & x \neq 0 \\ 0, & x = 0 \end{cases}$$

例 11-27 求下列幂级数的和函数.

（1）$\sum_{n=0}^{\infty} (-1)^n \frac{x^{2n+1}}{2n+1}$； （2）$\sum_{n=1}^{\infty} \frac{2n+1}{n!} x^{2n}$.

解：（1）计算得

$$\lim_{n \to \infty} \left| \frac{u_{n+1}(x)}{u_n(x)} \right| = \lim_{n \to \infty} \left| \frac{x^{2n+3}}{2n+3} \cdot \frac{2n+1}{x^{2n+1}} \right| = \lim_{n \to \infty} \left(\frac{2n+1}{2n+3} \right) |x^2| = |x^2| < 1 \quad (\text{即} |x|<1)$$

当 $x=1$ 时，级数 $\sum_{n=1}^{\infty} \frac{(-1)^n}{2n+1}$ 收敛；当 $x=-1$ 时，级数 $\sum_{n=1}^{\infty} (-1)^{n+1} \frac{1}{2n+1}$ 收敛. 原级数的收敛域为 $[-1,1]$.

令 $S(x) = \sum_{n=0}^{\infty} (-1)^n \frac{x^{2n+1}}{2n+1}$，$S'(x) = \sum_{n=0}^{\infty} (-1)^n x^{2n} = \frac{1}{1+x^2}$，则

$$S(x) = \int_0^x \frac{1}{1+x^2} \mathrm{d}x = \arctan x$$

故原级数的和函数 $S(x) = \arctan x$，$x \in [-1,1]$.

（2）因

$$\lim_{n \to \infty} \left| \frac{u_{n+1}(x)}{u_n(x)} \right| = \lim_{n \to \infty} \left| \frac{(2n+3)x^{2n+2}}{(n+1)!} \cdot \frac{n!}{(2n+1)x^{2n}} \right| = \lim_{n \to \infty} \left| \frac{2n+3}{(n+1)(2n+1)} x^2 \right| = 0$$

所以原级数的收敛域为 $(-\infty, +\infty)$.

令 $S(x) = \sum_{n=1}^{\infty} \frac{2n+1}{n!} x^{2n}$. 由于

$$\int_0^x S(x) \mathrm{d}x = \sum_{n=1}^{\infty} \int_0^x \frac{2n+1}{n!} x^{2n} \mathrm{d}x = \sum_{n=1}^{\infty} \frac{x^{2n+1}}{n!}$$
$$= x \sum_{n=1}^{\infty} \frac{1}{n!} (x^2)^n = x \left[\sum_{n=0}^{\infty} \frac{(x^2)^n}{n!} - 1 \right] = x(\mathrm{e}^{x^2} - 1)$$

故 $S(x) = [x(\mathrm{e}^{x^2} - 1)]' = \mathrm{e}^{x^2}(2x^2+1) - 1$.

例 11-28 求级数 $1+\dfrac{x^2}{2!}+\dfrac{x^4}{4!}+\dfrac{x^6}{6!}+\cdots$ 的和函数.

解： 因
$$\lim_{n\to\infty}\left|\dfrac{u_{n+1}(x)}{u_n(x)}\right|=\lim_{n\to\infty}\left|\dfrac{x^{2(n+1)}}{[2(n+1)]!}\dfrac{(2n)!}{x^{2n}}\right|=\lim_{n\to\infty}\dfrac{|x^2|}{2(n+1)(2n+1)}=0$$

故原级数的收敛域为 $(-\infty,+\infty)$.

设 $S(x)=1+\dfrac{x^2}{2!}+\dfrac{x^4}{4!}+\dfrac{x^6}{6!}+\cdots$，$S'(x)=x+\dfrac{x^3}{3!}+\dfrac{x^5}{5!}+\cdots$. 所以

$$S'(x)+S(x)=1+x+\dfrac{x^2}{2!}+\dfrac{x^3}{3!}+\cdots=\mathrm{e}^x$$

解一阶线性微分方程得

$$S(x)=\mathrm{e}^{-\int\mathrm{d}x}\left(c+\int\mathrm{e}^x\mathrm{e}^{\int\mathrm{d}x}\mathrm{d}x\right)=\mathrm{e}^{-x}\left(c+\int\mathrm{e}^{2x}\mathrm{d}x\right)=\mathrm{e}^{-x}\left(c+\dfrac{1}{2}\mathrm{e}^{2x}\right)$$

由初始条件 $S(0)=1$，得 $c=\dfrac{1}{2}$. 故原级数的和函数 $S(x)=\dfrac{1}{2}(\mathrm{e}^x+\mathrm{e}^{-x})$.

例 11-29 求幂级数 $\sum\limits_{n=1}^{\infty}n(x-1)^n$ 的收敛域及和函数.

解： 由
$$\lim_{n\to\infty}\left|\dfrac{u_{n+1}(x)}{u_n(x)}\right|=\lim_{n\to\infty}\left|\dfrac{(n+1)(x-1)^{n+1}}{n(x-1)^n}\right|=\lim_{n\to\infty}\left(\dfrac{n+1}{n}\right)|x-1|=|x-1|<1$$

即当 $0<x<2$ 时，级数收敛. 但当 $x=0$ 及 $x=2$ 时，级数发散.

设 $S(x)=\sum\limits_{n=1}^{\infty}n(x-1)^n$，则 $S(x)=\sum\limits_{n=1}^{\infty}(n+1)(x-1)^n-\sum\limits_{n=1}^{\infty}(x-1)^n$.

可知等比级数 $\sum\limits_{n=1}^{\infty}(x-1)^n=\dfrac{x-1}{2-x}$.

令 $S_1(x)=\sum\limits_{n=1}^{\infty}(n+1)(x-1)^n$，可知

$$\int_1^x S_1(x)\mathrm{d}x=\int_1^x\sum_{n=1}^{\infty}(n+1)(x-1)^n\mathrm{d}x=\sum_{n=1}^{\infty}(x-1)^{n+1}=\dfrac{(x-1)^2}{1-(x-1)}=\dfrac{(x-1)^2}{2-x}$$

求导得 $S_1(x)=\left[\dfrac{(x-1)^2}{2-x}\right]'=\dfrac{(x-1)(3-x)}{(2-x)^2}$. 于是

$$S(x)=\dfrac{(x-1)(3-x)}{(2-x)^2}-\dfrac{x-1}{2-x}=\dfrac{x-1}{(2-x)^2}，\quad 0<x<2$$

例 11-30 求数项级数 $\sum\limits_{n=1}^{\infty}(-1)^n\dfrac{n(n+1)}{2^n}$ 的和.

解： 先在收敛域 $(-1,1)$ 内，求和函数 $S(x)=\sum\limits_{n=1}^{\infty}(-1)^n n(n+1)x^n$. 可知

$$S(x) = x\sum_{n=1}^{\infty}(-1)^n n(n+1)x^{n-1} = x\sum_{n=1}^{\infty}[(-1)^n x^{n+1}]'' = x\left(-\frac{x^2}{1+x}\right)'' = -\frac{2x}{(1+x)^3}$$

故原数项级数 $\sum_{n=1}^{\infty}(-1)^n \dfrac{n(n+1)}{2^n}$ 的和 $S\left(\dfrac{1}{2}\right) = -\dfrac{2\left(\dfrac{1}{2}\right)}{\left(1+\dfrac{1}{2}\right)^3} = -\dfrac{8}{27}$.

例 11-31 设 $I_n = \int_0^{\frac{\pi}{4}} \sin^n x \cos x \, dx$，$n=0,1,2,\cdots$，求 $\sum_{n=0}^{\infty} I_n$.

解：计算得

$$I_n = \int_0^{\frac{\pi}{4}} \sin^n x \, d(\sin x) = \frac{1}{n+1}\sin^{n+1} x \Big|_0^{\frac{\pi}{4}} = \frac{1}{n+1}\left(\frac{\sqrt{2}}{2}\right)^{n+1}$$

故 $\sum_{n=0}^{\infty} I_n = \sum_{n=0}^{\infty} \dfrac{1}{n+1}\left(\dfrac{\sqrt{2}}{2}\right)^{n+1}$.

令 $S(x) = \sum_{n=0}^{\infty} \dfrac{x^{n+1}}{n+1}$，则收敛半径 $R=1$，此幂级数的收敛区间为 $(-1,1)$. 由于 $S'(x) = \sum_{n=0}^{\infty} x^n = \dfrac{1}{1-x}$，于是 $S(x) = \int_0^x \dfrac{dt}{1-t} = -\ln(1-x)$.

令 $x = \dfrac{\sqrt{2}}{2}$. 则 $\sum_{n=0}^{\infty} \dfrac{1}{n+1}\left(\dfrac{\sqrt{2}}{2}\right)^{n+1} = S\left(\dfrac{\sqrt{2}}{2}\right) = \ln(2+\sqrt{2})$.

例 11-32 求幂级数 $\sum_{n=1}^{\infty} \dfrac{(-1)^{n-1}x^{2n+1}}{n(2n-1)}$ 的收敛域及和函数 $S(x)$.

解：因为 $\lim_{n\to\infty}\left|\dfrac{u_{n+1}}{u_n}\right| = \lim_{n\to\infty}\left|\dfrac{x^{2n+3}\cdot n(2n-1)}{(n+1)(2n+1)x^{2n+1}}\right| = x^2$，所以当 $x^2 < 1$，即 $-1<x<1$ 时，原幂级数绝对收敛；当 $x = \pm 1$ 时，原级数为 $\pm\sum_{n=1}^{\infty}\dfrac{(-1)^{n-1}}{n(2n-1)}$，显然收敛. 故原幂级数的收敛域为 $[-1,1]$.

设 $S(x) = \sum_{n=1}^{\infty}\dfrac{(-1)^{n-1}x^{2n}}{n(2n-1)}$，$x \in [-1,1]$，则

$$S'(x) = \sum_{n=1}^{\infty}\frac{(-1)^{n-1} 2n x^{2n-1}}{n(2n-1)} = 2\sum_{n=1}^{\infty}\frac{(-1)^{n-1}x^{2n-1}}{2n-1}$$

$$S''(x) = 2\sum_{n=1}^{\infty}(-1)^{n-1}x^{2n-2} = \frac{2}{1+x^2}$$

故当 $x \in (-1,1)$ 时，$S'(x) - S'(0) = \int_0^x \dfrac{2}{1+t^2}dt = 2\arctan x$，其中，$S'(0) = 0$. 所以

$$S(x) = \int_0^x S'(t)dt + S(0) = 2\int_0^x \arctan t \, dt = 2\left(t\arctan t\Big|_0^x - \int_0^x \frac{t}{1+t^2}dt\right)$$

$$= 2x\arctan x - \ln(1+x^2)$$

从而

当 $x \in (-1,1)$ 时，$\sum_{n=1}^{\infty} \frac{(-1)^{n-1} x^{2n+1}}{n(2n-1)} = 2x^2 \arctan x - x\ln(1+x^2)$；

当 $x = -1$ 时，$\sum_{n=1}^{\infty} \frac{(-1)^{n-1} x^{2n+1}}{n(2n-1)} = \lim_{x \to -1^+}(2x^2 \arctan x - x\ln(1+x^2)) = -\frac{\pi}{2} + \ln 2$；

当 $x = 1$ 时，$\sum_{n=1}^{\infty} \frac{(-1)^{n-1} x^{2n+1}}{n(2n-1)} = \lim_{x \to 1^-}(2x^2 \arctan x - x\ln(1+x^2)) = \frac{\pi}{2} - \ln 2$.

故当 $x \in [-1,1]$ 时，$\sum_{n=1}^{\infty} \frac{(-1)^{n-1} x^{2n+1}}{n(2n-1)} = 2x^2 \arctan x - x\ln(1+x^2)$.

例 11-33 设银行存款的年利率为 $r = 0.05$，并依年复利计算. 某基金会希望通过存款 A 万元实现第一年提取 19 万元，第二年提取 28 万元，$\cdots$，第 n 年提取 $10+9n$ 万元，并能按此规律一直提取下去. 问 A 至少应为多少？

解：设 A_n 为用于第 n 年提取 $10+9n$ 万元的贴现值，则 $A_n = (1+r)^{-n}(10+9n)$. 故

$$A = \sum_{n=1}^{\infty} A_n = \sum_{n=1}^{\infty} \frac{10+9n}{(1+r)^n} = 10\sum_{n=1}^{\infty} \frac{1}{(1+r)^n} + 9\sum_{n=1}^{\infty} \frac{n}{(1+r)^n}$$

设 $S_1(x) = \sum_{n=1}^{\infty} nx^n$，$S_2(x) = \sum_{n=1}^{\infty} x^n$，$x \in (-1,1)$. 因为

$$S_1(x) = x\left(\sum_{n=1}^{\infty} x^n\right)' = x\left(\frac{x}{1-x}\right)' = \frac{x}{(1-x)^2}, \quad S_2(x) = \frac{x}{1-x}$$

所以 $S_1\left(\frac{1}{1+r}\right) = S_1\left(\frac{1}{1.05}\right) = 420$，$S_2\left(\frac{1}{1+r}\right) = S_2\left(\frac{1}{1.05}\right) = 20$. 故

$$A = 10 \times 20 + 9 \times 420 = 3980 \text{（万元）}$$

即至少应存入 3980 万元.

11.2.3 函数的级数展开方法

1. 函数的幂级数展开方法

函数的幂级数展开一般有两种方法：直接展开法和间接展开法.

（1）直接展开法（泰勒展开法）.

将已给函数 $f(x)$ 展开为 x 的幂级数，可按照下列步骤进行（展开为 $x-x_0$ 的幂级数与之类似）.

① 求出 $f(x)$ 及它的各阶导数在点 $x = 0$ 处的函数值

$$f(0), f'(0), f''(0), \cdots, f^{(n)}(0), \cdots$$

② 写出幂级数

$$f(0) + f'(0)x + \frac{f''(0)}{2!}x^2 + \cdots + \frac{f^{(n)}(0)}{n!}x^n + \cdots$$

并求出它的收敛半径 R.

③ 考查当 $x \in (-R, R)$ 时，余项 $R_n(x)$ 的极限

$$\lim_{n \to \infty} R_n(x) = \lim_{n \to \infty} \frac{f^{(n+1)}(\xi)}{(n+1)!} x^{n+1} \quad （点 \xi 在 0 与 x 之间）$$

是否为零. 如果为零，第②步求出的幂级数就是函数 $f(x)$ 的展开式；如果不为零，幂级数虽然收敛，但它并不收敛于函数 $f(x)$.

例 11-34 将函数 $f(x) = e^x \sin x$ 展开成 x 的幂级数.

解：

$$f'(x) = e^x (\sin x + \cos x) = \sqrt{2} e^x \sin\left(x + \frac{\pi}{4}\right)$$

$$f''(x) = \sqrt{2} e^x \left[\sin\left(x + \frac{\pi}{4}\right) + \cos\left(x + \frac{\pi}{4}\right)\right] = (\sqrt{2})^2 e^x \sin\left(x + 2 \cdot \frac{\pi}{4}\right)$$

由数学归纳法容易证得

$$f^{(n)}(x) = (\sqrt{2})^n e^x \sin\left(x + n \cdot \frac{\pi}{4}\right)$$

则 $f(0) = 0$，$f^{(n)}(0) = (\sqrt{2})^n \sin \frac{n\pi}{4}$，$n = 1, 2, \cdots$. $f(x)$ 诱导的幂级数为

$$\sum_{n=1}^{\infty} \frac{(\sqrt{2})^n \sin \frac{n\pi}{4}}{n!} x^n, \quad -\infty < x < +\infty$$

其中，$R_n(x) = \dfrac{(\sqrt{2})^{n+1} e^{\theta x} \sin\left[\theta x + \frac{(n+1)\pi}{4}\right]}{(n+1)!} x^{n+1}$，$0 < \theta < 1$.

由于级数 $\sum\limits_{n=1}^{\infty} \dfrac{(\sqrt{2})^n e^{|x|}}{n!} |x^n|$ 收敛，当 $n \to \infty$ 时，$\dfrac{(\sqrt{2})^n e^{|x|}}{n!} |x|^n \to 0$. 所以，当 $n \to \infty$ 时，$|R_n(x)| \leq \dfrac{(\sqrt{2})^{n+1} e^{|x|} |x|^{n+1}}{(n+1)!} \to 0$. 进而有

$$e^x \sin x = \sum_{n=1}^{\infty} \frac{(\sqrt{2})^n \sin \frac{n\pi}{4}}{n!} x^n, \quad -\infty < x < +\infty$$

在直接展开法中，最后要确定余项 $R_n(x)$ 在 $n \to \infty$ 时趋于零的范围. 这一点在实际使用时往往是很困难的. 为了避免这些困难，常常采用下面的间接展开法.

（2）间接展开法.

间接展开法是根据函数展开为幂级数的唯一性、一些已知函数的泰勒展开式，结合幂级数的性质，特别是逐项微分和逐项积分的性质，把给定的函数展开为幂级数. 因而要熟记 $\dfrac{1}{1-x}$，e^x，$\cos x$，$\sin x$，$\ln(1+x)$ 和 $(1+x)^\alpha$ 等已知函数的麦克劳林展开式.

例 11-35 将下列函数展开成 x 的幂级数.

（1）$\dfrac{2}{\sqrt{\pi}} \int_0^x e^{-x^2} dx$；（2）$\cos^2 x$；

（3）$x\arctan x - \ln\sqrt{1+x^2}$.

解：（1）因 $\mathrm{e}^{-x^2} = \sum_{n=0}^{\infty}\frac{(-x^2)^n}{n!} = \sum_{n=0}^{\infty}(-1)^n\frac{x^{2n}}{n!}$，$|x|<+\infty$. 则

$$\int_0^x \mathrm{e}^{-x^2}\mathrm{d}x = \sum_{n=0}^{\infty}(-1)^n\int_0^x\frac{x^{2n}}{n!}\mathrm{d}x = \sum_{n=0}^{\infty}(-1)^n\frac{x^{2n+1}}{(2n+1)n!}$$

所以 $\frac{2}{\sqrt{\pi}}\int_0^x \mathrm{e}^{-x^2}\mathrm{d}x = \frac{2}{\sqrt{\pi}}\sum_{n=0}^{\infty}(-1)^n\frac{x^{2n+1}}{(2n+1)n!}$，$|x|<+\infty$.

（2）因 $\cos^2 x = \frac{1}{2} + \frac{1}{2}\cos 2x$，$\cos 2x = \sum_{n=0}^{\infty}(-1)^n\frac{(2x)^{2n}}{(2n)!}$，$|x|<+\infty$，所以

$$\cos^2 x = \frac{1}{2} + \frac{1}{2}\sum_{n=0}^{\infty}(-1)^n\frac{(2x)^{2n}}{(2n)!}，\quad |x|<+\infty$$

（3）因 $\frac{1}{1+x^2} = \sum_{n=0}^{\infty}(-1)^n x^{2n}$，所以当 $|x|<1$ 时，

$$\arctan x = \int_0^x\frac{1}{1+x^2}\mathrm{d}x = \sum_{n=0}^{\infty}(-1)^n\int_0^x x^{2n}\mathrm{d}x = \sum_{n=0}^{\infty}(-1)^n\frac{x^{2n+1}}{2n+1}$$

另外，当 $x=\pm 1$ 时，级数 $\sum_{n=0}^{\infty}(-1)^n\frac{x^{2n+1}}{2n+1}$ 收敛. 故当 $x=\pm 1$ 时，$\arctan x = \sum_{n=0}^{\infty}(-1)^n\frac{x^{2n+1}}{2n+1}$.

又因 $\ln(1+x^2) = \sum_{n=0}^{\infty}(-1)^n\frac{x^{2(n+1)}}{n+1}$，$|x|\leqslant 1$，故

$$x\arctan x - \ln\sqrt{1+x^2} = x\sum_{n=0}^{\infty}(-1)^n\frac{x^{2n+1}}{2n+1} - \frac{1}{2}\sum_{n=0}^{\infty}(-1)^n\frac{x^{2(n+1)}}{n+1}$$
$$= \sum_{n=0}^{\infty}(-1)^n\frac{x^{2(n+1)}}{(2n+1)(2n+2)}$$

其中，$|x|\leqslant 1$.

例 11-36 将函数 $\frac{1}{x^2+3x+2}$ 展开为 $x+4$ 的幂级数.

解：
$$\frac{1}{x^2+3x+2} = \frac{1}{x+1} - \frac{1}{x+2} = \frac{1}{2-(x+4)} - \frac{1}{3-(x+4)}$$
$$= \frac{1}{2}\cdot\frac{1}{1-\frac{x+4}{2}} - \frac{1}{3}\cdot\frac{1}{1-\frac{x+4}{3}} = \frac{1}{2}\sum_{n=0}^{\infty}\left(\frac{x+4}{2}\right)^n - \frac{1}{3}\sum_{n=0}^{\infty}\left(\frac{x+4}{3}\right)^n$$
$$= \sum_{n=0}^{\infty}\left(\frac{1}{2^{n+1}} - \frac{1}{3^{n+1}}\right)(x+4)^n$$

其中，$-6 < x < -2$.

例 11-37 将 $\frac{\mathrm{d}}{\mathrm{d}x}\left(\frac{\mathrm{e}^x - 1}{x}\right)$ 展开为 x 的幂级数，并求出 $\sum_{n=1}^{\infty}\frac{n}{(n+1)!}$.

解：因 $e^x = \sum_{n=0}^{\infty} \frac{x^n}{n!}$，$|x| < +\infty$，则 $\frac{e^x - 1}{x} = \sum_{n=1}^{\infty} \frac{x^{n-1}}{n!}$. 故

$$\frac{d}{dx}\left(\frac{e^x - 1}{x}\right) = \frac{d}{dx}\left(\sum_{n=1}^{\infty} \frac{x^{n-1}}{n!}\right) = \sum_{n=2}^{\infty} \frac{(n-1)x^{n-2}}{n!} = \sum_{n=1}^{\infty} \frac{nx^{n-1}}{(n+1)!}$$

令 $x = 1$，得 $\sum_{n=1}^{\infty} \frac{n}{(n+1)!} = \frac{d}{dx}\left(\frac{e^x - 1}{x}\right)\bigg|_{x=1} = \frac{xe^x - e^x + 1}{x^2}\bigg|_{x=1} = 1$.

2. 周期函数展开成傅里叶级数

周期函数展开成傅里叶级数的步骤是，首先要判定函数 $f(x)$ 在 $[-\pi, \pi]$（或 $[-l, l]$）上是否具有奇偶性．

若 $f(x)$ 为奇函数，其傅里叶系数 $a_0 = 0$，$a_n = 0$，只需计算 b_n 即可，进而 $f(x)$ 可展开成正弦级数 $\sum_{n=1}^{\infty} b_n \sin nx$（或 $\sum_{n=1}^{\infty} b_n \sin \frac{n\pi x}{l}$）．

若 $f(x)$ 为偶函数，其傅里叶系数 $b_n = 0$，只需计算 a_0, a_n 即可，进而 $f(x)$ 可展开成余弦级数 $\frac{a_0}{2} + \sum_{n=1}^{\infty} a_n \cos nx$（或 $\frac{a_0}{2} + \sum_{n=1}^{\infty} a_n \cos \frac{n\pi x}{l}$）．

若函数 $f(x)$ 仅在 $[0, \pi]$（或 $[0, l]$）上有定义，则需根据展开成正弦级数或余弦级数的要求，作相应的奇延拓或偶延拓．

若函数 $f(x)$ 不具有奇偶性，则傅里叶系数 a_n, b_n 都要计算．另外，在计算傅里叶系数时，常常需要运用积分中的一些性质等．

最后，根据收敛定理写出 x 的变化区间，使

$$f(x) = \frac{a_0}{2} + \sum_{n=1}^{\infty} a_n \cos nx + b_n \sin nx$$

或

$$f(x) = \frac{a_0}{2} + \sum_{n=1}^{\infty} a_n \cos \frac{n\pi x}{l} + b_n \sin \frac{n\pi x}{l}$$

若要计算某个数项级数的和，可通过计算傅里叶级数和函数 $S(x)$ 在某特定点 x 处的函数值，进而得到相应数项级数的和．

例 11-38 设 $f(x)$ 是周期为 2 的周期函数，它在区间 $(-1, 1]$ 上的定义为

$$f(x) = \begin{cases} 2, & -1 < x \leq 0 \\ x^3, & 0 < x \leq 1 \end{cases}$$

试求 $f(x)$ 的傅里叶级数在 $x = 1$ 处的值．

解：由于 $f(x)$ 在 $x = 1$ 处不连续，而 $\lim_{x \to 1^-} f(x) = 1$，$\lim_{x \to 1^+} f(x) = 2$，故 $f(x)$ 的傅里叶级数在 $x = 1$ 处收敛于 $\frac{f(1-0) + f(-1+0)}{2} = \frac{3}{2}$.

例 11-39 已知函数 $f(x) = \frac{\pi}{2} \cdot \frac{e^x + e^{-x}}{e^\pi - e^{-\pi}}$.

（1）求出函数 $f(x)$ 在区间 $[-\pi, \pi]$ 上的傅里叶级数；

（2）求级数 $\sum_{n=1}^{\infty} \dfrac{(-1)^n}{1+(2n)^2}$ 的和.

解：由于 $f(x)$ 为区间 $[-\pi,\pi]$ 上的偶函数，故 $b_n = 0$, $n=1,2,\cdots$. 于是

$$a_0 = \dfrac{2}{\pi}\int_0^\pi \dfrac{\pi}{2}\dfrac{e^x+e^{-x}}{e^\pi-e^{-\pi}}dx = \dfrac{1}{e^\pi-e^{-\pi}}[e^\pi-1+(-e^{-\pi}+1)] = 1$$

$$a_n = \dfrac{2}{\pi}\int_0^\pi \dfrac{\pi}{2}\dfrac{e^x+e^{-x}}{e^\pi-e^{-\pi}}\cos nx\, dx$$

$$= \dfrac{1}{e^\pi-e^{-\pi}}\left[\dfrac{e^\pi\cos n\pi}{1+n^2} - \dfrac{1}{1+n^2} + \dfrac{e^{-\pi}(-\cos nx)}{1+n^2} - \dfrac{(-1)}{1+n^2}\right]$$

$$= \dfrac{\cos n\pi}{1+n^2} = \dfrac{(-1)^n}{1+n^2}$$

又因 $\dfrac{f(-\pi+0)+f(\pi-0)}{2} = \dfrac{\pi}{2}\dfrac{e^\pi+e^{-\pi}}{e^\pi-e^{-\pi}} = f(\pi) = f(-\pi)$，所以，当 $-\pi \leqslant x \leqslant \pi$ 时，

$$f(x) = \dfrac{1}{2} + \sum_{n=1}^\infty \dfrac{(-1)^n}{1+n^2}\cos nx$$

令 $x = \dfrac{\pi}{2}$，得

$$f\left(\dfrac{\pi}{2}\right) = \dfrac{1}{2} + \dfrac{1}{1+2^2}\cos\pi + \dfrac{1}{1+4^2}\cos 2\pi + \cdots + \dfrac{1}{1+(2n)^2}\cos n\pi + \cdots$$

由于 $f\left(\dfrac{\pi}{2}\right) = \dfrac{\pi}{2(e^{\frac{\pi}{2}}-e^{-\frac{\pi}{2}})}$，所以 $\sum_{n=1}^\infty \dfrac{(-1)^n}{1+(2n)^2} = \dfrac{\pi}{2(e^{\frac{\pi}{2}}-e^{-\frac{\pi}{2}})} - \dfrac{1}{2}$.

例 11-40 求 $f(x) = \arcsin(\sin x)$，$x \in [-\pi,\pi]$，的傅里叶级数.

解：由反三角函数定义得

$$f(x) = \arcsin(\sin x) = \begin{cases} -\pi - x, & -\pi \leqslant x < -\dfrac{\pi}{2} \\ x, & -\dfrac{\pi}{2} \leqslant x \leqslant \dfrac{\pi}{2} \\ \pi - x, & \dfrac{\pi}{2} < x \leqslant \pi \end{cases}$$

所以 $f(x)$ 为奇函数. 故 $a_n = 0$，$n=0,1,2,\cdots$,

$$b_n = \dfrac{2}{\pi}\int_0^\pi f(x)\sin nx\, dx = \dfrac{2}{\pi}\left[\int_0^{\frac{\pi}{2}} x\sin nx\, dx + \int_{\frac{\pi}{2}}^\pi (\pi-x)\sin nx\, dx\right]$$

$$= \dfrac{4}{\pi}\dfrac{1}{n^2}\sin\dfrac{n\pi}{2}$$

所以 $f(x) = \dfrac{4}{\pi}\sum_{n=1}^\infty \dfrac{1}{n^2}\sin\dfrac{n\pi}{2}\sin nx = \dfrac{4}{\pi}\sum_{k=0}^\infty \dfrac{(-1)^k}{(2k+1)^2}\sin(2k+1)x, x \in [-\pi,\pi)$.

例 11-41 将函数 $f(x)=x$ 展开成余弦级数，其中，$0<x<2$.

解：将函数 $f(x)$ 延拓成周期为 4 的偶函数. 于是 $b_n=0$，$n=1,2,\cdots$，且

$$a_0 = \frac{2}{2}\int_0^2 x\,dx = \left.\frac{x^2}{2}\right|_0^2 = 2$$

$$a_n = \frac{2}{2}\int_0^2 x\cos\frac{n\pi x}{2}\,dx = \frac{2}{n\pi}\int_0^2 x\,d\sin\frac{n\pi x}{2} = \frac{4}{n^2\pi^2}[(-1)^n-1]$$

所以当 $0<x<2$ 时，

$$x = 1 + \sum_{n=1}^{\infty}\frac{4}{n^2\pi^2}[(-1)^n-1]\cos\frac{n\pi x}{2}$$

$$= 1 - \frac{8}{\pi^2}\sum_{n=0}^{\infty}\frac{1}{(2n+1)^2}\cos\frac{(2n+1)\pi}{2}x$$

例 11-42 （1）设 $f(x)$ 在区间 $[-\pi,\pi]$ 上的傅里叶级数展开式存在，且满足 $f(x)=-f(x+\pi)$，求证：$f(x)$ 的傅里叶级数只有奇次谐波.

（2）设 $f(x)$ 在区间 $[-\pi,\pi]$ 上傅里叶级数的系数为 a_n,b_n，其卷积

$$F(x) = \frac{1}{\pi}\int_{-\pi}^{\pi}f(t)f(x+t)\,dt，\quad x\in[-\pi,\pi]$$

的傅里叶系数 A_n,B_n 与 a_n,b_n 有何关系？并给出 $\frac{1}{\pi}\int_{-\pi}^{\pi}f^2(t)\,dt$ 的级数的表示.

（1）**证明**：设 $f(x)=\frac{a_0}{2}+\sum_{n=1}^{\infty}(a_n\cos nx+b_n\sin nx)$. 由 $f(x)=-f(x+\pi)$，得

$$\frac{a_0}{2}+\sum_{n=1}^{\infty}(a_n\cos nx+b_n\sin nx) = -\frac{a_0}{2}-\sum_{n=1}^{\infty}[a_n\cos n(x+\pi)+b_n\sin n(x+\pi)]$$

$$= -\frac{a_0}{2}-\sum_{n=1}^{\infty}(-1)^n(a_n\cos nx+b_n\sin nx)$$

于是

$$a_0 + \sum_{n=1}^{\infty}(2a_{2n}\cos 2nx + 2b_{2n}\sin 2nx) \equiv 0$$

故 $a_0=a_{2n}=b_{2n}=0$，所以 $f(x)$ 的傅里叶级数只有奇次谐波.

（2）**解**：$F(x)$ 的傅里叶级数为

$$A_0 = \frac{1}{\pi}\int_{-\pi}^{\pi}F(x)\,dx = \frac{1}{\pi}\int_{-\pi}^{\pi}\left(\frac{1}{\pi}\int_{-\pi}^{\pi}f(t)f(x+t)\,dt\right)dx$$

$$= \frac{1}{\pi^2}\int_{-\pi}^{\pi}f(t)\,dt\int_{t-\pi}^{t+\pi}f(u)\,du = \frac{1}{\pi^2}\int_{-\pi}^{\pi}f(t)\,dt\int_{-\pi}^{\pi}f(u)\,du$$

$$= \frac{1}{\pi^2}\left(\int_{-\pi}^{\pi}f(t)\,dt\right)^2 = a_0^2$$

$$A_n = \frac{1}{\pi}\int_{-\pi}^{\pi} F(x)\cos nx\,dx = \frac{1}{\pi^2}\int_{-\pi}^{\pi}\cos nx\,dx\int_{-\pi}^{\pi} f(t)f(x+t)\,dt$$
$$= \frac{1}{\pi}\int_{-\pi}^{\pi}\left(\frac{1}{\pi}\int_{-\pi}^{\pi} f(x+t)\cos nx\,dx\right)f(t)\,dt = \frac{1}{\pi}\int_{-\pi}^{\pi} f(t)(a_n\cos nt + b_n\sin nt)\,dt$$
$$= a_n^2 + b_n^2$$

同时可得 $B_n = 0$，$n = 1,2,\cdots$.

当 $x = 0$ 时，$F(0) = \frac{1}{\pi}\int_{-\pi}^{\pi} f^2(t)\,dt = \frac{a_0^2}{2} + \sum_{n=1}^{\infty}(a_n^2 + b_n^2)$.

例 11-43 函数 $f(x) = 1 - x^2\ (0 \le x \le \pi)$ 展开成余弦级数，并求级数 $\sum_{n=1}^{\infty}\dfrac{(-1)^{n-1}}{n^2}$ 的和.

解：由于 $a_0 = \dfrac{2}{\pi}\int_0^{\pi}(1-x^2)\,dx = 2 - \dfrac{2}{3}\pi^2$，

$$a_n = \frac{2}{\pi}\int_0^{\pi}(1-x^2)\cos nx\,dx = \frac{4}{n^2}(-1)^{n+1},\quad n = 1,2,\cdots$$

所以

$$f(x) = \frac{a_0}{2} + \sum_{n=1}^{\infty} a_n\cos nx = 1 - \frac{\pi^2}{3} + 4\sum_{n=1}^{\infty}\frac{(-1)^{n+1}}{n^2}\cos nx,\quad 0 \le x \le \pi$$

令 $x = 0$，有 $f(0) = 1 - \dfrac{\pi^2}{3} + 4\sum_{n=1}^{\infty}\dfrac{(-1)^{n+1}}{n^2}$. 由于 $f(0) = 1$，所以 $\sum_{n=1}^{\infty}\dfrac{(-1)^{n-1}}{n^2} = \dfrac{\pi^2}{12}$.

11.3 习题

1. 选择题.

（1）设 $a_n, b_n > 0$，$n = 1,2,\cdots$，$\sum_{n=1}^{\infty}(a_n - b_n)$ 条件收敛，则 $\sum_{n=1}^{\infty}\left(a_n - \dfrac{k}{2^n}\right)$（　　）.

（A）绝对收敛　　（B）条件收敛　　（C）发散　　（D）收敛性与 k 有关

（2）已知级数 $\sum_{n=1}^{\infty}(-1)^{n-1}a_n = 2$，$\sum_{n=1}^{\infty} a_{2n-1} = 5$，则级数 $\sum_{n=1}^{\infty} a_n$ 等于（　　）.

（A）3　　（B）7　　（C）8　　（D）9

（3）设 $0 \le a_n < \dfrac{1}{n}$，$n = 1,2,\cdots$，则下列级数中收敛的是（　　）.

（A）$\sum_{n=1}^{\infty} a_n$　　（B）$\sum_{n=1}^{\infty}(-1)^n a_n$　　（C）$\sum_{n=1}^{\infty}\sqrt{a_n}$　　（D）$\sum_{n=1}^{\infty}(-1)^n a_n^2$

（4）若 $\alpha > 0$ 为常数，则级数 $\sum_{n=1}^{\infty}(-1)^n\left(1 - \cos\dfrac{\alpha}{n}\right)$（　　）.

（A）发散　　（B）条件收敛　　（C）绝对收敛　　（D）敛散性与 α 有关

（5）设常数 $\lambda > 0$，且级数 $\sum_{n=1}^{\infty} a_n^2$ 收敛，则级数 $\sum_{n=1}^{\infty}(-1)^n\dfrac{|a_n|}{\sqrt{n^2+\lambda}}$（　　）.

（A）发散 　　　（B）条件收敛 　　（C）绝对收敛 　　（D）敛散性与 λ 有关

(6) 设 $u_n = (-1)^n \ln(1 + \frac{1}{\sqrt{n}})$，则级数（　　）．

（A）$\sum_{n=1}^{\infty} u_n$ 与 $\sum_{n=1}^{\infty} u_n^2$ 都收敛 　　　（B）$\sum_{n=1}^{\infty} u_n$ 与 $\sum_{n=1}^{\infty} u_n^2$ 都发散

（C）$\sum_{n=1}^{\infty} u_n$ 收敛，而 $\sum_{n=1}^{\infty} u_n^2$ 发散 　　　（D）$\sum_{n=1}^{\infty} u_n$ 发散，而 $\sum_{n=1}^{\infty} u_n^2$ 收敛

(7) 设 $a_n > 0$，$n = 1, 2, \cdots$，且 $\sum_{n=1}^{\infty} a_n$ 收敛，常数 $\lambda \in \left(0, \frac{\pi}{2}\right)$，则级数 $\sum_{n=1}^{\infty} (-1)^n \left(n \tan \frac{\lambda}{n}\right) a_{2n}$
（　　）．

（A）绝对收敛 　　（B）条件收敛 　　（C）发散 　　（D）敛散性与 λ 有关

(8) 下面选项中正确的是（　　）．

（A）若 $\sum_{n=1}^{\infty} u_n^2$ 和 $\sum_{n=1}^{\infty} v_n^2$ 都收敛，则 $\sum_{n=1}^{\infty} (u_n + v_n)^2$ 收敛

（B）若 $\sum_{n=1}^{\infty} |u_n v_n|$ 收敛，则 $\sum_{n=1}^{\infty} u_n^2$ 与 $\sum_{n=1}^{\infty} v_n^2$ 都收敛

（C）若正项级数 $\sum_{n=1}^{\infty} u_n$ 发散，则 $u_n \geq \frac{1}{n}$

（D）若级数 $\sum_{n=1}^{\infty} u_n$ 收敛，且 $u_n \geq v_n$，$n = 1, 2, \cdots$，则级数 $\sum_{n=1}^{\infty} v_n$ 也收敛

(9) 设 $f(x) = \int_0^{\sin x} \sin(t^2) dt$，$g(x) = \sum_{n=1}^{\infty} \frac{x^{2n+1}}{n^n + 2}$，则当 $x \to 0$ 时，$f(x)$ 是 $g(x)$ 的（　　）．

（A）等价无穷小 　　　　　　（B）同阶，但不等价无穷小
（C）低阶无穷小 　　　　　　（D）高阶无穷小

(10) 设 $f(x) = x^2$，$0 \leq x < 1$，而 $S(x) = \sum_{n=1}^{\infty} b_n \sin n\pi x$，$-\infty < x < +\infty$，其中，
$b_n = 2 \int_0^1 f(x) \sin n\pi x dx$，$n = 1, 2, \cdots$，则 $S\left(-\frac{1}{2}\right) = $（　　）．

（A）$-\frac{1}{2}$ 　　（B）$-\frac{1}{4}$ 　　（C）$\frac{1}{4}$ 　　（D）$\frac{1}{2}$

(11) 设数列 $\{a_n\}$ 单调递减，$\lim_{n \to \infty} a_n = 0$，$S_n = \sum_{k=1}^n a_k$（$n = 1, 2, \cdots$）无界，则幂级数 $\sum_{n=1}^{\infty} a_n (x-1)^n$
的收敛域为（　　）．

（A）$(-1, 1]$ 　　（B）$[-1, 1)$ 　　（C）$[0, 2)$ 　　（D）$(0, 2]$

(12) 设 $f(x) = \left|x - \frac{1}{2}\right|$，$b_n = 2\int_0^1 f(x) \sin n\pi x dx (n = 1, 2, \cdots)$．令 $S(x) = \sum_{n=1}^{\infty} b_n \sin n\pi x$，则
$S\left(-\frac{9}{4}\right) = $（　　）．

(A) $\dfrac{3}{4}$ (B) $\dfrac{1}{4}$ (C) $-\dfrac{1}{4}$ (D) $-\dfrac{3}{4}$

(13) 设级数 $\sum\limits_{n=1}^{\infty}\dfrac{n!}{n^n}e^{-nx}$ 的收敛域为 $(a,+\infty)$，则 $a=$（ ）.

(A) -1 (B) 0 (C) 1 (D) 2

(14) 若级数 $\sum\limits_{n=1}^{\infty}a_n$ 条件收敛，则 $x=\sqrt{3}$ 与 $x=3$ 依次为幂级数 $\sum\limits_{n=1}^{\infty}na_n(x-1)^n$ 的（ ）.

(A) 收敛点，收敛点   (B) 收敛点，发散点
(C) 发散点，收敛点   (D) 发散点，发散点

(15) $\sum\limits_{n=0}^{\infty}(-1)^n\dfrac{2n+3}{(2n+1)!}=$（ ）.

(A) $\sin 1+\cos 1$ (B) $2\sin 1+\cos 1$ (C) $2\sin 1+2\cos 1$ (D) $2\sin 1+3\cos 1$

(16) 设 $\{u_n\}$ 是单调递增的有界数列，则下列级数中收敛的是（ ）.

(A) $\sum\limits_{n=1}^{\infty}\dfrac{u_n}{n}$ (B) $\sum\limits_{n=1}^{\infty}(-1)^n\dfrac{1}{u_n}$ (C) $\sum\limits_{n=1}^{\infty}\left(1-\dfrac{u_n}{u_{n+1}}\right)$ (D) $\sum\limits_{n=1}^{\infty}\left(u_{n+1}^2-u_n^2\right)$

(17) 设 R 为幂级数 $\sum\limits_{n=1}^{\infty}a_n x^n$ 的收敛半径，r 是实数，则（ ）.

(A) 当 $\sum\limits_{n=1}^{\infty}a_n r^n$ 发散时，$|r|\geqslant R$ (B) 当 $\sum\limits_{n=1}^{\infty}a_n r^n$ 发散时，$|r|\leqslant R$

(C) 当 $|r|\geqslant R$ 时，$\sum\limits_{n=1}^{\infty}a_n r^n$ 发散   (D) 当 $|r|\leqslant R$ 时，$\sum\limits_{n=1}^{\infty}a_n r^n$ 发散

(18) 已知 $f(x)=x^2\ln(1-x)$，则当 $n\geqslant 3$ 时，$f^{(n)}(0)=$（ ）.

(A) $-\dfrac{n!}{n-2}$ (B) $\dfrac{n!}{n-2}$ (C) $-\dfrac{(n-2)!}{n}$ (D) $\dfrac{(n-2)!}{n}$

(19) 已知幂级数 $\sum\limits_{n=1}^{\infty}a_n(x-2)^n$ 的收敛域为 $(-2,6)$，则 $\sum\limits_{n=1}^{\infty}na_n(x+1)^{2n}$ 的收敛域为（ ）.

(A) $(-2,6)$ (B) $(-3,1)$ (C) $(-5,3)$ (D) $(-17,15)$

2．求下列数项级数的和.

(1) $\sum\limits_{n=1}^{\infty}\dfrac{1}{(5n-4)(5n+1)}$；   (2) $\sum\limits_{n=1}^{\infty}\dfrac{2n+1}{n^2(n+1)^2}$；

(3) $\sum\limits_{n=1}^{\infty}\dfrac{n}{(n+1)!}$；   (4) $\sum\limits_{n=1}^{\infty}(-1)^{n-1}\dfrac{2n-1}{2^{n-1}}$；

(5) $\sum\limits_{n=1}^{\infty}\dfrac{(-1)^{n-1}}{n(n+2)}$；   (6) $\sum\limits_{n=1}^{\infty}\dfrac{1}{\sqrt{n(n+1)}(\sqrt{n+1}+\sqrt{n})}$．

3．证明下列各题.

(1) 若正项级数 $\sum\limits_{n=1}^{\infty}a_n$ 发散，则 $\sum\limits_{n=1}^{\infty}\sqrt{a_n}$ 也发散.

（2）设有两个正项级数 $\sum\limits_{n=1}^{\infty}a_n$ 和 $\sum\limits_{n=1}^{\infty}b_n$，试证：若 $\lim\limits_{n\to\infty}\dfrac{a_n}{b_n}=k$（$0<k<+\infty$），则这两个级数同时收敛或同时发散.

（3）设级数 $\sum\limits_{n=1}^{\infty}a_n^2$（$a_n>0$）收敛，则级数 $\sum\limits_{n=1}^{\infty}\dfrac{a_n}{n}$ 收敛.

（4）设正项级数 $\sum\limits_{n=1}^{\infty}a_n$ 收敛，则级数 $\sum\limits_{n=1}^{\infty}\sqrt{a_n\cdot a_{n+1}}$ 也收敛.

（5）设 $a_n\geqslant 0$，且 $\{na_n\}$ 有界，则级数 $\sum\limits_{n=1}^{\infty}a_n^2$ 收敛.

（6）设 $\lim\limits_{n\to\infty}na_n=a\neq 0$，则级数 $\sum\limits_{n=1}^{\infty}a_n$ 发散.

（7）设正项级数 $\sum\limits_{n=1}^{\infty}a_n$ 和 $\sum\limits_{n=1}^{\infty}b_n$ 均收敛，则级数 $\sum\limits_{n=1}^{\infty}a_nb_n$，$\sum\limits_{n=1}^{\infty}(a_n+b_n)^2$ 也收敛.

（8）设 $\sum\limits_{n=1}^{\infty}a_n$ 和 $\sum\limits_{n=1}^{\infty}b_n$ 均为正项级数，若当 $n>N_0$ 时，有 $\dfrac{a_{n+1}}{a_n}>\dfrac{b_{n+1}}{b_n}$，则当 $\sum\limits_{n=1}^{\infty}a_n$ 收敛时，$\sum\limits_{n=1}^{\infty}b_n$ 也收敛；当 $\sum\limits_{n=1}^{\infty}b_n$ 发散时，$\sum\limits_{n=1}^{\infty}a_n$ 也发散.

4．判定下列级数的敛散性.

（1）$\sum\limits_{n=1}^{\infty}\dfrac{1}{n^{\ln n}}$；

（2）$\sum\limits_{n=1}^{\infty}n^3\dfrac{(\sqrt{2}+(-1)^n)^n}{3^n}$；

（3）$\sum\limits_{n=1}^{\infty}\dfrac{\ln n}{2^n}$；

（4）$\sum\limits_{n=2}^{\infty}\dfrac{1}{\sqrt{n}\ln n}$；

（5）$\sum\limits_{n=1}^{\infty}\dfrac{1}{n^p}\sin\dfrac{1}{n}$；

（6）$\sum\limits_{n=1}^{\infty}\dfrac{3^n n!}{n^n}$；

（7）$\sum\limits_{n=3}^{\infty}\dfrac{1}{n\ln n(\ln\ln n)^p}$；

（8）$\sum\limits_{n=2}^{\infty}\dfrac{1}{(\ln n)^{\ln n}}$；

（9）$\sum\limits_{n=1}^{\infty}\dfrac{1}{a^{\sqrt{n}}}$，$a>1$；

（10）$\sum\limits_{n=1}^{\infty}\dfrac{1}{a^{\ln n}}$，$a>1$；

（11）$\sum\limits_{n=1}^{\infty}\left(\mathrm{e}-\left(1+\dfrac{1}{n}\right)^n\right)^p$，$p>0$；

（12）$\sum\limits_{n=1}^{\infty}(\sqrt{n+1}-\sqrt[4]{n^2+n+1})$.

5．判定下列级数的绝对收敛性或条件收敛性.

（1）$\sum\limits_{n=1}^{\infty}(-1)^n\dfrac{n-1}{(n+1)\cdot\sqrt[100]{n}}$；

（2）$\sum\limits_{n=1}^{\infty}(-1)^{n-1}\dfrac{1}{n^{p+\frac{1}{n}}}$；

（3）$\sum\limits_{n=1}^{\infty}(-1)^{n-1}\dfrac{\ln(2+\dfrac{1}{n})}{\sqrt{(3n-2)(3n+2)}}$；

（4）$\sum\limits_{n=1}^{\infty}(-1)^{n-1}\dfrac{1}{n}\dfrac{1}{1+a^n}$，$a>0$；

(5) $\sum_{n=1}^{\infty}(-1)^n \dfrac{1+\dfrac{1}{2}+\cdots+\dfrac{1}{n}}{n}$;

(6) $\sum_{n=1}^{\infty} \dfrac{(2n-1)!!}{(2n)!!} \dfrac{(-1)^n}{(2n+1)}$.

6. 设 $a_1 = 2$, $a_{n+1} = \dfrac{1}{2}\left(a_n + \dfrac{1}{a_n}\right)$, $n = 1, 2, \cdots$. 证明：

（1）$\lim_{n \to \infty} a_n$ 存在；（2）级数 $\sum_{n=1}^{\infty}\left(\dfrac{a_n}{a_{n+1}} - 1\right)$ 收敛.

7. 从点 $P_1(1,0)$ 作 x 轴的垂线，交抛物线 $y = x^2$ 于点 $Q_1(1,1)$；再从 Q_1 作这条抛物线的切线，与 x 轴交于 P_2；然后从 P_2 作 x 轴的垂线，交抛物线于点 Q_2. 依次重复上述过程，得到一系列的点 $P_1, Q_1, P_2, Q_2, \cdots, P_n, Q_n, \cdots$.

（1）求 $\overline{OP_n}$；

（2）求级数 $\overline{Q_1P_1} + \overline{Q_2P_2} + \cdots + \overline{Q_nP_n} + \cdots$ 的和，$n \geq 1$ 为自然数. 注，$\overline{M_1M_2}$ 表示点 M_1 与 M_2 之间的距离.

8. 设有两条抛物线 $y = nx^2 + \dfrac{1}{n}$ 和 $y = (n+1)x^2 + \dfrac{1}{n+1}$，记它们交点的横坐标的绝对值为 a_n.

（1）求由这两条抛物线围成平面图形的面积 S_n；

（2）求级数 $\sum_{n=1}^{\infty} \dfrac{S_n}{a_n}$ 的和.

9. 设 $x_n > 0$ 且单调递增有界，求证 $\sum_{n=1}^{\infty}\left(1 - \dfrac{x_n}{x_{n+1}}\right)$ 收敛.

10. 设 $a_n > 0$ 且单调递减，$\sum_{n=1}^{\infty} a_n$ 收敛. 求证 $\lim_{n \to \infty} n a_n = 0$.

11. 设 $a_n > 0$，$\sum_{n=1}^{\infty} a_n$ 发散. 记 $S_n = a_1 + a_2 + \cdots + a_n$，讨论级数 $\sum_{n=1}^{\infty} \dfrac{a_n}{S_n^p}$ 的敛散性.

12. 设 $a_n > 0$，且 $\sum_{n=1}^{\infty} a_n$ 收敛. 记 $\gamma_n = \sum_{k=n}^{\infty} a_k$，讨论级数 $\sum_{n=1}^{\infty} \dfrac{a_n}{\gamma_n^p}$ 的敛散性.

13. 设 $a_n > 0$，且 $\lim_{n \to \infty} n\left(\dfrac{a_n}{a_{n+1}} - 1\right) = a > 0$，求证：级数 $\sum_{n=1}^{\infty}(-1)^{n-1} a_n$ 收敛.

14. 设 $a_n = \int_0^{\frac{\pi}{4}} \tan^n x \, dx$.

（1）求 $\sum_{n=1}^{\infty} \dfrac{1}{n}(a_n + a_{n+2})$ 的值；

（2）证明当 $\lambda > 0$ 时，级数 $\sum_{n=1}^{\infty} \dfrac{a_n}{n^\lambda}$ 收敛.

15. 讨论级数 $\sum_{n=1}^{\infty}\left\{(-1)^{n-1}\left[\dfrac{1}{n \times 1} + \dfrac{1}{(n-1) \times 2} + \cdots + \dfrac{1}{2 \times (n-1)} + \dfrac{1}{1 \times n}\right]\right\}$ 的敛散性.

16. 讨论级数 $\sum_{n=1}^{\infty}\left(1 - \dfrac{\ln n}{n}\right)^n$ 的敛散性.

17．把数列的收敛化为级数的收敛，讨论下面数列的敛散性．

(1) $x_n = 1 + \dfrac{1}{\sqrt{2}} + \cdots + \dfrac{1}{\sqrt{n}} - 2\sqrt{n}$；

(2) $x_n = \sum\limits_{k=1}^{n} \dfrac{\ln k}{k} - \dfrac{1}{2}\ln^2 n$．

18．求下列函数项级数的收敛域．

(1) $\sum\limits_{n=1}^{\infty} \dfrac{3^n + (-2)^n}{n}(x+1)^n$；　　(2) $\sum\limits_{n=1}^{\infty} \dfrac{\ln(n+1)}{n+1} x^{n+1}$；

(3) $\sum\limits_{n=1}^{\infty} n 2^{2n} x^n (1-x)^n$；　　(4) $\sum\limits_{n=0}^{\infty} \dfrac{1}{3n+1}\left(\dfrac{1-x}{1+x}\right)^{2n}$；

(5) $\sum\limits_{n=0}^{\infty} \dfrac{x^n}{\sqrt{n+1}}$；　　(6) $\sum\limits_{n=1}^{\infty} \dfrac{(x-3)^n}{3^n n}$；

(7) $\sum\limits_{n=1}^{\infty} \dfrac{(x-2)^{2n}}{4^n n}$．

19．已知幂级数 $\sum\limits_{n=1}^{\infty} a_n(x+2)^n$ 在点 $x=0$ 处收敛，在点 $x=-4$ 处发散．求幂级数 $\sum\limits_{n=1}^{\infty} a_n(x-3)^n$ 的收敛域．

20．设幂级数 $\sum\limits_{n=0}^{\infty} a_n x^n$ 的收敛半径为 3，求幂级数 $\sum\limits_{n=1}^{\infty} n a_n (x-1)^{n+1}$ 的收敛区间．

21．求下列函数项级数的和函数．

(1) $\sum\limits_{n=1}^{\infty} \dfrac{x^{2n-1}}{2n-1}$；　　(2) $\sum\limits_{n=1}^{\infty} \dfrac{(x+1)^n}{n \cdot 2^n}$；　　(3) $\sum\limits_{n=1}^{\infty} (-1)^{n+1} n^2 x^n$；

(4) $\sum\limits_{n=0}^{\infty} (2n+1) x^{2n+1}$；　　(5) $\sum\limits_{n=1}^{\infty} \dfrac{x^{2n}}{2n(2n-1)}$；　　(6) $\sum\limits_{n=1}^{\infty} \dfrac{1}{2n}\left(\dfrac{3+x}{3-2x}\right)^{2n}$；

(7) $\sum\limits_{n=0}^{\infty} (2n+1) x^n$．

22．求级数 $\sum\limits_{n=0}^{\infty} \dfrac{(-1)^n (n^2-n+1)}{2^n}$ 的和．

23．求函数 $f(x) = \dfrac{1-x}{1+x}$ 在点 $x=0$ 处带拉格朗日型余项的 n 阶泰勒展开式．

24．将下列函数展开成 x 的幂级数．

(1) $\ln(1 + x + x^2 + x^3)$；　　(2) $\sin^2 x$；　　(3) $\dfrac{12-5x}{6-5x-x^2}$；

(4) $(1+x)\ln(1+x)$；　　(5) $\dfrac{3x}{2-x-x^2}$；　　(6) $\dfrac{1}{x^2-3x+2}$；

(7) $\dfrac{1}{4}\ln\dfrac{1+x}{1-x} + \dfrac{1}{2}\arctan x - x$．

25. 求极限 $\lim\limits_{x \to 1^-}(1-x)^3 \sum\limits_{n=1}^{\infty} n^2 x^n$.

26. 设函数 $f(x) = \begin{cases} \dfrac{1+x^2}{x}\arctan x, & x \neq 0 \\ 1, & x = 0 \end{cases}$. 试将 $f(x)$ 展开成 x 的幂级数，并求级数 $\sum\limits_{n=1}^{\infty} \dfrac{(-1)^n}{1-4n^2}$ 的和.

27. 已知 $f_n(x)$ 满足 $f_n'(x) = f_n(x) + x^{n-1}\mathrm{e}^x$（$n$ 为正整数），且 $f_n(1) = \dfrac{\mathrm{e}}{n}$. 求函数项级数 $\sum\limits_{n=1}^{\infty} f_n(x)$ 之和.

28. 将函数 $f(x) = \arctan\dfrac{1-2x}{1+2x}$ 展开成 x 的幂级数，并求级数 $\sum\limits_{n=0}^{\infty} \dfrac{(-1)^n}{2n+1}$ 的和.

29. 设函数 $f(x) = \pi x + x^2$（$-\pi < x < \pi$）的傅里叶级数展开式为 $\dfrac{a_0}{2} + \sum\limits_{n=1}^{\infty}(a_n \cos nx + b_n \sin nx)$，求系数 b_n 的值.

30. 将下列周期函数展开成傅里叶级数.

（1）$f(x) = \begin{cases} \sin x, & 0 \leqslant x \leqslant \pi \\ 0, & -\pi \leqslant x < 0 \end{cases}$；　　（2）$f(x) = \pi^2 - x^2$，$|x| < \pi$.

31. 设 $f(x) = |x|$，$-\pi \leqslant x \leqslant \pi$，求数项级数 $\sum\limits_{n=1}^{\infty} \dfrac{1}{(2n)^2}$，$\sum\limits_{n=1}^{\infty}(-1)^{n-1}\dfrac{1}{n^2}$ 的和.

32. 将 $f(x) = x^3$（$0 \leqslant x \leqslant \pi$）展开成余弦级数，并求 $\sum\limits_{n=1}^{\infty} \dfrac{1}{n^4}$ 的和.

33. 将 $f(x) = \begin{cases} 2x+1, & -3 \leqslant x < 0 \\ 1, & 0 \leqslant x < 3 \end{cases}$ 展开成以 6 为周期的傅里叶级数.

34. 将函数 $f(x) = 2 + |x|$（$-1 \leqslant x \leqslant 1$）展开成以 2 为周期的傅里叶级数，并由此求级数 $\sum\limits_{n=1}^{\infty} \dfrac{1}{n^2}$ 的和.

35. 将函数 $f(x) = x - 1$（$0 \leqslant x \leqslant 2$）展开成周期为 4 的余弦级数.

36. 将区间 $\left(0, \dfrac{\pi}{2}\right)$ 上的可积函数 $f(x)$ 延拓到区间 $(-\pi, \pi)$ 上，使得它展开成如下形式的傅里叶级数：

$$f(x) = \sum_{n=0}^{\infty} a_n \cos(2n-1)x, \quad 0 < x < \dfrac{\pi}{2}$$

37. 已知周期为 2π 的可积函数 $f(x)$ 的傅里叶系数为 a_n, b_n，求 $f_h(x) = \dfrac{1}{2h}\int_{x-h}^{x+h} f(\xi)\mathrm{d}\xi$ 的傅里叶系数 A_n, B_n（$n = 0, 1, 2, \cdots$）.

38. 求幂级数 $\sum_{n=1}^{\infty} \dfrac{(-1)^{n-1}}{2n-1} x^{2n}$ 的收敛域及和函数.

39. 求幂级数 $\sum_{n=0}^{\infty} \dfrac{4n^2+4n+3}{2n+1} x^{2n}$ 的收敛域及和函数.

40. 设数列 $\{a_n\}$ 满足条件：$a_0=3$，$a_1=1$，$a_{n-2}-n(n-1)a_n=0$（$n\geq 2$），$S(x)$ 是幂级数 $\sum_{n=0}^{\infty} a_n x^n$ 的和函数.

　　（1）证明 $S''(x)-S(x)=0$；

　　（2）求 $S(x)$ 的表达式.

41. 设数列 $\{a_n\},\{b_n\}$ 满足条件：$0<a_n<\dfrac{\pi}{2}$，$0<b_n<\dfrac{\pi}{2}$，$\cos a_n - a_n = \cos b_n$，且级数 $\sum_{n=1}^{\infty} b_n$ 收敛.

　　（1）证明 $\lim\limits_{n\to\infty} a_n = 0$；

　　（2）证明级数 $\sum_{n=1}^{\infty} \dfrac{a_n}{b_n}$ 收敛.

42. 已知函数 $f(x)$ 可导，且 $f(0)=1$，$0<f'(x)<\dfrac{1}{2}$. 设数列 $\{x_n\}$ 满足 $x_{n+1}=f(x_n)$（$n=1,2,\cdots$）. 证明：

　　（1）级数 $\sum_{n=1}^{\infty}(x_{n+1}-x_n)$ 绝对收敛；

　　（2）$\lim\limits_{n\to\infty} x_n$ 存在，且 $0<\lim\limits_{n\to\infty} x_n<2$.

43. 求幂级数 $\sum_{n=1}^{\infty} (-1)^{n-1} n x^{n-1}$ 在区间 $(-1,1)$ 内的和函数 $S(x)$.

44. 求幂级数 $\sum_{n=0}^{\infty} \dfrac{(-1)^n}{(2n)!} x^n$ 在 $(0,+\infty)$ 内的和函数 $S(x)$.

45. 设数列 $\{a_n\}$ 满足 $a_1=1$，$(n+1)a_{n+1}=\left(n+\dfrac{1}{2}\right)a_n$. 证明：当 $|x|<1$ 时，幂级数 $\sum_{n=1}^{\infty} a_n x^n$ 收敛，并求出和函数.

习 题 解 析

第8章 空间解析几何习题解析

1. 选择题.

（1）若直线 $\dfrac{x-1}{1}=\dfrac{y+1}{2}=\dfrac{z-1}{\lambda}$ 与 $\dfrac{x+1}{1}=\dfrac{y-1}{1}=\dfrac{z}{1}$ 相交，则 $\lambda=($ $)$.

(A) 1 (B) $\dfrac{3}{2}$ (C) $-\dfrac{5}{4}$ (D) $\dfrac{5}{4}$

解： 已知直线的方向向量分别为 $\boldsymbol{\tau}_1=\boldsymbol{i}+2\boldsymbol{j}+\lambda\boldsymbol{k}$，$\boldsymbol{\tau}_2=\boldsymbol{i}+\boldsymbol{j}+\boldsymbol{k}$. 取点 $M_1(1,-1,1),M_2(-1,1,0)$，则 $\mathbf{M}_1\mathbf{M}_2=-2\boldsymbol{i}+2\boldsymbol{j}-\boldsymbol{k}$. 由于直线相交，所以 $\boldsymbol{\tau}_1\cdot(\boldsymbol{\tau}_2\times\mathbf{M}_1\mathbf{M}_2)=\begin{vmatrix}1&2&\lambda\\1&1&1\\-2&2&-1\end{vmatrix}=0$，解得 $\lambda=\dfrac{5}{4}$. 故选择（D）.

（2）两条平行直线 $L_1:\begin{cases}x=t+1\\y=2t-1\\z=t\end{cases}$，$L_2:\begin{cases}x=t+2\\y=2t-1\\z=t+1\end{cases}$ 之间的距离 $d=($ $)$.

(A) $\dfrac{2}{3}$ (B) $\dfrac{2}{3}\sqrt{3}$ (C) 1 (D) 2

解： 取 L_1 上的点 $M_0(1,-1,0)$，由点到直线的距离公式立即可得. 故选择（B）.

2. 已知 $\boldsymbol{x}$ 与 $\boldsymbol{a}=2\boldsymbol{i}-\boldsymbol{j}+2\boldsymbol{k}$ 共线，且 $\boldsymbol{a}\cdot\boldsymbol{x}=-18$，求 $\boldsymbol{x}$.

解： 设 $\boldsymbol{x}=\lambda\boldsymbol{a}$. 则 $\boldsymbol{x}\cdot\boldsymbol{a}=\lambda\boldsymbol{a}\cdot\boldsymbol{a}=9\lambda=-18$，解得 $\lambda=-2$. 故 $\boldsymbol{x}=-4\boldsymbol{i}+2\boldsymbol{j}-4\boldsymbol{k}$.

3. 已知 $|\boldsymbol{a}|=2$，$|\boldsymbol{b}|=\sqrt{2}$，且 $\boldsymbol{a}\cdot\boldsymbol{b}=2$，求 $|\boldsymbol{a}\times\boldsymbol{b}|$.

解： 由于 $\boldsymbol{a}\cdot\boldsymbol{b}=|\boldsymbol{a}|\cdot|\boldsymbol{b}|\cos(\widehat{\boldsymbol{a},\boldsymbol{b}})=2\sqrt{2}\cos(\widehat{\boldsymbol{a},\boldsymbol{b}})=2$，故 $\cos(\widehat{\boldsymbol{a},\boldsymbol{b}})=\dfrac{1}{\sqrt{2}}$. 进而，$\sin(\widehat{\boldsymbol{a},\boldsymbol{b}})=\dfrac{1}{\sqrt{2}}$，所以 $|\boldsymbol{a}\times\boldsymbol{b}|=|\boldsymbol{a}|\cdot|\boldsymbol{b}|\sin(\widehat{\boldsymbol{a},\boldsymbol{b}})=2\sqrt{2}\cdot\dfrac{1}{\sqrt{2}}=2$.

4. 已知向量 $\boldsymbol{x}=x_1\boldsymbol{i}+x_2\boldsymbol{j}+x_3\boldsymbol{k}$ 与向量 $\boldsymbol{a}=\boldsymbol{i}+\boldsymbol{j}$，$\boldsymbol{b}=\boldsymbol{j}+\boldsymbol{k}$，$\boldsymbol{c}=\boldsymbol{i}+\boldsymbol{k}$ 的数量积分别为 3,4,5，求向量 $\boldsymbol{x}$.

解： 由条件可知 $\begin{cases}\boldsymbol{a}\cdot\boldsymbol{x}=x_1+x_2=3\\\boldsymbol{b}\cdot\boldsymbol{x}=x_2+x_3=4\\\boldsymbol{c}\cdot\boldsymbol{x}=x_1+x_3=5\end{cases}$，解得 $\begin{cases}x_1=2\\x_2=1\\x_3=3\end{cases}$，则 $\boldsymbol{x}=2\boldsymbol{i}+\boldsymbol{j}+3\boldsymbol{k}$.

5. 已知向量 $\boldsymbol{a}=-\boldsymbol{i}+3\boldsymbol{j}$，$\boldsymbol{b}=3\boldsymbol{i}+\boldsymbol{j}$，向量 $\boldsymbol{c}$ 满足关系式 $\boldsymbol{a}=\boldsymbol{b}\times\boldsymbol{c}$，且 $|\boldsymbol{c}|=r$，求 r 的最小值.

解： 设 $\boldsymbol{c}=x\boldsymbol{i}+y\boldsymbol{j}+z\boldsymbol{k}$. 由条件 $\boldsymbol{a}=\boldsymbol{b}\times\boldsymbol{c}$，有 $-\boldsymbol{i}+3\boldsymbol{j}=z\boldsymbol{i}-3z\boldsymbol{j}+(3y-x)\boldsymbol{k}$. 解得 $z=-1$, $x=3y$. 则 $\boldsymbol{c}=3y\boldsymbol{i}+y\boldsymbol{j}-\boldsymbol{k}$，$r=\sqrt{1+10y^2}$. 故当 $y=0$ 时，r 的最小值为1.

6. 已知 $|\boldsymbol{a}|=2$，$|\boldsymbol{b}|=5$，$(\widehat{\boldsymbol{a},\boldsymbol{b}})=\dfrac{2\pi}{3}$，则 λ 为何值时，向量 $\boldsymbol{\alpha}=\lambda\boldsymbol{a}+17\boldsymbol{b}$ 与 $\boldsymbol{\beta}=3\boldsymbol{a}-\boldsymbol{b}$ 垂直？

解：由于向量 $\boldsymbol{\alpha}$ 与 $\boldsymbol{\beta}$ 垂直，则 $\boldsymbol{\alpha} \cdot \boldsymbol{\beta} = (\lambda \boldsymbol{a} + 17\boldsymbol{b}) \cdot (3\boldsymbol{a} - \boldsymbol{b}) = 0$．整理得 $17\lambda - 680 = 0$，故 $\lambda = 40$．

7. 已知 $|\boldsymbol{a}| = 2\sqrt{2}$，$|\boldsymbol{b}| = 3$，$\widehat{(\boldsymbol{a}, \boldsymbol{b})} = \dfrac{\pi}{4}$，求以 $\boldsymbol{\alpha} = 5\boldsymbol{a} + 2\boldsymbol{b}$ 和 $\boldsymbol{\beta} = \boldsymbol{a} - 3\boldsymbol{b}$ 为边的平行四边形的对角线长．

解：由 $\boldsymbol{\alpha} + \boldsymbol{\beta} = 6\boldsymbol{a} - \boldsymbol{b}$，$\boldsymbol{\alpha} - \boldsymbol{\beta} = 4\boldsymbol{a} + 5\boldsymbol{b}$，则

$$|\boldsymbol{\alpha} + \boldsymbol{\beta}| = \sqrt{(6\boldsymbol{a} - \boldsymbol{b}) \cdot (6\boldsymbol{a} - \boldsymbol{b})} = \sqrt{36|\boldsymbol{a}|^2 + |\boldsymbol{b}|^2 - 12\boldsymbol{a} \cdot \boldsymbol{b}} = \sqrt{225} = 15$$

$$|\boldsymbol{\alpha} - \boldsymbol{\beta}| = \sqrt{(4\boldsymbol{a} + 5\boldsymbol{b}) \cdot (4\boldsymbol{a} + 5\boldsymbol{b})} = \sqrt{16|\boldsymbol{a}|^2 + 25|\boldsymbol{b}|^2 + 40\boldsymbol{a} \cdot \boldsymbol{b}} = \sqrt{593}$$

8. 设非零向量 $\boldsymbol{a}, \boldsymbol{b}$ 满足 $|\boldsymbol{b}| = 1$，$\widehat{(\boldsymbol{a}, \boldsymbol{b})} = \dfrac{\pi}{3}$，求 $\lim\limits_{x \to 0} \dfrac{|\boldsymbol{a} + x\boldsymbol{b}| - |\boldsymbol{a}|}{x}$．

解：$\lim\limits_{x \to 0} \dfrac{|\boldsymbol{a} + x\boldsymbol{b}| - |\boldsymbol{a}|}{x} = \lim\limits_{x \to 0} \dfrac{|\boldsymbol{a} + x\boldsymbol{b}|^2 - |\boldsymbol{a}|^2}{x(|\boldsymbol{a} + x\boldsymbol{b}| + |\boldsymbol{a}|)}$

$= \lim\limits_{x \to 0} \dfrac{2\boldsymbol{a} \cdot \boldsymbol{b} + x\boldsymbol{b} \cdot \boldsymbol{b}}{|\boldsymbol{a} + x\boldsymbol{b}| + |\boldsymbol{a}|} = \dfrac{\boldsymbol{a} \cdot \boldsymbol{b}}{|\boldsymbol{a}|} = |\boldsymbol{b}| \cos\widehat{(\boldsymbol{a}, \boldsymbol{b})} = \cos\dfrac{\pi}{3} = \dfrac{1}{2}$

9. 求点 $M_0(2, 1, 3)$ 到直线 $\dfrac{x+1}{3} = \dfrac{y-1}{2} = \dfrac{z-4}{-1}$ 的距离．

解：记向量 $\boldsymbol{\tau} = \begin{vmatrix} \boldsymbol{i} & \boldsymbol{j} & \boldsymbol{k} \\ 3 & 2 & -1 \\ 2+1 & 1-1 & 3-4 \end{vmatrix}$，则距离 $d = \dfrac{|\boldsymbol{\tau}|}{\sqrt{3^2 + 2^2 + (-1)^2}} = \dfrac{2\sqrt{35}}{7}$．

10. 求过直线 $\begin{cases} x + 5y + z = 0 \\ x - z + 4 = 0 \end{cases}$ 且与平面 $x - 4y - 8z + 12 = 0$ 成 $45°$ 角的平面方程．

解：设过所给直线的平面束方程为 $\lambda(x + 5y + z) + \mu(x - z + 4) = 0$，即 $(\lambda + \mu)x + 5\lambda y + (\lambda - \mu)z + 4\mu = 0$．于是

$$\dfrac{1}{\sqrt{2}} = \dfrac{\lambda + \mu - 20\lambda - 8\lambda + 8\mu}{9\sqrt{27\lambda^2 + 2\mu^2}} = \dfrac{-27\lambda + 9\mu}{9\sqrt{27\lambda^2 + 2\mu^2}}$$

解得 $\lambda = 0$ 或 $\lambda = -\dfrac{4}{3}\mu$．分别代入平面束方程得 $x - z + 4 = 0$ 与 $x + 20y + 7z - 12 = 0$．

11. 求过直线 $\begin{cases} 3x - 2y + 2 = 0 \\ x - 2y - z + 6 = 0 \end{cases}$ 且与点 $(1, 2, 1)$ 的距离为 1 的平面方程．

解：设过所给直线的平面束方程为 $\lambda(3x - 2y + 2) + \mu(x - 2y - z + 6) = 0$，即 $(3\lambda + \mu)x - 2(\lambda + \mu)y - \mu z + 2\lambda + 6\mu = 0$．由点到平面的距离公式，有

$$1 = \dfrac{|3\lambda + \mu - 4(\lambda + \mu) - \mu + 2\lambda + 6\mu|}{\sqrt{(3\lambda + \mu)^2 + 4(\lambda + \mu)^2 + \mu^2}}$$

化简得 $(2\lambda + \mu)(3\lambda + \mu) = 0$．因此 $2\lambda + \mu = 0$ 或 $3\lambda + \mu = 0$．

将 $\lambda = 1, \mu = -2$ 代入平面束方程，得 $x + 2y + 2z - 10 = 0$；

将 $\lambda = 1, \mu = -3$ 代入平面束方程，得 $4y + 3z - 16 = 0$．

12. 求过点 $(1,2,-1)$ 且与直线 $\begin{cases} 2x-3y+z-5=0 \\ 3x+y-2z-4=0 \end{cases}$ 垂直的平面方程.

解：已知直线的方向向量为 $\begin{vmatrix} i & j & k \\ 2 & -3 & 1 \\ 3 & 1 & -2 \end{vmatrix} = (5,7,11)$．由于所求平面与已知直线垂直，故所求平面的法向量为 $(5,7,11)$．所求平面方程为 $5(x-1)+7(y-2)+11(z+1)=0$，即 $5x+7y+11z-8=0$．

13. 求过点 $(1,2,-1)$ 及直线 $L:\begin{cases} x=3t+2 \\ y=t+2 \\ z=2t+1 \end{cases}$ 的平面方程．

解：设所求平面方程为 $A(x-1)+B(y-2)+C(z+1)=0$．由于平面过直线 L，故其法向量 (A,B,C) 垂直于 L 的方向向量 $(3,1,2)$，于是
$$3A+B+2C=0$$
点 $(2,2,1)$ 也在所求平面上，有
$$A+2C=0$$
联立上面两式，解得 $\begin{cases} A=-2C \\ B=4C \end{cases}$．故所求平面方程为 $-2C(x-1)+4C(y-2)+C(z+1)=0$，整理得 $-2x+4y+z-5=0$．

14. 求过点 $(1,1,1)$ 且与平面 $\pi_1:x-2y+3z=1$ 和 $\pi_2:x+y-z=2$ 均垂直的平面方程．

解：由于所求平面与 π_1,π_2 均垂直，则其法向量为 $\boldsymbol{n}=\begin{vmatrix} i & j & k \\ 1 & -2 & 3 \\ 1 & 1 & -1 \end{vmatrix}=(-1,4,3)$．所求平面过点 $(1,1,1)$，则其方程为 $-x+4y+3z-6=0$．

15. 求过直线 $\dfrac{x-2}{1}=\dfrac{y+2}{-1}=\dfrac{z-3}{2}$ 和 $\dfrac{x-1}{-1}=\dfrac{y+1}{2}=\dfrac{z-1}{1}$ 的平面方程．

解：由已知条件，所求平面过点 $(2,-2,3)$ 且其法向量为 $\begin{vmatrix} i & j & k \\ 1 & -1 & 2 \\ -1 & 2 & 1 \end{vmatrix}=(-5,-3,1)$．故所求平面方程为 $-5x-3y+z+1=0$．

16. 直线过点 $A(-3,5,9)$ 且和直线 $L_1:\begin{cases} 3x-y+5=0 \\ 2x-z-3=0 \end{cases}$, $L_2:\begin{cases} 4x-y-7=0 \\ 5x-z+10=0 \end{cases}$ 均相交，求此直线方程．

解：L_1 过点 $B(1,8,-1)$ 且其方向向量为 $\boldsymbol{\tau}_1=\boldsymbol{i}+3\boldsymbol{j}+2\boldsymbol{k}$．$L_2$ 过点 $C(-1,-11,5)$ 且其方向向量为 $\boldsymbol{\tau}_2=\boldsymbol{i}+4\boldsymbol{j}+5\boldsymbol{k}$．

设所求直线 L 的方向向量为 $\boldsymbol{\tau}=m\boldsymbol{i}+n\boldsymbol{j}+p\boldsymbol{k}$．于是 $\boldsymbol{\tau}\cdot(\boldsymbol{\tau}_1\times\boldsymbol{AB})=0$，且 $\boldsymbol{\tau}\cdot(\boldsymbol{\tau}_2\times\boldsymbol{AC})=0$，即 $\begin{cases} 4m-2n+p=0 \\ 32m+7n-12p=0 \end{cases}$．故可取 $\boldsymbol{\tau}=17\boldsymbol{i}+80\boldsymbol{j}+92\boldsymbol{k}$，所求直线方程为 $\dfrac{x+3}{17}=\dfrac{y-5}{80}=\dfrac{z-9}{92}$．

17. 设平面 $\pi: x-4y+2z+9=0$，直线 $L: \begin{cases} 2x-2y+z+9=0 \\ x-2y+2z+11=0 \end{cases}$．求在平面 π 内，过 L 与 π 的交点且与 L 垂直的直线方程.

解：由条件，直线 L 的方程也可表示为 $\dfrac{x+3}{2}=\dfrac{y+1}{3}=\dfrac{z+5}{2}$．$L$ 与 π 的交点为 $(-3,-1,-5)$．由于所求直线在平面 π 内，故其方向向量为 $\begin{vmatrix} i & j & k \\ 1 & -4 & 2 \\ 2 & 3 & 2 \end{vmatrix} = -14i+2j+11k$．

所求直线的方程为 $\dfrac{x+3}{-14}=\dfrac{y+1}{2}=\dfrac{z+5}{11}$．

18. 求直线 $L: \dfrac{x-1}{1}=\dfrac{y}{1}=\dfrac{z-1}{-1}$ 在平面 $\pi: x-y+2z-1=0$ 上的投影直线 L_0 的方程，并求 L_0 绕 y 轴旋转一周所成旋转曲面的方程.

解：由于点 $(1,0,1)$ 在 L 上，设过 L 并与 π 垂直的平面方程为 $A(x-1)+By+C(z-1)=0$．记 $\boldsymbol{n}=A\boldsymbol{i}+B\boldsymbol{j}+C\boldsymbol{k}$，$\boldsymbol{n}^*=\boldsymbol{i}-\boldsymbol{j}+2\boldsymbol{k}$，$\boldsymbol{\tau}=\boldsymbol{i}+\boldsymbol{j}-\boldsymbol{k}$．则 $\boldsymbol{n}\cdot\boldsymbol{\tau}=0$ 且 $\boldsymbol{n}\cdot\boldsymbol{n}^*=0$，故 $\boldsymbol{n}=\boldsymbol{i}-3\boldsymbol{j}-2\boldsymbol{k}$．于是所求平面方程为 $x-3y-2z+1=0$．

投影直线 L_0 的方程为 $\begin{cases} x-3y-2z+1=0 \\ x-y+2z-1=0 \end{cases}$．

L_0 也可表示为 $\begin{cases} x=2y \\ z=\dfrac{1}{2}-\dfrac{y}{2} \end{cases}$，故所求旋转曲面方程为 $x^2+z^2=4y^2+\left(\dfrac{1}{2}-\dfrac{y}{2}\right)^2$．

19. 求过点 $P(1,2,1)$ 且与直线 $L_1: \dfrac{x-1}{3}=\dfrac{y}{2}=\dfrac{z+1}{1}$ 垂直，与直线 $L_2: \dfrac{x}{2}=y=-z$ 相交的直线方程.

解：设所求直线方程为 $L: \dfrac{x-1}{l}=\dfrac{y-2}{m}=\dfrac{z-1}{n}$．由于 $L\perp L_1$，则
$$3l+2m+n=0$$
由于 L 与 L_2 相交，将 L_2 的方程与 L 的方程联立，解得
$$n+l=m$$
联立解得 $\begin{cases} l=-\dfrac{3}{5}n \\ m=\dfrac{2}{5}n \end{cases}$．故所求直线方程为 $L: \dfrac{x-1}{-3}=\dfrac{y-2}{2}=\dfrac{z-1}{5}$．

20. 求与直线 $L_1: \begin{cases} x=3z-1 \\ y=2z-3 \end{cases}$ 和 $L_2: \begin{cases} y=2x-5 \\ z=7x+2 \end{cases}$ 均垂直相交的直线方程.

解：由已知直线 L_1 的方向向量 $\boldsymbol{S}_1=(3,2,1)$，L_2 的方向向量 $\boldsymbol{S}_2=(1,2,7)$．可取所求直线 L 的方向向量 $\boldsymbol{S}=\dfrac{1}{4}\boldsymbol{S}_1\times\boldsymbol{S}_2=\dfrac{1}{4}\begin{vmatrix} \boldsymbol{i} & \boldsymbol{j} & \boldsymbol{k} \\ 3 & 2 & 1 \\ 1 & 2 & 7 \end{vmatrix}=3\boldsymbol{i}-5\boldsymbol{j}+\boldsymbol{k}$．

114

直线 L 分别与 L_1, L_2 相交，则 L 和 L_1 在同一平面 π_1 上，L 和 L_2 在同一平面 π_2 上．故 L 在平面 π_1 与 π_2 的交线上．

平面 π_1 的法向量 $\boldsymbol{n}_1 = \boldsymbol{S} \times \boldsymbol{S}_1 = \begin{vmatrix} \boldsymbol{i} & \boldsymbol{j} & \boldsymbol{k} \\ 3 & -5 & 1 \\ 3 & 2 & 1 \end{vmatrix} = -7\boldsymbol{i} + 21\boldsymbol{k}$．由点 $M_1(-1,-3,0)$ 在 L_1 上，故在平面 π_1 上．故 π_1 的方程为 $x - 3z + 1 = 0$．

同理可求出平面 π_2 的方程为 $37x + 20y - 11z + 122 = 0$．

所求直线方程为 $\begin{cases} x - 3z + 1 = 0 \\ 37x + 20y - 11z + 122 = 0 \end{cases}$．

21．求直线 $L_1: \begin{cases} x + 2y + z - 1 = 0 \\ x - 2y + z + 1 = 0 \end{cases}$ 和直线 $L_2: \begin{cases} x - y - z = 0 \\ x - y + 2z + 1 = 0 \end{cases}$ 之间的夹角．

解：直线 L_1 方向向量 $\boldsymbol{S}_1 /\!/ \boldsymbol{n}_1 \times \boldsymbol{n}_2 = (1,2,1) \times (1,-2,1) = 4\boldsymbol{i} - 4\boldsymbol{k}$；直线 L_2 的方向向量 $\boldsymbol{S}_2 /\!/ \boldsymbol{n}_3 \times \boldsymbol{n}_4 = (1,-1,-1) \times (1,-1,2) = -3\boldsymbol{i} - 3\boldsymbol{j}$．

直线 L_1 与 L_2 的夹角即 $\boldsymbol{S}_1$ 与 $\boldsymbol{S}_2$ 的夹角 θ，则 $\cos\theta = \dfrac{|\boldsymbol{S}_1 \cdot \boldsymbol{S}_2|}{|\boldsymbol{S}_1| \cdot |\boldsymbol{S}_2|} = \dfrac{1}{2}$．所以 $\theta = \dfrac{\pi}{3}$．

22．求直线 $\begin{cases} x + y - z + 1 = 0 \\ x - y + 2z - 2 = 0 \end{cases}$ 与平面 $x - 2y + 3z - 3 = 0$ 之间夹角的正弦．

解：取直线的方向向量 $\boldsymbol{S} = \begin{vmatrix} \boldsymbol{i} & \boldsymbol{j} & \boldsymbol{k} \\ 1 & 1 & -1 \\ 1 & -1 & 2 \end{vmatrix} = (1,-3,-2)$．平面的法向量 $\boldsymbol{n} = (1,-2,3)$．

设直线与平面的夹角为 θ，则

$$\sin\theta = \frac{\boldsymbol{S} \cdot \boldsymbol{n}}{|\boldsymbol{S}| \cdot |\boldsymbol{n}|} = \frac{1 + (-2) \times (-3) + 3 \times (-2)}{\sqrt{14} \cdot \sqrt{14}} = \frac{1}{14}$$

23．设曲线方程为 $\begin{cases} 2x^2 + 4y + z^2 = 2z \\ x^2 - 8y + 3z^2 = 12z \end{cases}$，求它在三个坐标平面上的投影．

解：上述方程组可变形为 $\begin{cases} 2x^2 + 4y + (z-2)^2 = 4 \\ x^2 - 8y + 3(z-2)^2 = 12 \end{cases}$，则 $x^2 + 4y = 0$．故曲线在 xOy 平面上的投影方程为 $\begin{cases} x^2 + 4y = 0 \\ z = 0 \end{cases}$．

同理可求出曲线在 xOz，yOz 平面上的投影方程分别为

$$\begin{cases} x^2 + z^2 = 4z \\ y = 0 \end{cases} \text{ 和 } \begin{cases} z^2 - 4y = 4z \\ x = 0 \end{cases}$$

24．求直线 $L: \dfrac{x-1}{1} = \dfrac{y}{2} = \dfrac{z-1}{1}$ 绕 z 轴旋转一周所成旋转曲面的方程．

解：直线 L 可表示为 $\begin{cases} x = z \\ y = 2z - 2 \\ z = z \end{cases}$，则绕 z 轴旋转所得旋转曲面的方程为 $x^2 + y^2 = z^2 + $

$(2z-2)^2$.

25. 椭球面 S_1 是椭圆 $\dfrac{x^2}{4}+\dfrac{y^2}{3}=1$ 绕 x 轴旋转而成的,圆锥面 S_2 是由过点 $(4,0)$ 且与椭圆 $\dfrac{x^2}{4}+\dfrac{y^2}{3}=1$ 相切的直线绕 x 轴旋转而成的.

(1) 求 S_1 及 S_2 的方程;

(2) 求 S_1 与 S_2 之间立体的体积.

解:(1) 椭球面 S_1 的方程为 $\dfrac{x^2}{4}+\dfrac{y^2+z^2}{3}=1$. 设切点为 (x_0,y_0),则 $\dfrac{x^2}{4}+\dfrac{y^2}{3}=1$ 在 (x_0,y_0) 处的切线方程为

$$\frac{x_0 x}{4}+\frac{y_0 y}{3}=1$$

将 $x=4, y=0$ 代入上述切线方程,得切点坐标为 $\left(1,\pm\dfrac{3}{2}\right)$,所以切线方程为

$$\frac{x}{4}\pm\frac{y}{2}=1$$

从而圆锥面 S_2 的方程为

$$\left(\frac{x}{4}-1\right)^2=\frac{y^2+z^2}{4}$$

(2) S_1 与 S_2 之间立体的体积 $V=V_1-V_2$,其中 V_1 是一个底面半径为 $\dfrac{3}{2}$、高为 3 的圆锥体的体积;V_2 是椭球体 $\dfrac{x^2}{4}+\dfrac{y^2+z^2}{3}\leqslant 1$ 介于平面 $x=1$ 和 $x=2$ 之间部分的体积.

由于 $V_1=\dfrac{9}{4}\pi$,$V_2=\pi\displaystyle\int_1^2\dfrac{3}{4}(4-x^2)\mathrm{d}x=\dfrac{5}{4}\pi$. 故 $V=\pi$.

第9章 多元函数微分学习题解析

1. 选择题.

(1) 下列函数在点 $(0,0)$ 处不可微的是（　　）.

(A) $f(x,y)=\begin{cases}\dfrac{x^2 y^2}{x^2+y^2}, & x^2+y^2\neq 0 \\ 0, & x^2+y^2=0\end{cases}$

(B) $f(x,y)=\begin{cases}xy\dfrac{x^2-y^2}{x^2+y^2}, & x^2+y^2\neq 0 \\ 0, & x^2+y^2=0\end{cases}$

(C) $f(x,y)=\begin{cases}xy\dfrac{x-y}{\sqrt{x^2+y^2}}, & x^2+y^2\neq 0 \\ 0, & x^2+y^2=0\end{cases}$

(D) $f(x,y) = \begin{cases} xy\dfrac{x-y}{x^2+y^2}, & x^2+y^2 \neq 0 \\ 0, & x^2+y^2 = 0 \end{cases}$

解：以上四个函数均满足 $f(0,0)=0$；$\forall x$，$f(x,0)=0$；$\forall y$，$f(0,y)=0$．从而由偏导数定义有

$$\left.\frac{\partial f}{\partial x}\right|_{(0,0)} = \left.\frac{\partial f}{\partial y}\right|_{(0,0)} = 0$$

由可微定义，$f(x,y)$ 在点 $(0,0)$ 处可微 $\Leftrightarrow f(\Delta x, \Delta y) = o(\rho)$，当 $\rho \to 0$ 时．

对选项（A）、（B）、（C）来说，函数 $f(x,y)$ 均满足

$$\left|\frac{f(\Delta x, \Delta y)}{\rho}\right| \leq 2(|\Delta x| + |\Delta y|) \to 0$$

故函数 $f(x,y)$ 在点 $(0,0)$ 处均可微．

对选项（D），令 $\Delta x = 2\Delta y$，有 $\left|\dfrac{f(\Delta x, \Delta y)}{\rho}\right| = \left|\dfrac{\Delta x \Delta y(\Delta x - \Delta y)}{[(\Delta x)^2 + (\Delta y)^2]^{\frac{3}{2}}}\right| = \dfrac{2}{5^{\frac{3}{2}}}$ 不趋于零，故不可微．故选择（D）．

(2) 设函数 $f(x,y)$ 在区域 D 内可微，下列说法中不正确的是（　　）．

(A) 若在 D 内有 $\dfrac{\partial f}{\partial x} = \dfrac{\partial f}{\partial y} = 0$，则 $f(x,y) \equiv$ 常数

(B) 若在 D 内任何一点处沿两个不共线方向的方向导数都为零，则 $f(x,y) \equiv$ 常数

(C) 若在 D 内有 $df(x,y) \equiv 0$，则 $f(x,y) \equiv$ 常数

(D) 若在 D 内有 $x\dfrac{\partial f}{\partial x} + y\dfrac{\partial f}{\partial y} \equiv 0$，则 $f(x,y) \equiv$ 常数

解：选项（A）正确．

由于 $df(x,y) \equiv 0 \Rightarrow \dfrac{\partial f}{\partial x} = \dfrac{\partial f}{\partial y} = 0$，故选项（C）也是正确的．

下面考查选项（B）．$\forall (x_0, y_0) \in D$，取两个不共线方向：

$$l_1 = (\cos\alpha_1, \cos\beta_2), \quad l_2 = (\cos\alpha_2, \cos\beta_2)$$

由已知，有

$$\begin{cases} \left.\dfrac{\partial f}{\partial x}\right|_{(x_0,y_0)} \cos\alpha_1 + \left.\dfrac{\partial f}{\partial y}\right|_{(x_0,y_0)} \cos\beta_1 = 0 \\ \left.\dfrac{\partial f}{\partial x}\right|_{(x_0,y_0)} \cos\alpha_2 + \left.\dfrac{\partial f}{\partial y}\right|_{(x_0,y_0)} \cos\beta_1 = 0 \end{cases}$$

由于 l_1, l_2 不共线，故 $\begin{vmatrix} \cos\alpha_1 & \cos\beta_1 \\ \cos\alpha_2 & \cos\beta_2 \end{vmatrix} \neq 0$．于是由线性方程组理论，有

$$\left.\frac{\partial f}{\partial x}\right|_{(x_0,y_0)} = \left.\frac{\partial f}{\partial y}\right|_{(x_0,y_0)} = 0$$

再由 (x_0,y_0) 的任意性，有
$$\frac{\partial f}{\partial x}=\frac{\partial f}{\partial y}=0$$

从而由选项（A）知，选项（B）正确. 故选择（D）.

（3）设函数 $z=z(x,y)$ 由方程 $F\left(\dfrac{y}{x},\dfrac{z}{x}\right)=0$ 确定，其中 F 为可微函数，且 $F_z'\neq 0$，则 $x\dfrac{\partial z}{\partial x}+y\dfrac{\partial z}{\partial y}=$（　　）.

(A) x　　　(B) z　　　(C) $-x$　　　(D) $-z$

解：等式 $F\left(\dfrac{y}{x},\dfrac{z}{x}\right)=0$ 两端关于 x 求偏导数，得
$$-\frac{y}{x^2}F_1'+\left(\frac{\partial z}{\partial x}\cdot\frac{1}{x}-\frac{z}{x^2}\right)F_2'=0 \qquad ①$$

等式 $F\left(\dfrac{y}{x},\dfrac{z}{x}\right)=0$ 两端关于 y 求偏导数，得
$$\frac{1}{x}F_1'+\frac{1}{x}\cdot\frac{\partial z}{\partial y}F_2'=0 \qquad ②$$

由 $①\times x^2+②\times xy$ 得 $\left(x\dfrac{\partial z}{\partial x}+y\dfrac{\partial z}{\partial y}\right)F_2'=zF_2'$，所以 $x\dfrac{\partial z}{\partial x}+y\dfrac{\partial z}{\partial y}=z$. 故选择（B）.

（4）设函数 $f(x)$ 有二阶连续导数，且 $f(x)>0, f'(0)=0$，则函数 $z=f(x)\ln f(y)$ 在点 $(0,0)$ 处取得极小值的一个充分条件是（　　）.

(A) $f(0)>1$，$f''(0)>0$　　(B) $f(0)>1$，$f''(0)<0$
(C) $f(0)<1$，$f''(0)>0$　　(D) $f(0)<1$，$f''(0)<0$

解：由 $z=f(x)\ln f(y)$ 得
$$\frac{\partial z}{\partial x}=f'(x)\ln f(y),\quad \frac{\partial z}{\partial y}=f(x)\frac{f'(y)}{f(y)}$$

$$\frac{\partial^2 z}{\partial x^2}=f''(x)\ln f(y),\quad \frac{\partial^2 z}{\partial x\partial y}=\frac{f'(x)f'(y)}{f(y)}$$

$$\frac{\partial^2 z}{\partial y^2}=f(x)\frac{f''(y)f(y)-[f'(y)]^2}{[f(y)]^2}$$

在点 $(0,0)$ 处，由于
$$A=\left.\frac{\partial^2 z}{\partial x^2}\right|_{(0,0)}=f''(0)\ln f(0),\quad B=\left.\frac{\partial^2 z}{\partial x\partial y}\right|_{(0,0)}=0,\quad C=\left.\frac{\partial^2 z}{\partial y^2}\right|_{(0,0)}=f''(0)$$

所以当 $f(0)>1$ 且 $f''(0)>0$ 时，有 $B^2-AC=-[f''(0)]^2\ln f(0)<0$，$A=f''(0)\ln f(0)>0$，此时函数 $z=f(x)\ln f(y)$ 在点 $(0,0)$ 处取得极小值. 故选择（A）.

（5）设函数 $f(x),g(x)$ 均有二阶连续导数，满足 $f(0)>0$，$g(0)<0$，且 $f'(0)=g'(0)=0$，

则函数 $z=f(x)g(y)$ 在点 $(0,0)$ 处取得极小值的一个充分条件是（　　）.

(A) $f''(0)<0$，$g''(0)>0$　　　(B) $f''(0)<0$，$g''(0)<0$

(C) $f''(0)>0$，$g''(0)>0$　　　(D) $f''(0)>0$，$g''(0)<0$

解：由 $z=f(x)g(y)$ 得

$$\frac{\partial z}{\partial x}=f'(x)g(y)，\quad \frac{\partial z}{\partial y}=f(x)g'(y)，\quad \frac{\partial^2 z}{\partial x^2}=f''(x)g(y)$$

$$\frac{\partial^2 z}{\partial x \partial y}=f'(x)g'(y)，\quad \frac{\partial^2 z}{\partial y^2}=f(x)g''(y)$$

所以 $A=\left.\dfrac{\partial^2 z}{\partial x^2}\right|_{(0,0)}=f''(0)g(0)$，$B=\left.\dfrac{\partial^2 z}{\partial x \partial y}\right|_{(0,0)}=f'(0)g'(0)=0$，$C=\left.\dfrac{\partial^2 z}{\partial y^2}\right|_{(0,0)}=f(0)g''(0)$.

由于 $\left.\dfrac{\partial z}{\partial x}\right|_{(0,0)}=f'(0)g(0)=0$，$\left.\dfrac{\partial z}{\partial y}\right|_{(0,0)}=f(0)g'(0)=0$，$f(0)>0, g(0)<0$，显然只有当 $f''(0)<0$，$g''(0)>0$ 时，$A>0$ 且 $B^2-AC<0$，此时 $z=f(x)g(y)$ 在点 $(0,0)$ 处取得极小值. 故选择（A）.

（6）若函数 $f(x,y)$ 在点 $(0,0)$ 处连续，则下列命题正确的是（　　）.

(A) 若极限 $\lim\limits_{\substack{x\to 0\\y\to 0}}\dfrac{f(x,y)}{|x|+|y|}$ 存在，则 $f(x,y)$ 在点 $(0,0)$ 处可微

(B) 若极限 $\lim\limits_{\substack{x\to 0\\y\to 0}}\dfrac{f(x,y)}{x^2+y^2}$ 存在，则 $f(x,y)$ 在点 $(0,0)$ 处可微

(C) 若 $f(x,y)$ 在点 $(0,0)$ 处可微，则极限 $\lim\limits_{\substack{x\to 0\\y\to 0}}\dfrac{f(x,y)}{|x|+|y|}$ 存在

(D) 若 $f(x,y)$ 在点 $(0,0)$ 处可微，则极限 $\lim\limits_{\substack{x\to 0\\y\to 0}}\dfrac{f(x,y)}{x^2+y^2}$ 存在

解：

方法一：用直接法. 由于函数 $f(x,y)$ 在点 $(0,0)$ 处连续，则 $f(0,0)=\lim\limits_{\substack{x\to 0\\y\to 0}}f(x,y)=0$. 极限

$$\lim_{\substack{x\to 0\\y\to 0}}\frac{f(x,y)}{x^2+y^2}=\lim_{\substack{x\to 0\\y\to 0}}\frac{f(x,y)-f(0,0)}{\sqrt{x^2+y^2}}\cdot\frac{1}{\sqrt{x^2+y^2}}$$

且 $\lim\limits_{\substack{x\to 0\\y\to 0}}\dfrac{1}{\sqrt{x^2+y^2}}=\infty$. 若极限 $\lim\limits_{\substack{x\to 0\\y\to 0}}\dfrac{f(x,y)}{x^2+y^2}$ 存在，必有

$$\lim_{\substack{x\to 0\\y\to 0}}\frac{f(x,y)-f(0,0)}{\sqrt{x^2+y^2}}=0$$

所以函数 $f(x,y)$ 在点 $(0,0)$ 处可微，且 $f'_x(0,0)=f'_y(0,0)=0$. 故选择（B）.

方法二：用排除法. 对选项（A），取函数 $f(x,y)=|x|+|y|$. 虽然在点 $(0,0)$ 处连续，但 $f(x,y)=|x|+|y|$ 在点 $(0,0)$ 处偏导数不存在，故不可微.

对选项（C）和（D），取函数 $f(x,y)=1$. 虽然在点 $(0,0)$ 处连续，但 $\lim\limits_{\substack{x\to 0\\y\to 0}}\dfrac{1}{|x|+|y|}$ 和 $\lim\limits_{\substack{x\to 0\\y\to 0}}\dfrac{1}{x^2+y^2}$

都不存在.

(7) 曲面 $x^2 + \cos xy + yz + x = 0$ 在点 $(0,1,-1)$ 处的切平面方程为（　　）.

(A) $x - y + z = -2$ 　　(B) $x + y + z = 0$

(C) $x - 2y + z = -3$ 　　(D) $x - y - z = 0$

解：记 $F(x,y,z) = x^2 + \cos xy + yz + x$，则

$$\frac{\partial F}{\partial x} = 2x - y\sin xy + 1, \quad \frac{\partial F}{\partial y} = -x\sin xy + z, \quad \frac{\partial F}{\partial z} = y$$

因为 $\dfrac{\partial F(0,1,-1)}{\partial x} = 1$，$\dfrac{\partial F(0,1,-1)}{\partial y} = -1$，$\dfrac{\partial F(0,1,-1)}{\partial z} = 1$，所以曲面 $F(x,y,z) = 0$ 在点 $(0,1,-1)$ 处的切平面方程为 $x - (y-1) + z + 1 = 0$，即 $x - y + z = -2$．故选择（A）．

(8) 设函数 $f(x,y)$ 可微，且对任意的 x, y，有 $\dfrac{\partial f(x,y)}{\partial x} > 0$，$\dfrac{\partial f(x,y)}{\partial y} < 0$，则使不等式 $f(x_1, y_1) < f(x_2, y_2)$ 成立的一个充分条件是（　　）.

(A) $x_1 > x_2$，$y_1 < y_2$ 　　(B) $x_1 > x_2$，$y_1 > y_2$

(C) $x_1 < x_2$，$y_1 < y_2$ 　　(D) $x_1 < x_2$，$y_1 > y_2$

解：由于 $\dfrac{\partial f(x,y)}{\partial x} > 0$，对固定的 y，$f(x,y)$ 关于 x 单调递增；$\dfrac{\partial f(x,y)}{\partial y} < 0$，对固定的 x，$f(x,y)$ 关于 y 单调递减．因此，当 $x_1 < x_2, y_1 > y_2$ 时，$f(x_1, y_1) < f(x_2, y_2)$．故选择（D）．

(9) 设函数 $u(x,y)$ 在有界闭区域 D 上连续，在 D 内有二阶连续偏导数，且满足 $\dfrac{\partial^2 u}{\partial x \partial y} \neq 0$ 及 $\dfrac{\partial^2 u}{\partial x^2} + \dfrac{\partial^2 u}{\partial y^2} = 0$，则（　　）.

(A) $u(x,y)$ 的最大值和最小值均在 D 的边界上取得

(B) $u(x,y)$ 的最大值和最小值均在 D 的内部取得

(C) $u(x,y)$ 的最大值在 D 的内部取得，最小值在 D 的边界上取得

(D) $u(x,y)$ 的最小值在 D 的内部取得，最大值在 D 的边界上取得

解：$u(x,y)$ 在有界闭区域 D 上连续，所以在 D 上必然有最大值和最小值．若在内部存在驻点 (x_0, y_0)，则 $\dfrac{\partial u}{\partial x}\bigg|_{(x_0, y_0)} = \dfrac{\partial u}{\partial y}\bigg|_{(x_0, y_0)} = 0$．

在点 (x_0, y_0) 处，记 $A = \dfrac{\partial^2 u}{\partial x^2}\bigg|_{(x_0, y_0)}$，$C = \dfrac{\partial^2 u}{\partial y^2}\bigg|_{(x_0, y_0)}$，$B = \dfrac{\partial^2 u}{\partial x \partial y}\bigg|_{(x_0, y_0)} = \dfrac{\partial^2 u}{\partial y \partial x}\bigg|_{(x_0, y_0)}$．由条件可知 $B^2 - AC > 0$，故 $u(x_0, y_0)$ 不是极值，当然也不是最值．所以 $u(x,y)$ 的最大值和最小值均在 D 的边界上取得．故选择（A）．

(10) 设 $z = \dfrac{y}{x} f(xy)$，其中函数 f 可微，则 $\dfrac{x}{y}\dfrac{\partial z}{\partial x} + \dfrac{\partial z}{\partial y} = $（　　）.

(A) $2yf'(xy)$ 　　(B) $-2yf'(xy)$

(C) $\dfrac{2}{x}f(xy)$ 　　(D) $-\dfrac{2}{x}f(xy)$

解：由 $\dfrac{\partial z}{\partial x}=-\dfrac{y}{x^2}f(xy)+\dfrac{y^2}{x}f'(xy)$，$\dfrac{\partial z}{\partial y}=\dfrac{1}{x}f(xy)+yf'(xy)$，所以 $\dfrac{x}{y}\dfrac{\partial z}{\partial x}+\dfrac{\partial z}{\partial y}=2yf'(xy)$．故选择（A）．

（11）设函数 $f(u,v)$ 满足 $f\left(x+y,\dfrac{y}{x}\right)=x^2-y^2$，则 $\dfrac{\partial f}{\partial u}\bigg|_{\substack{u=1\\v=1}}$ 与 $\dfrac{\partial f}{\partial v}\bigg|_{\substack{u=1\\v=1}}$ 依次是（　　）．

（A）$\dfrac{1}{2},0$　　　（B）$0,\dfrac{1}{2}$　　　（C）$-\dfrac{1}{2},0$　　　（D）$0,-\dfrac{1}{2}$

解：

方法一：先求出 $f(u,v)$．令 $u=x+y,v=\dfrac{y}{x}$．则

$$f(u,v)=\dfrac{u^2}{(1+v)^2}-\dfrac{u^2v^2}{(1+v)^2}=u^2\left(\dfrac{2}{1+v}-1\right)$$

因此 $\dfrac{\partial f}{\partial u}\bigg|_{\substack{u=1\\v=1}}=2u\left(\dfrac{2}{1+v}-1\right)\bigg|_{\substack{u=1\\v=1}}=0$，$\dfrac{\partial f}{\partial v}\bigg|_{\substack{u=1\\v=1}}=-\dfrac{2u^2}{(1+v)^2}\bigg|_{\substack{u=1\\v=1}}=-\dfrac{1}{2}$．故选择（D）．

方法二：$(u,v)=(1,1)$ 对应 $(x,y)=\left(\dfrac{1}{2},\dfrac{1}{2}\right)$．由于 $f\left(x+y,\dfrac{y}{x}\right)=x^2-y^2$，结合复合函数的链导法则，有 $\dfrac{\partial f}{\partial u}+\dfrac{\partial f}{\partial v}\cdot\left(-\dfrac{y}{x^2}\right)=2x$，$\dfrac{\partial f}{\partial u}+\dfrac{\partial f}{\partial v}\cdot\dfrac{1}{x}=-2y$．将 $(x,y)=\left(\dfrac{1}{2},\dfrac{1}{2}\right)$ 代入，解得 $\dfrac{\partial f}{\partial u}\bigg|_{\substack{u=1\\v=1}}=0$，$\dfrac{\partial f}{\partial v}\bigg|_{\substack{u=1\\v=1}}=-\dfrac{1}{2}$．

（12）已知函数 $f(x,y)=\dfrac{e^x}{x-y}$，则（　　）．

（A）$f'_x-f'_y=0$　　　（B）$f'_x+f'_y=0$
（C）$f'_x-f'_y=f$　　　（D）$f'_x+f'_y=f$

解：$f'_x=\dfrac{e^x(x-y)-e^x}{(x-y)^2}$，$f'_y=\dfrac{e^x}{(x-y)^2}$，则 $f'_x+f'_y=f$．故选择（D）．

（13）设 $f(x,y)$ 有一阶偏导数，且对任意的 (x,y)，有 $\dfrac{\partial f(x,y)}{\partial x}>0$，$\dfrac{\partial f(x,y)}{\partial y}<0$，则（　　）．

（A）$f(0,0)>f(1,1)$　　　（B）$f(0,0)<f(1,1)$
（C）$f(0,1)>f(1,0)$　　　（D）$f(0,1)<f(1,0)$

解：由 $\dfrac{\partial f(x,y)}{\partial x}>0$ 可知，$f(x,y)$ 关于 x 单调递增，则 $f(0,y)<f(1,y)$；由 $\dfrac{\partial f(x,y)}{\partial y}<0$ 可知，$f(x,y)$ 关于 y 单调递减，则 $f(x,1)<f(x,0)$．综上，令 $x=0,y=1$，有 $f(0,1)<f(0,0)<f(1,0)$．故选择（D）．

（14）函数 $f(x,y,z)=x^2y+z^2$ 在点 $(1,2,0)$ 处沿向量 $\boldsymbol{n}=(1,2,2)$ 的方向导数为（　　）．

（A）12　　　（B）6　　　（C）4　　　（D）2

解：函数在点 $(1,2,0)$ 处可微且

$$f'_x(1,2,0) = 2xy\big|_{(1,2,0)} = 4, f'_y(1,2,0) = x^2\big|_{(1,2,0)} = 1, f'_z(1,2,0) = z\big|_{(1,2,0)} = 0$$

n 的单位向量为 $\dfrac{n}{|n|} = \left(\dfrac{1}{3}, \dfrac{2}{3}, \dfrac{2}{3}\right)$，所求方向导数为 $\dfrac{\partial f}{\partial n}\bigg|_{(1,2,0)} = 4 \times \dfrac{1}{3} + 1 \times \dfrac{2}{3} + 0 \times \dfrac{2}{3} = 2$．故选择（D）．

（15）过点 $(1,0,0),(0,1,0)$ 且与曲面 $z = x^2 + y^2$ 相切的平面为（　　）．

（A） $z = 0$ 与 $x + y - z = 1$　　　　（B） $z = 0$ 与 $2x + 2y - z = 2$

（C） $x = y$ 与 $x + y - z = 1$　　　　（D） $x = y$ 与 $2x + 2y - z = 2$

解：设所求平面与曲面 $z = x^2 + y^2$ 的切点为 (x_0, y_0, z_0)．曲面 $z = x^2 + y^2$ 在切点 (x_0, y_0, z_0) 处的法向量为 $n = (2x_0, 2y_0, -1)$，故切平面方程为 $2x_0(x - x_0) + 2y_0(y - y_0) - (z - z_0) = 0$．代入定点 $(1,0,0),(0,1,0)$ 到切平面方程中可得 $(x_0, y_0, z_0) = (0,0,0)$ 或 $(x_0, y_0, z_0) = (1,1,2)$．故选择（B）．

（16）设函数 $f(x,y)$ 在点 $(0,0)$ 处可微，$f(0,0) = 0$，$n = \left(\dfrac{\partial f}{\partial x}, \dfrac{\partial f}{\partial y}, -1\right)\bigg|_{(0,0)}$ 且非零向量 d 与 n 垂直，则（　　）．

(A) $\lim\limits_{(x,y) \to (0,0)} \dfrac{|n \cdot (x, y, f(x,y))|}{\sqrt{x^2 + y^2}}$ 存在　　　(B) $\lim\limits_{(x,y) \to (0,0)} \dfrac{|n \times (x, y, f(x,y))|}{\sqrt{x^2 + y^2}}$ 存在

(C) $\lim\limits_{(x,y) \to (0,0)} \dfrac{|d \cdot (x, y, f(x,y))|}{\sqrt{x^2 + y^2}}$ 存在　　　(D) $\lim\limits_{(x,y) \to (0,0)} \dfrac{|d \times (x, y, f(x,y))|}{\sqrt{x^2 + y^2}}$ 存在

解：$f(x,y)$ 在点 $(0,0)$ 处可微且 $f(0,0) = 0$，则

$$\lim_{(x,y) \to (0,0)} \frac{f(x,y) - f(0,0) - f'_x(0,0)x - f'_y(0,0)y}{\sqrt{x^2 + y^2}} = 0$$

故选择（A）．

（17）关于函数 $f(x,y) = \begin{cases} xy, & xy \neq 0 \\ x, & y = 0 \\ y, & x = 0 \end{cases}$，给出下列结论：

① $\dfrac{\partial f}{\partial x}\bigg|_{(0,0)} = 1$；② $\dfrac{\partial^2 f}{\partial x \partial y}\bigg|_{(0,0)} = 1$；③ $\lim\limits_{(x,y) \to (0,0)} f(x,y) = 0$；④ $\lim\limits_{y \to 0}\lim\limits_{x \to 0} f(x,y) = 0$，其中正确的个数为（　　）．

（A）4　　　　（B）3　　　　（C）2　　　　（D）1

解：$\dfrac{\partial f}{\partial x}\bigg|_{(0,0)} = \lim\limits_{x \to 0} \dfrac{f(x,0) - f(0,0)}{x} = \lim\limits_{x \to 0} \dfrac{x}{x} = 1$．

当 $y \neq 0$ 时，$f'_x(0,y) = \lim\limits_{x \to 0} \dfrac{f(x,y) - f(0,y)}{x} = \lim\limits_{x \to 0} \dfrac{xy - y}{x} = \infty$．因此，$\dfrac{\partial^2 f}{\partial x \partial y}$ 不存在．

当 $(x,y) \to (0,0)$ 时，$f(x,y)$ 不论取 x, y 或者 xy，均为无穷小，因此，$\lim\limits_{(x,y) \to (0,0)} f(x,y) = 0$．

$\lim\limits_{y \to 0}\lim\limits_{x \to 0} f(x,y) = \lim\limits_{y \to 0}\lim\limits_{x \to 0} xy = \lim\limits_{y \to 0} 0 = 0$．故选择（B）．

2. 设 $z = \arctan\dfrac{x}{1+y^2}$，求 $\mathrm{d}z|_{(1,1)}$.

解：$\dfrac{\partial z}{\partial x}\bigg|_{(1,1)} = \dfrac{1}{1+\left(\dfrac{x}{1+y^2}\right)^2} \cdot \dfrac{1}{1+y^2}\bigg|_{(1,1)} = \dfrac{2}{5}$

$\dfrac{\partial z}{\partial y}\bigg|_{(1,1)} = \dfrac{1}{1+\left(\dfrac{x}{1+y^2}\right)^2} \cdot \dfrac{-2xy}{(1+y^2)^2}\bigg|_{(1,1)} = -\dfrac{2}{5}$

故 $\mathrm{d}z|_{(1,1)} = \dfrac{\partial z}{\partial x}\bigg|_{(1,1)} \mathrm{d}x + \dfrac{\partial z}{\partial y}\bigg|_{(1,1)} \mathrm{d}y = \dfrac{2}{5}\mathrm{d}x - \dfrac{2}{5}\mathrm{d}y$.

3. 设 $z = \sqrt{|xy|}$，求 $\dfrac{\partial z}{\partial x}\bigg|_{(0,0)}$.

解：$\dfrac{\partial z}{\partial x}\bigg|_{(0,0)} = \lim\limits_{\Delta x \to 0}\dfrac{\sqrt{(0+\Delta x)0} - 0}{\Delta x} = 0$.

4. 设 $f(x,y) = \begin{cases} \dfrac{x^3 y}{x^6+y^6}, & x^2+y^2 \neq 0 \\ 0, & x^2+y^2 = 0 \end{cases}$. 证明 $f(x,y)$ 在点 $(0,0)$ 处不连续，两个一阶偏导数都存在，但两个偏导数在点 $(0,0)$ 处不连续.

证明：因为 $\lim\limits_{\substack{x\to 0 \\ y=x}}\dfrac{x^4}{2x^6} = \lim\limits_{\substack{x\to 0 \\ y=x}}\dfrac{1}{2x^2} = \infty$，故 $f(x,y)$ 在点 $(0,0)$ 处不连续.

$$f_x'(0,0) = \lim_{\Delta x \to 0}\dfrac{f(\Delta x,0) - f(0,0)}{\Delta x} = \lim_{\Delta x \to 0}\dfrac{0}{\Delta x} = 0$$

$$f_y'(0,0) = \lim_{\Delta y \to 0}\dfrac{f(0,\Delta y) - f(0,0)}{\Delta y} = \lim_{\Delta y \to 0}\dfrac{0}{\Delta y} = 0$$

当 $x^2 + y^2 \neq 0$ 时，

$$f_x'(x,y) = \dfrac{3x^2 y(x^6+y^6) - x^3 y \cdot 6x^5}{(x^6+y^6)^2} = \dfrac{3x^2 y^7 - 3x^8 y}{(x^6+y^6)^2}$$

$$f_y'(x,y) = \dfrac{x^3(x^6+y^6) - x^3 y \cdot 6y^5}{(x^6+y^6)^2} = \dfrac{x^9 - 5x^3 y^6}{(x^6+y^6)^2}$$

$$\lim_{\substack{x\to 0 \\ y=2x}} f_x'(x,y) = \lim_{\substack{x\to 0 \\ y=2x}}\dfrac{384x^9 - 6x^9}{(1+2^6)x^{12}} = \infty$$

故 $f_x'(x,y)$ 在点 $(0,0)$ 处不连续. 同理，$f_y'(x,y)$ 在点 $(0,0)$ 处也不连续.

5. 试证 $f(x,y) = \begin{cases} \dfrac{x^3+y^3}{x^2+y^2}, & x^2+y^2 \neq 0 \\ 0, & x^2+y^2 = 0 \end{cases}$ 在点 $(0,0)$ 处一阶偏导数存在，但不可微.

证明：$f'_x(0,0) = \lim_{\Delta x \to 0} \dfrac{f(\Delta x, 0) - f(0,0)}{\Delta x} = \lim_{\Delta x \to 0} \dfrac{(\Delta x)^3}{(\Delta x)^3} = 1$

$$f'_y(0,0) = \lim_{\Delta y \to 0} \dfrac{f(0, \Delta y) - f(0,0)}{\Delta y} = \lim_{\Delta y \to 0} \dfrac{(\Delta y)^3}{(\Delta y)^3} = 1$$

故 $f(x,y)$ 在点 $(0,0)$ 处一阶偏导数存在.

考查

$$\dfrac{\Delta z - [f'_x(0,0)\Delta x + f'_y(0,0)\Delta y]}{\sqrt{(\Delta x)^2 + (\Delta y)^2}} = \dfrac{\dfrac{(\Delta x)^3 + (\Delta y)^3}{(\Delta x)^2 + (\Delta y)^2} - \Delta x - \Delta y}{\sqrt{(\Delta x)^2 + (\Delta y)^2}}$$

$$= \dfrac{(\Delta x)^3 + (\Delta y)^3 - (\Delta x + \Delta y)[(\Delta x)^2 + (\Delta y)^2]}{[(\Delta x)^2 + (\Delta y)^2]^{\frac{3}{2}}}$$

特别地，取 $\Delta x = \Delta y$，有

$$\dfrac{\Delta z - [f'_x(0,0)\Delta x + f'_y(0,0)\Delta y]}{\sqrt{(\Delta x)^2 + (\Delta y)^2}} = \dfrac{-2(\Delta x)^3}{2^{\frac{3}{2}}(\Delta x)^3} = -\dfrac{\sqrt{2}}{2}$$

故 $f(x,y)$ 在点 $(0,0)$ 处不可微.

6. 设当 $(x,y) \neq (0,0)$ 时，$f(x,y) = \dfrac{xy^3}{x^2 + y^2}$，且 $f(0,0) = 0$，求 $f''_{xy}(0,0)$ 与 $f''_{yx}(0,0)$.

解：当 $(x,y) \neq (0,0)$ 时，$f'_x(x,y) = \dfrac{y^3(y^2 - x^2)}{(x^2 + y^2)^2}$．另外，$f'_x(0,y) = y$．所以

$$f'_x(0,0) = \lim_{x \to 0} \dfrac{f(x,0) - f(0,0)}{x - 0} = 0$$

$$f''_{xy}(0,0) = \lim_{y \to 0} \dfrac{f'_x(0,y) - f'_x(0,0)}{y - 0} = 1$$

当 $(x,y) \neq (0,0)$ 时，$f'_y(x,y) = \dfrac{xy^2(3x^2 - y^2)}{(x^2 + y^2)^2}$．另外，$f'_y(x,0) = 0$．所以

$$f'_y(0,0) = \lim_{y \to 0} \dfrac{f(0,y) - f(0,0)}{y - 0} = 0$$

$$f''_{yx}(0,0) = \lim_{x \to 0} \dfrac{f'_y(x,0) - f'_y(0,0)}{x - 0} = 0$$

7. 若函数 $f(x,y)$ 在点 (x_0, y_0) 处沿任何方向的方向导数都存在且相等，问 $f(x,y)$ 在点 (x_0, y_0) 处偏导数是否存在? 是否可微?

解：不一定.

例如，取函数 $z = \sqrt{x^2 + y^2}$．在点 $(0,0)$ 处，沿方向 l 的方向导数

$$\left.\frac{\partial z}{\partial l}\right|_{(0,0)} = \lim_{\rho \to 0} \frac{\sqrt{x^2+y^2}}{\sqrt{x^2+y^2}} = 1$$

但 $\left.\dfrac{\partial z}{\partial x}\right|_{(0,0)} = \lim\limits_{\Delta x \to 0}\dfrac{|\Delta x|}{\Delta x}$，$\left.\dfrac{\partial z}{\partial y}\right|_{(0,0)} = \lim\limits_{\Delta y \to 0}\dfrac{|\Delta y|}{\Delta y}$. 故一阶偏导数不存在，从而不可微.

又如，取常函数 $z = C$. 在点 $(0,0)$ 处，

$$\lim_{\rho \to 0}\frac{\Delta z}{\rho} = \lim_{\rho \to 0}\frac{0}{\rho} = 0$$

$$f'_x(0,0) = \lim_{\Delta x \to 0}\frac{C-C}{\Delta x} = 0$$

$$f'_y(0,0) = \lim_{\Delta y \to 0}\frac{C-C}{\Delta y} = 0$$

故一阶偏导数存在且可微.

8. 已知方程 $y\dfrac{\partial z}{\partial x} - x\dfrac{\partial z}{\partial y} = (y-x)z$，做变换 $u = x^2 + y^2$，$v = \dfrac{1}{x} + \dfrac{1}{y}$，$w = \ln z - (x+y)$，其中 $w = w(u,v)$，求经过变换后原方程化成的关于 u, v, w 的形式.

解：对 $w = \ln z - (x+y)$ 两端求关于 x 的偏导数，得

$$\frac{\partial w}{\partial x} = \frac{1}{z}\frac{\partial z}{\partial x} - 1$$

对 $w = \ln z - (x+y)$ 两端求关于 y 的偏导数，得

$$\frac{\partial w}{\partial y} = \frac{1}{z}\frac{\partial z}{\partial y} - 1$$

解得 $\dfrac{\partial z}{\partial x} = z\left(\dfrac{\partial w}{\partial x} + 1\right)$，$\dfrac{\partial z}{\partial y} = z\left(\dfrac{\partial w}{\partial y} + 1\right)$，又

$$\frac{\partial w}{\partial x} = \frac{\partial w}{\partial u}\cdot\frac{\partial u}{\partial x} + \frac{\partial w}{\partial v}\cdot\frac{\partial v}{\partial x} = 2x\frac{\partial w}{\partial u} - \frac{1}{x^2}\frac{\partial w}{\partial v}$$

$$\frac{\partial w}{\partial y} = \frac{\partial w}{\partial u}\cdot\frac{\partial u}{\partial y} + \frac{\partial w}{\partial v}\cdot\frac{\partial v}{\partial y} = 2y\frac{\partial w}{\partial u} - \frac{1}{y^2}\cdot\frac{\partial w}{\partial v}$$

所以

$$\frac{\partial z}{\partial x} = z\left(\frac{\partial w}{\partial x} + 1\right) = z\left(2x\frac{\partial w}{\partial u} - \frac{1}{x^2}\cdot\frac{\partial w}{\partial v} + 1\right)$$

$$\frac{\partial z}{\partial y} = z\left(\frac{\partial w}{\partial y} + 1\right) = z\left(2y\frac{\partial w}{\partial u} - \frac{1}{y^2}\cdot\frac{\partial w}{\partial v} + 1\right)$$

代入原方程整理得 $\dfrac{\partial w}{\partial v} = 0$.

9. 设 $u = x^2y + 2xy^2 - 3yz^2$，求 $\mathrm{div}(\mathrm{grad}\,u)$.

解：$\text{grad}u = \dfrac{\partial u}{\partial x}\boldsymbol{i} + \dfrac{\partial u}{\partial y}\boldsymbol{j} + \dfrac{\partial u}{\partial z}\boldsymbol{k}$

$= (2xy + 2y^2)\boldsymbol{i} + (x^2 + 4xy - 3z^2)\boldsymbol{j} + (-6yz)\boldsymbol{k}$

$\text{div}(\text{grad}u) = \dfrac{\partial}{\partial x}(2xy + 2y^2) + \dfrac{\partial}{\partial y}(x^2 + 4xy - 3z^2) + \dfrac{\partial}{\partial z}(-6yz)$

$= 2y + 4x - 6y = 4(x - y)$

10．求数量场 $u = x^2yz + 4xz^2$ 在点 $(1,-2,1)$ 处的梯度，以及在该点处沿方向 $\boldsymbol{l} = 2\boldsymbol{i} - \boldsymbol{j} - 2\boldsymbol{k}$ 的方向导数．

解：$\text{grad}u\big|_{(1,-2,1)} = \dfrac{\partial u}{\partial x}\bigg|_{(1,-2,1)}\boldsymbol{i} + \dfrac{\partial u}{\partial y}\bigg|_{(1,-2,1)}\boldsymbol{j} + \dfrac{\partial u}{\partial z}\bigg|_{(1,-2,1)}\boldsymbol{k}$

$= (2xyz + 4z^2)\big|_{(1,-2,1)}\boldsymbol{i} + x^2z\big|_{(1,-2,1)}\boldsymbol{j} + (x^2y + 8xz)\big|_{(1,-2,1)}\boldsymbol{k}$

$= \boldsymbol{j} + 6\boldsymbol{k}$

向量 $\boldsymbol{l}$ 的方向余弦分别为 $\cos\alpha = \dfrac{2}{3}$，$\cos\beta = \dfrac{-1}{3}$，$\cos\gamma = \dfrac{-2}{3}$．所以

$\dfrac{\partial u}{\partial l}\bigg|_{(1,-2,1)} = \dfrac{\partial u}{\partial x}\bigg|_{(1,-2,1)}\cos\alpha + \dfrac{\partial u}{\partial y}\bigg|_{(1,-2,1)}\cos\beta + \dfrac{\partial u}{\partial z}\bigg|_{(1,-2,1)}\cos\gamma = 0\times\dfrac{2}{3} - 1\times\dfrac{1}{3} - 6\times\dfrac{2}{3} = -\dfrac{13}{3}$

11．设 $w = f(x + y, xyz)$，其中，f 有二阶连续偏导数，求 $\text{div}(\text{grad}w)$．

解：$\text{grad}w = \dfrac{\partial w}{\partial x}\boldsymbol{i} + \dfrac{\partial w}{\partial y}\boldsymbol{j} + \dfrac{\partial w}{\partial z}\boldsymbol{k}$

$= (f_1' + f_2'\cdot yz)\boldsymbol{i} + (f_1' + f_2'\cdot xz)\boldsymbol{j} + f_2'\cdot xy\boldsymbol{k}$

$\text{div}(\text{grad}w) = \dfrac{\partial}{\partial x}(f_1' + yzf_2') + \dfrac{\partial}{\partial y}(f_1' + xzf_2') + \dfrac{\partial}{\partial z}(xyf_2')$

$= f_{11}'' + yzf_{12}'' + yz(f_{21}'' + f_{22}''\cdot yz) + f_{11}'' + f_{12}''\cdot xz + xz(f_{21}'' + xzf_{22}'') + xy(f_{22}''\cdot xy)$

$= 2f_{11}'' + 2z(x + y)f_{12}'' + (x^2y^2 + y^2z^2 + x^2z^2)f_{22}''$

12．求向量场 $\boldsymbol{A} = 2x^3yz\boldsymbol{i} - x^2y^2z\boldsymbol{j} - x^2yz^2\boldsymbol{k}$ 的散度 $\text{div}\boldsymbol{A}$ 在点 $M(1,1,2)$ 处沿方向 $\boldsymbol{l} = 2\boldsymbol{i} + 2\boldsymbol{j} - \boldsymbol{k}$ 的方向导数，$\text{div}\boldsymbol{A}$ 在点 M 处沿哪个方向的方向导数最大？求此最大值．

解：$\text{div}\boldsymbol{A} = \dfrac{\partial}{\partial x}(2x^3yz) + \dfrac{\partial}{\partial y}(-x^2y^2z) + \dfrac{\partial}{\partial z}(-x^2yz^2)$

$= 6x^2yz - 2x^2yz - 2x^2yz = 2x^2yz$

故方向导数为 $\dfrac{\partial}{\partial l}(\text{div}\boldsymbol{A})\bigg|_{(1,1,2)} = \left[4xyz\cdot\dfrac{2}{3} + 2x^2z\cdot\dfrac{2}{3} + 2x^2y\cdot\left(-\dfrac{1}{3}\right)\right]_{(1,1,2)} = \dfrac{22}{3}$．

计算得 $\text{grad}(\text{div}\boldsymbol{A}) = (4xyz\boldsymbol{i} + 2x^2z\boldsymbol{j} + 2x^2y\boldsymbol{k})\big|_{(1,1,2)} = 8\boldsymbol{i} + 4\boldsymbol{j} + 2\boldsymbol{k}$．

由梯度的定义可知，$\text{div}\boldsymbol{A}$ 在点 M 处沿梯度方向的方向导数最大且此最大值为

$|\text{grad}(\text{div}\boldsymbol{A})| = \sqrt{8^2 + 4^2 + 2^2} = 2\sqrt{21}$

13．求函数 $u = \dfrac{x}{x^2 + y^2 + z^2}$ 在点 $A(1,2,2)$ 及 $B(-3,1,0)$ 处梯度之间的夹角．

解：计算得

$$a = \text{grad}u|_{(1,2,2)}$$
$$= \frac{y^2+z^2-x^2}{(x^2+y^2+z^2)^2}i + \frac{-2xy}{(x^2+y^2+z^2)^2}j + \frac{-2xz}{(x^2+y^2+z^2)^2}k\bigg|_{(1,2,2)}$$
$$= \frac{1}{81}(7i-4j-4k).$$

类似地，$b = \text{grad}u|_{(-3,1,0)} = \frac{1}{100}(-8i+6j+0k)$.

为简便计算起见，取 $a^* = 7i-4j-4k$，$b^* = -8i+6j+0k$. 可知 a,b 的夹角等于 a^*,b^* 的夹角，计算得

$$(\widehat{a,b}) = (\widehat{a^*,b^*}) = \arccos\frac{a^*\cdot b^*}{|a^*|\cdot|b^*|} = \arccos\left(-\frac{8}{9}\right)$$

14．已知 $f(x,y,z) = x^3y^2z^2$，其中 $z=z(x,y)$ 由方程 $x^3+y^3+z^3-3xyz=0$ 所确定，求 $\dfrac{\partial}{\partial x}[f(x,y,z(x,y))]$．

解：令 $F(x,y,z) = x^3+y^3+z^3-3xyz$. 由复合函数及隐函数的求导法则，可得

$$\frac{\partial}{\partial x}[f(x,y,z(x,y))] = \frac{\partial f}{\partial x} + \frac{\partial f}{\partial z}\cdot\frac{\partial z}{\partial x} = 3x^2y^2z^2 + 2x^3y^2z\cdot\left(-\frac{F'_x}{F'_z}\right)$$
$$= 3x^2y^2z^2 + 2x^3y^2z\cdot\frac{x^2-yz}{xy-z^2}$$

15．设函数 $u(x,y) = \varphi(x+y) + \varphi(x-y) + \int_{x-y}^{x+y}\psi(t)dt$，其中 φ 有二阶导数，ψ 有一阶导数，求 $\dfrac{\partial^2 u}{\partial x^2}, \dfrac{\partial^2 u}{\partial x\partial y}, \dfrac{\partial^2 u}{\partial y^2}$．

解：$\dfrac{\partial u}{\partial x} = \varphi'(x+y) + \varphi'(x-y) + \psi(x+y) - \psi(x-y)$

$\dfrac{\partial^2 u}{\partial x^2} = \varphi''(x+y) + \varphi''(x-y) + \psi'(x+y) - \psi'(x-y)$

$\dfrac{\partial^2 u}{\partial x\partial y} = \varphi''(x+y) - \varphi''(x-y) + \psi'(x+y) + \psi'(x-y)$

$\dfrac{\partial u}{\partial y} = \varphi'(x+y) - \varphi'(x-y) + \psi(x+y) + \psi(x-y)$

$\dfrac{\partial^2 u}{\partial y^2} = \varphi''(x+y) + \varphi''(x-y) + \psi'(x+y) - \psi'(x-y)$

16．设 $z = f(x^2-y^2, e^{xy})$，其中 f 有连续二阶偏导数，求 z'_x, z'_y, z''_{xy}．

解：$z'_x = 2xf'_1 + ye^{xy}f'_2$

$z'_y = -2yf'_1 + xe^{xy}f'_2$

$$z''_{xy} = 2x[f''_{11}(-2y) + f''_{12}e^{xy}x] + (e^{xy} + xye^{xy})f'_2 + ye^{xy}[f''_{21}(-2y) + f''_{22}e^{xy} \cdot x]$$
$$= -4xyf''_{11} + 2e^{xy}(x^2 - y^2)f''_{12} + xye^{2xy}f''_{22} + e^{xy}(1 + xy)f'_2$$

17. 设 $f(u,v)$ 有二阶连续偏导数，且满足 $\dfrac{\partial^2 f}{\partial u^2} + \dfrac{\partial^2 f}{\partial v^2} = 1$，又 $g(x,y) = f[xy, \dfrac{1}{2}(x^2 - y^2)]$，求 $\dfrac{\partial^2 g}{\partial x^2} + \dfrac{\partial^2 g}{\partial y^2}$.

解： $\dfrac{\partial g}{\partial x} = yf'_1 + xf'_2$, $\dfrac{\partial g}{\partial y} = xf'_1 - yf'_2$

$$\frac{\partial^2 g}{\partial x^2} = y[yf''_{11} + xf''_{12}] + f'_2 + x[yf''_{21} + xf''_{22}]$$
$$= y^2 f''_{11} + 2xyf''_{12} + x^2 f''_{22} + f'_2$$

$$\frac{\partial^2 g}{\partial y^2} = x[xf''_{11} - yf''_{12}] - f'_2 - y[xf''_{21} - yf''_{22}]$$
$$= x^2 f''_{11} - 2xyf''_{12} + y^2 f''_{22} - f'_2$$

故 $\dfrac{\partial^2 g}{\partial x^2} + \dfrac{\partial^2 g}{\partial y^2} = (x^2 + y^2)(f''_{11} + f''_{22}) = x^2 + y^2$.

18. 设 $z = f(x, 2x - y, xy)$，其中 f 有二阶连续偏导数，求 $\dfrac{\partial z}{\partial x}, \dfrac{\partial^2 z}{\partial x \partial y}$.

解： 令 $u = x, v = 2x - y, w = xy$. 由复合函数的链导法则，有

$$\frac{\partial z}{\partial x} = f'_u + 2f'_v + yf'_w$$

$$\frac{\partial^2 z}{\partial x \partial y} = f''_{uv} \cdot (-1) + f''_{uw} \cdot x + 2[f''_{vv} \cdot (-1) + xf''_{vw}] + f'_w + y[f''_{wv}(-1) + xf''_{ww}]$$
$$= -f''_{uv} + xf''_{uw} - 2f''_{vv} + (2x - y)f''_{vw} + xyf''_{ww} + f'_w$$

19. 若 $f(u,v)$ 满足 $\dfrac{\partial^2 f}{\partial u^2} + \dfrac{\partial^2 f}{\partial v^2} = 0$，证明 $z = f(x^2 - y^2, 2xy)$ 满足 $\dfrac{\partial^2 z}{\partial x^2} + \dfrac{\partial^2 z}{\partial y^2} = 0$.

证明： 令 $u = x^2 - y^2$, $v = 2xy$. 则有

$$\frac{\partial z}{\partial x} = 2x \frac{\partial f}{\partial u} + 2y \frac{\partial f}{\partial v}, \quad \frac{\partial z}{\partial y} = -2y \frac{\partial f}{\partial u} + 2x \frac{\partial f}{\partial v}$$

进而有

$$\frac{\partial^2 z}{\partial x^2} = 2\frac{\partial f}{\partial u} + 2x\left[\frac{\partial^2 f}{\partial u^2} \cdot 2x + 2y\frac{\partial^2 f}{\partial u \partial v}\right] + 2y\left[\frac{\partial^2 f}{\partial v \partial u} \cdot 2x + 2y\frac{\partial^2 f}{\partial v^2}\right]$$
$$= 2\frac{\partial f}{\partial u} + 4x^2 \frac{\partial^2 f}{\partial u^2} + 4xy \frac{\partial^2 f}{\partial u \partial v} + 4xy \frac{\partial^2 f}{\partial v \partial u} + 4y^2 \frac{\partial^2 f}{\partial v^2}$$

$$\frac{\partial^2 z}{\partial y^2} = -2y\left[\frac{\partial^2 f}{\partial u^2} \cdot (-2y) + 2x\frac{\partial^2 f}{\partial u \partial v}\right] - 2\frac{\partial f}{\partial u} + 2x\left[\frac{\partial^2 f}{\partial v \partial u}(-2y) + 2x\frac{\partial^2 f}{\partial v^2}\right]$$
$$= 4y^2 \frac{\partial^2 f}{\partial u^2} - 4xy \frac{\partial^2 f}{\partial u \partial v} - 2\frac{\partial f}{\partial u} - 4xy \frac{\partial^2 f}{\partial v \partial u} + 4x^2 \frac{\partial^2 f}{\partial v^2}$$

故 $\dfrac{\partial^2 z}{\partial x^2}+\dfrac{\partial^2 z}{\partial y^2}=(4x^2+4y^2)\dfrac{\partial^2 f}{\partial u^2}+(4x^2+4y^2)\dfrac{\partial^2 f}{\partial v^2}$

$$=(4x^2+4y^2)\left(\dfrac{\partial^2 f}{\partial u^2}+\dfrac{\partial^2 f}{\partial v^2}\right)=0$$

20. 设 $z=z(x,y)$ 由方程 $x^2+y^2+z^2=yf\left(\dfrac{z}{y}\right)$ 所确定, 且 $f'\left(\dfrac{z}{y}\right)\neq 2z$, 证明

$$(x^2-y^2-z^2)\dfrac{\partial z}{\partial x}+2xy\dfrac{\partial z}{\partial y}=2xz$$

证明: 由 $x^2+y^2+z^2=yf\left(\dfrac{z}{y}\right)$, 根据隐函数求导法, 可得

$$\dfrac{\partial z}{\partial x}=\dfrac{2x}{f'\left(\dfrac{z}{y}\right)-2z},\quad \dfrac{\partial z}{\partial y}=\dfrac{2y-f\left(\dfrac{z}{y}\right)+\dfrac{z}{y}f'\left(\dfrac{z}{y}\right)}{f'\left(\dfrac{z}{y}\right)-2z}$$

于是

$$(x^2-y^2-z^2)\dfrac{\partial z}{\partial x}+2xy\dfrac{\partial z}{\partial y}=\dfrac{(x^2-y^2-z^2)2x+2xy\left(2y-f\left(\dfrac{z}{y}\right)+\dfrac{z}{y}f'\left(\dfrac{z}{y}\right)\right)}{f'\left(\dfrac{z}{y}\right)-2z}=2xz$$

21. 设 $z=f(e^x\sin y,x^2+y^2)$ 有二阶连续偏导数, 求 $\dfrac{\partial^2 z}{\partial x\partial y}$.

解: $\dfrac{\partial z}{\partial x}=f_1'\cdot e^x\sin y+2xf_2'$

$\dfrac{\partial^2 z}{\partial x\partial y}=e^x\cos y\cdot f_1'+e^x\sin y(f_{11}''\cdot e^x\cos y+2yf_{12}'')+2x(f_{21}''e^x\cos y+f_{22}''\cdot 2y)$

$=e^x\cos y f_1'+e^{2x}\sin y\cos y f_{11}''+2e^x(y\sin y+x\cos y)f_{12}''+4xyf_{22}''$

22. 设 $z=z(x,y)$ 由方程 $x+y-z=e^z$ 所确定, 求 $\dfrac{\partial^2 z}{\partial x\partial y}$.

解: 方程两端关于 x 求导得 $1-\dfrac{\partial z}{\partial x}=e^z\dfrac{\partial z}{\partial x}$, 则 $\dfrac{\partial z}{\partial x}=\dfrac{1}{1+e^z}$.

关于 y 求导得 $1-\dfrac{\partial z}{\partial y}=e^z\dfrac{\partial z}{\partial y}$, $\dfrac{\partial z}{\partial y}=\dfrac{1}{1+e^z}$. 故

$$\dfrac{\partial^2 z}{\partial x\partial y}=\dfrac{\partial}{\partial y}\left(\dfrac{1}{1+e^z}\right)=\dfrac{-e^z\dfrac{\partial z}{\partial y}}{(1+e^z)^2}=\dfrac{-e^z}{(1+e^z)^3}$$

23. 设函数 $z=z(u,v)$ 有连续二阶偏导数. 在变换 $u=x-2y,v=x+ay$ 下, 方程 $6\dfrac{\partial^2 z}{\partial x^2}+\dfrac{\partial^2 z}{\partial x\partial y}-\dfrac{\partial^2 z}{\partial y^2}=0$ 可化为 $\dfrac{\partial^2 z}{\partial u\partial v}=0$, 求 a.

解：由复合函数的链导法则，可得 $\dfrac{\partial z}{\partial x} = \dfrac{\partial z}{\partial u} + \dfrac{\partial z}{\partial v}$，$\dfrac{\partial z}{\partial y} = \dfrac{\partial z}{\partial u}(-2) + \dfrac{\partial z}{\partial v}a$. 所以

$$\dfrac{\partial^2 z}{\partial x^2} = \dfrac{\partial^2 z}{\partial u^2} + \dfrac{\partial^2 z}{\partial u \partial v} + \dfrac{\partial^2 z}{\partial v \partial u} + \dfrac{\partial^2 z}{\partial v^2} = \dfrac{\partial^2 z}{\partial u^2} + 2\dfrac{\partial^2 z}{\partial u \partial v} + \dfrac{\partial^2 z}{\partial v^2}$$

$$\dfrac{\partial^2 z}{\partial y^2} = -2\left[\dfrac{\partial^2 z}{\partial u^2}(-2) + \dfrac{\partial^2 z}{\partial u \partial v} \cdot a\right] + a\left[\dfrac{\partial^2 z}{\partial v \partial u}(-2) + \dfrac{\partial^2 z}{\partial v^2}a\right] = 4\dfrac{\partial^2 z}{\partial u^2} - 4a\dfrac{\partial^2 z}{\partial u \partial v} + a^2\dfrac{\partial^2 z}{\partial v^2}$$

$$\dfrac{\partial^2 z}{\partial x \partial y} = \dfrac{\partial^2 z}{\partial u^2}(-2) + \dfrac{\partial^2 z}{\partial u \partial v}a + \dfrac{\partial^2 z}{\partial v \partial u}(-2) + \dfrac{\partial^2 z}{\partial v^2}a$$

$$= -2\dfrac{\partial^2 z}{\partial u^2} + (a-2)\dfrac{\partial^2 z}{\partial u \partial v} + a\dfrac{\partial^2 z}{\partial v^2}$$

代入方程 $6\dfrac{\partial^2 z}{\partial x^2} + \dfrac{\partial^2 z}{\partial x \partial y} - \dfrac{\partial^2 z}{\partial y^2} = 0$，整理得

$$0 = 6\left(\dfrac{\partial^2 z}{\partial u^2} + 2\dfrac{\partial^2 z}{\partial u \partial v} + \dfrac{\partial^2 z}{\partial v^2}\right) + \left(-2\dfrac{\partial^2 z}{\partial u^2} + (a-2)\dfrac{\partial^2 z}{\partial u \partial v} + a\dfrac{\partial^2 z}{\partial v^2}\right) - \left(4\dfrac{\partial^2 z}{\partial u^2} - 4a\dfrac{\partial^2 z}{\partial u \partial v} + a^2\dfrac{\partial^2 z}{\partial v^2}\right)$$

$$= (10+5a)\dfrac{\partial^2 z}{\partial u \partial v} + (6+a-a^2)\dfrac{\partial^2 z}{\partial v^2}$$

所以 $\begin{cases} 10+5a \neq 0 \\ 6+a-a^2 = 0 \end{cases}$，解得 $a = 3$.

24. 设 $u = f(x, y, z)$，$\varphi(x^2, e^y, z) = 0$，$y = \sin x$，其中 f, φ 有一阶连续偏导数，且 $\dfrac{\partial \varphi}{\partial z} \neq 0$，求 $\dfrac{du}{dx}$.

解：根据复合函数的链导法则，有

$$\dfrac{du}{dx} = \dfrac{\partial f}{\partial x} + \dfrac{\partial f}{\partial y}\dfrac{dy}{dx} + \dfrac{\partial f}{\partial z}\dfrac{dz}{dx} = \dfrac{\partial f}{\partial x} + \dfrac{\partial f}{\partial y}\cos x + \dfrac{\partial f}{\partial z}\dfrac{dz}{dx}$$

方程 $\varphi(x^2, e^y, z) = 0$ 两端关于 x 求导得

$$\varphi_1' \cdot 2x + \varphi_2' \cdot e^y \cos x + \varphi_3' \dfrac{dz}{dx} = 0$$

所以 $\dfrac{dz}{dx} = \dfrac{-(2x\varphi_1' + e^y \cos x \cdot \varphi_2')}{\varphi_3'}$. 进而有

$$\dfrac{du}{dx} = \dfrac{\partial f}{\partial x} + \dfrac{\partial f}{\partial y}\cos x - \dfrac{\partial f}{\partial z}\dfrac{2x\varphi_1' + e^y \cos x \cdot \varphi_2'}{\varphi_3'}$$

25. 求方程 $\dfrac{\partial^2 z}{\partial y^2} = 2$ 满足 $z(x, 0) = 1$，$z_y'(x, 0) = x$ 的解 $z = z(x, y)$.

解：等式 $\dfrac{\partial^2 z}{\partial y^2} = 2$ 两端对 y 积分得

$$\dfrac{\partial z}{\partial y} = \int 2dy + \varphi(x) = 2y + \varphi(x)$$

由 $z'_y(x,0) = x$，得 $x = 0 + \varphi(x)$，故

$$\frac{\partial z}{\partial y} = 2y + x \qquad ①$$

式①两端再对 y 积分得

$$z = y^2 + xy + \varphi_1(x)$$

由 $z(x,0) = 1$ 知 $1 = \varphi_1(x)$，所以

$$z = z(x,y) = 1 + xy + y^2$$

26．设函数 $z = f(x,y)$ 在点 $(1,1)$ 处可微，且 $f(1,1) = 1$，$\dfrac{\partial f}{\partial x}(1,1) = 2$，$\dfrac{\partial f}{\partial y}(1,1) = 3$，$\varphi(x) = f(x, f(x,x))$，求 $\dfrac{\mathrm{d}}{\mathrm{d}x}(\varphi^3(x))\big|_{x=1}$．

解： 由复合函数的链导法则，有

$$\frac{\mathrm{d}}{\mathrm{d}x}(\varphi^3(x)) = 3\varphi^2(x)\frac{\mathrm{d}\varphi}{\mathrm{d}x}$$
$$= 3\varphi^2(x)[f'_1(x,f(x,x)) + f'_2(x,f(x,x))(f'_1(x,x) + f'_2(x,x))]$$

故 $\dfrac{\mathrm{d}}{\mathrm{d}x}(\varphi^3(x))\big|_{x=1} = 3[2 + 3(2+3)] = 51$．

27．设函数 $z = f(x,y)$ 二阶偏导数连续，且 $f'_y \neq 0$．证明：对任意的常数 C，$f(x,y) = C$ 为一直线的充要条件是 $(f'_y)^2 f''_{xx} - 2f'_x f'_y f''_{xy} + (f'_x)^2 f''_{yy} = 0$．

证明： 由于 $f'_y \neq 0$，由 $f(x,y) = C$ 可确定函数 $y = y(x)$．则

$$\frac{\mathrm{d}y}{\mathrm{d}x} = -\frac{f'_x}{f'_y}, \quad \frac{\mathrm{d}^2 y}{\mathrm{d}x^2} = -\frac{\left(f''_{xx} + f''_{xy}\dfrac{\mathrm{d}y}{\mathrm{d}x}\right)f'_y - f'_x\left(f''_{yx} + f''_{yy}\dfrac{\mathrm{d}y}{\mathrm{d}x}\right)}{(f'_y)^2}$$

必要性： 设 $f(x,y) = C$ 为一直线，则 $\dfrac{\mathrm{d}^2 y}{\mathrm{d}x^2} = 0$．即

$$(f'_y)^2 f''_{xx} - 2f'_x f'_y f''_{xy} + (f'_x)^2 f''_{yy} = 0$$

充分性： 由于 $(f'_y)^2 f''_{xx} - 2f'_x f'_y f''_{xy} + (f'_x)^2 f''_{yy} = 0$，所以 $\dfrac{\mathrm{d}^2 y}{\mathrm{d}x^2} = 0$．

因而 $f(x,y) = C$ 必是关于 x, y 的一次式，即 $f(x,y) = C$ 表示一直线．

28．设 $\begin{cases} x = -u^2 + v + z \\ y = u + vz \end{cases}$，求 $\dfrac{\partial u}{\partial x}, \dfrac{\partial v}{\partial x}, \dfrac{\partial u}{\partial z}$．

解： 方程组中方程两端分别求微分得

$$\begin{cases} \mathrm{d}x = -2u\mathrm{d}u + \mathrm{d}v + \mathrm{d}z \\ \mathrm{d}y = \mathrm{d}u + v\mathrm{d}z + z\mathrm{d}v \end{cases}$$

所以 $\mathrm{d}u = \dfrac{-z\mathrm{d}x + (z-v)\mathrm{d}z + \mathrm{d}y}{1 + 2uz}$，$\mathrm{d}v = \dfrac{2u\mathrm{d}y + \mathrm{d}x - (1+2uv)\mathrm{d}z}{1 + 2uz}$．故

$$\frac{\partial u}{\partial x} = -\frac{z}{1+2uz}, \quad \frac{\partial v}{\partial x} = \frac{1}{1+2uz}, \quad \frac{\partial u}{\partial z} = \frac{z-v}{1+2uz}$$

29. 设由 $\begin{cases} u = f(ux, v+y) \\ v = g(u-x, v^2 y) \end{cases}$ 确定 u, v 是 x, y 的函数，其中 f, g 都有一阶连续偏导数，求 $\frac{\partial u}{\partial x}, \frac{\partial v}{\partial x}$.

解：方程组中方程两端关于 x 求偏导得

$$\begin{cases} \dfrac{\partial u}{\partial x} = f_1' \cdot \left(u + x \dfrac{\partial u}{\partial x} \right) + f_2' \cdot \dfrac{\partial v}{\partial x} \\ \dfrac{\partial v}{\partial x} = g_1' \cdot \left(\dfrac{\partial u}{\partial x} - 1 \right) + g_2' \cdot 2yv \cdot \dfrac{\partial v}{\partial x} \end{cases}$$

解得

$$\frac{\partial u}{\partial x} = \frac{\begin{vmatrix} uf_1' & -f_2' \\ g_1' & 2yvg_2'-1 \end{vmatrix}}{\begin{vmatrix} 1-xf_1' & -f_2' \\ g_1' & 2yvg_2'-1 \end{vmatrix}} = \frac{uf_1'(2yvg_2'-1) + f_2'g_1'}{(1-xf_1')(2yvg_2'-1) + f_2'g_1'}$$

$$\frac{\partial v}{\partial x} = \frac{\begin{vmatrix} 1-xf_1' & uf_1' \\ g_1' & g_1' \end{vmatrix}}{\begin{vmatrix} 1-xf_1' & -f_2' \\ g_1' & 2yvg_2'-1 \end{vmatrix}} = \frac{g_1'(1-xf_1') - uf_1' \cdot g_1'}{(1-xf_1')(2yvg_2'-1) + f_2'g_1'}$$

30. 设由 $x = \varphi(u,v)$，$y = \psi(u,v)$，$z = f(u,v)$ 确定 z 是 x, y 的二元函数，求 $\frac{\partial z}{\partial x}, \frac{\partial z}{\partial y}$.

解：由 $\begin{cases} x = \varphi(u,v) \\ y = \psi(u,v) \end{cases}$，方程两端分别对 x 求偏导得 $\begin{cases} \dfrac{\partial \varphi}{\partial u} \dfrac{\partial u}{\partial x} + \dfrac{\partial \varphi}{\partial v} \dfrac{\partial v}{\partial x} = 1 \\ \dfrac{\partial \psi}{\partial u} \dfrac{\partial u}{\partial x} + \dfrac{\partial \psi}{\partial v} \dfrac{\partial v}{\partial x} = 0 \end{cases}$.

解得 $\dfrac{\partial u}{\partial x} = \dfrac{\begin{vmatrix} 1 & \frac{\partial \varphi}{\partial v} \\ 0 & \frac{\partial \psi}{\partial v} \end{vmatrix}}{\begin{vmatrix} \frac{\partial \varphi}{\partial u} & \frac{\partial \varphi}{\partial v} \\ \frac{\partial \psi}{\partial u} & \frac{\partial \psi}{\partial v} \end{vmatrix}} = \dfrac{\frac{\partial \psi}{\partial v}}{\frac{\partial(\varphi,\psi)}{\partial(u,v)}}$，且 $\dfrac{\partial v}{\partial x} = \dfrac{\begin{vmatrix} \frac{\partial \varphi}{\partial u} & 1 \\ \frac{\partial \psi}{\partial u} & 0 \end{vmatrix}}{\frac{\partial(\varphi,\psi)}{\partial(u,v)}} = \dfrac{-\frac{\partial \psi}{\partial u}}{\frac{\partial(\varphi,\psi)}{\partial(u,v)}}$.

由复合函数的链导法则，可得

$$\frac{\partial z}{\partial x} = \frac{\partial f}{\partial u} \frac{\partial u}{\partial x} + \frac{\partial f}{\partial v} \frac{\partial v}{\partial x} = \frac{\frac{\partial f}{\partial u} \frac{\partial \psi}{\partial v} - \frac{\partial f}{\partial v} \frac{\partial \psi}{\partial u}}{\frac{\partial(\varphi,\psi)}{\partial(u,v)}} = \frac{\frac{\partial(f,\psi)}{\partial(u,v)}}{\frac{\partial(\varphi,\psi)}{\partial(u,v)}}$$

同理，$\dfrac{\partial z}{\partial y} = \dfrac{\dfrac{\partial(\varphi,f)}{\partial(u,v)}}{\dfrac{\partial(\varphi,\psi)}{\partial(u,v)}}$.

31. 求曲线 $\begin{cases} xyz = 1 \\ y^2 = x \end{cases}$ 在点 $M_0(1,1,1)$ 处的切线方程.

解：由方程组 $\begin{cases} xyz = 1 \\ y^2 = x \end{cases}$ 可确定一元函数 $y = y(x), z = z(x)$.

方程组中方程两端关于 x 求导得 $\begin{cases} yz + x(zy' + yz') = 0 \\ 2yy' = 1 \end{cases}$.

在点 $M_0(1,1,1)$ 处有 $\begin{cases} y'(1) + z'(1) = -1 \\ 2y'(1) = 1 \end{cases}$. 由此得 $\begin{cases} y'(1) = \dfrac{1}{2} \\ z'(1) = -\dfrac{3}{2} \end{cases}$.

所求切线方程为 $\dfrac{x-1}{-2} = \dfrac{y-1}{-1} = \dfrac{z-1}{3}$.

32. 设 $\Gamma: \begin{cases} x = x(t) \\ y = y(t) \end{cases}$ （$\alpha < t < \beta$）是区域 D 内的光滑曲线，即 $x(t), y(t)$ 在 (α, β) 内有连续导数，且 $x'^2(t) + y'^2(t) \neq 0$. 若 $f(x,y)$ 在 D 内有一阶连续偏导数，且 $P_0 \in \Gamma$ 是 $f(x,y)$ 在 Γ 上的极值点，求证 $f(x,y)$ 在点 P_0 处沿 Γ 的切线方向的方向导数为 0.

证明：设点 P_0 的坐标为 $(x(t_0), y(t_0)) = (x_0, y_0)$. 由于 f 在点 P_0 处取得极值，则

$$\left.\dfrac{\mathrm{d}}{\mathrm{d}t} f(x(t), y(t))\right|_{t=t_0} = f_x'(x_0, y_0) x'(t_0) + \dfrac{\partial f}{\partial y}(x_0, y_0) y'(t_0) = 0$$

曲线 Γ 在点 P_0 处的切向量 $\boldsymbol{\tau}|_{t=t_0} = (x'(t_0), y'(t_0))$，则 $f(x,y)$ 在点 P_0 处沿 $\boldsymbol{\tau}$ 的方向导数为

$$\left.\dfrac{\partial f}{\partial \boldsymbol{\tau}}\right|_{t=t_0} = \dfrac{1}{\sqrt{[x'(t_0)]^2 + [y'(t_0)]^2}} [f_x'(x_0, y_0) x'(t_0) + f_y'(x_0, y_0) y'(t_0)] = 0$$

33. 求曲线 $x = \dfrac{t}{1+t}$，$y = \dfrac{1+t}{t}$，$z = t^2$ 在 $t=1$ 对应点处的切线方程及法平面方程.

解：$t=1$ 对应的点为 $M_0\left(\dfrac{1}{2}, 2, 1\right)$，曲线在点 M_0 处的切向量 $\boldsymbol{\tau}|_{t=1} = \left(\dfrac{1}{4}, -1, 2\right)$. 故曲线在点 M_0 处的切线方程为

$$\dfrac{x - \dfrac{1}{2}}{1} = \dfrac{y - 2}{-4} = \dfrac{z - 1}{8}$$

法平面方程为

$$x - \dfrac{1}{2} - 4(y - 2) + 8(z - 1) = 0$$

34. 求曲面 $az = x^2 + y^2$ 在其与直线 $x = y = z$ 交点处的切平面方程.

解：将曲面方程与直线方程联立得 $az = 2z^2$，则 $z = 0, z = \dfrac{a}{2}$.

又 $\dfrac{\partial z}{\partial x}\bigg| = \dfrac{2}{a}x$, $\dfrac{\partial z}{\partial y}\bigg| = \dfrac{2}{a}y$，所以切平面方程为

$$\pi_1 : \left(x - \dfrac{a}{2}\right) + \left(y - \dfrac{a}{2}\right) - \left(z - \dfrac{a}{2}\right) = 0$$

或

$$\pi_2 : z = 0$$

35. 设 $f' \neq 0$. 证明曲面 $z = f(x^2 + y^2)$ 上任意一点处的法线与 z 轴相交.

证明：设 $M_0(x_0, y_0, f(x_0^2 + y_0^2))$ 是曲面上一点，则点 M_0 处的法线方程为

$$\dfrac{x - x_0}{f'(x_0^2 + y_0^2)2x_0} = \dfrac{y - y_0}{f'(x_0^2 + y_0^2)2y_0} = \dfrac{z - f(x_0^2 + y_0^2)}{-1}$$

令 $x = x_0 + 2x_0 t$，$y = y_0 + 2y_0 t$，$z = f(x_0^2 + y_0^2) - \dfrac{t}{f'(x_0^2 + y_0^2)}$. 当 $t = -\dfrac{1}{2}$ 时，$x = y = 0$，故法线可与 z 轴相交.

36. 求平面方程，使此平面包含曲线 $x = \varphi_1(t)$，$y = \varphi_2(t)$，$z = \varphi_3(t)$ 在 $t = t_0$ 时的切线，且过切线外一点 $M_1(x_1, y_1, z_1)$.

解：记 $t = t_0$ 对应的点为 M_0，曲线 $x = \varphi_1(t)$，$y = \varphi_2(t)$，$z = \varphi_3(t)$ 在点 M_0 处切线的方向向量为 $\boldsymbol{\tau} = (\varphi_1'(t_0), \varphi_2'(t_0), \varphi_3'(t_0))$. 故所求平面的法向量为

$$\boldsymbol{n} = \mathbf{M_1 M_0} \times \boldsymbol{\tau} = \begin{vmatrix} \boldsymbol{i} & \boldsymbol{j} & \boldsymbol{k} \\ \varphi_1(t_0) - x_1 & \varphi_2(t_0) - y_1 & \varphi_3(t_0) - z_1 \\ \varphi_1'(t_0) & \varphi_2'(t_0) & \varphi_3'(t_0) \end{vmatrix}$$

$$= (\varphi_3'(t_0)(\varphi_2(t_0) - y_1) - \varphi_2'(t_0)(\varphi_2(t_0) - z_1), \varphi_1'(t_0)(\varphi_3(t_0) - z_1) - \varphi_3'(t_0)(\varphi(t_0) - x_1),$$
$$(\varphi_2'(t_0)(\varphi_1(t_0) - x_1) - \varphi_1'(t_0)(\varphi(t_0) - y_2))$$
$$\triangleq (a, b, c)$$

则所求平面方程为

$$a(x - x_1) + b(y - y_1) + c(z - z_1) = 0$$

37. 证明曲面 $z = xf\left(\dfrac{y}{x}\right)$ 上任意一点的切平面都经过坐标原点.

证明：设 $M_0\left(x_0, y_0, x_0 f\left(\dfrac{y_0}{x_0}\right)\right)$ 是曲面上一点，则过点 M_0 的切平面方程为

$$\left[f\left(\dfrac{y_0}{x_0}\right) - \dfrac{y_0}{x_0}f'\left(\dfrac{y_0}{x_0}\right)\right](x - x_0) + f'\left(\dfrac{y_0}{x_0}\right)(y - y_0) - \left[z - x_0 f\left(\dfrac{y_0}{x_0}\right)\right] = 0$$

即

$$\left[f\left(\dfrac{y_0}{x_0}\right) - \dfrac{y_0}{x_0}f'\left(\dfrac{y_0}{x_0}\right)\right]x + f'\left(\dfrac{y_0}{x_0}\right)y - z = x_0 f\left(\dfrac{y_0}{x_0}\right) - y_0 f'\left(\dfrac{y_0}{x_0}\right) + y_0 f'\left(\dfrac{y_0}{x_0}\right) - x_0 f\left(\dfrac{y_0}{x_0}\right) = 0$$

所以切平面通过坐标原点.

38．设 $F(u,v)$ 是可微的二元函数，证明曲面 $F(cx-az,cy-bz)=0$ 上各点处的法向量都垂直于常向量 $\boldsymbol{A}=(a,b,c)$.

证明：曲面 $F(cx-az,cy-bz)=0$ 上任意一点处的法向量
$$\boldsymbol{n}=(cF'_u,cF'_v,-aF'_u-bF'_v)$$
由于 $\boldsymbol{n}\cdot\boldsymbol{A}=acF'_u+bcF'_v-acF'_u-bcF'_v=0$，得 $\boldsymbol{n}\perp\boldsymbol{A}$.

39．求曲面 $z=x^2+y^2$ 与平面 $2x+4y-z=0$ 平行的切平面方程.

解：曲面 $z=x^2+y^2$ 在点 (x_0,y_0,z_0) 处的法向量为 $(2x_0,2y_0,-1)$，则
$$\frac{2x_0}{2}=\frac{2y_0}{4}=\frac{-1}{-1}$$
所以 $x_0=1, y_0=2, z_0=5$．所求切平面方程为 $2x+4y-z=5$.

40．求正数 λ，使曲面 $xyz=\lambda$ 与椭球面 $\dfrac{x^2}{a^2}+\dfrac{y^2}{b^2}+\dfrac{z^2}{c^2}=1$ 在第一卦限内相切，并求出在切点处两曲面的公共切平面方程.

解：两曲面在点 (x,y,z) 处的公共切平面的法向量分别为
$$(yz,zx,xy) \text{ 与 } \left(\frac{2x}{a^2},\frac{2y}{b^2},\frac{2z}{c^2}\right)$$
所以 $\dfrac{x}{a^2yz}=\dfrac{y}{b^2zx}=\dfrac{z}{c^2xy}$．由于 $xyz=\lambda$，$\dfrac{x^2}{a^2}+\dfrac{y^2}{b^2}+\dfrac{z^2}{c^2}=1$，解得
$$x=\frac{a}{\sqrt{3}}, \quad y=\frac{b}{\sqrt{3}}, \quad z=\frac{c}{\sqrt{3}}, \quad \lambda=\frac{abc}{\sqrt{27}}$$
所求切平面方程为 $bc\left(x-\dfrac{a}{\sqrt{3}}\right)+ac\left(y-\dfrac{b}{\sqrt{3}}\right)+ab\left(z-\dfrac{c}{\sqrt{3}}\right)=0$.

41．设函数 $u=f(x,y)$ 有二阶连续偏导数，且满足 $4\dfrac{\partial^2 u}{\partial x^2}+12\dfrac{\partial^2 u}{\partial x\partial y}+5\dfrac{\partial^2 u}{\partial y^2}=0$．试确定 a,b 的值，使等式在变换 $\zeta=x+ay,\eta=x+by$ 下可化为 $\dfrac{\partial^2 u}{\partial \zeta\partial \eta}=0$.

解：$\dfrac{\partial u}{\partial x}=\dfrac{\partial u}{\partial \zeta}+\dfrac{\partial u}{\partial \eta}$，$\dfrac{\partial^2 u}{\partial x^2}=\dfrac{\partial^2 u}{\partial \zeta^2}+2\dfrac{\partial^2 u}{\partial \zeta\partial \eta}+\dfrac{\partial^2 u}{\partial \eta^2}$

$\dfrac{\partial u}{\partial y}=a\dfrac{\partial u}{\partial \zeta}+b\dfrac{\partial u}{\partial \eta}$，$\dfrac{\partial^2 u}{\partial y^2}=a^2\dfrac{\partial^2 u}{\partial \zeta^2}+2ab\dfrac{\partial^2 u}{\partial \zeta\partial \eta}+b^2\dfrac{\partial^2 u}{\partial \eta^2}$

$\dfrac{\partial^2 u}{\partial x\partial y}=a\dfrac{\partial^2 u}{\partial \zeta^2}+(a+b)\dfrac{\partial^2 u}{\partial \zeta\partial \eta}+b\dfrac{\partial^2 u}{\partial \eta^2}$

将以上各式代入原等式，得
$$(5a^2+12a+4)\dfrac{\partial^2 u}{\partial \zeta^2}+(10ab+12a+12b+8)\dfrac{\partial^2 u}{\partial \zeta\partial \eta}+(5b^2+12b+4)\dfrac{\partial^2 u}{\partial \eta^2}=0$$

由题意，令 $5a^2+12a+4=0$ 及 $5b^2+12b+4=0$，可得

$$\begin{cases} a=-2 \\ b=-\dfrac{2}{5} \end{cases},\quad \begin{cases} a=-\dfrac{2}{5} \\ b=-2 \end{cases},\quad \begin{cases} a=-2 \\ b=-2 \end{cases},\quad \begin{cases} a=-\dfrac{2}{5} \\ b=-\dfrac{2}{5} \end{cases}$$

由 $10ab+12(a+b)+8\neq 0$，舍去 $\begin{cases} a=-2 \\ b=-2 \end{cases},\begin{cases} a=-\dfrac{2}{5} \\ b=-\dfrac{2}{5} \end{cases}$.

故 $\begin{cases} a=-2 \\ b=-\dfrac{2}{5} \end{cases}$ 或 $\begin{cases} a=-\dfrac{2}{5} \\ b=-2 \end{cases}$.

42．已知三角形周长为 $2P$，求三角形，使它绕着其中一边旋转一周所构成立体的体积最大．

解：设三角形三边为 x,y,z，相应的边长也记为 x,y,z，垂直于 x 边的高为 h，则面积为

$$S=\frac{1}{2}xh$$

所以 $xh=2S=2\sqrt{P(P-x)(P-y)(P-z)}$.

若三角形绕 x 边旋转，则所构成立体的体积为

$$V=\frac{\pi}{3}xh^2=\frac{4\pi P}{3x}(P-x)(P-y)(P-z)$$

又 $x+y+z=2P$，设拉格朗日函数

$$F=\ln(P-x)+\ln(P-y)+\ln(P-z)-\ln x+\lambda(x+y+z-2P)$$

由 $\begin{cases} \dfrac{\partial F}{\partial x}=-\dfrac{1}{P-x}-\dfrac{1}{x}+\lambda=0 \\ \dfrac{\partial F}{\partial y}=-\dfrac{1}{P-y}+\lambda=0 \\ \dfrac{\partial F}{\partial z}=-\dfrac{1}{P-z}+\lambda=0 \\ x+y+z=2P \end{cases}$，可解得 $\begin{cases} x=\dfrac{P}{2} \\ y=z=\dfrac{3P}{4} \end{cases}$. 此时 $V=\dfrac{\pi P^3}{12}$.

43．求在条件 $x+2y+3z=a$ 下，函数 $u=x^3y^2z$（$x>0,y>0,z>0$）的最大值，其中 $a>0$．

解：令 $F(x,y,z,\lambda)=x^3y^2z+\lambda(x+2y+3z-a)$. 由

$$\begin{cases} \dfrac{\partial F}{\partial x}=3x^2y^2z+\lambda=0 \\ \dfrac{\partial F}{\partial y}=2x^3yz+2\lambda=0 \\ \dfrac{\partial F}{\partial z}=x^3y^2+3\lambda=0 \\ x+2y+3z=a \end{cases}$$

解得 $x=\dfrac{a}{2}, y=\dfrac{a}{6}, z=\dfrac{a}{18}$. 故 $x^3 y^2 z \leqslant \left(\dfrac{a}{2}\right)^3 \left(\dfrac{a}{6}\right)^2 \left(\dfrac{a}{18}\right) = \dfrac{a^6}{5184}$.

44. 已知四边形四个边长分别为 a, b, c, d，问何时四边形面积最大？

解：设 a,b 夹角为 α，c,d 夹角为 β，如右图所示. 于是四边形面积为
$$2S = ab\sin\alpha + cd\sin\beta \triangleq f(\alpha, \beta)$$
又 $a^2 + b^2 - 2ab\cos\alpha = c^2 + d^2 - 2cd\cos\beta$，构造拉格朗日函数
$$F = ab\sin\alpha + cd\sin\beta + \lambda(a^2 + b^2 - c^2 - d^2 - 2ab\cos\alpha + 2cd\cos\beta)$$

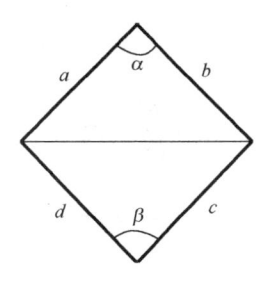

由 $\begin{cases} \dfrac{\partial F}{\partial \alpha} = ab\cos\alpha + 2ab\lambda\sin\alpha = 0 \\ \dfrac{\partial F}{\partial \beta} = cd\cos\beta - 2cd\lambda\sin\beta = 0 \\ \dfrac{\partial F}{\partial \lambda} = a^2 + b^2 - c^2 - d^2 - 2ab\cos\alpha + 2cd\cos\beta = 0 \end{cases}$，解得 $\alpha + \beta = \pi$.

由于 S 的最小值为 0，对应 $\alpha = \beta = 0$，而且 S 的最大值存在，故当 $\alpha + \beta = \pi$ 时，面积 S 最大.

45. 求椭圆 $x^2 + 2xy + 5y^2 - 16y = 0$ 与直线 $x + y - 6 = 0$ 之间的最短距离.

解：设 $M(x, y)$ 是椭圆上一点，则 M 到直线 $x + y - 6 = 0$ 的距离 d 满足
$$d^2 = \dfrac{(x+y-6)^2}{2}$$

令 $F = \dfrac{(x+y-6)^2}{2} + \lambda(x^2 + 2xy + 5y^2 - 16y)$. 由
$$\begin{cases} \dfrac{\partial F}{\partial x} = x + y - 6 + \lambda(2x + 2y) = 0 \\ \dfrac{\partial F}{\partial y} = x + y - 6 + \lambda(2x + 10y - 16) = 0 \\ \dfrac{\partial F}{\partial \lambda} = x^2 + 2xy + 5y^2 - 16y = 0 \end{cases}$$

解得 $\begin{cases} x = 2 \\ y = 2 \end{cases}$ 或 $\begin{cases} x = -6 \\ y = 2 \end{cases}$. 故椭圆到直线的最短距离为 $d = \sqrt{2}$.

46. 设长方体的三个面在坐标平面上，其中一个顶点在平面 $\dfrac{x}{a} + \dfrac{y}{b} + \dfrac{z}{c} = 1$（$a > 0, b > 0, c > 0$）上，求其最大体积.

解：设长方体边长为 x, y, z，则其体积为
$$V = xyz$$
又 $\dfrac{x}{a} + \dfrac{y}{b} + \dfrac{z}{c} = 1$，构造拉格朗日函数

$$F(x,y,z,\lambda) = xyz + \lambda\left(\frac{x}{a} + \frac{y}{b} + \frac{z}{c} - 1\right)$$

由 $\begin{cases} \dfrac{\partial F}{\partial x} = yz + \dfrac{\lambda}{a} = 0 \\ \dfrac{\partial F}{\partial y} = xz + \dfrac{\lambda}{b} = 0 \\ \dfrac{\partial F}{\partial z} = xy + \dfrac{\lambda}{c} = 0 \\ \dfrac{\partial F}{\partial \lambda} = \dfrac{x}{a} + \dfrac{y}{b} + \dfrac{z}{c} - 1 = 0 \end{cases}$，解得 $\begin{cases} x = \dfrac{a}{3} \\ y = \dfrac{b}{3} \\ z = \dfrac{c}{3} \end{cases}$. 故最大体积 $V = \dfrac{abc}{27}$.

47. 求二元函数 $z = f(x,y) = x^2 y(4 - x - y)$ 在由直线 $x + y = 6$、x 轴和 y 轴所围成闭区域 D 上的极值、最大值与最小值.

解：由 $\begin{cases} \dfrac{\partial z}{\partial x} = 8xy - 3x^2 y - 2xy^2 = 0 \\ \dfrac{\partial z}{\partial y} = 4x^2 - x^3 - 2x^2 y = 0 \end{cases}$，解得点 $(4,0)$，$(2,1)$. 由区域 D 的构成可知，仅有点 $(2,1)$ 在 D 内部，其是驻点；点 $(4,0)$ 不是驻点.

计算得，在点 $(2,1)$ 处，

$$A = \frac{\partial^2 z}{\partial x^2} = (8y - 6xy - 2y^2)\bigg|_{(2,1)} = -6$$

$$B = \frac{\partial^2 z}{\partial x \partial y} = (8x - 3x^2 - 4xy)\bigg|_{(2,1)} = -4$$

$$C = \frac{\partial^2 z}{\partial y^2} = -2x^2\bigg|_{(2,1)} = -8$$

故 $AC - B^2 = 32 > 0$，$A = -6 < 0$. 所以，点 $(2,1)$ 为 z 的极大值点，$z(2,1) = 4$ 为极大值.

在 D 的边界上，有
① $x = 0$（$0 \leqslant y \leqslant 6$），$z = 0$；
② $y = 0$（$0 \leqslant x \leqslant 6$），$z = 0$；
③ $x + y = 6$（$0 \leqslant y \leqslant 6$），$z = 2x^3 - 12x^2$.

此时，由 $\dfrac{dz}{dx} = 6x^2 - 24x = 0$，解得 $x = 0$，$x = 4$.

由于 $z(0,6) = 0$，$z(4,2) = -64$，故在闭区域 D 上最大值为 $z(2,1) = 4$，最小值为 $z(4,2) = -64$.

48. 求由方程 $2x^2 + 2y^2 + z^2 + 8xz - z + 8 = 0$ 所确定的隐函数 $z = z(x,y)$ 的极值.

解：方程两端关于 x, y 分别求偏导得

$$\begin{cases} 4x + 2zz'_x + 8z + 8xz'_x - z'_x = 0 \\ 4y + 2zz'_y + 8xz'_y - z'_y = 0 \end{cases}$$

令 $z'_x = 0$，$z'_y = 0$ 得

$$\begin{cases} x = -2z \\ y = 0 \end{cases}$$

将其代入原方程中得 $7z^2 + z = 8$，所以 $z = 1$，$z = -\dfrac{8}{7}$．得驻点 $(-2, 0)$ 及 $\left(\dfrac{16}{7}, 0\right)$，其中 $z(-2, 0) = 1$，$z\left(\dfrac{16}{7}, 0\right) = -\dfrac{8}{7}$．

计算得 $\left.\dfrac{\partial^2 z}{\partial x^2}\right|_{(-2,0)} = \dfrac{4}{15}$，$\left.\dfrac{\partial^2 z}{\partial x^2}\dfrac{\partial^2 z}{\partial y^2}\right|_{(-2,0)} - \left(\dfrac{\partial^2 z}{\partial x \partial y}\right)^2 = \left(\dfrac{4}{15}\right)\left(\dfrac{4}{15}\right) - 0^2 > 0$，故 $(-2, 0)$ 是极小值点，$z(-2, 0) = 1$ 是 z 的极小值．

计算得 $\left.\dfrac{\partial^2 z}{\partial x^2}\right|_{\left(\frac{16}{7},0\right)} = -\dfrac{4}{15}$，$\left.\dfrac{\partial^2 z}{\partial x^2}\dfrac{\partial^2 z}{\partial y^2}\right|_{\left(\frac{16}{7},0\right)} - \left(\dfrac{\partial^2 z}{\partial x \partial y}\right)^2 = \left(-\dfrac{4}{15}\right)\left(-\dfrac{4}{15}\right) - 0^2 > 0$，故 $\left(\dfrac{16}{7}, 0\right)$ 是极大值点，$z\left(\dfrac{16}{7}, 0\right) = -\dfrac{8}{7}$ 是 z 的极大值．

49．求函数 $f(x, y) = x^2 + 2y^2 - x^2 y^2$ 在区域 $D = \{(x, y) \mid x^2 + y^2 \leq 4, y \geq 0\}$ 上的最大值和最小值．

解：（1）求 $f(x, y)$ 在 D 内的驻点．由

$$\begin{cases} f'_x = 2x - 2xy^2 = 0 \\ f'_y = 4y - 2x^2 y = 0 \end{cases}$$

得 $f(x, y)$ 在 D 内的驻点为 $(\pm\sqrt{2}, 1)$．计算得 $f(\pm\sqrt{2}, 1) = 2$．

（2）考查 D 的边界：$y = 0$，其中 $-2 \leq x \leq 2$．由于 $f(x, 0) = x^2$，故在此部分边界上最大值为 $f(\pm 2, 0) = 4$，最小值为 $f(0, 0) = 0$．

（3）考查 D 的边界：$x^2 + y^2 = 4$，其中 $y \geq 0$．此时 $f(x, y) = x^2 + 2y^2 - x^2 y^2 = x^4 - 5x^2 + 8$，其中 $-2 < x < 2$．

令 $\varphi(x) = x^4 - 5x^2 + 8$．由 $\varphi'(x) = 4x^3 - 10x = 0$，得 $x = 0$，$x = \pm\sqrt{\dfrac{5}{2}}$．此时 $\varphi(0) = 8$，$\varphi\left(\pm\sqrt{\dfrac{5}{2}}\right) = \dfrac{7}{4}$．

比较可知，$f(x, y)$ 在 D 上的最大值为 $f(0, 2) = 8$，最小值为 $f(0, 0) = 0$．

50．设 $P(x^*, y^*)$ 是椭圆 $\Gamma: \dfrac{x^2}{a^2} + \dfrac{y^2}{b^2} = 1$ 外一点，$M_0(x_0, y_0)$ 是 Γ 上与点 P 距离最近的点，求证 M_0 与 P 的连线是椭圆 Γ 在点 M_0 处的法线．

证明：令 $F(x, y, \lambda) = (x - x^*)^2 + (y - y^*)^2 + \lambda\left(\dfrac{x^2}{a^2} + \dfrac{y^2}{b^2} - 1\right)$．由于 $M_0(x_0, y_0)$ 是 Γ 上与点 P 距离最近的点，则 (x_0, y_0) 满足如下方程组

$$\begin{cases} \dfrac{\partial F}{\partial x} = 2(x-x^*) + \dfrac{2\lambda}{a^2}x = 0 \\ \dfrac{\partial F}{\partial y} = 2(y-y^*) + \dfrac{2\lambda}{b^2}y = 0 \\ \dfrac{\partial F}{\partial \lambda} = \dfrac{x^2}{a^2} + \dfrac{y^2}{b^2} - 1 = 0 \end{cases}$$

进而有 $(x_0-x^*, y_0-y^*) = -\lambda\left(\dfrac{x_0}{a^2}, \dfrac{y_0}{b^2}\right)$，且 $\lambda \neq 0$. 由此可证得 M_0 与 P 的连线是椭圆 Γ 在点 M_0 处的法线.

51．设 $u = f(\sqrt{x^2+y^2}, z)$，其中 f 有二阶连续偏导数．若函数 $z = z(x,y)$ 由方程 $xy+x+y-z = e^z$ 所确定，求 $\dfrac{\partial^2 u}{\partial x \partial y}$．

解：由复合函数求导法则，有

$$\frac{\partial u}{\partial x} = \frac{x \cdot f_1'}{\sqrt{x^2+y^2}} + f_2' \cdot \frac{\partial z}{\partial x}$$

$$\frac{\partial^2 u}{\partial x \partial y} = \frac{x}{\sqrt{x^2+y^2}}\left(\frac{yf_{11}''}{\sqrt{x^2+y^2}} + f_{12}''\frac{\partial z}{\partial y}\right) - \frac{xyf_1'}{(x^2+y^2)^{\frac{3}{2}}}$$

$$+ \left(f_{21}''\frac{y}{\sqrt{x^2+y^2}} + f_{22}''\frac{\partial z}{\partial y}\right)\frac{\partial z}{\partial x} + f_2'\frac{\partial^2 z}{\partial x \partial y}$$

方程 $xy+x+y-z = e^z$ 两端求微分得 $xdy + ydx + dx + dy - dz = e^z dz$．所以

$$dz = \frac{1+y}{1+e^z}dx + \frac{1+x}{1+e^z}dy$$

从而，

$$\frac{\partial z}{\partial x} = \frac{1+y}{1+e^z}, \quad \frac{\partial z}{\partial y} = \frac{1+x}{1+e^z}$$

$$\frac{\partial^2 z}{\partial x \partial y} = \frac{1}{1+e^z} - \frac{(1+y)e^z}{(1+e^z)^2} \cdot \frac{\partial z}{\partial y}$$

$$= \frac{1}{1+e^z} - \frac{e^z(1+y)}{(1+e^z)^2} \cdot \frac{1+x}{1+e^z}$$

则

$$\frac{\partial^2 u}{\partial x \partial y} = \frac{xyf_{11}''}{x^2+y^2} + \frac{x(1+x)+y(1+y)}{(1+e^z)(x^2+y^2)^{\frac{1}{2}}}f_{12}'' - \frac{xy}{(x^2+y^2)^{\frac{3}{2}}}f_1'$$

$$+ \frac{(1+x)(1+y)}{(1+e^z)^2}f_{22}'' + \frac{(1+e^z)^2 - e^z(1+x)(1+y)}{(1+e^z)^3}f_2'$$

52. 设 $u = f(x,z)$，其中 $f(x,z)$ 有一阶连续偏导数．若函数 $z = z(x,y)$ 由方程 $z = x + y\varphi(z)$ 所确定，而 $\varphi(z)$ 有连续导数，求 $\mathrm{d}u$．

解：可知 $\dfrac{\partial u}{\partial x} = f_1' + f_2'\dfrac{\partial z}{\partial x}$．而 $\dfrac{\partial z}{\partial x} = 1 + y\varphi'(z)\cdot\dfrac{\partial z}{\partial x}$，因此 $\dfrac{\partial z}{\partial x} = \dfrac{1}{1 - y\varphi'}$．故 $\dfrac{\partial u}{\partial x} = f_1' + \dfrac{f_2'}{1 - y\varphi'}$．

同理，$\dfrac{\partial u}{\partial y} = f_2'\dfrac{\partial z}{\partial y}$．而 $\dfrac{\partial z}{\partial y} = \varphi(z) + y\varphi'\cdot\dfrac{\partial z}{\partial y}$，因此 $\dfrac{\partial z}{\partial y} = \dfrac{\varphi(z)}{1 - y\varphi'}$．故 $\dfrac{\partial u}{\partial y} = \dfrac{f_2'\varphi(z)}{1 - y\varphi'}$．

于是 $\mathrm{d}u = \dfrac{\partial u}{\partial x}\mathrm{d}x + \dfrac{\partial u}{\partial y}\mathrm{d}y = \left(f_1' + \dfrac{f_2'}{1 - y\varphi'}\right)\mathrm{d}x + \dfrac{f_2'\varphi(z)}{1 - y\varphi'}\mathrm{d}y$．

53. 设 $u = x - 2\sqrt{y}$，$v = x + 2\sqrt{y}$．若以 u,v 作为新的自变量，变换方程

$$\frac{\partial^2 z}{\partial x^2} - y\frac{\partial^2 z}{\partial y^2} = \frac{1}{2}\frac{\partial z}{\partial y}, \quad y > 0$$

求解该方程．

解：由复合函数求导法则，有

$$\frac{\partial z}{\partial x} = \frac{\partial z}{\partial u} + \frac{\partial z}{\partial v}$$

$$\frac{\partial z}{\partial y} = \frac{\partial z}{\partial u}\left(-y^{-\frac{1}{2}}\right) + \frac{\partial z}{\partial v}y^{-\frac{1}{2}} = y^{-\frac{1}{2}}\left(\frac{\partial z}{\partial v} - \frac{\partial z}{\partial u}\right)$$

$$\frac{\partial^2 z}{\partial x^2} = \frac{\partial^2 z}{\partial u^2} + 2\frac{\partial^2 z}{\partial u \partial v} + \frac{\partial^2 z}{\partial v^2}$$

$$\frac{\partial^2 z}{\partial y^2} = y^{-1}\left[\frac{\partial^2 z}{\partial u^2} - 2\frac{\partial^2 z}{\partial u \partial v} + \frac{\partial^2 z}{\partial v^2}\right] + \frac{1}{2}y^{-\frac{3}{2}}\left[\frac{\partial z}{\partial u} - \frac{\partial z}{\partial v}\right]$$

代入原方程，整理得 $\dfrac{\partial^2 z}{\partial u \partial v} = 0$．

由 $\dfrac{\partial^2 z}{\partial u \partial v} = 0$，$\dfrac{\partial}{\partial v}\left(\dfrac{\partial z}{\partial u}\right) = 0$．对 v 积分得 $\dfrac{\partial z}{\partial u} = \varphi(u)$．关于 u 再积分得

$$z = \int \varphi(u)\mathrm{d}u + g(v) = f(u) + g(v) = f(x - 2\sqrt{y}) + g(x + 2\sqrt{y})$$

其中，f,g 均为任意的可微函数．

54. 设平面 π 是椭球面 $x^2 + \dfrac{1}{2}y^2 + z^2 = \dfrac{5}{2}$ 的切平面．若 π 平行于直线 $L_1: x = t, y = 1 + 2t, z = -2 + 2t$ 及 $L_2: \begin{cases} x - 2y + 4z - 8 = 0 \\ 2x + y - 2z + 4 = 0 \end{cases}$．

（1）求平面 π 的方程；
（2）求直线 L_1 到平面 π 的距离．

解：由已知，直线 L_1 的方向向量为

$$\boldsymbol{S}_1 = (1, 2, 2)$$

直线 L_2 的方向向量为

$$S_2 = \begin{vmatrix} i & j & k \\ 1 & -2 & 4 \\ 2 & 1 & -2 \end{vmatrix} = (0, 10, 5)$$

故平面 π 的法向量为

$$n = S_1 \times S_2 = \begin{vmatrix} i & j & k \\ 1 & 2 & 2 \\ 0 & 10 & 5 \end{vmatrix} = (-10, -5, 10)$$

椭球面上点 $M_0(x_0, y_0, z_0)$ 处切平面的法向量为 $(2x_0, y_0, 2z_0)$，于是

$$\frac{2x_0}{-10} = \frac{y_0}{-5} = \frac{2z_0}{10} \triangleq \lambda$$

则 $x_0 = -5\lambda$，$y_0 = -5\lambda$，$z_0 = 5\lambda$. 代入椭球面方程得

$$(-5\lambda)^2 + \frac{1}{2}(-5\lambda)^2 + (5\lambda)^2 = \frac{5}{2}$$

解得 $\lambda = \pm\frac{1}{5}$. 所以 $(x_0, y_0, z_0) = \pm(1, 1, -1)$. 所求平面方程为

$$\pi_1 : 2x + y - 2z - 5 = 0$$

$$\pi_2 : 2x + y - 2z + 5 = 0$$

容易验证，直线 L_1 在平面 π_1 上，故 L_1 到 π_1 的距离 $d = 0$.

L_1 不在平面 π_2 上，但 $L_1 // \pi_2$，故直线 L_1 上任意一点到平面 π_2 上距离相等. 于是

$$d = \frac{|2t + (1+2t) - 2(-2+2t) + 5|}{\sqrt{2^2 + 1^2 + (-2)^2}} = \frac{10}{3}$$

55. 设函数 $F(x, y) = \int_0^{xy} \frac{\sin t}{1+t^2} dt$，求 $\left.\frac{\partial^2 F}{\partial x^2}\right|_{(0,2)}$.

解：因为 $F(x, y) = \int_0^{xy} \frac{\sin t}{1+t^2} dt$，所以 $\frac{\partial F}{\partial x} = y\frac{\sin xy}{1+x^2y^2}$，

$$\frac{\partial^2 F}{\partial x^2} = y\frac{y\cos xy \cdot (1+x^2y^2) - 2xy^2 \sin xy}{(1+x^2y^2)^2}$$

故 $\left.\frac{\partial^2 F}{\partial x^2}\right|_{(0,2)} = 4$.

56. 设函数 $z = f(xy, yg(x))$，其中函数 f 有二阶连续偏导数，函数 $g(x)$ 可导，且在 $x=1$ 处取得极值 $g(1) = 1$. 求 $\left.\frac{\partial^2 z}{\partial x \partial y}\right|_{(1,1)}$.

解：易见 $g'(1) = 0$. 由于 $z = f(xy, yg(x))$，所以 $\frac{\partial z}{\partial x} = yf_1' + yg'(x)f_2'$. 从而 $\left.\frac{\partial z}{\partial x}\right|_{x=1} = yf_1'(y, y)$.

所以

$$\left.\frac{\partial^2 z}{\partial x \partial y}\right|_{(1,1)} = \{f_1'(y,y) + y[f_{11}''(y,y) + f_{12}''(y,y)]\}|_{y=1} = f_1'(1,1) + f_{11}''(1,1) + f_{12}''(1,1)$$

57. 求 $\left.\mathrm{grad}\left(xy + \dfrac{z}{y}\right)\right|_{(2,1,1)}$.

解：令 $f(x,y,z) = xy + \dfrac{z}{y}$，则 $\dfrac{\partial f}{\partial x} = y, \dfrac{\partial f}{\partial y} = x - \dfrac{z}{y^2}, \dfrac{\partial f}{\partial z} = \dfrac{1}{y}$，所以

$$\left.\frac{\partial f}{\partial x}\right|_{(2,1,1)} = 1, \left.\frac{\partial f}{\partial y}\right|_{(2,1,1)} = 1, \left.\frac{\partial f}{\partial z}\right|_{(2,1,1)} = 1$$

故 $\left.\mathrm{grad}(xy + \dfrac{z}{y})\right|_{(2,1,1)} = \boldsymbol{i} + \boldsymbol{j} + \boldsymbol{k}$.

58. 求函数 $f(x,y) = xe^{\frac{x^2+y^2}{2}}$ 的极值.

解：可知 $\dfrac{\partial f(x,y)}{\partial x} = (1-x^2)e^{\frac{x^2+y^2}{2}}$，$\dfrac{\partial f(x,y)}{\partial x} = -xye^{\frac{x^2+y^2}{2}}$. 令 $\dfrac{\partial f(x,y)}{\partial x} = 0$，$\dfrac{\partial f(x,y)}{\partial x} = 0$，解得驻点 $(1,0),(-1,0)$.

记 $A = \dfrac{\partial^2 f(x,y)}{\partial x^2} = x(x^2-3)e^{\frac{x^2+y^2}{2}}$

$B = \dfrac{\partial^2 f(x,y)}{\partial x \partial y} = y(x^2-1)e^{\frac{x^2+y^2}{2}}$

$C = \dfrac{\partial^2 f(x,y)}{\partial y^2} = x(y^2-1)e^{\frac{x^2+y^2}{2}}$

在点 $(1,0)$ 处，由于 $AC - B^2 = \dfrac{2}{\mathrm{e}} > 0$，$A = -\dfrac{2}{\sqrt{\mathrm{e}}} < 0$，所以 $f(1,0) = \dfrac{1}{\sqrt{\mathrm{e}}}$ 为 $f(x,y)$ 的极大值；

在点 $(-1,0)$ 处，由于 $AC - B^2 = \dfrac{2}{\mathrm{e}} > 0$，$A = \dfrac{2}{\sqrt{\mathrm{e}}} > 0$，所以 $f(-1,0) = -\dfrac{1}{\sqrt{\mathrm{e}}}$ 为 $f(x,y)$ 的极小值.

59. 设 $z = f\left(\ln x + \dfrac{1}{y}\right)$，其中 $f(u)$ 可微，求 $x\dfrac{\partial z}{\partial x} + y^2\dfrac{\partial z}{\partial y}$.

解：由于 $\dfrac{\partial z}{\partial x} = f' \cdot \dfrac{1}{x}$，$\dfrac{\partial z}{\partial y} = f' \cdot \left(-\dfrac{1}{y^2}\right)$，故 $x\dfrac{\partial z}{\partial x} + y^2\dfrac{\partial z}{\partial y} = f' - f' = 0$.

60. 求函数 $f(x,y) = \left(y + \dfrac{x^3}{3}\right)\mathrm{e}^{x+y}$ 的极值.

解：计算得 $f_x' = \left(x^2 + y + \dfrac{x^3}{3}\right)\mathrm{e}^{x+y}$，$f_y' = \left(1 + y + \dfrac{x^3}{3}\right)\mathrm{e}^{x+y}$.

令 $f_x' = 0$，$f_y' = 0$，得驻点 $\left(-1,-\dfrac{2}{3}\right)$，$\left(1,-\dfrac{4}{3}\right)$. 由于

$$f_{xx}'' = \mathrm{e}^{x+y}\left(y + \dfrac{x^3}{3} + 2x^2 + 2x\right)$$

$$f''_{xy} = e^{x+y}\left(y + \frac{x^3}{3} + x^2 + 1\right)$$

$$f''_{yy} = e^{x+y}\left(y + \frac{x^3}{3} + 2\right)$$

在点 $\left(-1, -\frac{2}{3}\right)$ 处，$A = f''_{xx} = -e^{-\frac{5}{3}}$，$B = f''_{xy} = e^{-\frac{5}{3}}$，$C = f''_{yy} = e^{-\frac{5}{3}}$．从而 $AC - B^2 < 0$，故点 $\left(-1, -\frac{2}{3}\right)$ 不是 $f(x, y)$ 的极值点．

在点 $\left(1, -\frac{4}{3}\right)$ 处，$A = f''_{xx} = 3e^{-\frac{1}{3}}$，$B = f''_{xy} = e^{-\frac{1}{3}}$，$C = f''_{yy} = e^{-\frac{1}{3}}$．从而 $AC - B^2 = 2e^{-\frac{2}{3}} > 0$ 且 $A > 0$，故点 $\left(1, -\frac{4}{3}\right)$ 是 $f(x, y)$ 的极小值点，极小值为 $f\left(1, -\frac{4}{3}\right) = -e^{-\frac{1}{3}}$．

61． 求曲线 $x^3 - xy + y^3 = 1$（$x \geq 0, y \geq 0$）上的点到坐标原点的最长距离与最短距离．

解： 设 (x, y) 为曲线上的任一点，$f(x, y) = x^2 + y^2$．

构造拉格朗日函数 $L(x, y, \lambda) = x^2 + y^2 + \lambda(x^3 - xy + y^3 - 1)$．令

$$\frac{\partial L}{\partial x} = 2x + (3x^2 - y)\lambda = 0 \qquad ①$$

$$\frac{\partial L}{\partial y} = 2y + (3y^2 - x)\lambda = 0 \qquad ②$$

$$\frac{\partial L}{\partial \lambda} = x^3 - xy + y^3 - 1 = 0 \qquad ③$$

当 $x > 0, y > 0$ 时，由式①、式②得 $\frac{x}{y} = \frac{3x^2 - y}{3y^2 - x}$，得 $y = x$ 或 $3xy = -(x+y)$．由于 $x > 0, y > 0$，将 $3xy = -(x+y)$ 舍去．将 $y = x$ 代入式③，得 $2x^3 - x^2 - 1 = 0$，故 $x = 1$，从而点 $(1,1)$ 为唯一可能的极值点．

当 $x = 0$ 时，$y = 1$；当 $y = 0$ 时，$x = 1$．

分别计算点 $(1,1)$，$(0,1)$ 及 $(1,0)$ 处的函数值，有 $f(1,1) = 2$，$f(0,1) = f(1,0) = 1$．故所求最长距离为 $\sqrt{2}$，最短距离为 1．

62． 求曲面 $z = x^2(1 - \sin y) + y^2(1 - \sin x)$ 在点 $(1, 0, 1)$ 处的切平面方程．

解： 曲面 $z = x^2(1 - \sin y) + y^2(1 - \sin x)$ 在点 $(1, 0, 1)$ 处的法向量为 $(z'_x, z'_y, -1)\big|_{(1,0,1)} = (2, -1, -1)$．所以，切平面方程为 $2(x-1) + (-1)(y-0) + (-1)(z-1) = 0$，即 $2x - y - z - 1 = 0$．

63． 设函数 $f(u)$ 有二阶连续导数，$z = f(e^x \cos y)$ 满足 $\frac{\partial^2 z}{\partial x^2} + \frac{\partial^2 z}{\partial y^2} = (4z + e^x \cos y)e^{2x}$．若 $f(0) = 0$，$f'(0) = 0$，求 $f(u)$ 的表达式．

解： $\frac{\partial z}{\partial x} = f'(e^x \cos y)e^x \cos y$

$\frac{\partial^2 z}{\partial x^2} = f''(e^x \cos y)e^{2x} \cos^2 y + f'(e^x \cos y)e^x \cos y$

$$\frac{\partial z}{\partial y} = -f'(e^x \cos y)e^x \sin y$$

$$\frac{\partial^2 z}{\partial y^2} = f''(e^x \cos y)e^{2x} \sin^2 y - f'(e^x \cos y)e^x \cos y$$

代入 $\frac{\partial^2 z}{\partial x^2} + \frac{\partial^2 z}{\partial y^2} = (4z + e^x \cos y)e^{2x}$，整理得

$$f''(e^x \cos y)e^{2x} = [4f(e^x \cos y) + e^x \cos y]e^{2x}$$

故函数 $f(u)$ 满足方程 $f''(u) = 4f(u) + u$，其通解为 $f(u) = C_1 e^{2u} + C_2 e^{-2u} - \frac{u}{4}$.

由 $f(0) = 0$，$f'(0) = 0$，解得 $C_1 = \frac{1}{16}$，$C_2 = -\frac{1}{16}$，故 $f(u) = \frac{1}{16}(e^{2u} - e^{-2u} - 4u)$.

64．设 $z = z(x, y)$ 是由方程 $e^{2yz} + x + y^2 + z = \frac{7}{4}$ 确定的函数，求 $dz\big|_{(\frac{1}{2}, \frac{1}{2})}$.

解：令 $x = \frac{1}{2}$，$y = \frac{1}{2}$，代入方程得 $z\left(\frac{1}{2}, \frac{1}{2}\right) = 0$.

方法一：设 $F(x, y, z) = e^{2yz} + x + y^2 + z - \frac{7}{4}$. 则 $F'_x = 1$，$F'_y = 2ze^{2yz} + 2y$，$F'_z = 2ye^{2yz} + 1$.

当 $x = y = \frac{1}{2}$ 时，$\frac{\partial z}{\partial x} = -\frac{F'_x}{F'_z} = -\frac{1}{2}$，$\frac{\partial z}{\partial y} = -\frac{F'_y}{F'_z} = -\frac{1}{2}$，故 $dz\big|_{(\frac{1}{2}, \frac{1}{2})} = -\frac{1}{2}dx - \frac{1}{2}dy$.

方法二：对原方程两端直接求全微分，得

$$e^{2yz}(2zdy + 2ydz) + dx + 2ydy + dz = 0$$

将 $x = y = \frac{1}{2}$，$z = 0$ 代入，得 $dz\big|_{(\frac{1}{2}, \frac{1}{2})} = -\frac{1}{2}dx - \frac{1}{2}dy$.

65．若函数 $z = z(x, y)$ 由方程 $e^z + xyz + x + \cos x = 2$ 确定，求 $dz\big|_{(0,1)}$.

解：

方法一：计算得 $z(0,1) = 0$. 对方程两端求全微分得

$$e^z dz + yzdx + xzdy + xydz + dx - \sin xdx = 0$$

令 $x = 0$，$y = 1$，$z = 0$，得 $dz + dx = 0$，即 $dz\big|_{(0,1)} = -dx$.

方法二：方程两端分别对 x, y 求偏导数，得

$$e^z \frac{\partial z}{\partial x} + yz + xy \frac{\partial z}{\partial x} + 1 - \sin x = 0$$

$$e^z \frac{\partial z}{\partial y} + xz + xy \frac{\partial z}{\partial y} = 0$$

令 $x = 0$，$y = 1$，$z = 0$，得 $\frac{\partial z}{\partial x}\big|_{(0,1)} = -1$，$\frac{\partial z}{\partial y}\big|_{(0,1)} = 0$，因此 $dz\big|_{(0,1)} = -dx$.

66．已知函数 $f(x, y) = x + y + xy$，曲线 $c: x^2 + y^2 + xy = 3$，求 $f(x, y)$ 在曲线 c 上的最大方向导数.

解：函数在每一点沿梯度方向的方向导数最大，且最大方向导数是该点梯度向量的长度，而

$$\text{grad } f(x,y) = (1+y, 1+x), \quad |\text{grad } f(x,y)| = \sqrt{(1+x)^2 + (1+y)^2}$$

因此，问题转化为求 $\sqrt{(1+x)^2 + (1+y)^2}$ 在条件 $x^2 + y^2 + xy = 3$ 下的最大值.

记 $F(x, y, \lambda) = (1+x)^2 + (1+y)^2 + \lambda(x^2 + y^2 + xy - 3)$. 令

$$\begin{cases} F_x' = 2(1+x) + \lambda(2x+y) = 0 \\ F_y' = 2(1+y) + \lambda(2y+x) = 0 \\ F_\lambda' = x^2 + y^2 + xy - 3 = 0 \end{cases}$$

解得 $\begin{cases} x=1 \\ y=1 \end{cases}$ 或 $\begin{cases} x=-1 \\ y=-1 \end{cases}$ 或 $\begin{cases} x=2 \\ y=-1 \end{cases}$ 或 $\begin{cases} x=-1 \\ y=2 \end{cases}$.

计算得，$|\text{grad } f(1,1)| = 2\sqrt{2}$，$|\text{grad } f(-1,-1)| = 0$，$|\text{grad } f(2,-1)| = |\text{grad } f(2,-1)| = 3$，所以 $f(x,y)$ 在曲线 c 上的最大方向导数为 3.

67. 若函数 $z = z(x,y)$ 由方程 $e^{x+2y+3z} + xyz = 1$ 确定，求 $dz|_{(0,0)}$.

解：先求 $z(0,0)$. 在原方程中令 $x = 0$，$y = 0$ 得 $z(0,0) = 0$.

方法一：对原方程两端求全微分得

$$e^{x+2y+3z}(dx + 2dy + 3dz) + yzdx + xzdy + xydz = 0$$

令 $x = 0$，$y = 0$，$z = 0$，得 $dx + 2dy + 3dz = 0$，则 $dz|_{(0,0)} = -\dfrac{1}{3}dx - \dfrac{2}{3}dy$.

方法二：方程两端关于 x 求偏导数，得 $e^{x+2y+3z}\left(1 + 3\dfrac{\partial z}{\partial x}\right) + yz + xy\dfrac{\partial z}{\partial x} = 0$. 令 $x = 0$，$y = 0$，$z = 0$，得 $\dfrac{\partial z}{\partial x}\bigg|_{(0,0)} = -\dfrac{1}{3}$. 方程两端关于 y 求偏导数，同理可得 $\dfrac{\partial z}{\partial y}\bigg|_{(0,0)} = -\dfrac{2}{3}$. 因此 $dz|_{(0,0)} = -\dfrac{1}{3}dx - \dfrac{2}{3}dy$.

68. 已知函数 $f(x,y)$ 满足 $f_{xy}''(x,y) = 2(y+1)e^x$，$f_x'(x,0) = (x+1)e^x$，$f(0,y) = y^2 + 2y$，求 $f(x,y)$ 的极值.

解：由 $f_{xy}''(x,y) = 2(y+1)e^x$ 得，$f_x'(x,y) = (y^2 + 2y)e^x + \varphi(x)$. 又由 $f_x'(x,0) = (x+1)e^x$，故 $\varphi(x) = (x+1)e^x$，从而

$$f_x'(x,y) = (y^2 + 2y)e^x + (x+1)e^x$$

将上式两端关于 x 积分可得，$f(x,y) = (y^2 + 2y)e^x + xe^x + \psi(y)$. 由于 $f(0,y) = y^2 + 2y$，所以 $\psi(y) = 0$，从而 $f(x,y) = (y^2 + 2y)e^x + xe^x$.

于是 $f_y'(x,y) = (2y+2)e^x$，$f_{xx}''(x,y) = (x + y^2 + 2y + 2)e^x$，$f_{xy}''(x,y) = (2y+2)e^x$，$f_{yy}''(x,y) = 2e^x$.

令 $f_x'(x,y) = 0, f_y'(x,y) = 0$，得驻点 $(0,-1)$. 由于 $A = f_{xx}''(0,-1) = 1$，$B = f_{xy}''(0,-1) = 0$，$C = f_{yy}''(0,-1) = 2$. 由于 $A > 0$，$AC - B^2 > 0$，所以 $f(0,-1) = -1$ 为极小值.

69. 已知函数 $z=z(x,y)$ 由方程 $(x^2+y^2)z+\ln z+2(x+y+1)=0$ 确定，求 $z=z(x,y)$ 的极值.

解：$(x^2+y^2)z+\ln z+2(x+y+1)=0$ 两端分别对 x 和 y 求偏导数，得

$$\begin{cases} 2xz+(x^2+y^2)\dfrac{\partial z}{\partial x}+\dfrac{1}{z}\dfrac{\partial z}{\partial x}+2=0 \\ 2yz+(x^2+y^2)\dfrac{\partial z}{\partial y}+\dfrac{1}{z}\dfrac{\partial z}{\partial y}+2=0 \end{cases} \quad ①$$

令 $\dfrac{\partial z}{\partial x}=0$，$\dfrac{\partial z}{\partial y}=0$，得 $x=y=-\dfrac{1}{z}$. 代入原方程得，$\ln z-\dfrac{2}{z}+2=0$，可知 $z=1$，从而 $x=-1$，$y=-1$.

式①两端分别关于 x,y 求偏导数，得

$$\begin{cases} 2z+4x\dfrac{\partial z}{\partial x}+(x^2+y^2)\dfrac{\partial^2 z}{\partial x^2}-\dfrac{1}{z^2}\left(\dfrac{\partial z}{\partial x}\right)^2+\dfrac{1}{z}\dfrac{\partial^2 z}{\partial x^2}=0 \\ 2x\dfrac{\partial z}{\partial y}+2y\dfrac{\partial z}{\partial x}+(x^2+y^2)\dfrac{\partial^2 z}{\partial x\partial y}-\dfrac{1}{z^2}\dfrac{\partial z}{\partial x}\dfrac{\partial z}{\partial y}+\dfrac{1}{z}\dfrac{\partial^2 z}{\partial x\partial y}=0 \\ 2z+4y\dfrac{\partial z}{\partial y}+(x^2+y^2)\dfrac{\partial^2 z}{\partial y^2}-\dfrac{1}{z^2}\left(\dfrac{\partial z}{\partial y}\right)^2+\dfrac{1}{z}\dfrac{\partial^2 z}{\partial y^2}=0 \end{cases}$$

从而 $A=\dfrac{\partial^2 z}{\partial x^2}\bigg|_{(-1,-1)}=-\dfrac{2}{3}$，$C=\dfrac{\partial^2 z}{\partial y^2}\bigg|_{(-1,-1)}=-\dfrac{2}{3}$，$B=\dfrac{\partial^2 z}{\partial x\partial y}\bigg|_{(-1,-1)}=0$. 由于 $A<0$，$AC-B^2>0$，所以 $z(-1,-1)=1$ 是 $z(x,y)$ 的极大值.

70. 设函数 $f(x,y)$ 有一阶连续偏导数，且 $\mathrm{d}f(x,y)=y\mathrm{e}^y\mathrm{d}x+x(1+y)\mathrm{e}^y\mathrm{d}y$，$f(0,0)=0$，求 $f(x,y)$.

解：由条件知，$\dfrac{\partial f}{\partial x}=y\mathrm{e}^y$，$\dfrac{\partial f}{\partial y}=x(1+y)\mathrm{e}^y$，则 $f(x,y)=\int y\mathrm{e}^y\mathrm{d}x=xy\mathrm{e}^y+\varphi(y)$，则 $\dfrac{\partial f}{\partial y}=x(1+y)\mathrm{e}^y+\varphi'(y)=x(1+y)\mathrm{e}^y$，得 $\varphi'(y)=0$，有 $\varphi(y)=C$. 由 $f(0,0)=0$，$C=0$，故 $f(x,y)=xy\mathrm{e}^y$.

71. 设函数 $f(u,v)$ 可微，$z=z(x,y)$ 由方程 $(x+1)z-y^2=x^2 f(x-z,y)$ 确定，求 $\mathrm{d}z|_{(0,1)}$.

解：方程两端求微分得

$$z\mathrm{d}x+(x+1)\mathrm{d}z-2y\mathrm{d}y=2xf(x-z,y)\mathrm{d}x+x^2\left(f_u'\cdot(\mathrm{d}x-\mathrm{d}z)+f_v'\cdot\mathrm{d}y\right)$$

代入点 $(0,1)$，$\mathrm{d}z|_{(0,1)}=-\mathrm{d}x+2\mathrm{d}y$.

72. 设函数 $f(u,v)$ 有二阶连续偏导数，$y=f(\mathrm{e}^x,\cos x)$，求 $\dfrac{\mathrm{d}y}{\mathrm{d}x}\bigg|_{x=0}$，$\dfrac{\mathrm{d}^2 y}{\mathrm{d}x^2}\bigg|_{x=0}$.

解：由复合函数求导法知

$$\dfrac{\mathrm{d}y}{\mathrm{d}x}=f_u'\cdot\mathrm{e}^x-f_v'\cdot\sin x$$

$$\frac{d^2y}{dx^2} = f'_u \cdot e^x + (f''_{uu} \cdot e^x - f''_{uv} \cdot \sin x)e^x - f'_v \cdot \cos x - (f''_{uv} \cdot e^x - f''_{vv} \cdot \sin x)\sin x$$

当 $x=0$ 时，$u=1, v=1$，则

$$\left.\frac{dy}{dx}\right|_{x=0} = f'_u(1,1), \quad \left.\frac{d^2y}{dx^2}\right|_{x=0} = f'_u(1,1) + f''_{uu}(1,1) - f'_v(1,1)$$

73. 将长为 2m 的铁丝分成三段，依次围成圆、正方形与正三角形．三个图形的面积之和是否存在最小值？若存在，求出最小值．

解： 设圆的半径为 x，正方形与正三角形的边长分别为 y 和 z，则问题转化为函数 $f(x,y,z) = \pi x^2 + y^2 + \frac{\sqrt{3}}{4}z^2$ 在条件 $2\pi x + 4y + 3z = 2$（$x>0, y>0, z>0$）下是否存在最小值．

令 $L(x,y,z,\lambda) = \pi x^2 + y^2 + \frac{\sqrt{3}}{4}z^2 + \lambda(2\pi x + 4y + 3z - 2)$. 由

$$\begin{cases} L'_x = 2\pi x + 2\pi\lambda = 0 \\ L'_y = 2y + 4\lambda = 0 \\ L'_z = \frac{\sqrt{3}}{2}z + 3\lambda = 0 \\ L'_\lambda = 2\pi x + 4y + 3z - 2 = 0 \end{cases}$$

解得 $x_0 = \frac{1}{\pi + 4 + 3\sqrt{3}}$，$y_0 = \frac{2}{\pi + 4 + 3\sqrt{3}}$，$z_0 = \frac{2\sqrt{3}}{\pi + 4 + 3\sqrt{3}}$. 此时，$f(x_0, y_0, z_0) = \frac{1}{\pi + 4 + 3\sqrt{3}}$.

又当 $2\pi x + 4y + 3z = 2$ 且 $xyz = 0$ 时，$f(x,y,z)$ 的最小值为

$$f\left(0, \frac{2}{4+3\sqrt{3}}, \frac{2\sqrt{3}}{4+3\sqrt{3}}\right) = \frac{1}{4+3\sqrt{3}}$$

而连续函数在闭区域 $\{(x,y,z) \mid 2\pi x + 4y + 3z = 2, x \geq 0, y \geq 0, z \geq 0\}$ 上必有最小值，则此最小值取自区域内部．所以三个图形的面积之和存在最小值，且最小值为

$$f(x_0, y_0, z_0) = \frac{1}{\pi + 4 + 3\sqrt{3}}$$

74. 设函数 $z = z(x,y)$ 由方程 $\ln z + e^{z-1} = xy$ 确定，求 $\left.\frac{\partial z}{\partial x}\right|_{\left(2, \frac{1}{2}\right)}$．

解： 先求 $z\left(2, \frac{1}{2}\right)$. 可知 $\ln z + e^{z-1} = 2 \cdot \frac{1}{2} = 1$.

令 $f(z) = \ln z + e^{z-1} - 1$. 则当 $z > 0$ 时，$f'(z) = \frac{1}{z} + e^{z-1} > 0$. 故当 $z > 0$ 时，$f(z)$ 单调递增，有唯一零点 $z=1$. 因此 $z\left(2, \frac{1}{2}\right) = 1$.

方程两端对 x 求偏导数，得 $\frac{1}{z}\cdot\frac{\partial z}{\partial x} + e^{z-1}\cdot\frac{\partial z}{\partial x} = y$. 令 $x=2$，$y=\frac{1}{2}$，$z=1$，得 $\left.\frac{\partial z}{\partial x}\right|_{\left(2,\frac{1}{2}\right)} = \frac{1}{4}$.

75. 设函数 $f(u)$ 可导，$z = f(\sin y - \sin x) + xy$，求 $\dfrac{1}{\cos x}z'_x + \dfrac{1}{\cos y}z'_y$.

解：计算得
$$z'_x = f'(\sin y - \sin x) \cdot (-\cos x) + y$$
$$z'_y = f'(\sin y - \sin x)\cos y + x$$

则 $\dfrac{1}{\cos x}z'_x + \dfrac{1}{\cos y}z'_y = \dfrac{y}{\cos x} + \dfrac{x}{\cos y}$.

76. 设函数 $f(u)$ 可导，$z = yf\left(\dfrac{y^2}{x}\right)$，求 $2x\dfrac{\partial z}{\partial x} + y\dfrac{\partial z}{\partial y}$.

解：由复合函数求导法可知
$$\dfrac{\partial z}{\partial x} = yf'\left(\dfrac{y^2}{x}\right) \cdot \left(-\dfrac{y^2}{x^2}\right) = -\dfrac{y^3}{x^2}f'\left(\dfrac{y^2}{x}\right)$$

$$\dfrac{\partial z}{\partial y} = f\left(\dfrac{y^2}{x}\right) + yf'\left(\dfrac{y^2}{x}\right) \cdot \dfrac{2y}{x} = f\left(\dfrac{y^2}{x}\right) + \dfrac{2y^2}{x}f'\left(\dfrac{y^2}{x}\right)$$

所以 $2x\dfrac{\partial z}{\partial x} + y\dfrac{\partial z}{\partial y} = yf\left(\dfrac{y^2}{x}\right)$.

77. 已知函数 $u(x,y)$ 满足 $2\dfrac{\partial^2 u}{\partial x^2} - 2\dfrac{\partial^2 u}{\partial y^2} + 3\dfrac{\partial u}{\partial x} + 3\dfrac{\partial u}{\partial y} = 0$，求 a, b 的值，使在变换 $u(x, y) = v(x, y)e^{ax+by}$ 下，上述等式可化为函数 $v(x, y)$ 的不含一阶偏导数的等式.

解：$\dfrac{\partial u}{\partial x} = \dfrac{\partial v}{\partial x}e^{ax+by} + ave^{ax+by}$，$\dfrac{\partial^2 u}{\partial x^2} = \dfrac{\partial^2 v}{\partial x^2}e^{ax+by} + 2a\dfrac{\partial v}{\partial x}e^{ax+by} + a^2ve^{ax+by}$.

同理，$\dfrac{\partial u}{\partial y} = \dfrac{\partial v}{\partial y}e^{ax+by} + bve^{ax+by}$，$\dfrac{\partial^2 u}{\partial y^2} = \dfrac{\partial^2 v}{\partial y^2}e^{ax+by} + 2b\dfrac{\partial v}{\partial y}e^{ax+by} + b^2ve^{ax+by}$. 将上述各式代入原等式，整理得

$$2\dfrac{\partial^2 v}{\partial x^2} - 2\dfrac{\partial^2 v}{\partial y^2} + (4a+3)\dfrac{\partial v}{\partial x} + (3-4b)\dfrac{\partial v}{\partial y} + (2a^2 - 2b^2 + 3a + 3b)v = 0$$

令 $4a+3 = 0$，$3-4b = 0$，解得 $a = -\dfrac{3}{4}$，$b = \dfrac{3}{4}$. 此时，原等式化为 $\dfrac{\partial^2 v}{\partial x^2} - \dfrac{\partial^2 v}{\partial y^2} = 0$.

78. 设 $f(x, y) = x^2 + axy + by^2$ 在点 $P(2, 1)$ 处沿 $\boldsymbol{l} = (0, 1)$ 的方向导致取得最大值 2.

（1）求 a, b 的值；

（2）求原点 $O(0, 0)$ 到曲线 $f(x, y) = 1$ 上的点的距离的最大值与最小值.

解：（1）因为导致取最大值的方向为梯度方向，所以 $f(x, y)$ 在点 $P(2, 1)$ 处的梯度与 $\boldsymbol{l} = (0, 1)$ 的方向相同. 由
$$f'_x(2,1) = (2x + ay)\big|_{(2,1)} = 4 + a, \quad f'_y(2,1) = (ax + 2by)\big|_{(2,1)} = 2a + 2b$$

知 $\operatorname{grad} f(2,1) = (4+a, 2a+2b)$ 与 $\boldsymbol{l} = (0, 1)$ 同向，故

$$4 + a = 0, 2a + 2b > 0$$

149

又

$$\left.\frac{\partial f}{\partial l}\right|_{(2,1)} = 2 = \|\operatorname{grad} f(2,1)\| = |2a+2b|$$

解得 $a = -4$，$b = 5$.

(2) 由（1）知曲线为 $x^2 - 4xy + 5y^2 = 1$，曲线上的点 (x,y) 到点 $O(0,0)$ 的距离为

$$d = \sqrt{x^2 + y^2}$$

利用拉格朗日乘数法，求 $x^2 + y^2$ 在条件 $x^2 - 4xy + 5y^2 = 1$ 下的最值.

令 $L = x^2 + y^2 + \lambda(x^2 - 4xy + 5y^2 - 1)$，则

$$\begin{cases} L'_x = 2x + 2\lambda x - 4\lambda y = 0 & ① \\ L'_y = 2y - 4\lambda x + 10\lambda y = 0 & ② \\ L'_\lambda = x^2 - 4xy + 5y^2 - 1 = 0 & ③ \end{cases}$$

由 ① $\cdot \dfrac{x}{2}$ + ② $\cdot \dfrac{y}{2}$，得

$$x^2 + y^2 + \lambda(x^2 - 4xy + 5y^2) = 0$$

即 $x^2 + y^2 = -\lambda$（因为 $x^2 - 4xy + 5y^2 = 1$），故只需求 λ 即可.

由式①和式②，可得方程组

$$\begin{cases} (1+\lambda)x - 2\lambda y = 0 \\ -2\lambda x + (1+5\lambda)y = 0 \end{cases}$$

该方程组有非零解的充分必要条件是

$$\begin{vmatrix} 1+\lambda & -2\lambda \\ -2\lambda & 1+5\lambda \end{vmatrix} = \lambda^2 + 6\lambda + 1 = 0$$

解得 $-\lambda = 3 \pm 2\sqrt{2} = (\sqrt{2}\pm 1)^2$，故 $d = \sqrt{-\lambda} = \sqrt{2}\pm 1$，即所求最大值为 $d = \sqrt{2}+1$，最小值为 $d = \sqrt{2}-1$.

79. 设可微函数 $z = f(x,y)$ 在点 (x,y) 处沿方向 $\boldsymbol{l}_1 = (-1,0)$ 与 $\boldsymbol{l}_2 = (0,-1)$ 的方向导数分别为 $x^2 - y$ 与 $1-x$，且 $f(1,1) = -\dfrac{1}{3}$.

（1）求 $f(x,y)$；

（2）求 $f(x,y)$ 在 $D = \{(x,y) \mid 0 \leqslant y \leqslant 7-x, 0 \leqslant x \leqslant 7\}$ 上的最大值.

解：（1）由已知，沿 $\boldsymbol{l}_1$ 与 $\boldsymbol{l}_2$（即 x 轴负向，y 轴负向）的方向导数为 $\dfrac{\partial f}{\partial x}$ 与 $\dfrac{\partial f}{\partial y}$ 的相反数，故 $\dfrac{\partial f}{\partial x} = y - x^2$，$\dfrac{\partial f}{\partial y} = x - 1$，所以

$$f(x,y) = \int \frac{\partial f}{\partial x} \mathrm{d}x + \varphi(y) = xy - \frac{1}{3}x^3 + \varphi(y)$$

由 $\dfrac{\partial f}{\partial y} = x + \varphi'(y) = x - 1$，得 $\varphi'(y) = -1$，故 $\varphi(y) = -y + C$，即

$$z = f(x,y) = xy - \dfrac{1}{3}x^3 - y + C$$

由 $f(1,1) = -\dfrac{1}{3}$，得 $C=0$，故 $f(x,y) = xy - \dfrac{1}{3}x^3 - y$.

（2）在 D 内，由 $\dfrac{\partial f}{\partial x} = y - x^2 = 0$，$\dfrac{\partial f}{\partial x} = x - 1 = 0$，得 D 内唯一的驻点$(1,1)$.

在 D 的边界上，当 $y = 0$，$0 \leqslant x \leqslant 7$ 时，$f(x,0) = -\dfrac{1}{3}x^3$，最大值为 0.

当 $x = 0$，$0 \leqslant y \leqslant 7$ 时，$f(0,y) = -y$，最大值为 0.

当 $x + y = 0$ 时，即 $y = 7 - x$，此时

$$f(x, 7-x) = -\dfrac{1}{3}x^3 - x^2 + 8x - 7，\ 0 \leqslant x \leqslant 7$$

令 $\dfrac{\mathrm{d}f}{\mathrm{d}x} = -x^2 - 2x + 8 = 0$，得 $x = 2$，$x = -4$（舍）. 比较大小：$f(1,1) = -\dfrac{1}{3}$，$f(2,5) = \dfrac{7}{3}$，$f(0,7) = -7$，$f(7,0) = -\dfrac{343}{3}$，故最大值为 $\dfrac{7}{3}$.

80．设 $f(x)$ 在 $[1,+\infty)$ 上有连续二阶导数，$f(1) = 0$，$f'(1) = 1$，且二元函数

$$z = (x^2 + y^2)f(x^2 + y^2)$$

满足 $\dfrac{\partial^2 z}{\partial x^2} + \dfrac{\partial^2 z}{\partial y^2} = 0$，求 $f(x)$ 在 $[1,+\infty)$ 上的最大值.

解：
$$\dfrac{\partial z}{\partial x} = 2xf + 2x(x^2 + y^2)f'$$

$$\dfrac{\partial^2 z}{\partial x^2} = 2f + (10x^2 + 2y^2)f' + (4x^4 + 4x^2y^2)f''$$

根据对称性得

$$\dfrac{\partial^2 z}{\partial y^2} = 2f + (10y^2 + 2x^2)f' + (4y^4 + 4x^2y^2)f''$$

$$\dfrac{\partial^2 z}{\partial x^2} + \dfrac{\partial^2 z}{\partial y^2} = 4f + 12(x^2 + y^2)f' + 4(x^4 + y^2)^2 f''$$

令 $x^2 + y^2 = r$，由 $\dfrac{\partial^2 z}{\partial x^2} + \dfrac{\partial^2 z}{\partial y^2} = 0$ 得 $f + 3rf' + r^2 f'' = 0$

令 $r = \mathrm{e}^t$，$rf' = \dfrac{\mathrm{d}f}{\mathrm{d}t}$，$r^2 f'' = \dfrac{\mathrm{d}^2 f}{\mathrm{d}t^2} - \dfrac{\mathrm{d}f}{\mathrm{d}t}$，整理得

$$\dfrac{\mathrm{d}^2 f}{\mathrm{d}t^2} + 2\dfrac{\mathrm{d}f}{\mathrm{d}t} + f = 0$$

解得 $f = (C_1 + C_2 t)\mathrm{e}^{-t}$，于是 $f(r) = (C_1 + C_2 \ln r)\dfrac{1}{r}$．由 $f(1) = 0$，得 $C_1 = 0$，$f(r) = C_2 \dfrac{\ln r}{r}$，$f'(r) = C_2 \dfrac{1 - \ln r}{r^2}$．由 $f'(1) = 1$，得 $C_2 = 1$．于是 $f(x) = \dfrac{\ln x}{x}$．令 $f'(x) = \dfrac{1 - \ln x}{x^2} = 0$，得 $x = \mathrm{e}$．当 $x \in (1, \mathrm{e})$ 时，$f'(x) > 0$；当 $x > \mathrm{e}$ 时，$f'(x) < 0$，则 $x = \mathrm{e}$ 为 $f(x)$ 在 $[1, +\infty)$ 上的最大值点，最大值为 $f(\mathrm{e}) = \dfrac{1}{\mathrm{e}}$．

第10章 多元函数积分学习题解析

1. 选择题．

（1）累次积分 $\int_0^{\frac{\pi}{2}} \mathrm{d}\theta \int_0^{\cos\theta} f(r\cos\theta, r\sin\theta) r \mathrm{d}r$ 可化为（　　）．

（A）$\int_0^1 \mathrm{d}y \int_0^{\sqrt{y-y^2}} f(x,y) \mathrm{d}x$　　（B）$\int_0^1 \mathrm{d}y \int_0^{\sqrt{1-y^2}} f(x,y) \mathrm{d}x$

（C）$\int_0^1 \mathrm{d}y \int_0^1 f(x,y) \mathrm{d}x$　　（D）$\int_0^1 \mathrm{d}x \int_0^{\sqrt{x-x^2}} f(x,y) \mathrm{d}y$

解：选择（D）．

（2）$\int_{-1}^0 \mathrm{d}x \int_{-x}^{2-x^2} (1 - xy) \mathrm{d}y + \int_0^1 \mathrm{d}x \int_x^{2-x^2} (1 - xy) \mathrm{d}y = $（　　）．

（A）$\dfrac{5}{3}$　　（B）$\dfrac{5}{6}$　　（C）$\dfrac{7}{3}$　　（D）$\dfrac{7}{6}$

解：原式 $= \iint\limits_D (1 - xy) \mathrm{d}x \mathrm{d}y$，$D$ 为积分区域．由于 D 关于 y 轴对称，且 xy 关于 x 是奇函数，故 $\iint\limits_D xy \mathrm{d}x \mathrm{d}y = 0$．取 D_1 是 D 的右半部分，则

$$\text{原式} = 2\iint\limits_{D_1} \mathrm{d}x \mathrm{d}y = 2\int_0^1 \mathrm{d}x \int_x^{2-x^2} \mathrm{d}y = 2\int_0^1 (2 - x - x^2) \mathrm{d}x = \dfrac{7}{3}$$

故选择（C）．

（3）设 $D = \{(x,y) \mid (x-1)^2 + y^2 \leq 1\}$，且

$$I_1 = \iint\limits_D \sqrt{2x - x^2 - y^2} \mathrm{d}x \mathrm{d}y，\quad I_2 = \iint\limits_D (1 - \sqrt{x^2 + y^2 - 2x + 1}) \mathrm{d}x \mathrm{d}y，\quad I_3 = \iint\limits_D \sqrt{x^2 + y^2 - 2x + 1} \mathrm{d}x \mathrm{d}y$$

则 $I_1 : I_2 : I_3 = $（　　）．

（A）$2:1:2$　　（B）$2:2:1$　　（C）$1:2:2$　　（D）$2:1:1$

解：$\sqrt{2x - x^2 - y^2} = \sqrt{1 - (x-1)^2 - y^2}$

$\sqrt{x^2 + y^2 - 2x + 1} = \sqrt{(x-1)^2 + y^2}$

$I_1 = \iint\limits_D \sqrt{1 - (x-1)^2 - y^2} \mathrm{d}x \mathrm{d}y$ 表示上半球体的体积，故 $I_1 = \dfrac{2}{3}\pi \times 1^3 = \dfrac{2}{3}\pi$．

$$I_2 = \iint\limits_D [1 - \sqrt{(x-1)^2 + y^2}] \mathrm{d}x \mathrm{d}y = \iint\limits_D \mathrm{d}x \mathrm{d}y - \iint\limits_D \sqrt{(x-1)^2 + y^2} \mathrm{d}x \mathrm{d}y$$

表示圆柱体的体积减去以圆锥面 $z = \sqrt{(x-1)^2 + y^2}$ 为曲顶柱体的体积，如右图所示，故

$$I_2 = \pi \times 1^2 \times 1 - \left(\pi \times 1^2 \times 1 - \frac{1}{3}\pi \times 1^2 \times 1\right) = \frac{1}{3}\pi$$

同理，$I_3 = \pi \times 1^2 \times 1 - \frac{1}{3}\pi \times 1^2 \times 1 = \frac{2}{3}\pi$，所以 $I_1:I_2:I_3 = 2:1:2$．选项（A）正确．

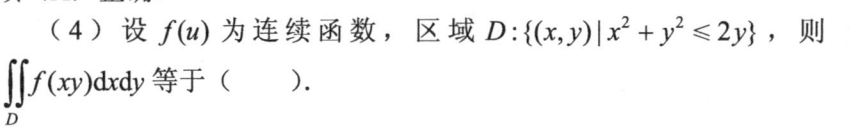

（4）设 $f(u)$ 为连续函数，区域 $D:\{(x,y)|x^2+y^2 \leq 2y\}$，则 $\iint_D f(xy)\mathrm{d}x\mathrm{d}y$ 等于（　　）．

(A) $\int_{-1}^{1}\mathrm{d}x\int_{-\sqrt{1-x^2}}^{\sqrt{1-x^2}}f(xy)\mathrm{d}y$ 　　　(B) $2\int_{0}^{2}\mathrm{d}y\int_{0}^{\sqrt{2y-y^2}}f(xy)\mathrm{d}x$

(C) $\int_{0}^{\pi}\mathrm{d}\theta\int_{0}^{2\sin\theta}f(r^2\cos\theta\sin\theta)\mathrm{d}r$ 　　(D) $\int_{0}^{\pi}\mathrm{d}\theta\int_{0}^{2\sin\theta}f(r^2\cos\theta\sin\theta)r\mathrm{d}r$

解：选择（D）．

（5）极限 $\lim_{n\to\infty}\sum_{i=1}^{n}\sum_{j=1}^{n}\frac{n}{(n+i)(n^2+j^2)} =$（　　）．

(A) $\int_{0}^{1}\mathrm{d}x\int_{0}^{x}\frac{1}{(1+x)(1+y^2)}\mathrm{d}y$ 　(B) $\int_{0}^{1}\mathrm{d}x\int_{0}^{x}\frac{1}{(1+x)(1+y)}\mathrm{d}y$

(C) $\int_{0}^{1}\mathrm{d}x\int_{0}^{1}\frac{1}{(1+x)(1+y)}\mathrm{d}y$ 　(D) $\int_{0}^{1}\mathrm{d}x\int_{0}^{1}\frac{1}{(1+x)(1+y^2)}\mathrm{d}y$

解：设 $D = \{(x,y) | 0 \leq x \leq 1, 0 \leq y \leq 1\}$．记 $f(x,y) = \frac{1}{(1+x)(1+y^2)}$．

用直线 $x = x_i = \frac{i}{n}$（$i = 0,1,2,\cdots,n$）与 $y = y_j = \frac{j}{n}$（$j = 0,1,2,\cdots,n$）将 D 分成 n^2 等份，和式为

$$\sum_{i=1}^{n}\sum_{j=1}^{n}\frac{1}{(1+x_i)(1+y_j^2)}\frac{1}{n^2} = \sum_{i=1}^{n}\sum_{j=1}^{n}\frac{1}{\left(1+\frac{i}{n}\right)\left(1+\frac{j^2}{n^2}\right)}\frac{1}{n^2} = \sum_{i=1}^{n}\sum_{j=1}^{n}\frac{n}{(n+i)(n^2+j^2)}$$

所以

$$\lim_{n\to\infty}\sum_{i=1}^{n}\sum_{j=1}^{n}\frac{n}{(n+i)(n^2+j^2)} = \iint_D \frac{1}{(1+x)(1+y^2)}\mathrm{d}x\mathrm{d}y = \int_{0}^{1}\mathrm{d}x\int_{0}^{1}\frac{1}{(1+x)(1+y^2)}\mathrm{d}y$$

故选择（D）．

（6）设 $L_1: x^2+y^2 = 1$，$L_2: x^2+y^2 = 2$，$L_3: x^2+2y^2 = 2$，$L_4: 2x^2+y^2 = 2$ 为 4 条逆时针方向的平面曲线．记

$$I_i = \oint_{L_i}\left(y + \frac{y^3}{6}\right)\mathrm{d}x + \left(2x - \frac{x^3}{3}\right)\mathrm{d}y, \quad i = 1,2,3,4$$

则 $\max\{I_1, I_2, I_3, I_4\} =$（　　）．

(A) I_1 　　　　(B) I_2 　　　　(C) I_3 　　　　(D) I_4

153

解： 设 $D_1: x^2+y^2 \leq 1$，$D_2: x^2+y^2 \leq 2$，$D_3: \dfrac{x^2}{2}+y^2 \leq 1$，$D_4: x^2+\dfrac{y^2}{2} \leq 1$，并记 $D = D_3 \cap D_4$.

根据格林公式，得

$$I_i = \oint_{L_i}\left(y+\dfrac{y^3}{6}\right)dx + \left(2x-\dfrac{x^3}{3}\right)dy = \iint_{D_i}\left[(2-x^2)-\left(1+\dfrac{1}{2}y^2\right)\right]dxdy$$

$$= \iint_{D_i}\left[1-\left(x^2+\dfrac{1}{2}y^2\right)\right]dxdy$$

下面将曲线积分的比较化为二重积分的比较.

由于

$$I_1 = \iint_{D_1}\left[1-\left(x^2+\dfrac{1}{2}y^2\right)\right]dxdy < \iint_{D}\left[1-\left(x^2+\dfrac{1}{2}y^2\right)\right]dxdy < \iint_{D_4}\left[1-\left(x^2+\dfrac{1}{2}y^2\right)\right]dxdy = I_4$$

$$I_3 = \iint_{D_3}\left[1-\left(x^2+\dfrac{1}{2}y^2\right)\right]dxdy = \iint_{D}\left[1-\left(x^2+\dfrac{1}{2}y^2\right)\right]dxdy + \iint_{D_3-D}\left[1-\left(x^2+\dfrac{1}{2}y^2\right)\right]dxdy$$

$$< \iint_{D}\left[1-\left(x^2+\dfrac{1}{2}y^2\right)\right]dxdy < I_4$$

$$I_2 = \iint_{D_2}\left[1-\left(x^2+\dfrac{1}{2}y^2\right)\right]dxdy = \iint_{D_4}\left[1-\left(x^2+\dfrac{1}{2}y^2\right)\right]dxdy + \iint_{D_2-D_4}\left[1-\left(x^2+\dfrac{1}{2}y^2\right)\right]dxdy$$

$$< \iint_{D_4}\left[1-\left(x^2+\dfrac{1}{2}y^2\right)\right]dxdy = I_4$$

故选择（D）.

（7）设 $f(x,y)$ 是连续函数，则 $\int_0^1 dy \int_{-\sqrt{1-y^2}}^{1-y} f(x,y)dx = $（　　　）.

（A）$\int_0^1 dx \int_0^{x-1} f(x,y)dy + \int_{-1}^0 dx \int_0^{\sqrt{1-x^2}} f(x,y)dy$

（B）$\int_0^1 dx \int_0^{1-x} f(x,y)dy + \int_{-1}^0 dx \int_{-\sqrt{1-x^2}}^0 f(x,y)dy$

（C）$\int_0^{\frac{\pi}{2}} d\theta \int_0^{\frac{1}{\cos\theta+\sin\theta}} f(r\cos\theta, r\sin\theta)dr + \int_{\frac{\pi}{2}}^{\pi} d\theta \int_0^1 f(r\cos\theta, r\sin\theta)dr$

（D）$\int_0^{\frac{\pi}{2}} d\theta \int_0^{\frac{1}{\cos\theta+\sin\theta}} f(r\cos\theta, r\sin\theta)rdr + \int_{\frac{\pi}{2}}^{\pi} d\theta \int_0^1 f(r\cos\theta, r\sin\theta)rdr$

解： 积分区域如右图所示. 在直角坐标系下，

原式 $= \int_0^1 dx \int_0^{1-x} f(x,y)dy + \int_{-1}^0 dx \int_0^{\sqrt{1-x^2}} f(x,y)dy$

在极坐标系下，

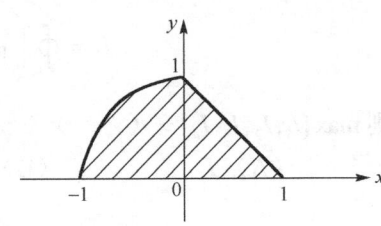

原式=$\int_0^{\frac{\pi}{2}}d\theta\int_0^{\frac{1}{\cos\theta+\sin\theta}}f(r\cos\theta,r\sin\theta)rdr$

$+\int_{\frac{\pi}{2}}^{\pi}d\theta\int_0^1 f(r\cos\theta,r\sin\theta)rdr$

故选择（D）.

（8）设 D 是第一象限中由曲线 $2xy=1,4xy=1$ 与直线 $y=x,y=\sqrt{3}x$ 围成的平面区域，函数 $f(x,y)$ 在 D 上连续，则 $\iint_D f(x,y)dxdy=$（　　）.

（A）$\int_{\frac{\pi}{4}}^{\frac{\pi}{3}}d\theta\int_{\frac{1}{2\sin 2\theta}}^{\frac{1}{\sin 2\theta}}f(r\cos\theta,r\sin\theta)rdr$

（B）$\int_{\frac{\pi}{4}}^{\frac{\pi}{3}}d\theta\int_{\frac{1}{\sqrt{2\sin 2\theta}}}^{\frac{1}{\sqrt{\sin 2\theta}}}f(r\cos\theta,r\sin\theta)rdr$

（C）$\int_{\frac{\pi}{4}}^{\frac{\pi}{3}}d\theta\int_{\frac{1}{2\sin 2\theta}}^{\frac{1}{\sin 2\theta}}f(r\cos\theta,r\sin\theta)dr$

（D）$\int_{\frac{\pi}{4}}^{\frac{\pi}{3}}d\theta\int_{\frac{1}{\sqrt{2\sin 2\theta}}}^{\frac{1}{\sqrt{\sin 2\theta}}}f(r\cos\theta,r\sin\theta)dr$

解：区域 D 如右图所示．做极坐标变换，D 的极坐标表示为

$$\frac{\pi}{4}\le\theta\le\frac{\pi}{3},\quad\frac{1}{\sqrt{2\sin 2\theta}}\le r\le\frac{1}{\sqrt{\sin 2\theta}}$$

将 $\iint_D f(x,y)dxdy$ 化为累次积分，故选择（B）.

（9）设区域 D 由曲线 $y=\sin x$，$x=\pm\dfrac{\pi}{2}$，$y=1$ 围成，则 $\iint_D(xy^5-1)dxdy=$（　　）.

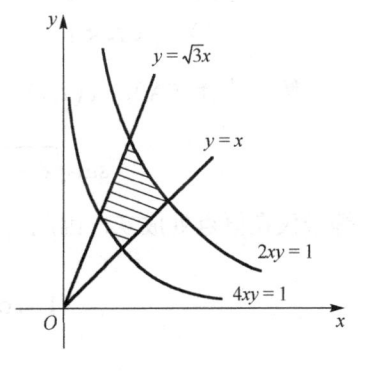

（A）π　　　（B）2　　　（C）-2　　　（D）$-\pi$

解：选择（D）.

方法一：

$$\iint_D(xy^5-1)dxdy=\int_{-\frac{\pi}{2}}^{\frac{\pi}{2}}dx\int_{\sin x}^1(xy^5-1)dy$$

$$=\int_{-\frac{\pi}{2}}^{\frac{\pi}{2}}\left(\frac{1}{6}x-\frac{1}{6}x\sin^6 x-1+\sin x\right)dx=-\pi$$

方法二：将区域 D 分为 D_1,D_2，如右图所示．由于 D_1 关于 x 轴对称，xy^5 关于 y 是奇函数，故 $\iint_{D_1}xy^5dxdy=0$．又由

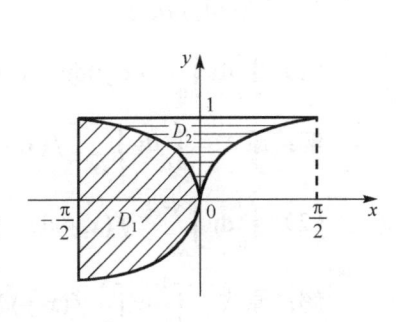

于 D_2 关于 y 轴对称，xy^5 关于 x 是奇函数，故 $\iint\limits_{D_2} xy^5 \mathrm{d}x\mathrm{d}y = 0$. 于是 $\iint\limits_{D} xy^5 \mathrm{d}x\mathrm{d}y = \iint\limits_{D_1} xy^5 \mathrm{d}x\mathrm{d}y +$
$\iint\limits_{D_2} xy^5 \mathrm{d}x\mathrm{d}y = 0$. 由于 D 的面积是 π，故 $\iint\limits_{D}(xy^5 - 1)\mathrm{d}x\mathrm{d}y = -\pi$.

（10）设 D_k 是圆域 $D = \{(x,y) | x^2 + y^2 \leq 1\}$ 在第 k 象限的部分，记 $I_k = \iint\limits_{D_k}(y-x)\mathrm{d}x\mathrm{d}y$
（$k = 1, 2, 3, 4$），则（　　）.

(A) $I_1 > 0$　　　(B) $I_2 > 0$　　　(C) $I_3 > 0$　　　(D) $I_4 > 0$

解：选择（B）. 在 D_2 内 $y - x > 0$，在 D_4 内 $y - x < 0$，因而 $I_2 > 0$，$I_4 < 0$. D_1 和 D_3 关于直线 $y = x$ 对称，则 $I_1 = \iint\limits_{D_1}(y-x)\mathrm{d}x\mathrm{d}y = \iint\limits_{D_1}(x-y)\mathrm{d}x\mathrm{d}y = 0$. 类似地，$I_3 = 0$.

（11）已知平面区域 $D = \left\{(x,y) \Big| |x| + |y| \leq \dfrac{\pi}{2}\right\}$. 记

$$I_1 = \iint\limits_{D}\sqrt{x^2+y^2}\mathrm{d}x\mathrm{d}y, \quad I_2 = \iint\limits_{D}\sin\sqrt{x^2+y^2}\mathrm{d}x\mathrm{d}y, \quad I_3 = \iint\limits_{D}(1-\cos\sqrt{x^2+y^2})\mathrm{d}x\mathrm{d}y$$

则（　　）.

(A) $I_3 < I_2 < I_1$　　　　(B) $I_2 < I_1 < I_3$

(C) $I_1 < I_2 < I_3$　　　　(D) $I_2 < I_3 < I_1$

解：选择（A）. $\forall (x,y) \in D$，$|x| + |y| \leq \dfrac{\pi}{2}$，则 $0 \leq \sqrt{x^2+y^2} \leq \dfrac{\pi}{2}$. 所以

$$\sin\sqrt{x^2+y^2} \leq \sqrt{x^2+y^2}, \quad 1 - \cos\sqrt{x^2+y^2} \leq \sqrt{x^2+y^2}$$

等号仅在原点处成立. 因此 $I_2 < I_1$，$I_3 < I_1$. 另外，

$$1 - \cos\sqrt{x^2+y^2} = 2\sin\dfrac{\sqrt{x^2+y^2}}{2}\sin\dfrac{\sqrt{x^2+y^2}}{2}$$

$$\sin\sqrt{x^2+y^2} = 2\sin\dfrac{\sqrt{x^2+y^2}}{2}\cos\dfrac{\sqrt{x^2+y^2}}{2}$$

由于 $\dfrac{\sqrt{x^2+y^2}}{2} \leq \dfrac{\pi}{4}$，所以 $\sin\dfrac{\sqrt{x^2+y^2}}{2} \leq \cos\dfrac{\sqrt{x^2+y^2}}{2}$，$1 - \cos\sqrt{x^2+y^2} \leq \sin\sqrt{x^2+y^2}$，等号分别在积分区域端点及原点处成立. 故 $I_3 < I_2$.

2. 变换积分次序.

（1）$\int_0^1 \mathrm{d}x \int_0^{x^2} f(x,y)\mathrm{d}y + \int_1^3 \mathrm{d}x \int_0^{\frac{1}{2}(3-x)} f(x,y)\mathrm{d}y$

解：原式 $= \int_0^1 \mathrm{d}y \int_{\sqrt{y}}^{3-2y} f(x,y)\mathrm{d}x$

（2）$\int_0^1 \mathrm{d}y \int_{\sqrt{y}}^{\sqrt{2-y^2}} f(x,y)\mathrm{d}x$

解：原式 $= \int_0^1 \mathrm{d}x \int_0^{x^2} f(x,y)\mathrm{d}y + \int_1^{\sqrt{2}} \mathrm{d}x \int_0^{\sqrt{2-x^2}} f(x,y)\mathrm{d}y$

3. 设平面区域 D 由直线 $x+y=1$, $x+y=\dfrac{1}{2}$, $x=0$, $y=0$ 围成. 记

$$I_1 = \iint\limits_{D}[\ln(x+y)]^9 \mathrm{d}x\mathrm{d}y, \quad I_2 = \iint\limits_{D}(x+y)^9 \mathrm{d}x\mathrm{d}y, \quad I_3 = \iint\limits_{D}[\sin(x+y)]^9 \mathrm{d}x\mathrm{d}y$$

比较 I_1, I_2, I_3 的大小.

解：在区域 $D: \dfrac{1}{2} \leqslant x+y \leqslant 1$, $x \geqslant 0$, $y \geqslant 0$ 内,

$$[\ln(x+y)]^9 \leqslant [\sin(x+y)]^9 \leqslant (x+y)^9$$

所以 $I_1 \leqslant I_3 \leqslant I_2$.

4. 利用二重积分性质证明不等式

$$-8 \leqslant \iint\limits_{D}(x+xy-x^2-y^2)\mathrm{d}x\mathrm{d}y \leqslant \dfrac{2}{3}$$

其中，$D: 0 \leqslant x \leqslant 1$, $0 \leqslant y \leqslant 2$.

解：记 $f(x,y) = x+xy-x^2-y^2$. 由

$$\begin{cases} f'_x(x,y) = 1+y-2x = 0 \\ f'_y(x,y) = x-2y = 0 \end{cases}$$

解得 $x = \dfrac{2}{3}$, $y = \dfrac{1}{3}$. 计算得 $f\left(\dfrac{2}{3}, \dfrac{1}{3}\right) = \dfrac{1}{3}$.

在区域 D 的边界 $y=0$（$0 \leqslant x \leqslant 1$）部分：$f(x,0) = x-x^2$，则由 $f'_x(x,0) = 1-2x = 0$，得 $x = \dfrac{1}{2}$. 计算得 $f\left(\dfrac{1}{2},0\right) = \dfrac{1}{4}$. 另外，$f(1,0) = 0$，$f(0,0) = 0$.

在区域 D 的边界 $x=1$（$0 \leqslant y \leqslant 2$）部分：$f(1,y) = y-y^2$，则由 $f'_y(1,y) = 1-2y = 0$，得 $y = \dfrac{1}{2}$. 计算得 $f\left(1,\dfrac{1}{2}\right) = \dfrac{1}{4}$. 另外，$f(1,2) = -2$.

在区域 D 的边界 $y=2$（$0 \leqslant x \leqslant 1$）部分：$f(x,2) = 3x-x^2-4$，则由 $f'_x(x,2) = 3-2x = 0$，得 $x = \dfrac{3}{2}$. 计算得 $f\left(\dfrac{3}{2},2\right) = -\dfrac{7}{4}$.

在区域 D 的边界 $x=0$（$0 \leqslant y \leqslant 2$）部分：$f(0,y) = -y^2$，则由 $f'_y(0,y) = -2y = 0$，得 $y = 0$. 计算得 $f(0,0) = 0$. 另外，$f(0,2) = -4$.

综上，$\min\limits_{(x,y)\in D} f(x,y) = -4$，$\max\limits_{(x,y)\in D} f(x,y) = \dfrac{1}{3}$，即

$$-4 \leqslant f(x,y) \leqslant \dfrac{1}{3}$$

所以 $-8 \leqslant \iint\limits_{D} f(x,y)\mathrm{d}x\mathrm{d}y \leqslant \dfrac{2}{3}$.

5. 求二重积分 $I = \iint\limits_{D} \mathrm{e}^{x^2}\mathrm{d}x\mathrm{d}y$，其中，$D$ 是第一象限中由直线 $y=x$ 和曲线 $y=x^3$ 围成的封闭区域.

解：$I = \int_0^1 e^{x^2} dx \int_{x^3}^x dy = \int_0^1 (x-x^3) e^{x^2} dx$

$= \frac{1}{2} \int_0^1 (1-x^2) de^{x^2} = \frac{1}{2} \left[(1-x^2) e^{x^2} \Big|_0^1 + \int_0^1 e^{x^2} dx^2 \right]$

$= \frac{1}{2}[0-1+e-1] = \frac{e}{2} - 1$

6. 求 $I = \int_1^2 dx \int_{\sqrt{x}}^x \sin\frac{\pi x}{2y} dy + \int_2^4 dx \int_{\sqrt{x}}^2 \sin\frac{\pi x}{2y} dy$.

解：$I = \int_1^2 dy \int_y^{y^2} \sin\frac{\pi x}{2y} dx = -\frac{2}{\pi} \int_1^2 y \cos\frac{\pi x}{2y} \Big|_{x=y}^{x=y^2} dy$

$= -\frac{2}{\pi} \int_1^2 y \cos\frac{\pi y}{2} dy = -\frac{4}{\pi^2} \int_1^2 y d\sin\frac{\pi y}{2} = \frac{4(2+\pi)}{\pi^3}$

7. 求 $I = \iint_D x[1+yf(x^2+y^2)]dxdy$，其中，$D$ 由 $y=x^3$，$y=1$，$x=-1$ 围成，$f(t)$ 连续.

解：用曲线 $y=-x^3$ 将 D 分为 D_1 与 D_2 两部分，其中，D_1 关于 x 轴对称，D_2 关于 y 轴对称. 则

$I = \iint_{D_1} x[1+yf(x^2+y^2)]dxdy + \iint_{D_2} x[1+yf(x^2+y^2)]dxdy$

$= \iint_{D_1} x dxdy = \int_{-1}^0 x dx \int_{x^3}^{-x^3} dy = -\frac{2}{5}$

8. 求 $I = \iint_D |\cos(x+y)| dxdy$，其中，$D: 0 \le x \le \frac{\pi}{2}$，$0 \le y \le \frac{\pi}{2}$.

解：用直线 $x+y = \frac{\pi}{2}$ 将 D 分为 D_1 与 D_2 两部分，于是

$I = \iint_{D_1} \cos(x+y) dxdy - \iint_{D_2} \cos(x+y) dxdy$

$= \int_0^{\frac{\pi}{2}} dx \int_0^{\frac{\pi}{2}-x} \cos(x+y) dy - \int_0^{\frac{\pi}{2}} dx \int_{\frac{\pi}{2}-x}^{\frac{\pi}{2}} \cos(x+y) dy$

$= \int_0^{\frac{\pi}{2}} (1-\sin x) dx - \int_0^{\frac{\pi}{2}} (\cos x - 1) dx = \pi - 2$

9. 求 $I = \int_0^{\frac{\pi}{6}} dy \int_y^{\frac{\pi}{6}} \frac{\cos x}{x} dx$.

解：$I = \int_0^{\frac{\pi}{6}} \frac{\cos x}{x} dx \int_0^x dy = \int_0^{\frac{\pi}{6}} \cos x dx = \frac{1}{2}$

10. 求 $I = \int_0^2 dx \int_x^2 e^{-y^2} dy$.

解：$I = \int_0^2 e^{-y^2} dy \int_0^y dx = \int_0^2 y e^{-y^2} dy$

$= -\frac{1}{2} e^{-y^2} \Big|_0^2 = \frac{1}{2}(1-e^{-4})$

11. 求 $I = \iint\limits_{D} \dfrac{1-x^2-y^2}{1+x^2+y^2}dxdy$，其中，$D$ 是 $x^2+y^2=1$，$x=0$ 和 $y=0$ 所围成区域在第一象限的部分.

解：用极坐标系计算得

$$I = \int_0^{\frac{\pi}{2}} d\theta \int_0^1 \dfrac{1-r^2}{1+r^2} rdr = \dfrac{\pi}{4}\int_0^1 \dfrac{1-r^2}{1+r^2}dr^2 \stackrel{u=r^2}{=} \dfrac{\pi}{4}\int_0^1 \dfrac{1-u}{1+u}du$$

$$= \dfrac{\pi}{4}\int_0^1 \dfrac{2-(u+1)}{1+u}du = \dfrac{\pi}{4}[2\ln(1+u)-u]\Big|_0^1 = \dfrac{\pi}{4}[2\ln 2 - 1]$$

12. 求 $I = \iint\limits_{D} ydxdy$，其中，$D$ 由 x 轴、y 轴与曲线 $\sqrt{\dfrac{x}{a}}+\sqrt{\dfrac{y}{b}}=1$ 围成，$a>0$，$b>0$.

解：$I = \int_0^a dx \int_0^{b\left(1-\sqrt{\frac{x}{a}}\right)^2} ydy = \dfrac{b^2}{2}\int_0^a \left(1-\sqrt{\dfrac{x}{a}}\right)^4 dx = \dfrac{ab^2}{30}$

13. 求 $I = \iint\limits_{D}\left(\dfrac{x^2}{a^2}+\dfrac{y^2}{b^2}\right)dxdy$，其中，$D: x^2+y^2 \leq R^2$.

解：利用对称性，并采用极坐标系计算得

$$I = \dfrac{1}{2}\iint\limits_{D}(x^2+y^2)\left(\dfrac{1}{a^2}+\dfrac{1}{b^2}\right)dxdy$$

$$= \dfrac{1}{2}\left(\dfrac{1}{a^2}+\dfrac{1}{b^2}\right)\int_0^{2\pi}d\theta\int_0^R r^2 \cdot rdr = \dfrac{\pi R^4}{4}\left(\dfrac{1}{a^2}+\dfrac{1}{b^2}\right)$$

14. 求 $I = \iint\limits_{D} x^2 ydxdy$，其中，$D$ 是由双曲线 $x^2-y^2=1$ 及直线 $y=0$，$y=1$ 围成的平面区域.

解：$I = \int_0^1 ydy\int_{-\sqrt{1+y^2}}^{\sqrt{1+y^2}} x^2 dx = \dfrac{2}{3}\int_0^1 y(1+y^2)^{\frac{3}{2}}dy$

$$= \dfrac{1}{3}\int_0^1 (1+y^2)^{\frac{3}{2}}d(1+y^2) = \dfrac{2}{15}(1+y^2)^{\frac{5}{2}}\Big|_0^1 = \dfrac{2}{15}(4\sqrt{2}-1)$$

15. 求 $I = \iint\limits_{D}\sqrt{x^2+y^2}dxdy$，其中，$D = \{(x,y)\mid 0 \leq y \leq x, x^2+y^2 \leq 2x\}$.

解：$I = \int_0^{\frac{\pi}{4}}d\theta\int_0^{2\cos\theta} r^2 dr = \dfrac{8}{3}\int_0^{\frac{\pi}{4}}\cos^3\theta d\theta$

$$= \dfrac{8}{3}\int_0^{\frac{\pi}{4}}(1-\sin^2\theta)d\sin\theta = \dfrac{10}{9}\sqrt{2}$$

16. 设 D 是以点 $O(0,0)$，$A(1,2)$ 和 $B(2,1)$ 为顶点的三角形区域，求 $I = \iint\limits_{D} xdxdy$.

解：$I = \int_0^1 xdx\int_{\frac{1}{2}x}^{2x}dy + \int_1^2 xdx\int_{\frac{1}{2}x}^{-x+3}dy = \dfrac{1}{2}x^3\Big|_0^1 + \int_1^2 x\left(3-\dfrac{3}{2}x\right)dx = \dfrac{3}{2}$

17. 求 $I = \iint\limits_{D}\sin\sqrt{x^2+y^2}dxdy$，其中，$D: \pi^2 \leq x^2+y^2 \leq 4\pi^2$.

解：$I = \int_0^{2\pi} d\theta \int_\pi^{2\pi} r\sin r dr = 2\pi \int_\pi^{2\pi} rd(-\cos r)$

$= 2\pi(\sin r - r\cos r)\Big|_\pi^{2\pi} = -6\pi^2$

18. 求 $I = \iint_D \ln\dfrac{x^2+y+1}{x+y^2+1}dxdy$，其中，$D:(x-2)^2+(y-2)^2 \leq 1$.

解：积分区域 D 关于 $y=x$ 对称，而被积函数当 x,y 对换时差一负号，故 $I=0$.

19. 求二重积分 $I = \iint_D r^2\sin\theta\sqrt{1-r^2\cos 2\theta}drd\theta$，其中，$D = \left\{(r,\theta) \mid 0 \leq r \leq \sec\theta, 0 \leq \theta \leq \dfrac{\pi}{4}\right\}$.

解：积分区域 D 如右图所示. 将积分化为直角坐标系下的二重积分

$I = \iint_D r^2\sin\theta\sqrt{1-r^2\cos^2\theta+r^2\sin^2\theta}drd\theta$

$= \iint_D y\sqrt{1-x^2+y^2}dxdy$

$= \dfrac{1}{2}\int_0^1 dx\int_0^x \sqrt{1-x^2+y^2}d(1-x^2+y^2)$

$= \dfrac{1}{3}\int_0^1 [1-(1-x^2)^{\frac{3}{2}}]dx$

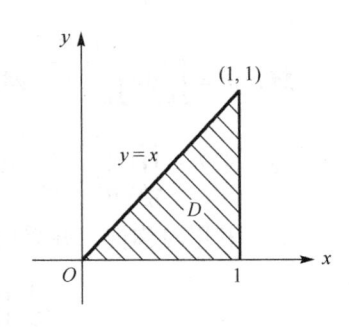

设 $x=\sin t$，则 $I = \dfrac{1}{3} - \dfrac{1}{3}\int_0^{\frac{\pi}{2}}\cos^4 t dt = \dfrac{1}{3} - \dfrac{\pi}{16}$.

20. 交换积分次序 $I = \int_0^{2a} dx \int_{\sqrt{2ax-x^2}}^{\sqrt{2ax}} f(x,y)dy$.

解：$I = \int_0^a dy \int_{\frac{y^2}{2a}}^{a-\sqrt{a^2-y^2}} f(x,y)dx + \int_0^a dy \int_{a+\sqrt{a^2-y^2}}^{2a} f(x,y)dx + \int_a^{2a} dy \int_{\frac{y^2}{2a}}^{2a} f(x,y)dx$

21. 求 $I = \iint_D \dfrac{\sin y}{y}dxdy$，其中，$D$ 由 $y^2=x$ 与 $y=x$ 围成.

解：$I = \int_0^1 \dfrac{\sin y}{y}dy \int_{y^2}^y dx = \int_0^1 (1-y)\sin y dy$

$= -\cos y\Big|_0^1 + \int_0^1 y d\cos y = 1-\cos 1 + (y\cos y - \sin y)\Big|_0^1$

$= 1-\sin 1$

22. 求 $I = \iint_D |x^2+y^2-4|dxdy$，其中，$D: x^2+y^2 \leq 9$.

解：积分区域 D 被圆 $x^2+y^2=4$ 分为 $D_1: x^2+y^2 \leq 4$ 与 $D_2: 4 \leq x^2+y^2 \leq 9$ 两部分，于是

$I = \iint_{D_1}(4-x^2-y^2)dxdy + \iint_{D_2}(x^2+y^2-4)dxdy$

$= \int_0^{2\pi}d\theta\int_0^2 (4-r^2)rdr + \int_0^{2\pi}d\theta\int_2^3 (r^2-4)rdr$

$= 2\pi\left(2r^2-\dfrac{r^4}{4}\right)\Big|_0^2 + 2\pi\left(\dfrac{r^4}{4}-2r^2\right)\Big|_2^3 = \dfrac{41}{2}\pi$

23. 求 $I = \iint\limits_{D}|y|dxdy$，其中，$D: \dfrac{x^2}{a^2} + \dfrac{y^2}{b^2} \leq 1$.

解：利用对称性，此积分等于 D 位于第一象限部分 D_1 上积分的 4 倍，故

$$I = 4\iint\limits_{D_1} ydxdy = 4\int_0^a dx \int_0^{\frac{b}{a}\sqrt{a^2-x^2}} ydy$$

$$= \dfrac{2b^2}{a^2}\int_0^a (a^2 - x^2)dx = \dfrac{4}{3}ab^2$$

24. 求 $I = \iint\limits_{D}(x^3y + y^3\sqrt{x^2+y^2} + x\sqrt{x^2+y^2})dxdy$，其中，$D: x^2 + y^2 \leq ax$.

解：积分区域 D 关于 x 轴对称，而被积函数中的 $x^3y, y^3\sqrt{x^2+y^2}$ 两项关于 y 是奇函数，所以

$$\iint\limits_{D}(x^3y + y^3\sqrt{x^2+y^2})dxdy = 0$$

于是

$$I = \iint\limits_{D} x\sqrt{x^2+y^2}dxdy = \int_{-\frac{\pi}{2}}^{\frac{\pi}{2}}\cos\theta d\theta \int_0^{a\cos\theta} r^3 dr$$

$$= \dfrac{a^4}{4}\int_{-\frac{\pi}{2}}^{\frac{\pi}{2}}\cos^5\theta d\theta = \dfrac{a^4}{2}\int_0^{\frac{\pi}{2}}\cos^5\theta d\theta = \dfrac{4}{15}a^4$$

25. 设 a,b 为实数，函数 $z = 2 + ax^2 + by^2$ 在点 $(3,4)$ 处的方向导数中，沿方向 $\boldsymbol{l} = -3\boldsymbol{i} - 4\boldsymbol{j}$ 的方向导数最大，最大值为 10.

（1）求 a,b；

（2）求曲面 $z = 2 + ax^2 + by^2$（$z \geq 0$）的面积.

解：（1）函数 $z = 2 + ax^2 + by^2$ 在点 $(3,4)$ 处的梯度为

$$\mathrm{grad}\, z = 6a\boldsymbol{i} + 8b\boldsymbol{j}$$

由条件知 $\begin{cases} 6a = -3k \\ 8b = -4k \\ \sqrt{36a^2 + 64b^2} = 10 \end{cases}$，其中 $k > 0$. 则 $a = -1$，$b = -1$.

（2）曲面 $z = 2 - x^2 - y^2$（$z \geq 0$）在 xOy 平面上的投影为

$$D = \{(x,y)\,|\,x^2 + y^2 \leq 2\}$$

所求面积为 $S = \iint\limits_{D}\sqrt{1 + 4x^2 + 4y^2}dxdy = \int_0^{2\pi}d\theta\int_0^{\sqrt{2}}\sqrt{1+4r^2}\cdot rdr = \dfrac{13}{3}\pi$.

26. 求曲面 $z = x^2 + y^2 + 1$ 上点 $M_0(1,-1,3)$ 处的切平面与曲面 $z = x^2 + y^2$ 所围空间立体的体积.

解：曲面 $z = x^2 + y^2 + 1$ 在点 $M_0(1,-1,3)$ 处的切平面方程为 $z = 2x - 2y - 1$，它与 $z = x^2 + y^2$ 的交线可表示为

$$\begin{cases} z = 2x - 2y - 1 \\ z = x^2 + y^2 \end{cases}$$

此交线在 xOy 平面上的投影曲线为 $\begin{cases} (x-1)^2 + (y+1)^2 = 1 \\ z = 0 \end{cases}$. 故立体在 xOy 平面上的投影为圆 $D: (x-1)^2 + (y+1)^2 \leq 1$，于是所求的体积为

$$V = \iint_D (2x - 2y - 1 - x^2 - y^2) dxdy$$

$$= \iint_D [1 - (x-1)^2 - (y+1)^2] dxdy$$

$$= \int_0^{2\pi} d\theta \int_0^1 (1 - r^2) r dr = \frac{\pi}{2}$$

27. 求 $I = \iint_D x|y| dxdy$，其中，$D: y \leq x, x \leq 1, y \geq -\sqrt{2-x^2}$.

解：用直线 $y = -x$ 将积分区域 D 分为 D_1 与 D_2 两部分，其中，D_1 关于 y 轴对称，D_2 关于 x 轴对称. 于是

$$I = \iint_{D_1} x|y| dxdy + \iint_{D_2} x|y| dxdy$$

其中，

$$\iint_{D_1} x|y| dxdy = 0, \quad \iint_{D_2} x|y| dxdy = 2\int_0^1 xdx \int_0^x ydy = \frac{1}{4}$$

28. 求曲面 $z = x^2 - y^2$ 包含在曲面 $z = 3x^2 + y^2 - 2$ 和 $z = 3x^2 + y^2 - 4$ 之间的面积.

解：曲线 $\begin{cases} z = x^2 - y^2 \\ z = 3x^2 + y^2 - 2 \end{cases}$ 在 xOy 平面上的投影曲线为 $\begin{cases} x^2 + y^2 = 1 \\ z = 0 \end{cases}$；

曲线 $\begin{cases} z = x^2 - y^2 \\ z = 3x^2 + y^2 - 4 \end{cases}$ 在 xOy 平面上的投影曲线为 $\begin{cases} x^2 + y^2 = 2 \\ z = 0 \end{cases}$.

故所求曲面在 xOy 平面上的投影区域为 $D: 1 \leq x^2 + y^2 \leq 2$. 故所求曲面的面积为

$$S = \iint_D \sqrt{1 + 4(x^2 + y^2)} dxdy = \int_0^{2\pi} d\theta \int_1^{\sqrt{2}} \sqrt{1 + 4r^2} r dr$$

$$= \frac{\pi}{4} \int_1^{\sqrt{2}} (1 + 4r^2)^{1/2} d(1 + 4r^2) = \frac{\pi}{6} (27 - 5\sqrt{5})$$

29. 设区域 $D = \{(x, y) | x^2 + y^2 \leq 1, y \geq 0\}$，连续函数 $f(x,y)$ 满足 $f(x,y) = y\sqrt{1-x^2} + x\iint_D f(x,y) dxdy$. 求 $\iint_D xf(x,y) dxdy$.

解：令 $A = \iint_D f(x,y) dxdy$. 则 $f(x,y) = y\sqrt{1-x^2} + Ax$，在 D 上积分，得

$$A = \iint_D f(x,y)\mathrm{d}x\mathrm{d}y = \iint_D y\sqrt{1-x^2}\mathrm{d}x\mathrm{d}y + \iint_D Ax\mathrm{d}x\mathrm{d}y = 2\iint_{D_1} y\sqrt{1-x^2}\mathrm{d}x\mathrm{d}y$$

$$= 2\int_0^1 \sqrt{1-x^2}\mathrm{d}x \int_0^{\sqrt{1-x^2}} y\mathrm{d}y = \frac{3\pi}{16}$$

其中，D_1 是 D 在第一象限的部分. 于是 $f(x,y) = y\sqrt{1-x^2} + \frac{3\pi}{16}x$. 所以

$$\iint_D xf(x,y)\mathrm{d}x\mathrm{d}y = \iint_D x\left(y\sqrt{1-x^2} + \frac{3\pi}{16}x\right)\mathrm{d}x\mathrm{d}y = \frac{3\pi}{16}\iint_D x^2\mathrm{d}x\mathrm{d}y = \frac{3\pi^2}{128}.$$

30. 设 $f \in C_{[a,b]}$，证明

$$\left(\int_a^b f(x)\mathrm{d}x\right)^2 \leq (b-a)\int_a^b f^2(x)\mathrm{d}x$$

提示：$\iint_D [f(x)-f(y)]^2 \mathrm{d}x\mathrm{d}y \geq 0$，$D: a \leq x \leq b, a \leq y \leq b$.

证明：设 $D: a \leq x \leq b, \ a \leq y \leq b$，则

$$\iint_D [f(x)-f(y)]^2 \mathrm{d}x\mathrm{d}y$$

$$= \int_a^b \mathrm{d}y \int_a^b f^2(x)\mathrm{d}x + \int_a^b \mathrm{d}x \int_a^b f^2(y)\mathrm{d}y - 2\int_a^b f(x)\mathrm{d}x \int_a^b f(y)\mathrm{d}y$$

$$= 2\left[(b-a)\int_a^b f^2(x)\mathrm{d}x - \left(\int_a^b f(x)\mathrm{d}x\right)^2\right]$$

所以

$$\left(\int_a^b f(x)\mathrm{d}x\right)^2 \leq (b-a)\int_a^b f^2(x)\mathrm{d}x$$

31. 求 $I = \int_1^5 \mathrm{d}y \int_y^5 \frac{1}{y\ln x}\mathrm{d}x$.

解：$I = \int_1^5 \frac{1}{\ln x}\mathrm{d}x \int_1^x \frac{1}{y}\mathrm{d}y = \int_1^5 \mathrm{d}x = 4$

32. 设 $D = \{(x,y) | x^2 + y^2 \leq \sqrt{2}, x \geq 0, y \geq 0\}$，$[1+x^2+y^2]$ 表示不超过 $1+x^2+y^2$ 的最大整数，计算二重积分 $\iint_D xy[1+x^2+y^2]\mathrm{d}x\mathrm{d}y$.

解：设

$$D_1 = \{(x,y) | x^2+y^2 \leq 1, \ x \geq 0, \ y \geq 0\}$$

$$D_2 = \{(x,y) | 1 < x^2+y^2 \leq \sqrt{2}, x \geq 0, \ y \geq 0\}$$

则

$$\iint_D xy[1+x^2+y^2]\mathrm{d}x\mathrm{d}y = \iint_{D_1} xy\mathrm{d}x\mathrm{d}y + \iint_{D_2} 2xy\mathrm{d}x\mathrm{d}y$$

$$= \int_0^{\frac{\pi}{2}} d\theta \int_0^1 r^3 \cos\theta \sin\theta dr + 2\int_0^{\frac{\pi}{2}} d\theta \int_1^{\sqrt[4]{2}} r^3 \cos\theta \sin\theta dr = \frac{3}{8}$$

33. 求 $I = \iint\limits_{D} e^{-(x^2+y^2-\pi)} \sin(x^2+y^2) dxdy$，其中，$D: x^2+y^2 \le \pi$.

解：$I = \int_0^{2\pi} d\theta \int_0^{\sqrt{\pi}} r e^{\pi} \cdot e^{-r^2} \sin r^2 dr$

$$= \pi e^{\pi} \int_0^{\sqrt{\pi}} e^{-r^2} \sin r^2 d(r^2)$$

$$= -\frac{\pi}{2} e^{\pi} e^{-t} \cos t \Big|_0^{\pi} = \frac{\pi}{2}(1+e^{\pi})$$

34. 求下列积分.

(1) $\int_0^1 \frac{x^b - x^a}{\ln x} dx$，$a,b > 0$

解：原式 $= \int_0^1 dx \int_a^b x^y dy = \int_a^b dy \int_0^1 x^y dx$

$$= \int_a^b \left(\frac{1}{y+1} x^{y+1}\right)\Big|_0^1 dy = \int_a^b \frac{1}{1+y} dy = \ln(1+y)\Big|_a^b$$

$$= \ln(1+b) - \ln(1+a)$$

(2) $\iint\limits_{D} \sqrt{|y-x^2|} dxdy$，$D: \begin{cases} |x| \le 1 \\ 0 \le y \le 2 \end{cases}$

解：原式 $= \int_{-1}^1 dx \int_{x^2}^2 \sqrt{y-x^2} dy + \int_{-1}^1 dx \int_0^{x^2} \sqrt{x^2-y} dy$

$$= \int_{-1}^1 \frac{2}{3}(y-x^2)^{\frac{3}{2}}\Big|_{x^2}^2 dx + \int_{-1}^1 \frac{2}{3}(x^2-y)^{\frac{3}{2}}\Big|_{x^2}^0 dx$$

$$= \int_{-1}^1 \frac{2}{3}(2-x^2)^{\frac{3}{2}} dx + \int_{-1}^1 \frac{2}{3}|x|^3 dx = \frac{\pi}{2} + \frac{5}{3}$$

35. 求由 $z = x^2 + y^2$，$y = x^2$，$y = 1$，$z = 0$ 围成立体的体积.

解：$V = \iint\limits_{D} (x^2+y^2) dxdy = \int_{-1}^1 dx \int_{x^2}^1 (x^2+y^2) dy$

$$= \int_{-1}^1 \left(x^2 y + \frac{y^3}{3}\right)\Big|_{x^2}^1 dx = \int_{-1}^1 \left(x^2 - x^4 + \frac{1}{3} - \frac{x^6}{3}\right) dx$$

$$= \frac{2}{3} + 2\left(\frac{x^3}{3} - \frac{x^5}{5} - \frac{x^7}{21}\right)\Big|_0^1 = \frac{88}{105}$$

36. 由曲线 $xy = 1$ 及直线 $x + y = \frac{5}{2}$ 围成的平面板，其质量面密度为 $\frac{1}{x}$，求板的质量.

解：$m = \int_{\frac{1}{2}}^2 \frac{1}{x} dx \int_{\frac{1}{x}}^{\frac{5}{2}-x} dy = \int_{\frac{1}{2}}^2 \frac{1}{x}\left(\frac{5}{2} - x - \frac{1}{x}\right) dx = 5\ln 2 - 3$

37. 求抛物面 $z = x^2 + y^2 + 1$ 的一个切平面，使它与该抛物面及圆柱面 $(x-1)^2 + y^2 = 1$ 围成立体的体积最小，并求这个最小体积.

解：抛物面 $z = x^2 + y^2 + 1$ 上点 $M_0(x_0, y_0, x_0^2 + y_0^2 + 1)$ 处的切平面方程为
$$z = 2x_0 x + 2y_0 y - x_0^2 - y_0^2 + 1$$

所围成立体在 xOy 平面上的投影区域为 $D:(x-1)^2 + y^2 \leq 1$. 于是所求体积为

$$\begin{aligned}
V &= \iint_D [(x^2 + y^2 + 1) - (2x_0 x + 2y_0 y - x_0^2 - y_0^2 + 1)]\mathrm{d}x\mathrm{d}y \\
&= \iint_D (x^2 + y^2)\mathrm{d}x\mathrm{d}y - 2x_0 \iint_D x\mathrm{d}x\mathrm{d}y - 2y_0 \iint_D y\mathrm{d}x\mathrm{d}y + (x_0^2 + y_0^2)\iint_D \mathrm{d}x\mathrm{d}y \\
&= \iint_D (x^2 + y^2)\mathrm{d}x\mathrm{d}y - 2x_0 \pi + (x_0^2 + y_0^2)\pi
\end{aligned}$$

由
$$\begin{cases} \dfrac{\mathrm{d}V}{\mathrm{d}x_0} = -2\pi + 2x_0 \pi = 0 \\ \dfrac{\mathrm{d}V}{\mathrm{d}y_0} = 2y_0 \pi = 0 \end{cases}$$

得 $\begin{cases} x_0 = 1 \\ y_0 = 0 \end{cases}$. 因此，所求切平面方程为 $z = 2x$.

$$\begin{aligned}
\min V = V(1,0) &= \iint_D (x^2 + y^2 - 2x + 1)\mathrm{d}x\mathrm{d}y \\
&= \iint_D [(x-1)^2 + y^2]\mathrm{d}x\mathrm{d}y = \frac{1}{2}\pi
\end{aligned}$$

38. 设有一半径为 R、高为 H 的圆柱容器，盛有 $\dfrac{2}{3}H$ 高的水，放在离心机上高速旋转，受离心力的作用，水面呈抛物面形，问当水刚要溢出水面时，液面的最低点在何处？

解：建立空间直角坐标系，取容器对称轴为 z 轴，底面为 xOy 平面，底圆圆心为坐标原点.

设曲线 L 的方程为 $z = ay^2 + h$. 将点 (R, H) 代入得 $a = \dfrac{H-h}{R^2}$. 于是 L 的方程为 $z = \dfrac{H-h}{R^2}y^2 + h$. 记 $D: x^2 + y^2 \leq R^2$，容器内水的体积为

$$\begin{aligned}
\frac{2}{3}H\pi R^2 &= \iint_D \left[\frac{H-h}{R^2}(x^2 + y^2) + h\right]\mathrm{d}x\mathrm{d}y \\
&= \int_0^{2\pi} \mathrm{d}\theta \int_0^R \left(\frac{H-h}{R^2}r^2 + h\right)r\mathrm{d}r = \frac{(H-h)\pi R^2}{2} + h\pi R^2
\end{aligned}$$

解得 $h = \dfrac{H}{3}$.

39. 求三重积分 $I = \iiint_\Omega z^2 \mathrm{d}x\mathrm{d}y\mathrm{d}z$，其中，$\Omega: \begin{cases} x^2 + y^2 + z^2 \leq R^2 \\ x^2 + y^2 + z^2 \leq 2Rz \end{cases}$.

解：此题宜采用"先二后一法"，Ω 被平面 $z = \dfrac{R}{2}$ 分为 Ω_1 与 Ω_2 两部分，其中，

$$\Omega_1: R-\sqrt{R^2-x^2-y^2} \leqslant z \leqslant \frac{R}{2}$$

$$\Omega_2: \frac{R}{2} \leqslant z \leqslant \sqrt{R^2-x^2-y^2}$$

于是
$$I = \iiint_{\Omega_1} z^2 \mathrm{d}x\mathrm{d}y\mathrm{d}z + \iiint_{\Omega_2} z^2 \mathrm{d}x\mathrm{d}y\mathrm{d}z$$

$$= \int_0^{\frac{R}{2}} z^2 \mathrm{d}z \iint_{\Omega_{1xy}} \mathrm{d}x\mathrm{d}y + \int_{\frac{R}{2}}^R z^2 \mathrm{d}z \iint_{\Omega_{2xy}} \mathrm{d}x\mathrm{d}y$$

$$= \int_0^{\frac{R}{2}} z^2 \cdot \pi(2Rz-z^2)\mathrm{d}z + \int_{\frac{R}{2}}^R z^2 \pi(R^2-z^2)\mathrm{d}z = \frac{59}{480}\pi R^5$$

40. 用不同的方法改变积分次序：$I = \int_0^1 \mathrm{d}x \int_0^{1-x} \mathrm{d}y \int_0^{x+y} f(x,y,z)\mathrm{d}z$.

解：$I = \int_0^1 \mathrm{d}y \int_y^1 \mathrm{d}z \int_{z-y}^{1-y} f(x,y,z)\mathrm{d}x + \int_0^1 \mathrm{d}y \int_0^y \mathrm{d}z \int_0^{1-y} f(x,y,z)\mathrm{d}x$

$= \int_0^1 \mathrm{d}x \int_x^1 \mathrm{d}z \int_{z-x}^{1-x} f(x,y,z)\mathrm{d}y + \int_0^1 \mathrm{d}x \int_0^x \mathrm{d}z \int_0^{1-x} f(x,y,z)\mathrm{d}y$

41. 设 $f(u)$ 连续，$\Omega: 0 \leqslant z \leqslant h,\ x^2+y^2 \leqslant t^2$. 若

$$F(t) = \iiint_{\Omega} [z^2 + f(x^2+y^2)]\mathrm{d}x\mathrm{d}y\mathrm{d}z$$

求 $\dfrac{\mathrm{d}F}{\mathrm{d}t}$ 和 $\lim\limits_{t\to 0^+} \dfrac{F(t)}{t^2}$.

解：$F(t) = \int_0^{2\pi} \mathrm{d}\theta \int_0^t r\mathrm{d}r \int_0^h [z^2 + f(r^2)]\mathrm{d}z$

$$= 2\pi \int_0^t \left[\frac{h^3}{3} + f(r^2)h\right] r\mathrm{d}r$$

于是

$$\frac{\mathrm{d}F}{\mathrm{d}t} = 2\pi\left(\frac{h^3}{3} + f(t^2)h\right)t$$

$$\lim_{t\to 0^+} \frac{F(t)}{t^2} = \lim_{t\to 0^+} \frac{2\pi\left(\dfrac{h^3}{3}+f(t^2)h\right)t}{2t} = \pi h\left(\frac{h^2}{3} + f(0)\right)$$

42. 设 $f(t)$ 在 $[0,1]$ 上连续，证明

$$I = \int_0^1 \mathrm{d}x \int_x^1 \mathrm{d}y \int_x^y f(x)f(y)f(z)\mathrm{d}z = \frac{1}{3!}\left(\int_0^1 f(t)\mathrm{d}t\right)^3$$

证明：记 $F(x) = \int_0^x f(t)\mathrm{d}t$.

$$I = \int_0^1 f(x)\mathrm{d}x \left[\int_x^1 F(y)\mathrm{d}F(y) - F(x)\int_x^1 f(y)\mathrm{d}y\right]$$

166

$$= \int_0^1 f(x)\left(\frac{1}{2}F^2(1) - \frac{1}{2}F^2(x) - F(x)F(1) + F^2(x)\right)dx$$

$$= \frac{1}{2}F^2(1)\int_0^1 f(x)dx + \frac{1}{2}\int_0^1 f(x)F^2(x)dx - F(1)\int_0^1 f(x)F(x)dx$$

$$= \frac{1}{2}F^3(1) + \frac{1}{6}F^3(1) - \frac{1}{2}F^3(1) = \frac{1}{3!}\left(\int_0^1 f(t)dt\right)^3$$

43. 求曲面 $(x^2+y^2+z^2)^2 = a^2(x^2+y^2)$（$a>0$）围成区域的体积.

解：$V = \iiint\limits_{\Omega} dxdydz = 2\int_0^{2\pi}d\theta\int_0^{\frac{\pi}{2}}\sin\varphi d\varphi\int_0^{a\sin\varphi}\rho^2 d\rho$

$$= \frac{4a^3}{3}\pi\int_0^{\frac{\pi}{2}}\sin^4\varphi d\varphi = \frac{4a^3}{3}\pi \cdot \frac{3}{4} \cdot \frac{1}{2} \cdot \frac{\pi}{2} = \frac{\pi^2}{4}a^3$$

44. 设 $f(t)$ 连续，证明 $\int_0^x dv\int_0^v du\int_0^u f(t)dt = \frac{1}{2}\int_0^x (x-t)^2 f(t)dt$.

证明：考虑积分 $\int_0^v du\int_0^u f(t)dt$，交换积分次序得

$$\int_0^v du\int_0^u f(t)dt = \int_0^v f(t)dt\int_t^v du = \int_0^v (v-t)f(t)dt$$

于是

$$\int_0^x dv\int_0^v du\int_0^u f(t)dt = \int_0^x dv\int_0^v (v-t)f(t)dt$$

$$= \int_0^x f(t)dt\int_t^x (v-t)dv = \frac{1}{2}\int_0^x (x-t)^2 f(t)dt$$

45. 求由 $(x^2+y^2+z^2)^2 = a^2(x^2+y^2)$（$a>0$）围成密度均匀的物体对 z 轴的转动惯量.

解：设物体的体密度 $\rho = k$，其中 k 为常数. 它对 z 轴的转动惯量为

$$J_z = k\iiint\limits_{\Omega}(x^2+y^2)dV = k\int_0^{2\pi}d\theta\int_0^{\pi}\sin^3\varphi d\varphi\int_0^{a\sin\varphi}\rho^4 d\rho$$

$$= \frac{2k\pi a^5}{5}\int_0^{\pi}\sin^8\varphi d\varphi = \frac{4k\pi a^5}{5}\int_0^{\frac{\pi}{2}}\sin^8\varphi d\varphi$$

$$= \frac{4k\pi a^5}{5} \cdot \frac{1\cdot 3\cdot 5\cdot 7}{2\cdot 4\cdot 6\cdot 8} \cdot \frac{\pi}{2} = \frac{7k\pi^2}{64}a^5$$

46. 求含在柱面 $x^2+y^2 = ax$（$a>0$）内的球面 $x^2+y^2+z^2 = a^2$ 的面积.

解：利用对称性，所求面积等于它在第一卦限内部面积的 4 倍. 又

$$dS = \frac{a}{\sqrt{a^2-x^2-y^2}}dxdy$$

于是

$$S = \iint\limits_{D}\frac{a}{\sqrt{a^2-x^2-y^2}}dxdy = 4a\int_0^{\frac{\pi}{2}}d\theta\int_0^{a\cos\theta}\frac{r}{\sqrt{a^2-r^2}}dr$$

$$= 4a\int_0^{\frac{\pi}{2}}(-\sqrt{a^2-r^2})\Big|_{r=0}^{r=a\cos\theta}\mathrm{d}\theta = 4a^2\int_0^{\frac{\pi}{2}}(1-\sin\theta)\mathrm{d}\theta = 4a^2\left(\frac{\pi}{2}-1\right)$$

47．一半径为 R、高为 H 的密度均匀的圆柱体，底面置于 xOy 平面上，对称轴为 z 轴，在其对称轴上，上底上方距离 a 处有一质量为 m 的质点，求圆柱体对此质点的引力．

解：质点坐标为 $A(0,0,a+H)$．设 (x,y,z) 为柱体上任一点，则此点的小邻域对质点 A 的引力为

$$\mathrm{d}\boldsymbol{F} = \frac{km\rho \mathrm{d}V}{[x^2+y^2+(z-a-H)^2]^{\frac{3}{2}}}(x,y,z-a-H)$$

由对称性知 $F_x = F_y = 0$．另外，

$$F_z = km\rho \iiint_\Omega \frac{z-a-H}{[x^2+y^2+(z-a-H)^2]^{\frac{3}{2}}}\mathrm{d}V$$

$$= km\rho \int_0^{2\pi}\mathrm{d}\theta \int_0^R r\mathrm{d}r \int_0^H \frac{(z-a-H)\mathrm{d}z}{[r^2+(z-a-H)^2]^{\frac{3}{2}}}$$

$$= 2k\pi m\rho \int_0^R \left[\frac{1}{\sqrt{(a+H)^2+r^2}} - \frac{1}{\sqrt{a^2+r^2}}\right]r\mathrm{d}r$$

$$= 2k\pi m\rho[\sqrt{R^2+(a+H)^2} - \sqrt{R^2-a^2} - H]$$

48．求抛物面 $z = 4+x^2+y^2$ 的切平面 π，使它与该抛物面之间介于圆柱面 $(x-1)^2+y^2=1$ 内部的体积最小．

解：由于介于抛物面 $z=4+x^2+y^2$、圆柱面 $(x-1)^2+y^2=1$ 和平面 $z=0$ 之间的体积为定值．故欲求其体积最小，只需求介于圆柱面内部以切平面 π 为顶、以 $z=0$ 为底的体积最大即可．

设切点坐标为 (ξ,η,δ)，则抛物面在该点的法向量为 $(2\xi,2\eta,-1)$，切平面 π 的方程为

$$2\xi(x-\xi) + 2\eta(y-\eta) - (z-\delta) = 0$$

又 $\delta = 4+\xi^2+\eta^2$，故 π 的方程为

$$z = 2\xi x + 2\eta y + 4 - \xi^2 - \eta^2$$

则介于圆柱面内部以切平面 π 为顶、以 $z=0$ 为底的立体体积为

$$V = \iint_D z\mathrm{d}x\mathrm{d}y = \iint_D (2\xi x + 2\eta y + 4 - \xi^2 - \eta^2)\mathrm{d}x\mathrm{d}y$$

$$= \int_{-\frac{\pi}{2}}^{\frac{\pi}{2}}\mathrm{d}\theta \int_0^{2\cos\theta}(2\xi r\cos\theta + 2\eta r\sin\theta + 4 - \xi^2 - \eta^2)r\mathrm{d}r$$

$$= \pi(2\xi + 4 - \xi^2 - \eta^2)$$

由 $\begin{cases}\dfrac{\partial V}{\partial \xi} = \pi(2-2\xi) = 0 \\ \dfrac{\partial V}{\partial \eta} = -2\pi\eta = 0\end{cases}$，解得 $\begin{cases}\xi = 1 \\ \eta = 0\end{cases}$．故切平面方程为 $2(x-1)-(z-5)=0$．

49. 有一半径为 a 的均质半球体，在其大圆上拼接一个材料相同的半径为 a 的圆柱体，问圆柱体的高 H 为多少时，拼接后的立体重心在球心处？

解：取球心在原点，大圆在 xOy 平面上，拼接所得立体区域记为 Ω. 由于立体重心在球心处，则

$$\bar{z} = \frac{\iiint_\Omega z\,\mathrm{d}V}{\iiint_\Omega \mathrm{d}V} = 0$$

有 $\iiint_\Omega z\,\mathrm{d}V = 0$. 若记半球体为 Ω_1，圆柱体为 Ω_2，则

$$0 = \iiint_{\Omega_1} z\,\mathrm{d}V + \iiint_{\Omega_2} z\,\mathrm{d}V$$

$$= \int_0^{2\pi}\mathrm{d}\theta\int_{\frac{\pi}{2}}^{\pi}\cos\varphi\sin\varphi\,\mathrm{d}\varphi\int_0^a \rho^3\mathrm{d}\rho + \int_0^{2\pi}\mathrm{d}\theta\int_0^a r\mathrm{d}r\int_0^H z\mathrm{d}z$$

$$= -\frac{1}{4}\pi a^4 + \frac{1}{2}\pi a^2 H^2$$

所以 $H = \frac{\sqrt{2}}{2}a$.

50. 求 $I = \int_C \sqrt{2y^2+z^2}\,\mathrm{d}s$，其中，$C:\begin{cases} x^2+y^2+z^2=R^2 \\ y=x \end{cases}$.

解：将 $x=y$ 代入球面方程得 $2y^2+z^2=R^2$. 另外，由于 C 为其过球心的大圆，于是

$$I = R\int_C \mathrm{d}s = 2\pi R^2$$

51. 求密度均匀的曲线 $x=a\cos t$，$y=a\sin t$，$z=\frac{h}{2\pi}t$ 上自 $t=0$ 到 $t=2\pi$ 的一段对 z 轴的转动惯量.

解：设曲线的线密度 $\rho=$ 常数，曲线段 L 对 z 轴的转动惯量为

$$J_z = \rho\int_L (x^2+y^2)\mathrm{d}s = \rho a^2\sqrt{a^2+\left(\frac{h}{2\pi}\right)^2}\int_0^{2\pi}\mathrm{d}t$$

$$= \rho a^2\sqrt{4\pi^2 a^2+h^2}$$

52. 求 $I = \oint_C \frac{-y\mathrm{d}x+x\mathrm{d}y}{x^2+y^2}$，其中，

（1）$C:(x-2)^2+y^2=1$，取顺时针方向；

（2）$C:x^2+y^2=4$，取逆时针方向.

解：计算得 $\frac{\partial P}{\partial y} = \frac{\partial Q}{\partial x} = \frac{y^2-x^2}{(x^2+y^2)^2}$.

（1）原点不在 C 内，故 $I=0$；

（2）原点在 C 内，故不能直接使用格林公式. 计算得

$$I = \frac{1}{4}\oint_C -y\mathrm{d}x + x\mathrm{d}y = \frac{1}{4}\iint_D (1+1)\mathrm{d}x\mathrm{d}y$$
$$= \frac{1}{2}\cdot 4\pi = 2\pi$$

53． 求 $I = \int_C (y+2xy)\mathrm{d}x + (x^2+2x+y^2)\mathrm{d}y$，其中，$C$ 是 $x^2+y^2 = 4x$ 的上半圆周，取点 $A(4,0)$ 到 $O(0,0)$ 一段．

解： $I = \int_{C+OA}(y+2xy)\mathrm{d}x + (x^2+2x+y^2)\mathrm{d}y - \int_{OA}(y+2xy)\mathrm{d}x + (x^2+2x+y^2)\mathrm{d}y$
$$= \iint_D (2x+2-1-2x)\mathrm{d}x\mathrm{d}y - 0 = \iint_D \mathrm{d}x\mathrm{d}y = 2\pi$$

54．（1）证明 $\boldsymbol{F} = (2xy^3 - y^2\cos x)\boldsymbol{i} + (1-2y\sin x + 3x^2y^2)\boldsymbol{j}$ 是保守场；

（2）求 $I = \int_C \boldsymbol{F}\cdot\mathrm{d}\boldsymbol{s}$，其中，$C$ 是从点 $O(0,0)$ 到 $A\left(\frac{\pi}{2},1\right)$ 的任意曲线段．

（1）**证明：** 计算得 $\frac{\partial P}{\partial y} = 6xy^2 - 2y\cos x$，$\frac{\partial Q}{\partial x} = -2y\cos x + 6xy^2$，故场 $\boldsymbol{F}$ 是保守场；

（2）**解：** 记 $B\left(\frac{\pi}{2},0\right)$．于是
$$I = \int_{OB}(2xy^3 - y^2\cos x)\mathrm{d}x + (1-2y\sin x + 3x^2y^2)\mathrm{d}y$$
$$+ \int_{BA}(2xy^3 - y^2\cos x)\mathrm{d}x + (1-2y\sin x + 3x^2y^2)\mathrm{d}y$$
$$= 0 + \int_0^1\left(1-2y+\frac{3\pi^2}{4}y^2\right)\mathrm{d}y = \frac{\pi^2}{4}$$

55． 求 $I = \int_C \sqrt{x^2+y^2}\mathrm{d}x + y[xy + \ln(x+\sqrt{x^2+y^2})]\mathrm{d}y$，其中，$C$ 是曲线段 $y = \sin x$（$\pi \leqslant x \leqslant 2\pi$），取 x 增加方向．

解： 计算得 $\frac{\partial P}{\partial y} = \frac{y}{\sqrt{x^2+y^2}}$，$\frac{\partial Q}{\partial x} = y^2 + \frac{y}{\sqrt{x^2+y^2}}$．另外，
$$I = \int_C \sqrt{x^2+y^2}\mathrm{d}x + y\ln(x+\sqrt{x^2+y^2})\mathrm{d}y + \int_C xy^2\mathrm{d}y$$

记点 $A(\pi,0)$，$B(2\pi,0)$．则
$$\int_C \sqrt{x^2+y^2}\mathrm{d}x + y\ln(x+\sqrt{x^2+y^2})\mathrm{d}y$$
$$= \int_{AB}\sqrt{x^2+y^2}\mathrm{d}x + y\ln(x+\sqrt{x^2+y^2})\mathrm{d}y = \int_\pi^{2\pi}x\mathrm{d}x = \frac{3\pi^2}{2}$$

并且
$$\int_C xy^2\mathrm{d}y = \int_\pi^{2\pi}x\sin^2 x\cos x\mathrm{d}x = \int_\pi^{2\pi}x\mathrm{d}\frac{\sin^3 x}{3}$$
$$= x\cdot\frac{\sin^3 x}{3}\bigg|_\pi^{2\pi} + \frac{1}{3}\int_\pi^{2\pi}(1-\cos^2 x)\mathrm{d}\cos x = \frac{4}{9}$$

所以 $I = \dfrac{3\pi^2}{2} + \dfrac{4}{9}$.

56. 求 $I = \displaystyle\int_C \dfrac{-y\mathrm{d}x + x\mathrm{d}y}{(x-y)^2}$，其中，$C$ 是以 $A(0,-1)$ 为起点、以 $B(1,0)$ 为终点且不与 $y=x$ 相交的任意曲线.

解：由于 $\dfrac{\partial P}{\partial y} = \dfrac{\partial Q}{\partial x} = -\dfrac{x+y}{(x-y)^3}$，故此曲线积分在 $y=x$ 的下方区域内与路径无关. 取过点 A, B 的直线 $y = x-1$，于是

$$I = \int_C -y\mathrm{d}x + x\mathrm{d}y = \int_0^1 (1-x+x)\mathrm{d}x = 1$$

57. 设曲线积分 $\displaystyle\int_C xy^2\mathrm{d}x + y\varphi(x)\mathrm{d}y$ 与路径无关，其中，$\varphi(x)$ 有连续导数，且 $\varphi(0) = 0$，求 $\varphi(x)$，并求

$$I = \int_{(0,0)}^{(1,1)} xy^2\mathrm{d}x + y\varphi(x)\mathrm{d}y$$

解：由于曲线积分与路径无关，故 $\dfrac{\partial}{\partial y}(xy^2) = \dfrac{\partial}{\partial x}(y\varphi(x))$，即 $2xy = y\varphi'(x)$.

于是 $\varphi(x) = x^2 + C$. 由 $\varphi(0) = 0$，得 $C = 0$，从而 $\varphi(x) = x^2$.
记 $B(1,0), A(1,1)$，于是

$$I = \int_{\overline{OB}} xy^2\mathrm{d}x + yx^2\mathrm{d}y + \int_{\overline{BA}} xy^2\mathrm{d}x + yx^2\mathrm{d}y = 0 + \int_0^1 y\mathrm{d}y = \dfrac{1}{2}$$

58. 在椭圆 $x = a\cos t$, $y = b\sin t$ 上每一点 M 有作用力 $\boldsymbol{F}$，其大小等于点 M 到椭圆中心的距离，方向指向椭圆中心.

（1）试求质点 M 沿着椭圆位于第一象限中的弧从点 $A(a,0)$ 到点 $B(0,b)$ 时，力 $\boldsymbol{F}$ 所做的功.

（2）求质点 M 按逆时针方向走遍全椭圆时力 $\boldsymbol{F}$ 所做的功.

解：（1）力 $\boldsymbol{F} = -x\boldsymbol{i} - y\boldsymbol{j}$，于是

$$W = \int_{\widehat{AB}} -x\mathrm{d}x - y\mathrm{d}y = (a^2 - b^2)\int_0^{\frac{\pi}{2}} \cos t \sin t \mathrm{d}t = \dfrac{a^2 - b^2}{2}$$

（2）$W = \displaystyle\oint_C -x\mathrm{d}x - y\mathrm{d}y = (a^2 - b^2)\int_0^{2\pi} \cos t \sin t \mathrm{d}t = 0$

59. 求 $I = \displaystyle\int_C (x^2 + y^2)\mathrm{d}x + (x^2 - y^2)\mathrm{d}y$，其中，$C: y = 1 - |1-x|$，$0 \leq x \leq 2$，沿 x 增加方向.

解：记 $O(0,0)$, $A(1,1)$, $B(2,0)$. 于是

$$\begin{aligned} I &= \int_C (x^2+y^2)\mathrm{d}x + (x^2-y^2)\mathrm{d}y \\ &= \int_{\overline{OA}}(x^2+y^2)\mathrm{d}x + (x^2-y^2)\mathrm{d}y + \int_{\overline{AB}}(x^2+y^2)\mathrm{d}x + (x^2-y^2)\mathrm{d}y \\ &= \int_0^1 2x^2\mathrm{d}x + 2\int_1^2 (2-x)^2\mathrm{d}x = \dfrac{4}{3} \end{aligned}$$

171

60. 求 $I = \oint_c (y-z)\mathrm{d}x + (z-x)\mathrm{d}y + (x-y)\mathrm{d}z$，其中，

$$c: \begin{cases} x^2 + y^2 = a^2 \\ \dfrac{x}{a} + \dfrac{z}{h} = 1 \end{cases}, \quad a > 0, h > 0$$

从 z 轴正向看，c 是逆时针方向.

解：平面 $\dfrac{x}{a} + \dfrac{z}{h} = 1$ 的正向单位法向量为

$$\boldsymbol{n}^0 = \dfrac{h}{\sqrt{a^2 + h^2}}\boldsymbol{i} + \dfrac{a}{\sqrt{a^2 + h^2}}\boldsymbol{k}$$

取 Σ 为平面 $\dfrac{x}{a} + \dfrac{z}{h} = 1$ 上、以 c 为边界的部分. 由斯托克斯公式得

$$I = \iint_\Sigma \begin{vmatrix} \dfrac{h}{\sqrt{a^2+h^2}} & 0 & \dfrac{a}{\sqrt{a^2+h^2}} \\ \dfrac{\partial}{\partial x} & \dfrac{\partial}{\partial y} & \dfrac{\partial}{\partial z} \\ y-z & z-x & x-y \end{vmatrix} \mathrm{d}S = \dfrac{-2(a+h)}{\sqrt{a^2+h^2}} \iint_\Sigma \mathrm{d}S$$

$$= -\dfrac{2(a+h)}{\sqrt{a^2+h^2}} \cdot \pi\sqrt{a^2+h^2} \cdot a = -2\pi a(a+h)$$

61. 求 $I = \oint_l (y^2 - z^2)\mathrm{d}x + (2z^2 - x^2)\mathrm{d}y + (3x^2 - y^2)\mathrm{d}z$，其中，$l$ 是平面 $x + y + z = 2$ 与柱面 $|x| + |y| = 1$ 的交线，从 z 轴正向看，l 为逆时针方向.

解：记 S 为平面 $x + y + z = 2$ 上 l 所围成部分的上侧，D 为 S 在 xOy 平面上的投影. 由斯托克斯公式得

$$I = \iint_S \begin{vmatrix} \dfrac{1}{\sqrt{3}} & \dfrac{1}{\sqrt{3}} & \dfrac{1}{\sqrt{3}} \\ \dfrac{\partial}{\partial x} & \dfrac{\partial}{\partial y} & \dfrac{\partial}{\partial z} \\ y^2 - z^2 & 2z^2 - x^2 & 3x^2 - y^2 \end{vmatrix} \mathrm{d}S = -\dfrac{2}{\sqrt{3}} \iint_S (4x + 2y + 3z)\mathrm{d}S = -2 \iint_D (x - y + 6)\mathrm{d}x\mathrm{d}y$$

由于 D 关于 x 轴与 y 轴均对称，所以

$$\iint_D x\mathrm{d}x\mathrm{d}y = 0, \quad \iint_D y\mathrm{d}x\mathrm{d}y = 0$$

另外，D 的边长为 $\sqrt{2}$，面积为 2. 故 $I = -12\iint_D \mathrm{d}x\mathrm{d}y = -24$.

62. 求 $I = \oint_c \dfrac{(x+4y)\mathrm{d}x + (x-y)\mathrm{d}y}{x^2 + 4y^2}$，其中，$c$ 为 $(x-a)^2 + (y-b)^2 = 1$，取正向.

解：若原点不在曲线 c 所围区域内. 由于

$$\dfrac{\partial P}{\partial y} = \dfrac{\partial Q}{\partial x} = \dfrac{4y^2 - x^2 - 8xy}{(x^2 + 4y^2)^2}$$

由格林公式得 $I=0$.

若原点在曲线 c 所围区域内. 取充分小的 $\varepsilon>0$，做
$$c_\varepsilon:\begin{cases}x=\varepsilon\cos t\\ y=\dfrac{\varepsilon}{2}\sin t\end{cases},\quad 0\leqslant t\leqslant 2\pi$$

于是

$$\begin{aligned}I&=\oint_{c_\varepsilon}\dfrac{(x+4y)\mathrm{d}x+(x-y)\mathrm{d}y}{x^2+4y^2}\\ &=\int_0^{2\pi}\left[(\cos t+2\sin t)(-\sin t)+\left(\cos t-\dfrac{1}{2}\sin t\right)\dfrac{1}{2}\cos t\right]\mathrm{d}t\\ &=\int_0^{2\pi}\left(-\dfrac{5}{4}\cos t\sin t-2\sin^2 t+\dfrac{\cos^2 t}{2}\right)\mathrm{d}t\\ &=-2\pi+\dfrac{\pi}{2}=-\dfrac{3\pi}{2}\end{aligned}$$

63．求 $I=\int_{\overset{\frown}{AO}}(\mathrm{e}^x\sin y-my)\mathrm{d}x+(\mathrm{e}^x\cos y-m)\mathrm{d}y$，其中，$\overset{\frown}{AO}$ 是 $x^2+y^2=ax$ 从点 $A(a,0)$ 到 $O(0,0)$ 的上半圆周．

解：因为 $\dfrac{\partial Q}{\partial x}-\dfrac{\partial P}{\partial y}=m$，故补充直径 $\overline{OA}$ 构成封闭曲线后应用格林公式计算．于是

$$I=\iint\limits_D m\mathrm{d}x\mathrm{d}y-\int_{\overline{OA}}(\mathrm{e}^x\sin y-my)\mathrm{d}x+(\mathrm{e}^x\cos y-m)\mathrm{d}y$$

$$=\dfrac{m\pi a^2}{8}-0=\dfrac{m\pi a^2}{8}$$

64．验证 $\dfrac{-y\mathrm{d}x+x\mathrm{d}y}{x^2+y^2}$ 在半平面 $x>0$ 内是某一函数 $u(x,y)$ 的全微分，并求 $u(x,y)$．

解：由于 $\dfrac{\partial P}{\partial y}=\dfrac{\partial Q}{\partial x}=\dfrac{y^2-x^2}{(x^2+y^2)^2}$，故 $\dfrac{-y\mathrm{d}x+x\mathrm{d}y}{x^2+y^2}$ 是某一函数 $u(x,y)$ 的全微分．

设 $A(1,0)$，$B(x,0)$，$M(x,y)$，则有

$$u(x,y)=\int_{(1,0)}^{(x,y)}\dfrac{-y\mathrm{d}x+x\mathrm{d}y}{x^2+y^2}+C$$

$$=\int_{\overline{AB}}\dfrac{-y\mathrm{d}x+x\mathrm{d}y}{x^2+y^2}+\int_{\overline{BM}}\dfrac{-y\mathrm{d}x+x\mathrm{d}y}{x^2+y^2}+C$$

$$=0+\int_0^y\dfrac{1}{1+\left(\dfrac{y}{x}\right)^2}\mathrm{d}\dfrac{y}{x}+C=\arctan\dfrac{y}{x}+C$$

65．求 $I=\oint_c\dfrac{(2y^2-x^2)\mathrm{d}x-4xy\mathrm{d}y}{(x^2+y^2)^2}$，其中，$c:|x|+|y|=1$，取正向．

解：记 $A(1,0)$，$B(0,1)$，$C(-1,0)$，$D(0,-1)$，于是

$$I=\int_{\overline{AB}}+\int_{\overline{BC}}+\int_{\overline{CD}}+\int_{\overline{DA}}$$

$$= \int_1^0 \frac{[2(1-x)^2 - x^2] + 4x(1-x)}{[x^2 + (1-x)^2]^2} dx + \int_0^{-1} \frac{[2(1+x)^2 - x^2] - 4x(1+x)}{[x^2 + (1+x)^2]^2} dx$$
$$+ \int_{-1}^0 \frac{[2(1+x)^2 - x^2] - 4x(1+x)}{[x^2 + (1+x)^2]^2} dx + \int_0^1 \frac{[2(x-1)^2 - x^2] - 4x(x-1)}{[x^2 + (x-1)^2]^2} dx = 0$$

66. 求微分方程 $(x\cos y + \cos x)y' - y\sin x + \sin y = 0$ 的通解.

解：原方程可化为

$$(\sin y - y\sin x)dx + (x\cos y + \cos x)dy = 0$$

由于

$$\frac{\partial}{\partial y}(\sin y - y\sin x) = \frac{\partial}{\partial x}(x\cos y + \cos x)$$

因此，原微分方程是全微分方程．则

$$u(x,y) = \int_{(0,0)}^{(x,y)} (\sin y - y\sin x)dx + (x\cos y + \cos x)dy$$
$$= 0 + \int_0^y (x\cos y + \cos x)dy = x\sin y + y\cos x$$

于是所求微分方程的通解为

$$x\sin y + y\cos x = C$$

67. 设位于点 $(0,1)$ 处的质点 A 对质点 M 的引力大小为 $\frac{k}{r^2}$（$k>0$ 为常数），r 为点 A 与点 M 之间的距离，质点 M 沿曲线 $y = \sqrt{2x - x^2}$ 从 $B(2,0)$ 运动到 $O(0,0)$，求在此运动过程中，质点 A 对质点 M 的引力所做的功.

解：曲线 $c: y = \sqrt{2x-x^2}$ 的方程可写为

$$(x-1)^2 + y^2 = 1 \ (y \geq 0) \ \text{或} \ \begin{cases} x = 1 + \cos t \\ y = \sin t \end{cases}, \ 0 \leq t \leq \pi$$

由于质点 A 对质点 M 的引力 $\boldsymbol{F} = k\dfrac{x\boldsymbol{i} + (1-y)\boldsymbol{j}}{[x^2 + (y-1)^2]^{\frac{3}{2}}}$，于是

$$W = k\int_c \frac{-x dx + (1-y)dy}{[x^2 + (y-1)^2]^{\frac{3}{2}}} = -k\int_c \frac{x dx + (y-1)dy}{(2x - 2y + 1)^{\frac{3}{2}}}$$
$$= -k\int_0^\pi \frac{(1+\cos t)(-\sin t) + (\sin t - 1)\cos t}{(3 + 2\cos t - 2\sin t)^{\frac{3}{2}}} dt$$
$$= -k\int_0^\pi \frac{-\sin t - \cos t}{(3 + 2\cos t - 2\sin t)^{\frac{3}{2}}} dt$$
$$= k\left(1 - \frac{1}{\sqrt{5}}\right)$$

68. 设常数 a 和 b 使曲线积分 $\int_{\widehat{AB}} \dfrac{(x+ay)dx - (x+by)dy}{x^2 + y^2}$ 在任何不包含坐标原点的单连通

域中与积分路径无关,请计算 $\oint_L \dfrac{(x+ay)\mathrm{d}x-(x+by)\mathrm{d}y}{x^2+y^2}$,其中,$L$ 为一包含原点在内的封闭曲线,取逆时针方向.

解:计算得

$$\frac{\partial Q}{\partial x}=\frac{\partial}{\partial x}\left[\frac{-x-by}{x^2+y^2}\right]=\frac{x^2-y^2+2bxy}{(x^2+y^2)^2}$$

$$\frac{\partial P}{\partial y}=\frac{\partial}{\partial y}\left[\frac{x+ay}{x^2+y^2}\right]=\frac{a^2x^2-ay^2-2xy}{(x^2+y^2)^2}$$

由于曲线积分与路径无关,则 $\dfrac{\partial P}{\partial y}=\dfrac{\partial Q}{\partial x}$,进而有 $a=1$,$b=-1$.

记 $c:x^2+y^2=\varepsilon^2$,并取顺时针方向,其中,$\varepsilon>0$ 充分小.曲线 c 所围区域为 D_ε,则由格林公式,有

$$\oint_L \frac{(x+y)\mathrm{d}x-(x-y)\mathrm{d}y}{x^2+y^2}=\left[\oint_L+\oint_C-\oint_C\right]\frac{(x+y)\mathrm{d}x-(x-y)\mathrm{d}y}{x^2+y^2}=0+\frac{1}{\varepsilon^2}\iint_{D_\varepsilon}(-2)\mathrm{d}x\mathrm{d}y=-2\pi$$

69. 求曲线积分 $I=\oint_L \dfrac{\mathrm{d}x+\mathrm{d}y}{|x|+|y|}$,其中,$L$ 为 $|y|+|2-x|=1$,取正向.

解:如右图所示.

$$I=\int_{C_1+C_2}\frac{\mathrm{d}x+\mathrm{d}y}{x+y}+\int_{C_3+C_4}\frac{\mathrm{d}x+\mathrm{d}y}{x-y}$$

$$=\iint_{D_1}\left[\frac{\partial}{\partial x}\left(\frac{1}{x+y}\right)-\frac{\partial}{\partial y}\left(\frac{1}{x+y}\right)\right]\mathrm{d}x\mathrm{d}y$$

$$+\iint_{D_2}\left[\frac{\partial}{\partial x}\left(\frac{1}{x-y}\right)-\frac{\partial}{\partial y}\left(\frac{1}{x-y}\right)\right]\mathrm{d}x\mathrm{d}y$$

$$=\iint_{D_2}\frac{-2}{(x-y)^2}\mathrm{d}x\mathrm{d}y=\frac{2}{3}-\ln 3$$

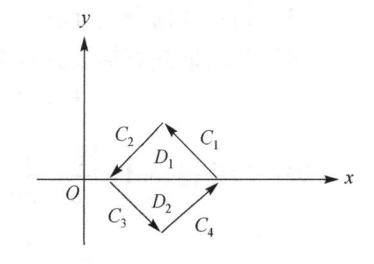

70. 求 $I=\iint_S (x^2+y^2)\mathrm{d}S$,其中,$S$ 为立体 $\sqrt{x^2+y^2}\leqslant z\leqslant 1$ 的表面.

解:记 $S_1:z=\sqrt{x^2+y^2}$,$0\leqslant z\leqslant 1$,S_2 为 $z=1$ 截 S_1 所得的圆.S_1,S_2 在 xOy 平面上的投影区域为 $D:x^2+y^2\leqslant 1$,则

$$I=\iint_{S_1}(x^2+y^2)\mathrm{d}S+\iint_{S_2}(x^2+y^2)\mathrm{d}S$$

$$=(\sqrt{2}+1)\iint_D(x^2+y^2)\mathrm{d}x\mathrm{d}y=(\sqrt{2}+1)\int_0^{2\pi}\mathrm{d}\theta\int_0^1 r^3\mathrm{d}r=\frac{\sqrt{2}+1}{2}\pi$$

71. 求 $I=\oiint_S \dfrac{x\mathrm{d}y\mathrm{d}z+y\mathrm{d}z\mathrm{d}x+z\mathrm{d}x\mathrm{d}y}{\sqrt{x^2+y^2+z^2}}$,其中,$S$ 为 $x^2+y^2+z^2=a^2$,取外侧.

解： $I = \dfrac{1}{a} \oiint\limits_{S} x\mathrm{d}y\mathrm{d}z + y\mathrm{d}z\mathrm{d}x + z\mathrm{d}x\mathrm{d}y$

$= \dfrac{3}{a} \iiint\limits_{\Omega} \mathrm{d}x\mathrm{d}y\mathrm{d}z = \dfrac{3}{a} \cdot \dfrac{4\pi a^3}{3} = 4\pi a^2$

72．求 $F(t) = \iint\limits_{S} f(x,y,z)\mathrm{d}S$ ，其中， S 为 $x^2 + y^2 + z^2 = t^2$ ，

$$f(x,y,z) = \begin{cases} x^2 + y^2, & z \geq \sqrt{x^2 + y^2} \\ 0, & z < \sqrt{x^2 + y^2} \end{cases}$$

解：记 S_1 为 $x^2 + y^2 + z^2 = t^2$ 被 $z = \sqrt{x^2 + y^2}$ 截下的部分， D_{xy} 为 S_1 在 xOy 平面上的投影，有

$I = \iint\limits_{S_1} (x^2+y^2)\mathrm{d}S = |t| \iint\limits_{D_{xy}} \dfrac{x^2+y^2}{\sqrt{t^2-x^2-y^2}}\mathrm{d}x\mathrm{d}y = |t| \int_0^{2\pi}\mathrm{d}\theta \int_0^{\frac{|t|}{\sqrt{2}}} \dfrac{r^3}{\sqrt{t^2-r^2}}\mathrm{d}r = \dfrac{(8-5\sqrt{2})\pi t^4}{6}$

73．求 $I = \iint\limits_{S} \mathrm{rot}\boldsymbol{A} \cdot \boldsymbol{n}\mathrm{d}S$ ，其中， S 是球面 $x^2+y^2+z^2 = 9$ 上半部的上侧， $\boldsymbol{n}$ 表示 S 的单位外法向量， $\boldsymbol{A} = 2y\boldsymbol{i} + 3x\boldsymbol{j} - z^2\boldsymbol{k}$ ， Γ 是 S 的边界曲线．

（1）利用对面积的曲面积分计算；
（2）利用对坐标的曲面积分计算；
（3）利用高斯公式计算；
（4）利用斯托克斯公式计算．

解：计算得 $\mathrm{rot}\boldsymbol{A} = \begin{vmatrix} \boldsymbol{i} & \boldsymbol{j} & \boldsymbol{k} \\ \dfrac{\partial}{\partial x} & \dfrac{\partial}{\partial y} & \dfrac{\partial}{\partial z} \\ 2y & 3x & -z^2 \end{vmatrix} = \boldsymbol{k}$ ．以下记 $D_{xy} : x^2 + y^2 \leq 9$ ．

（1） $\iint\limits_{S} \mathrm{rot}\boldsymbol{A} \cdot \boldsymbol{n}\mathrm{d}S = \iint\limits_{S} \cos\gamma \mathrm{d}S = \iint\limits_{D_{xy}} \mathrm{d}x\mathrm{d}y = 9\pi$ ；

（2） $I = \iint\limits_{S} \mathrm{d}x\mathrm{d}y = \iint\limits_{D_{xy}} \mathrm{d}x\mathrm{d}y = 9\pi$ ；

（3）记 $S_1 : z = 0$ ， $x^2 + y^2 \leq 9$ ，并取其下侧． S, S_1 构成封闭曲面 S^* 的外侧，由高斯公式得

$I = \oiint\limits_{S^*} \mathrm{rot}\boldsymbol{A} \cdot \boldsymbol{n}\mathrm{d}S - \iint\limits_{S_1} \mathrm{rot}\boldsymbol{A} \cdot \boldsymbol{n}\mathrm{d}S = 0 - \iint\limits_{S_1} \mathrm{d}x\mathrm{d}y = \iint\limits_{D_{xy}} \mathrm{d}x\mathrm{d}y = 9\pi$

（4） Γ 的参数方程为 $x = 3\cos\theta$ ， $y = 3\sin\theta$ ， $z = 0$ ．由斯托克斯公式，有

$I = \oint_\Gamma \boldsymbol{A} \cdot \mathrm{d}\boldsymbol{s} = \oint_\Gamma 2y\mathrm{d}x + 3x\mathrm{d}y - z^2\mathrm{d}z = \int_0^{2\pi}(27\cos^2\theta - 18\sin^2\theta)\mathrm{d}\theta = 9\pi$

74．求 $I = \oint_c (y^2-z^2)\mathrm{d}x + (z^2-x^2)\mathrm{d}y + (x^2-y^2)\mathrm{d}z$ ，其中， c 为 $x+y+z=1$ 与立方体

$0 \leq x \leq 1, 0 \leq y \leq 1, 0 \leq z \leq 1$ 表面的交线，从 x 轴正向看为逆时针方向．

解：取曲面 S 为平面 $x+y+z=1$ 上以 c 为边界线的部分．利用斯托克斯公式，有

$$I = \iint_S \begin{vmatrix} \cos\alpha & \cos\beta & \cos\gamma \\ \dfrac{\partial}{\partial x} & \dfrac{\partial}{\partial y} & \dfrac{\partial}{\partial z} \\ y^2-z^2 & z^2-x^2 & x^2-y^2 \end{vmatrix} dS = -\dfrac{4}{\sqrt{3}} \iint_S dS = -4\iint_{D_{xy}} dxdy = -2$$

75．求 $I = \iint_S (x^3\cos\alpha + y^3\cos\beta + z^3\cos\gamma)dS$，其中，$S$ 为 $x^2+y^2=z^2$（$0 \leq z \leq h$），$\cos\alpha, \cos\beta, \cos\gamma$ 为 S 下侧方向余弦．

解：记 $S_1: z=h, x^2+y^2 \leq h^2$，取上侧．$S, S_1$ 构成封闭曲面 S^*，由高斯公式，得

$$I = \oiint_{S^*} (x^3\cos\alpha + y^3\cos\beta + z^3\cos\gamma)dS - \iint_{S_1}(x^3\cos\alpha + y^3\cos\beta + z^3\cos\gamma)dS$$

$$= 3\iiint_\Omega (x^2+y^2+z^2)dV - \iint_{D_{xy}} h^3 dxdy = 3\int_0^{2\pi} d\theta \int_0^{\frac{\pi}{4}} \sin\varphi d\varphi \int_0^{\frac{h}{\cos\varphi}} \rho^4 d\rho - \pi h^5$$

$$= \dfrac{9}{10}\pi h^5 - \pi h^5 = -\dfrac{1}{10}\pi h^5$$

76．求向量 $\boldsymbol{A} = -y\boldsymbol{i} + x\boldsymbol{j} + C\boldsymbol{k}$ 沿着曲线 $l: \begin{cases} x^2+y^2=1 \\ z=0 \end{cases}$ 的环流量，其中，C 为常数，l 取正向．

解：环流量 $\Gamma = \int_l \boldsymbol{A} \cdot d\boldsymbol{s} = \int_l -ydx + xdy + cdz$

$$= \iint_S \begin{vmatrix} \boldsymbol{i} & \boldsymbol{j} & \boldsymbol{k} \\ \dfrac{\partial}{\partial x} & \dfrac{\partial}{\partial y} & \dfrac{\partial}{\partial z} \\ -y & x & c \end{vmatrix} \cdot d\boldsymbol{s} = \iint_S 2dxdy = 2\iint_{D_{xy}} dxdy = 2\pi$$

77．求 $I = \iint_S (x^3+az^2)dydz + (y^3+ax^2)dzdx + (z^3+ay^2)dxdy$，其中，$S$ 为上半球面 $z = \sqrt{a^2-x^2-y^2}$，取上侧．

解：取 $S_1: z=0, x^2+y^2 \leq a^2$ 下侧，于是 S, S_1 构成封闭曲面 S^* 并取外侧．由高斯公式，得

$$I = \oiint_{S^*}(x^3+az^2)dydz + (y^3+ax^2)dzdx + (z^3+ay^2)dxdy$$

$$\quad - \iint_{S_1}(x^3+az^2)dydz + (y^3+ax^2)dzdx + (z^3+ay^2)dxdy$$

$$= 3\iiint_\Omega (x^2+y^2+z^2)dV - a\iint_{S_1} y^2 dxdy$$

$$= 3\int_0^{2\pi} d\theta \int_0^{\frac{\pi}{2}} \sin\varphi d\varphi \int_0^a \rho^4 d\rho + a\iint_{D_{xy}} y^2 dxdy$$

177

$$= \frac{6\pi a^5}{5} + a\int_0^{2\pi}\sin^2\theta\mathrm{d}\theta\int_0^a r^3\mathrm{d}r$$

$$= \frac{6\pi a^5}{5} + \frac{\pi a^5}{4} = \frac{29}{20}\pi a^5$$

78. 设 S 为曲面 $x^2 + y^2 + z^2 = 1$ 的外侧，计算曲面积分

$$I = \oiint_S x^3\mathrm{d}y\mathrm{d}z + y^3\mathrm{d}z\mathrm{d}x + z^3\mathrm{d}x\mathrm{d}y$$

解：$I = 3\iiint_\Omega (x^2+y^2+z^2)\mathrm{d}V = 3\int_0^{2\pi}\mathrm{d}\theta\int_0^\pi \sin\varphi\mathrm{d}\varphi\int_0^1 \rho^4\mathrm{d}\rho = \frac{12}{5}\pi$

79. 设空间区域 Ω 由曲面 $z = a^2 - x^2 - y^2$ 与平面 $z = 0$ 围成，其中，a 为正常数. 记 Ω 的表面为 S，取外侧，Ω 的体积为 V，证明

$$\oiint_S x^2yz^2\mathrm{d}y\mathrm{d}z - xy^2z^2\mathrm{d}z\mathrm{d}x + z(1+xyz)\mathrm{d}x\mathrm{d}y = V$$

证明：由于 Ω 分别关于 yOz 平面、xOz 平面对称，结合高斯公式，得

$$\oiint_S x^2yz^2\mathrm{d}y\mathrm{d}z - xy^2z^2\mathrm{d}z\mathrm{d}x + z(1+xyz)\mathrm{d}x\mathrm{d}y$$

$$= \iiint_\Omega (2xyz^2 - 2xyz^2 + 1 + 2xyz)\mathrm{d}x\mathrm{d}y\mathrm{d}z = \iiint_\Omega \mathrm{d}x\mathrm{d}y\mathrm{d}z = V$$

80. 求 $I = \iint_S yz\mathrm{d}z\mathrm{d}x + 2\mathrm{d}x\mathrm{d}y$，其中，$S$ 为 $x^2+y^2+z^2=4$ 的上半部分，取上侧.

解：平面 $S_1: z = 0, x^2+y^2 \leq 4$，取下侧. 由高斯公式，有

$$I = \oiint_{S+S_1} yz\mathrm{d}z\mathrm{d}x + 2\mathrm{d}x\mathrm{d}y - \iint_{S_1} yz\mathrm{d}z\mathrm{d}x + 2\mathrm{d}x\mathrm{d}y$$

$$= \iiint_\Omega z\mathrm{d}x\mathrm{d}y\mathrm{d}z - \iint_{S_1} yz\mathrm{d}z\mathrm{d}x + 2\mathrm{d}x\mathrm{d}y$$

$$= \int_0^{2\pi}\mathrm{d}\theta\int_0^{\frac{\pi}{2}}\cos\varphi\sin\varphi\mathrm{d}\varphi\int_0^2 \rho^3\mathrm{d}\rho + 2\iint_{D_{xy}}\mathrm{d}x\mathrm{d}y = 4\pi + 8\pi = 12\pi$$

81. 求 $I = \iint_S 4zx\mathrm{d}y\mathrm{d}z - 2zy\mathrm{d}z\mathrm{d}x + (1-z^2)\mathrm{d}x\mathrm{d}y$，其中，$S$ 是曲线 $z = \mathrm{e}^y$（$0 \leq y \leq a$）绕 z 轴旋转一周围成的曲面，取下侧.

解：旋转曲面 S 为 $z = \mathrm{e}^{\sqrt{x^2+y^2}}, x^2+y^2 \leq a^2$. 记 $S_1: z = \mathrm{e}^a, x^2+y^2 \leq a^2$，并取上侧. S_1 在 xOy 平面上的投影为 $D_{xy}: x^2 + y^2 \leq a^2$. 由高斯公式，有

$$I = \oiint_{S+S_1} 4zx\mathrm{d}y\mathrm{d}z - 2zy\mathrm{d}z\mathrm{d}x + (1-z^2)\mathrm{d}x\mathrm{d}y - \iint_{S_1} 4zx\mathrm{d}y\mathrm{d}z - 2zy\mathrm{d}z\mathrm{d}x + (1-z^2)\mathrm{d}x\mathrm{d}y$$

$$= \iiint_\Omega (4z - 2z - 2z)\mathrm{d}x\mathrm{d}y\mathrm{d}z - \iint_{D_{xy}}(1 - \mathrm{e}^{2a})\mathrm{d}x\mathrm{d}y = (\mathrm{e}^{2a} - 1)\pi a^2$$

82. 求 $I = \iint_\Sigma xy\mathrm{d}y\mathrm{d}z + y^2\mathrm{d}z\mathrm{d}x + z^2\mathrm{d}x\mathrm{d}y$，其中，$\Sigma$ 为上半球面 $(x-1)^2 + y^2 + z^2 = 1$（$z \geq 0$）

被锥面 $z = \sqrt{x^2 + y^2}$ 所截下的部分，取上侧.

解：记曲面 Σ 在 xOy 平面上的投影为 $D: \left(x - \dfrac{1}{2}\right)^2 + y^2 \leq \left(\dfrac{1}{2}\right)^2$，则

$$I = \iint_\Sigma xy\mathrm{d}y\mathrm{d}z + y^2\mathrm{d}z\mathrm{d}x + z^2\mathrm{d}x\mathrm{d}y = \iint_\Sigma \left[xy\left(-\dfrac{\partial z}{\partial x}\right) y^2 \left(-\dfrac{\partial z}{\partial y}\right) + z^2\right] \mathrm{d}x\mathrm{d}y$$

$$= \iint_D \left[-x^2 - y^2 + 2x + \dfrac{x^2 y - xy + y^3}{\sqrt{1-(x-1)^2 - y^2}}\right] \mathrm{d}x\mathrm{d}y = \iint_D [-x^2 - y^2 + 2x] \mathrm{d}x\mathrm{d}y$$

$$= \int_{-\frac{\pi}{2}}^{\frac{\pi}{2}} \mathrm{d}\theta \int_0^{\cos\theta} (-r^2 + 2r\cos\theta)r\mathrm{d}r = \int_{-\frac{\pi}{2}}^{\frac{\pi}{2}} \left(-\dfrac{r^4}{4} + \dfrac{2}{3}r^3 \cos\theta\right)\bigg|_0^{\cos\theta} \mathrm{d}\theta = \dfrac{5}{12} \int_{-\frac{\pi}{2}}^{\frac{\pi}{2}} \cos^4 \theta \mathrm{d}\theta = \dfrac{5\pi}{32}$$

83．设函数 $u(x,y,z)$ 在由球面 $S: x^2 + y^2 + z^2 = 2z$ 包围的闭区域 Ω 上有二阶连续偏导数，且满足 $\dfrac{\partial^2 u}{\partial x^2} + \dfrac{\partial^2 u}{\partial y^2} + \dfrac{\partial^2 u}{\partial z^2} = x^2 + y^2 + z^2$．若 $\boldsymbol{n}^0$ 为 S 的外法线方向的单位向量，求 $I = \iint_S \dfrac{\partial u}{\partial n}\mathrm{d}S$．

解：$I = \iint_S \dfrac{\partial u}{\partial \boldsymbol{n}}\mathrm{d}S = \iint_S \left[\dfrac{\partial u}{\partial x}\cos(\boldsymbol{n},\boldsymbol{i}) + \dfrac{\partial u}{\partial y}\cos(\boldsymbol{n},\boldsymbol{j}) + \dfrac{\partial u}{\partial z}\cos(\boldsymbol{n},\boldsymbol{k})\right] \mathrm{d}S$

$$= \iiint_\Omega \left[\dfrac{\partial^2 u}{\partial x^2} + \dfrac{\partial^2 u}{\partial y^2} + \dfrac{\partial^2 u}{\partial z^2}\right] \mathrm{d}V$$

$$= \iiint_\Omega (x^2 + y^2 + z^2) \mathrm{d}V = \int_0^{2\pi} \mathrm{d}\theta \int_0^{\frac{\pi}{2}} \mathrm{d}\varphi \int_0^{2\cos\varphi} \rho^4 \sin\varphi \mathrm{d}\rho$$

$$= \dfrac{64}{5}\pi \int_0^{\frac{\pi}{2}} \cos^5 \varphi \sin\varphi \mathrm{d}\varphi = \dfrac{32}{15}\pi$$

84．求 $I = \oiint_S |xy| z^2 \mathrm{d}x\mathrm{d}y + |x| y^2 \mathrm{d}y\mathrm{d}z$，其中，$S$ 为由曲面 $z = x^2 + y^2$ 与平面 $z = 1$ 围成的封闭曲面，取外侧.

解：记封闭曲面 S 围成的区域为 Ω，Ω 在第一卦限的部分为 Ω_1．设 $S_1: z = x^2 + y^2$．

$$\iint_S |x| y^2 \mathrm{d}y\mathrm{d}z = \iint_{S_1} |x| y^2 \mathrm{d}y\mathrm{d}z = \iint_{S_1} |x| y^2 \dfrac{2x}{\sqrt{1+4x^2+4y^2}} \mathrm{d}S = 0$$

$$I = \oiint_S |xy| z^2 \mathrm{d}x\mathrm{d}y = 2\iiint_\Omega |xy| z\mathrm{d}V = 8\iiint_{\Omega_1} xyz\mathrm{d}V$$

$$= 8\int_0^1 \mathrm{d}z \int_0^{\frac{\pi}{2}} \mathrm{d}\theta \int_0^{\sqrt{z}} r^3 \cos\theta \sin\theta \cdot z \mathrm{d}r = 8\int_0^1 \dfrac{z^3}{4} \cdot \dfrac{1}{2} \mathrm{d}z = \dfrac{1}{4}$$

85．已知曲线 L 的方程为 $y = 1 - |x|$，$x \in [-1,1]$，起点是 $(-1,0)$，终点是 $(1,0)$，求曲线积分 $\int_L xy\mathrm{d}x + x^2 \mathrm{d}y$．

解：记 $L_1: y = 1 + x$，$x \in [-1,0]$，起点是 $(-1,0)$，终点是 $(0,1)$；$L_1: y = 1 - x$，$x \in [0,1]$，起点是 $(0,1)$，终点是 $(1,0)$．故

$$\int_L xy\mathrm{d}x + x^2 \mathrm{d}y = \int_{L_1} xy\mathrm{d}x + x^2 \mathrm{d}y + \int_{L_2} xy\mathrm{d}x + x^2 \mathrm{d}y$$

$$= \int_{-1}^{0}[x(1+x)+x^2]dx + \int_{0}^{1}[x(1-x)-x^2]dx = 0$$

86. 设 P 为椭球面 $S: x^2+y^2+z^2-yz=1$ 上的动点，若 S 在点 P 处的切平面与 xOy 平面垂直，求点 P 的轨迹 c. 并计算曲面积分 $I = \iint\limits_{\Sigma} \dfrac{(x+\sqrt{3})|y-2z|}{\sqrt{4+y^2+z^2-4yz}}dS$，其中，$\Sigma$ 是椭球面 S 位于曲线 c 上方的部分.

解：椭球面 $S: x^2+y^2+z^2-yz=1$ 在点 P 处的法向量是

$$\boldsymbol{n} = \{2x, 2y-z, 2z-y\}$$

xOy 平面的法向量是 $\boldsymbol{k}=(0,0,1)$. 则 S 在点 P 处的切平面与 xOy 平面垂直的充要条件是

$$\boldsymbol{n} \cdot \boldsymbol{k} = 2z - y = 0$$

所以点 P 的轨迹 c 的方程为

$$\begin{cases} 2z-y=0 \\ x^2+y^2+z^2-yz=1 \end{cases}$$

即 $\begin{cases} 2z-y=0 \\ x^2+\dfrac{3}{4}y^2=1 \end{cases}$.

取 $D = \left\{(x,y) \mid x^2+\dfrac{3}{4}y^2 \leq 1\right\}$，曲面 Σ 的方程为 $z=z(x,y), (x,y)\in D$.

由于

$$\sqrt{1+(z'_x)^2+(z'_y)^2} = \dfrac{\sqrt{4+y^2+z^2-4yz}}{|y-2z|}$$

所以

$$I = \iint\limits_{D} \dfrac{(x+\sqrt{3})|y-2z|}{\sqrt{4+y^2+z^2-4yz}} \cdot \dfrac{\sqrt{4+y^2+z^2-4yz}}{|y-2z|} dxdy = \iint\limits_{D}(x+\sqrt{3})dxdy$$

由于 $\iint\limits_{D}xdxdy=0$，所以 $I=2\pi$.

87. 设 L 是柱面 $x^2+y^2=1$ 与平面 $z=x+y$ 的交线，从 z 轴正向往 z 轴负向看为逆时针方向，求曲线积分 $\oint_L xzdx + xdy + \dfrac{y^2}{2}dz$.

解：

方法一：降维化为平面第二型曲线积分.

曲线 $L:\begin{cases} x^2+y^2=1 \\ x+y=z \end{cases}$ 在 xOy 平面上的投影曲线为 $l: x^2+y^2=1$，取逆时针方向. l 围成的闭区域记为 $D: x^2+y^2 \leq 1$. 由 $x+y=z$，得

$$\oint_L xzdx + xdy + \dfrac{y^2}{2}dz = \oint_l x(x+y)dx + xdy + \dfrac{y^2}{2}(dx+dy) = \iint\limits_{D}(1-x-y)dxdy = \pi$$

180

方法二：将 L 的方程化为参数形式

$$\begin{cases} x = \cos t \\ y = \sin t \\ z = \cos t + \sin t \end{cases}, \quad 0 \leq t \leq 2\pi$$

则

$$\oint_L xz\mathrm{d}x + x\mathrm{d}y + \frac{y^2}{2}\mathrm{d}z$$

$$= \int_0^{2\pi} \left[\cos t \cdot (\cos t + \sin t) \cdot (-\sin t) + \cos t \cdot \cos t + \frac{1}{2}\sin^2 t \cdot (-\sin t + \cos t) \right] \mathrm{d}t$$

$$= \pi$$

方法三：记 S 是平面 $z = x + y$ 上位于柱面 $x^2 + y^2 = 1$ 内的部分，S 在 xOy 平面上的投影为 $D = \{(x,y) \mid x^2 + y^2 \leq 1\}$，平面 $z = x + y$ 向上的单位法向量为 $\left(-\frac{1}{\sqrt{3}}, -\frac{1}{\sqrt{3}}, \frac{1}{\sqrt{3}} \right)$.

根据斯托克斯公式，得

$$\oint_L xz\mathrm{d}x + x\mathrm{d}y + \frac{y^2}{2}\mathrm{d}z = \iint_S \begin{vmatrix} -\frac{1}{\sqrt{3}} & -\frac{1}{\sqrt{3}} & \frac{1}{\sqrt{3}} \\ \frac{\partial}{\partial x} & \frac{\partial}{\partial y} & \frac{\partial}{\partial z} \\ xz & x & \frac{y^2}{2} \end{vmatrix} \mathrm{d}S$$

$$= \iint_S \frac{1}{\sqrt{3}}(1 - x - y)\mathrm{d}S = \iint_D \frac{1}{\sqrt{3}}(1 - x - y)\sqrt{3}\mathrm{d}x\mathrm{d}y = \pi$$

88. 已知函数 $f(x,y)$ 有二阶连续偏导数，且 $f(x,1) = 0$，$f(1,y) = 0$，$\iint_D f(x,y)\mathrm{d}x\mathrm{d}y = a$，其中，$D = \{(x,y) \mid 0 \leq x \leq 1, 0 \leq y \leq 1\}$，求二重积分 $I = \iint_D xy f''_{xy}(x,y)\mathrm{d}x\mathrm{d}y$.

解：因为 $f(x,1) = 0$，$f(1,y) = 0$，故 $f'_x(x,1) = 0$，$f'_y(1,y) = 0$. 从而

$$I = \iint_D xy f''_{xy}(x,y)\mathrm{d}x\mathrm{d}y = \int_0^1 x\mathrm{d}x \int_0^1 y f''_{xy}(x,y)\mathrm{d}y$$

$$= \int_0^1 x \left(y f'_x(x,y) \Big|_{y=0}^{y=1} - \int_0^1 f'_x(x,y)\mathrm{d}y \right)\mathrm{d}x = -\int_0^1 \mathrm{d}y \int_0^1 x f'_x(x,y)\mathrm{d}x$$

$$= -\int_0^1 \left(xf(x,y) \Big|_{x=0}^{x=1} - \int_0^1 f(x,y)\mathrm{d}x \right)\mathrm{d}y = \int_0^1 \mathrm{d}y \int_0^1 f(x,y)\mathrm{d}x = a$$

89. 设 $\Sigma = \{(x,y,z) \mid x+y+z = 1, x \geq 0, y \geq 0, z \geq 0\}$，求 $\iint_\Sigma y^2 \mathrm{d}S$.

解：记 $D = \{(x,y) \mid x+y \leq 1, x \geq 0, y \geq 0\}$，则

$$\iint_\Sigma y^2 \mathrm{d}S = \iint_D y^2 \cdot \sqrt{3}\mathrm{d}x\mathrm{d}y = \sqrt{3}\int_0^1 \mathrm{d}y \int_0^{1-y} y^2 \mathrm{d}x = \frac{\sqrt{3}}{12}$$

90. 已知 L 是第一象限中从点 $(0,0)$ 沿圆周 $x^2+y^2=2x$ 到点 $(2,0)$，再沿圆周 $x^2+y^2=4$ 到点 $(0,2)$ 的曲线段，求曲线积分 $I=\int_L 3x^2y\mathrm{d}x+(x^3+x-2y)\mathrm{d}y$.

解：取有向线段 L_1 的方程为 $x=0$，起点 $(0,2)$，终点 $(0,0)$. 由 L 与 L_1 围成的平面区域记为 D，于是有

$$I=\oint_{L+L_1}3x^2y\mathrm{d}x+(x^3+x-2y)\mathrm{d}y-\int_{L_1}3x^2y\mathrm{d}x+(x^3+x-2y)\mathrm{d}y$$

根据格林公式，得

$$\oint_{L+L_1}3x^2y\mathrm{d}x+(x^3+x-2y)\mathrm{d}y$$
$$=\iint_D\left[\frac{\partial}{\partial x}(x^3+x-2y)-\frac{\partial}{\partial y}(3x^2y)\right]\mathrm{d}x\mathrm{d}y$$
$$=\iint_D\mathrm{d}x\mathrm{d}y=\frac{\pi}{2}$$

又 $\int_{L_1}3x^2y\mathrm{d}x+(x^3+x-2y)\mathrm{d}y=\int_2^0-2y\mathrm{d}y=4$，所以 $I=\frac{\pi}{2}-4$.

91. 设直线 L 过 $A(1,0,0),B(0,1,1)$ 两点，将 L 绕 z 轴旋转一周得到曲面 Σ，由 Σ 与平面 $z=0$，$z=2$ 围成的立体为 Ω.

（1）求曲面 Σ 的方程；

（2）求 Ω 的形心坐标.

解：（1）直线 L 的方程为 $\frac{x-1}{1}=\frac{y}{-1}=\frac{z}{-1}$，即 $x=1-z,y=z$，所以曲面 Σ 的方程为 $x^2+y^2=(1-z)^2+z^2$，即 $x^2+y^2-2z^2+2z=1$.

（2）设 Ω 的形心坐标为 $(\bar{x},\bar{y},\bar{z})$，根据对称性，得 $\bar{x}=\bar{y}=0$.

设 $D_z=\{(x,y)\mid x^2+y^2\leq 2z^2-2z+1\}$，则 $\Omega:0\leq z\leq 2,(x,y)\in D_z$. 所以

$$\iiint_\Omega\mathrm{d}x\mathrm{d}y\mathrm{d}z=\int_0^2\mathrm{d}z\iint_{D_z}\mathrm{d}x\mathrm{d}y=\pi\int_0^2(2z^2-2z+1)\mathrm{d}z=\frac{10}{3}\pi$$

$$\iiint_\Omega z\mathrm{d}x\mathrm{d}y\mathrm{d}z=\int_0^2 z\mathrm{d}z\iint_{D_z}\mathrm{d}x\mathrm{d}y=\pi\int_0^2 z(2z^2-2z+1)\mathrm{d}z=\frac{14}{3}\pi$$

从而 $\bar{z}=\dfrac{\iiint_\Omega z\mathrm{d}x\mathrm{d}y\mathrm{d}z}{\iiint_\Omega \mathrm{d}x\mathrm{d}y\mathrm{d}z}=\dfrac{7}{5}$，故 Ω 的形心坐标为 $\left(0,0,\dfrac{7}{5}\right)$.

92. 设 L 是柱面 $x^2+y^2=1$ 与平面 $y+z=0$ 的交线，从 z 轴正向往 z 轴负向看去为逆时针方向，求曲线积分 $\oint_L z\mathrm{d}x+y\mathrm{d}z$.

解：

方法一：$L:\begin{cases}x^2+y^2=1\\y+z=0\end{cases}$ 在 xOy 平面上的投影曲线为 $l:x^2+y^2=1$，逆时针方向. l 围成的

闭区域记为 $D: x^2 + y^2 \leq 1$. 由 $y + z = 0$, 得 $z = -y$. 故

$$I = \oint_L z \mathrm{d}x + y \mathrm{d}z = \oint_l -y \mathrm{d}x - y \mathrm{d}y = \iint_D \mathrm{d}x \mathrm{d}y = \pi$$

方法二: 设 $\Sigma: y + z = 0$, 取上侧, 其法向量为 $\boldsymbol{n} = \{0, 1, 1\}$, 单位法向量为 $\boldsymbol{n}^0 = \left(0, \dfrac{1}{\sqrt{2}}, \dfrac{1}{\sqrt{2}}\right)$.

由斯托克斯公式可知

$$\oint_L z\mathrm{d}x + y\mathrm{d}z = \iint_\Sigma \begin{vmatrix} 0 & \dfrac{1}{\sqrt{2}} & \dfrac{1}{\sqrt{2}} \\ \dfrac{\partial}{\partial x} & \dfrac{\partial}{\partial y} & \dfrac{\partial}{\partial z} \\ z & 0 & y \end{vmatrix} \mathrm{d}S = \dfrac{1}{\sqrt{2}} \iint_\Sigma \mathrm{d}S$$

$$= \dfrac{1}{\sqrt{2}} \iint_{D_{xy}} \sqrt{2} \mathrm{d}x \mathrm{d}y = \pi$$

其中, $D_{xy} = \{(x, y) \mid x^2 + y^2 \leq 1\}$.

93. 设 Σ 为曲面 $z = x^2 + y^2$ ($z \leq 1$) 的上侧, 计算曲面积分

$$I = \iint_\Sigma (x-1)^3 \mathrm{d}y \mathrm{d}z + (y-1)^3 \mathrm{d}z \mathrm{d}x + (z-1) \mathrm{d}x \mathrm{d}y$$

解: 记 $\Sigma_1: \begin{cases} x^2 + y^2 = 1 \\ z = 1 \end{cases}$, 取下侧, Σ_1 与 Σ 所围成的空间区域记为 Ω, 则

$$\oiint_{\Sigma + \Sigma_1} (x-1)^3 \mathrm{d}y\mathrm{d}z + (y-1)^3 \mathrm{d}z\mathrm{d}x + (z-1)\mathrm{d}x\mathrm{d}y$$

$$= -\iiint_\Omega [3(x-1)^2 + 3(y-1)^2 + 1] \mathrm{d}x\mathrm{d}y\mathrm{d}z$$

由于 $\iint_{\Sigma_1}(x-1)^3 \mathrm{d}y\mathrm{d}z + (y-1)^3 \mathrm{d}z\mathrm{d}x + (z-1)\mathrm{d}x\mathrm{d}y = 0$, 以及 $\iiint_\Omega x\mathrm{d}x\mathrm{d}y\mathrm{d}z = \iiint_\Omega y\mathrm{d}x\mathrm{d}y\mathrm{d}z = 0$, 所以

$$I = -\iiint_\Omega (3x^2 + 3y^2 + 7) \mathrm{d}x\mathrm{d}y\mathrm{d}z = -\int_0^{2\pi} \mathrm{d}\theta \int_0^1 \mathrm{d}r \int_{r^2}^1 (3r^2 + 7) r \mathrm{d}z = -4\pi$$

94. 设 Ω 是由平面 $x + y + z = 1$ 与三个坐标平面围成的空间区域, 求

$$\iiint_\Omega (x + 2y + 3z) \mathrm{d}x\mathrm{d}y\mathrm{d}z$$

解: 积分区域如右图所示. 由轮换对称性知

$$\iiint_\Omega x\mathrm{d}x\mathrm{d}y\mathrm{d}z = \iiint_\Omega y\mathrm{d}x\mathrm{d}y\mathrm{d}z = \iiint_\Omega z\mathrm{d}x\mathrm{d}y\mathrm{d}z$$

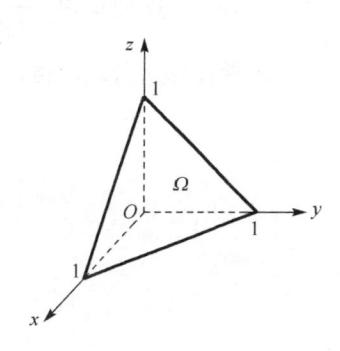

则
$$\iiint_\Omega (x+2y+3z)dxdydz = 6\iiint_\Omega zdxdydz$$

由于 $\Omega: 0 \le z \le 1, (x,y) \in D(z)$，其中，$D(z)$ 是过 z 轴上 $[0,1]$ 中任一点 z 作垂直于 z 轴的平面截 Ω 所得的平面区域，在 xOy 平面的投影，其面积为 $\frac{1}{2}(1-z)^2$，如右图所示．

于是
$$\iiint_\Omega zdxdydz = \int_0^1 zdz\iint_{D(z)} dxdy = \int_0^1 \frac{1}{2}(1-z)^2 zdz = \frac{1}{24}$$

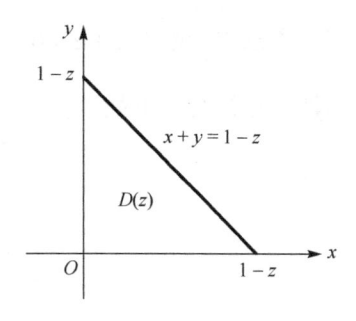

因此，$I = \frac{1}{4}$．

95．已知曲线 $L:\begin{cases} z = \sqrt{2-x^2-y^2} \\ z = x \end{cases}$，起点为 $A(0,\sqrt{2},0)$，终点为 $B(0,-\sqrt{2},0)$，求曲线积分 $I = \int_L (y+z)dx + (z^2-x^2+y)dy + x^2y^2dz$．

解：

方法一：补充从点 B 到点 A 的直线段 L_1．L, L_1 在 xOy 平面上的投影曲线分别为 $l: 2x^2+y^2=2$（$x \ge 0$），取顺时针方向；$l_1: x=0, y: -\sqrt{2} \to \sqrt{2}$．

l, l_1 围成的闭区域记为 D．由 $z=x$，得

$$I = \int_L (y+z)dx + (z^2-x^2+y)dy + x^2y^2dz$$
$$= \left(\oint_{L+L_1} - \int_{L_1}\right)(y+z)dx + (z^2-x^2+y)dy + x^2y^2dz$$
$$= \oint_{l+l_1}(y+x)dx + (x^2-x^2+y)dy + x^2y^2dx - \int_{-\sqrt{2}}^{\sqrt{2}} ydy$$
$$= \iint_D (1+2x^2y)dxdy = \frac{\sqrt{2}}{2}\pi$$

方法二：设 L_1 为从点 B 到点 A 的直线段，Σ 为平面 $z=x$ 上由 L 与 L_1 围成的半圆面，取下侧．其单位法向量为 $\left(\frac{1}{\sqrt{2}}, 0, -\frac{1}{\sqrt{2}}\right)$．

由斯托克斯公式，得

$$\oint_{L+L_1}(y+z)dx + (z^2-x^2+y)dy + x^2y^2dz$$
$$= \iint_\Sigma \begin{vmatrix} \frac{1}{\sqrt{2}} & 0 & -\frac{1}{\sqrt{2}} \\ \frac{\partial}{\partial x} & \frac{\partial}{\partial y} & \frac{\partial}{\partial z} \\ y+z & z^2-x^2+y & x^2y^2 \end{vmatrix} dS$$

$$= \frac{1}{\sqrt{2}} \iint_\Sigma (2x^2 y + 1) \mathrm{d}S$$

由于曲面 Σ 关于 xOz 平面对称，故 $\iint_\Sigma 2x^2 y \mathrm{d}S = 0$. 故

$$\oint_{L+L_1} (y+z)\mathrm{d}x + (z^2 - x^2 + y)\mathrm{d}y + x^2 y^2 \mathrm{d}z = \frac{1}{\sqrt{2}} \iint_\Sigma \mathrm{d}S = \frac{\sqrt{2}}{2} \pi$$

而 $\int_{L_1} (y+z)\mathrm{d}x + (z^2 - x^2 + y)\mathrm{d}y + x^2 y^2 \mathrm{d}z = \int_{-\sqrt{2}}^{\sqrt{2}} y \mathrm{d}y = 0$. 故 $I = \frac{\sqrt{2}}{2} \pi$.

96．求向量场 $A(x,y,z) = (x+y+z)\boldsymbol{i} + xy\boldsymbol{j} + z\boldsymbol{k}$ 的旋度 $\mathrm{rot} A$.

解：$\mathrm{rot} A = \begin{vmatrix} \boldsymbol{i} & \boldsymbol{j} & \boldsymbol{k} \\ \frac{\partial}{\partial x} & \frac{\partial}{\partial y} & \frac{\partial}{\partial z} \\ P & Q & R \end{vmatrix} = \begin{vmatrix} \boldsymbol{i} & \boldsymbol{j} & \boldsymbol{k} \\ \frac{\partial}{\partial x} & \frac{\partial}{\partial y} & \frac{\partial}{\partial z} \\ x+y+z & xy & z \end{vmatrix} = \boldsymbol{j} + (y-1)\boldsymbol{k}$

97．（1）设函数 $f(x)$ 有一阶连续导数，且 $f(1) = 1$，D 为不包含原点的单连通区域，在 D 内曲线积分 $\int_L \frac{y\mathrm{d}x - x\mathrm{d}y}{2x^2 + f(y)}$ 与路径无关，求 $f(y)$；

（2）在（1）的条件下，求 $\oint_{L'} \frac{y\mathrm{d}x - x\mathrm{d}y}{2x^2 + f(y)}$，其中，$L'$ 为曲线 $x^{\frac{2}{3}} + y^{\frac{2}{3}} = a^{\frac{2}{3}}$，$a > 0$，且取逆时针方向.

解：（1）根据积分与路径无关定理，在 D 内，由

$$\frac{\partial Q}{\partial x} = \frac{2x^2 - f(y)}{[2x^2 + f(y)]^2} = \frac{2x^2 + f(y) - yf'(y)}{[2x^2 + f(y)]^2} = \frac{\partial P}{\partial y}$$

可得 $yf'(y) = 2f(y)$，解得 $f(y) = Cy^2$，由 $f(1) = 1$，得 $f(y) = y^2$.

（2）取 L_1 为 $2x^2 + y^2 = \varepsilon^2$（$\varepsilon$ 充分小），并取顺时针方向，L' 与 L_1 所围成的区域记为 D'，又 L_1 的参数方程为 $\begin{cases} x = \frac{\varepsilon}{\sqrt{2}} \cos\theta \\ y = \varepsilon \sin\theta \end{cases}$，则

$$\oint_{L'} \frac{y\mathrm{d}x - x\mathrm{d}y}{2x^2 + f(y)} = \oint_{L'} \frac{y\mathrm{d}x - x\mathrm{d}y}{2x^2 + y^2} = \oint_{L'+L_1} - \oint_{L_1} = \iint_{D'} \left(\frac{\partial Q}{\partial x} - \frac{\partial P}{\partial y}\right) \mathrm{d}x\mathrm{d}y + \oint_{L_1} \frac{y\mathrm{d}x - x\mathrm{d}y}{2x^2 + y^2}$$

$$= 0 + \int_0^{2\pi} \left[-\frac{\frac{\varepsilon^2}{\sqrt{2}}(\cos^2\theta + \sin^2\theta)}{\varepsilon^2} \right] \mathrm{d}\theta = -\sqrt{2}\pi$$

98．设函数 $f(x,y)$ 满足 $\frac{\partial f(x,y)}{\partial x} = (2x+1)\mathrm{e}^{2x-y}$，且 $f(0,y) = y+1$，L_t 是从点 $(0,0)$ 到点 $(1,t)$ 的光滑曲线．求曲线积分 $I(t) = \int_{L_t} \frac{\partial f(x,y)}{\partial x} \mathrm{d}x + \frac{\partial f(x,y)}{\partial y} \mathrm{d}y$，并求 $I(t)$ 的最小值.

解：因为 $\frac{\partial f(x,y)}{\partial x} = (2x+1)\mathrm{e}^{2x-y}$，故

$$f(x,y) = \int \frac{\partial f(x,y)}{\partial x} dx = \int (2x+1)e^{2x-y} dx = xe^{2x-y} + C(y)$$

将 $f(0,y) = y+1$ 代入上式，得 $C(y) = y+1$. 所以 $f(x,y) = xe^{2x-y} + y+1$. 从而

$$I(t) = \int_{L_t} \frac{\partial f(x,y)}{\partial x} dx + \frac{\partial f(x,y)}{\partial y} dy = f(x,y)\Big|_{(0,0)}^{(1,t)} = f(1,t) - f(0,0) = e^{2-t} + t$$

故 $I'(t) = -e^{2-t} + 1$. 令 $I'(t) = 0$，得 $t = 2$.

由于当 $t < 2$ 时，$I'(t) < 0$，$I(t)$ 单调减少；当 $t > 2$ 时，$I'(t) > 0$，$I(t)$ 单调增加. 所以，$I(2) = 3$ 是 $I(t)$ 在 $(-\infty, +\infty)$ 上的最小值.

99. 设有界区域 Ω 由平面 $2x + y + 2z = 2$ 与三个坐标平面围成，Σ 为 Ω 的表面，取外侧，求曲面积分 $I = \iint_\Sigma (x^2+1)dydz - 2ydzdx + 3zdxdy$.

解：由高斯公式，得 $I = \iiint_\Omega (2x+1)dxdydz$. 由于 $\iiint_\Omega dxdydz = \frac{1}{3}$. 而

$$\iiint_\Omega xdxdydz = \int_0^1 dx \int_0^{2(1-x)} dy \int_0^{1-x-\frac{y}{2}} xdz = \frac{1}{12}$$

故 $I = \frac{1}{2}$.

100. 若曲线积分 $\int_L \frac{xdx - aydy}{x^2 + y^2 - 1}$ 在区域 $D = \{(x,y) | x^2 + y^2 < 1\}$ 内与路径无关，求 a.

解：可知 $P = \frac{x}{x^2+y^2-1}$, $Q = \frac{-ay}{x^2+y^2-1}$，则

$$\frac{\partial P}{\partial y} = \frac{-2xy}{(x^2+y^2-1)^2}, \quad \frac{\partial Q}{\partial x} = \frac{2axy}{(x^2+y^2-1)^2}$$

由曲线积分与路径无关知 $\frac{\partial P}{\partial y} = \frac{\partial Q}{\partial x}$，可得 $a = -1$.

101. 设 $\mathbf{F}(x,y,z) = xy\mathbf{i} - yz\mathbf{j} + zx\mathbf{k}$，求 $\text{rot}\mathbf{F}(1,1,0)$.

解：$\text{rot}\mathbf{F}(x,y,z) = \begin{vmatrix} \mathbf{i} & \mathbf{j} & \mathbf{k} \\ \frac{\partial}{\partial x} & \frac{\partial}{\partial y} & \frac{\partial}{\partial z} \\ P & Q & R \end{vmatrix} = \begin{vmatrix} \mathbf{i} & \mathbf{j} & \mathbf{k} \\ \frac{\partial}{\partial x} & \frac{\partial}{\partial y} & \frac{\partial}{\partial z} \\ xy & -yz & xz \end{vmatrix} = y\mathbf{i} - z\mathbf{j} - x\mathbf{k}$

则 $\text{rot}\mathbf{F}(1,1,0) = \mathbf{i} - \mathbf{k}$.

102. 设 L 为球面 $x^2 + y^2 + z^2 = 1$ 与平面 $x+y+z=0$ 的交线，求 $\oint_L xyds$.

解：已知 $L: \begin{cases} x^2+y^2+z^2=1 \\ x+y+z=0 \end{cases}$. 由于 L 关于 x,y,z 具有轮换对称性，则

$$\oint_L xyds = \oint_L xzds = \oint_L yzds = \frac{1}{3}\oint_L (xy+xz+yz)ds$$

$$= \frac{1}{6}\oint_L [(x+y+z)^2 - (x^2+y^2+z^2)]ds$$

$$= \frac{1}{6}\oint_L (0-1)\mathrm{d}s = -\frac{\pi}{3}$$

103. 设 Σ 是曲面 $x = \sqrt{1-3y^2-3z^2}$，取前侧．求曲面积分

$$I = \iint_\Sigma x\mathrm{d}y\mathrm{d}z + (y^3+2)\mathrm{d}z\mathrm{d}x + z^3\mathrm{d}x\mathrm{d}y$$

解：设 Σ_1 为 $\begin{cases} 3y^2+3z^2=1 \\ x=0 \end{cases}$ 围成部分的后侧，Ω 为 Σ 与 Σ_1 围成的立体．由高斯公式，得

$$\oiint_{\Sigma+\Sigma_1} x\mathrm{d}y\mathrm{d}z + (y^3+2)\mathrm{d}z\mathrm{d}x + z^3\mathrm{d}x\mathrm{d}y = \iiint_\Omega (1+3y^2+3z^2)\mathrm{d}x\mathrm{d}y\mathrm{d}z.$$

令 $y = r\cos\theta, z = r\sin\theta$，则

$$\iiint_\Omega (1+3y^2+3z^2)\mathrm{d}x\mathrm{d}y\mathrm{d}z = \int_0^{2\pi} \mathrm{d}\theta \int_0^{\frac{\sqrt{3}}{3}} \mathrm{d}r \int_0^{\sqrt{1-3r^2}} (1+3r^2)r\mathrm{d}x$$

$$= 2\pi \int_0^{\frac{\sqrt{3}}{3}} r(1+3r^2)\sqrt{1-3r^2}\,\mathrm{d}r$$

令 $\sqrt{1-3r^2} = t$，则 $2\pi \int_0^{\frac{\sqrt{3}}{3}} r(1+3r^2)\sqrt{1-3r^2}\,\mathrm{d}r = \frac{2\pi}{3}\int_0^1 (2-t^2)t^2\mathrm{d}t = \frac{14\pi}{45}$.

又 $\iint_{\Sigma_1} x\mathrm{d}y\mathrm{d}z + (y^3+2)\mathrm{d}z\mathrm{d}x + z^3\mathrm{d}x\mathrm{d}y = 0$，故 $I = \frac{14}{45}\pi$.

104. 设 Σ 为曲面 $x^2+y^2+4z^2=4$（$z\geq 0$）的上侧，求 $\iint_\Sigma \sqrt{4-x^2-4z^2}\,\mathrm{d}x\mathrm{d}y$.

解：设曲面 Σ 在 xOy 平面上的投影区域记为 D_{xy}，$D_{xy} = \{(x,y)\mid x^2+y^2\leq 4\}$，则

$$\iint_\Sigma \sqrt{4-x^2-4z^2}\,\mathrm{d}x\mathrm{d}y = \iint_{D_{xy}} \sqrt{4-x^2-(4-x^2-y^2)}\,\mathrm{d}x\mathrm{d}y$$

$$= \iint_{D_{xy}} |y|\,\mathrm{d}x\mathrm{d}y = 2\int_0^\pi \mathrm{d}\theta \int_0^2 r^2\sin\theta\,\mathrm{d}r = \frac{32}{3}$$

105. 设 Ω 是由锥面 $x^2+(y-z)^2 = (1-z)^2$（$0\leq z\leq 1$）与平面 $z=0$ 围成的锥体，求 Ω 的形心坐标．

解：设 Ω 的形心坐标为 $(\bar{x},\bar{y},\bar{z})$．由于 Ω 关于 yOz 平面对称，则 $\bar{x} = 0$．对于 $0\leq z\leq 1$，记 $D_z = \{(x,y)\mid x^2+(y-z)^2\leq (1-z)^2\}$．由于

$$V = \iiint_\Omega \mathrm{d}x\mathrm{d}y\mathrm{d}z = \int_0^1 \mathrm{d}z \iint_{D_z} \mathrm{d}x\mathrm{d}y = \int_0^1 \pi(1-z)^2\mathrm{d}z = \frac{\pi}{3}$$

$$\iiint_\Omega y\mathrm{d}x\mathrm{d}y\mathrm{d}z = \int_0^1 \mathrm{d}z \iint_{D_z} y\mathrm{d}x\mathrm{d}y = \int_0^1 \mathrm{d}z \int_0^{2\pi} \mathrm{d}\theta \int_0^{1-z} (z+r\sin\theta)r\mathrm{d}r = \int_0^1 \pi z(1-z)^2\mathrm{d}z = \frac{\pi}{12}$$

$$\iiint_\Omega z\mathrm{d}x\mathrm{d}y\mathrm{d}z = \int_0^1 \mathrm{d}z \iint_{D_z} z\mathrm{d}x\mathrm{d}y = \int_0^1 \pi z(1-z)^2\mathrm{d}z = \frac{\pi}{12}$$

所以 $\bar{y} = \dfrac{\iiint\limits_{\Omega} y\mathrm{d}x\mathrm{d}y\mathrm{d}z}{V} = \dfrac{1}{4}$，$\bar{z} = \dfrac{\iiint\limits_{\Omega} z\mathrm{d}x\mathrm{d}y\mathrm{d}z}{V} = \dfrac{1}{4}$．故 Ω 的形心坐标为 $\left(0, \dfrac{1}{4}, \dfrac{1}{4}\right)$．

106．设 Σ 为曲面 $z = \sqrt{x^2 + y^2}$（$1 \leqslant x^2 + y^2 \leqslant 4$）的下侧，$f(x)$ 为连续函数．计算
$$I = \iint\limits_{\Sigma} [xf(xy) + 2x - y]\mathrm{d}y\mathrm{d}z + [yf(xy) + 2y + x]\mathrm{d}z\mathrm{d}x + [zf(xy) + z]\mathrm{d}x\mathrm{d}y$$

解：曲面 $\Sigma: z = \sqrt{x^2+y^2}$ 的法向量 $\boldsymbol{n} = (z_x', z_y', -1) = \left(\dfrac{x}{\sqrt{x^2+y^2}}, \dfrac{y}{\sqrt{x^2+y^2}}, -1\right)$，则

$$I = \iint\limits_{\Sigma} \{P, Q, R\} \cdot \{-z_x', -z_y', 1\}\mathrm{d}x\mathrm{d}y$$

$$= \iint\limits_{\Sigma} \left[-\dfrac{x(xf(xy) + 2x - y)}{\sqrt{x^2+y^2}} - \dfrac{y(yf(xy) + 2y + x)}{\sqrt{x^2+y^2}} + zf(xy) + z\right]\mathrm{d}x\mathrm{d}y$$

$$= \iint\limits_{\Sigma} [-\sqrt{x^2+y^2} f(xy) - 2\sqrt{x^2+y^2} + zf(xy) + z]\mathrm{d}x\mathrm{d}y$$

$$= \iint\limits_{D} \sqrt{x^2+y^2}\,\mathrm{d}x\mathrm{d}y \quad (D: 1 \leqslant x^2 + y^2 \leqslant 4)$$

$$= \int_0^{2\pi} \mathrm{d}\theta \int_1^2 r \cdot r\,\mathrm{d}r = \dfrac{14}{3}\pi$$

107．L 是曲面 $\Sigma: 4x^2 + y^2 + z^2 = 1$，$x \geqslant 0$，$y \geqslant 0$，$z \geqslant 0$ 的边界，曲面方向朝上，已知曲线 L 的方向和曲面的方向符合右手法则，求
$$I = \oint_L (yz^2 - \cos z)\mathrm{d}x + 2xz^2\mathrm{d}y + (2xyz + x\sin z)\mathrm{d}x$$

解：由斯托克斯公式得

$$I = \iint\limits_{\Sigma} \begin{vmatrix} \mathrm{d}y\mathrm{d}z & \mathrm{d}z\mathrm{d}x & \mathrm{d}x\mathrm{d}y \\ \dfrac{\partial}{\partial x} & \dfrac{\partial}{\partial y} & \dfrac{\partial}{\partial z} \\ yz^2 - \cos z & 2xz^2 & 2xyz + x\sin z \end{vmatrix}$$

$$= \iint\limits_{\Sigma} -2xz\mathrm{d}y\mathrm{d}z + z^2\mathrm{d}x\mathrm{d}y$$

补面 $\Sigma_1: x = 0$，取后侧；$\Sigma_2: y = 0$，取左侧；$\Sigma_3: z = 0$，取下侧．所以 $\Sigma + \Sigma_1 + \Sigma_2 + \Sigma_3$ 围成了封闭的曲面，取外侧，所围空间几何体为 Ω，由高斯公式可得

$$I = \oiint\limits_{\Sigma} -2xz\mathrm{d}y\mathrm{d}z + z^2\mathrm{d}x\mathrm{d}y - 0$$

$$= \iiint\limits_{\Omega} (-2z + 0 + 2z)\mathrm{d}V = 0$$

108．计算 $I = \oint_L |y|\mathrm{d}s$，其中，$L$ 为双纽线 $(x^2+y^2)^2 = a^2(x^2-y^2)$，$a > 0$．

解：双纽线 $(x^2+y^2)^2 = a^2(x^2-y^2)$，$a > 0$，的极坐标方程为 $r^2 = a^2\cos 2\theta$．

188

$$I = 4a^2 \int_0^{\frac{\pi}{4}} \sin\theta d\theta = 4a^2\left(1 - \frac{\sqrt{2}}{2}\right)$$

109. 设平面区域 $D = \{(x,y) | 1 \leq x^2 + y^2 \leq 4, x \geq 0, y \geq 0\}$. 求 $\iint_D \dfrac{x\sin(\pi\sqrt{x^2+y^2})}{x+y} dxdy$.

解：

方法一： 利用轮换对称性，有

$$\iint_D \frac{x\sin(\pi\sqrt{x^2+y^2})}{x+y} dxdy = \iint_D \frac{y\sin(\pi\sqrt{x^2+y^2})}{x+y} dxdy$$

$$= \frac{1}{2} \iint_D \frac{x\sin(\pi\sqrt{x^2+y^2}) + y\sin(\pi\sqrt{x^2+y^2})}{x+y} dxdy$$

$$= \frac{1}{2} \iint_D \sin(\pi\sqrt{x^2+y^2}) dxdy = \frac{1}{2}\int_0^{\frac{\pi}{2}} d\theta \int_1^2 r\sin(\pi r)dr = -\frac{3}{4}$$

方法二：

$$\iint_D \frac{x\sin(\pi\sqrt{x^2+y^2})}{x+y} dxdy = \int_0^{\frac{\pi}{2}} \frac{\cos\theta}{\cos\theta + \sin\theta} d\theta \int_1^2 r\sin(\pi r)dr$$

由于 $\int_0^{\frac{\pi}{2}} \dfrac{\cos\theta}{\cos\theta + \sin\theta} d\theta = \int_0^{\frac{\pi}{2}} \dfrac{\sin\theta}{\cos\theta + \sin\theta} d\theta = \dfrac{1}{2}\int_0^{\frac{\pi}{2}} \dfrac{\cos\theta + \sin\theta}{\cos\theta + \sin\theta} d\theta = \dfrac{\pi}{4}$，$\int_1^2 r\sin\pi r dr = -\dfrac{3}{\pi}$，

故原式 $= -\dfrac{3}{4}$.

110. 设 $L:\begin{cases} x^2 + y^2 + z^2 = 4 \\ x + y + z = 1 \end{cases}$，求 $\oint_L (x^2 + y)ds$.

解： 由对称性得 $\oint_L (x^2+y)ds = \oint_L (y^2+z)ds = \oint_L (z^2+x)ds$. 于是，

$$\oint_L (x^2+y)ds = \frac{1}{3}\oint_L (x^2+y^2+z^2+x+y+z)ds$$

$$= \frac{5}{3}\oint_L ds = \frac{5}{3}\cdot 2\pi\cdot\sqrt{4-\frac{1}{3}} = \frac{10\sqrt{11}}{3\sqrt{3}}\pi$$

111. 设 $D \subset R^2$ 是有界单连通闭区域，$I(D) = \iint_D (4 - x^2 - y^2)dxdy$ 取得最大值的积分区域记为 D_1.

（1）求 $I(D_1)$ 的值；

（2）计算 $\displaystyle\int_{\partial D_1} \dfrac{(xe^{x^2+4y^2} + y)dx + (4ye^{x^2+4y^2} - x)dy}{x^2 + 4y^2}$，其中，$\partial D_1$ 是 D_1 的正向边界.

解：（1）由二重积分的几何意义知 $I(D) = \iint_D (4-x^2-y^2)d\sigma$，当且仅当 $4-x^2-y^2$ 在 D 上大于 0 时，$I(D)$ 达到最大，故 $D_1: x^2+y^2 \leq 4$ 且 $I(D_1) = \int_0^{2\pi} d\theta \int_0^2 (4-r^2)rdr = 8\pi$.

（2）补 $D_2: x^2+4y^2=r^2$（r 很小），取 D_2 的方向为顺时针方向，有

$$\int_{\partial D_1}\frac{(xe^{x^2+4y^2}+y)\mathrm{d}x+(4ye^{x^2+4y^2}-x)\mathrm{d}y}{x^2+4y^2}$$

$$=\int_{\partial D_1+\partial D_2}\frac{(xe^{x^2+4y^2}+y)\mathrm{d}x+(4ye^{x^2+4y^2}-x)\mathrm{d}y}{x^2+4y^2}-\int_{\partial D_2}\frac{(xe^{x^2+4y^2}+y)\mathrm{d}x+(4ye^{x^2+4y^2}-x)\mathrm{d}y}{x^2+4y^2}$$

$$=-\frac{1}{r^2}\mathrm{e}^{r^2}\int_{\partial D_2}x\mathrm{d}x+4y\mathrm{d}y-\frac{1}{r^2}\mathrm{e}^{r^2}\int_{\partial D_2}y\mathrm{d}x-x\mathrm{d}y=\frac{1}{r^2}\iint_{D_2}-2\mathrm{d}\sigma=-\pi$$

112. 求 $\int_0^1\mathrm{d}y\int_y^1\frac{\tan x}{x}\mathrm{d}x$．

解：$\int_0^1\mathrm{d}y\int_y^1\frac{\tan x}{x}\mathrm{d}x=\int_0^1\mathrm{d}x\int_0^x\frac{\tan x}{x}\mathrm{d}y=\int_0^1\tan x\mathrm{d}x=-\ln(\cos 1)$

113. 设 V 是由曲面 $z=\sqrt{1-x^2-y^2}$ 与曲面 $z=\sqrt{x^2+y^2}-1$ 围成的立体，立体 V 的全表面为 S，取外侧，计算 $I=\oiint_S\dfrac{x\mathrm{d}y\mathrm{d}z+y\mathrm{d}z\mathrm{d}x+z\mathrm{d}x\mathrm{d}y}{(x^2+y^2+z^2)^{\frac{3}{2}}}$．

解：曲面 S 如右图所示，记

$$P=\frac{x}{(x^2+y^2+z^2)^{\frac{3}{2}}}$$

$$Q=\frac{y}{(x^2+y^2+z^2)^{\frac{3}{2}}}$$

$$R=\frac{z}{(x^2+y^2+z^2)^{\frac{3}{2}}}$$

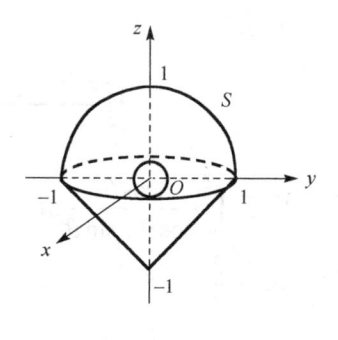

作辅助曲面 $S_1: x^2+y^2+z^2=r^2$（r 为充分小的正数），取内侧，则由高斯公式，得

$$\oiint_{S+S_1}\frac{x\mathrm{d}y\mathrm{d}z+y\mathrm{d}z\mathrm{d}x+z\mathrm{d}x\mathrm{d}y}{(x^2+y^2+z^2)^{\frac{3}{2}}}=\iiint_V\left(\frac{\partial P}{\partial x}+\frac{\partial Q}{\partial y}+\frac{\partial R}{\partial z}\right)\mathrm{d}V=\iiint_V 0\mathrm{d}V=0$$

故

$$I=\oiint_{S+S_1}-\oiint_{S_1}=0-\oiint_{S_1}=\oiint_{S_1(外)}\frac{x\mathrm{d}y\mathrm{d}z+y\mathrm{d}z\mathrm{d}x+z\mathrm{d}x\mathrm{d}y}{(x^2+y^2+z^2)^{\frac{3}{2}}}$$

$$=\frac{1}{r^3}\oiint_{S_1(外)}x\mathrm{d}y\mathrm{d}z+y\mathrm{d}z\mathrm{d}x+z\mathrm{d}x\mathrm{d}y$$

$$\xlongequal{\text{高斯公式}}\frac{1}{r^3}\iiint_V(1+1+1)\mathrm{d}V=\frac{3}{r^3}\cdot\frac{4}{3}\pi\cdot r^3=4\pi$$

114．设 $f(x)$ 有连续导数，L 为从 $O(0,0)$ 沿 $x^2+(y-\pi)^2=\pi^2$ 右半圆周到 $A(0,2\pi)$ 的一段弧，计算 $I=\int_L \dfrac{f'(x)\sin y\mathrm{d}x+[f(x)\cos y-\pi x]\mathrm{d}y}{x^2+(y-\pi)^2}$.

解：L 如右图所示，将 L 的方程代入 I，得

$$I=\frac{1}{\pi^2}\int_L f'(x)\sin y\mathrm{d}x+[f(x)\cos y-\pi x]\mathrm{d}y$$

记 $P=f'(x)\sin y$，$Q=f(x)\cos y-\pi x$，则

$$\frac{\partial Q}{\partial x}-\frac{\partial P}{\partial y}=-\pi$$

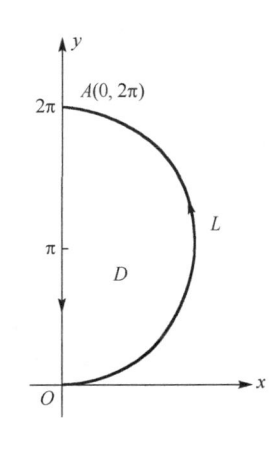

取 $\overline{AO}:\begin{cases}x=0\\y=y\end{cases}$，方向如右图所示，则

$$I=\frac{1}{\pi^2}\oint_{L+\overline{AO}}f'(x)\sin y\mathrm{d}x+[f(x)\cos y-\pi x]\mathrm{d}y-\frac{1}{\pi^2}\int_{\overline{AO}}f'(x)\sin y\mathrm{d}x+[f(x)\cos y-\pi x]\mathrm{d}y$$

$$=\frac{1}{\pi^2}\oint_{L+\overline{AO}}f'(x)\sin y\mathrm{d}x+[f(x)\cos y-\pi x]\mathrm{d}y$$

$$=\frac{1}{\pi^2}\iint_D\left(\frac{\partial Q}{\partial x}-\frac{\partial P}{\partial y}\right)\mathrm{d}x\mathrm{d}y=\frac{1}{\pi^2}(-\pi)\iint_D\mathrm{d}x\mathrm{d}y$$

$$=-\pi\times\frac{1}{2}\pi\times\pi^2\times\frac{1}{\pi^2}=-\frac{\pi^2}{2}$$

其中，

$$\frac{1}{\pi^2}\int_{\overline{AO}}f'(x)\sin y\mathrm{d}x+[f(x)\cos y-\pi x]\mathrm{d}y$$

$$=\frac{1}{\pi^2}\int_{\overline{AO}}\mathrm{d}[f(x)\sin y]-\frac{1}{\pi^2}\int_{\overline{AO}}\pi x\mathrm{d}y$$

$$=\frac{1}{\pi^2}f(x)\sin y\Big|_{(0,2\pi)}^{(0,0)}-0=0-0=0$$

故 $I=-\dfrac{\pi^2}{2}-0=-\dfrac{\pi^2}{2}$.

115．设立体 V 由曲面 $\Sigma:x^2+y^2=-2x(z-1)$（$0\leqslant z\leqslant 1$）与平面 $z=0$ 围成，V 的密度为 $\rho=1$.

（1）求 V 的质心坐标 $\overline{x}$；

（2）求曲面积分 $I=\iint_\Sigma \dfrac{2x^2}{\sqrt{4x^4+(x^2+y^2)^2}}\mathrm{d}S$.

解：（1）$\Sigma:x^2+y^2=-2x(z-1)$ 为锥面，立体 V 如右图所示．由于

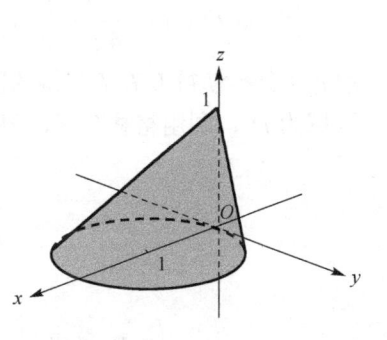

$$\bar{x} = \frac{\iiint_V x\rho dV}{\iiint_V \rho dV} = \frac{\iiint_V x dV}{\iiint_V dV}$$

其中，

$$\iiint_V dV = \frac{1}{3} \times \pi \times 1^2 \times 1 = \frac{\pi}{3}$$

$$\iiint_V x dV = \iint_{D_{xy}} x dx dy \int_0^{1-\frac{x^2+y^2}{2x}} dz = \frac{1}{2} \iint_{D_{xy}} (2x - x^2 - y^2) dx dy$$

$$= \frac{1}{2} \int_{-\frac{\pi}{2}}^{\frac{\pi}{2}} d\theta \int_0^{2\cos\theta} (2r\cos\theta - r^2) \cdot r dr$$

$$= \frac{1}{2} \int_{-\frac{\pi}{2}}^{\frac{\pi}{2}} \left(\frac{2}{3} \cdot 8\cos^4\theta - \frac{1}{4} \cdot 16\cos^4\theta \right) d\theta$$

$$= \frac{1}{2} \cdot \frac{8}{3} \int_0^{\frac{\pi}{2}} \cos^4\theta d\theta = \frac{1}{2} \times \frac{8}{3} \times \frac{3}{4} \times \frac{1}{2} \times \frac{\pi}{2} = \frac{\pi}{4}$$

故 $\bar{x} = \frac{3}{4}$.

(2) 由 $x^2 + y^2 = -2x(z-1)$，得 $z = 1 - \frac{x^2+y^2}{2x}$，则 $z'_x = \frac{y^2 - x^2}{2x^2}$，$z'_y = -\frac{y}{x}$，故

$$dS = \sqrt{1 + z'^2_x + z'^2_y} dx dy = \sqrt{1 + \left(\frac{y^2-x^2}{2x^2}\right)^2 + \left(-\frac{y}{x}\right)^2} dx dy$$

$$= \frac{\sqrt{4x^4 + (x^2+y^2)^2}}{2x^2} dx dy$$

故

$$I = \iint_\Sigma \frac{2x^2}{\sqrt{4x^4 + (x^2+y^2)^2}} dS = \iint_{D_{xy}} dx dy = \pi \times 1^2 = \pi$$

116. 求曲线积分 $\int_L \frac{4x-y}{4x^2+y^2} dx + \frac{x+y}{4x^2+y^2} dy$，其中，$L$ 是 $x^2+y^2=2$，取逆时针方向.

解：取 $P(x,y) = \frac{4x-y}{4x^2+y^2}$，$Q(x,y) = \frac{x+y}{4x^2+y^2}$，则 $\frac{\partial Q}{\partial x} - \frac{\partial P}{\partial y} = 0$. 取闭曲线 $L_1: 4x^2+y^2=r^2$，取 r 充分小使得 L_1 在 L 包围的区域内并取逆时针方向. 设 L 与 L_1 围成的区域为 D，L_1 围成的区域为 D_r. 利用格林公式，得

$$I = \oint_{L-L_1} P dx + Q dy + \oint_{L_1} P dx + Q dy$$

$$= \iint_D \left(\frac{\partial Q}{\partial x} - \frac{\partial P}{\partial y} \right) dx dy + \frac{1}{r^2} \int_{L_1} (4x-y) dx + (x+y) dy$$

$$= \frac{1}{r^2}\iint\limits_{D_r} 2\mathrm{d}x\mathrm{d}y = \pi$$

117. 设 Σ 为曲面 $z = \sqrt{x^2 + y^2}$（$1 \leqslant x^2 + y^2 \leqslant 4$），取下侧，$f(x)$ 为连续函数，求

$$I = \iint\limits_{\Sigma}[xf(xy) + 2x - y]\mathrm{d}y\mathrm{d}z + [yf(xy) + 2y + x]\mathrm{d}z\mathrm{d}x + [zf(xy) + z]\mathrm{d}x\mathrm{d}y$$

解：曲面 Σ 在 xOy 平面上的投影区域为 $D_{xy} = \{(x,y) \mid 1 \leqslant x^2 + y^2 \leqslant 4\}$，且 $z'_x = \dfrac{x}{\sqrt{x^2 + y^2}}$，$z'_y = \dfrac{y}{\sqrt{x^2 + y^2}}$. 则

$$I = -\iint\limits_{D_{xy}}\{[xf(xy) + 2x - y](-z'_x) + [yf(xy) + 2y + x](-z'_y)$$
$$+ [\sqrt{x^2 + y^2}f(xy) + \sqrt{x^2 + y^2}]\}\mathrm{d}x\mathrm{d}y$$
$$= \iint\limits_{D_{xy}}\sqrt{x^2 + y^2}\mathrm{d}x\mathrm{d}y = \frac{14}{3}\pi$$

118. 设 Ω 为平面 $\dfrac{x}{a} + \dfrac{y}{b} + \dfrac{z}{c} = 1$（$a$，$b$，$c$ 均大于 0）与三个坐标平面围成的四面体区域，Σ 为 Ω 的全表面的外侧.

（1）计算曲面积分 $I(a,b,c) = \iint\limits_{\Sigma}\dfrac{1}{2}z^2\mathrm{d}x\mathrm{d}y$；

（2）若 $a + b + c = 1$，求使得 $I(a,b,c)$ 最大的 a，b，c 的值，并求 $I(a,b,c)$ 的最大值.

解：（1）由高斯公式，得

$$I(a,b,c) = \iint\limits_{\Sigma}\frac{1}{2}z^2\mathrm{d}x\mathrm{d}y = \iiint\limits_{\Omega}z\mathrm{d}x\mathrm{d}y\mathrm{d}z$$
$$= \int_0^a \mathrm{d}x \int_0^{b\left(1-\frac{x}{a}\right)}\mathrm{d}y \int_0^{c\left(1-\frac{x}{a}-\frac{y}{b}\right)}z\mathrm{d}z$$
$$= \int_0^a \mathrm{d}x \int_0^{b\left(1-\frac{x}{a}\right)}\frac{1}{2}c^2\left(1 - \frac{x}{a} - \frac{y}{b}\right)^2\mathrm{d}y$$
$$= \int_0^a \frac{c^2 b}{6}\left(1 - \frac{x}{a}\right)^3 \mathrm{d}x = \frac{abc^2}{24}$$

（2）应用拉格朗日乘数法，令 $L = abc^2 + \lambda(a + b + c - 1)$，则有

$$\begin{cases} \dfrac{\partial L}{\partial a} = bc^2 + \lambda = 0 \\ \dfrac{\partial L}{\partial b} = ac^2 + \lambda = 0 \\ \dfrac{\partial L}{\partial c} = 2abc + \lambda = 0 \\ \dfrac{\partial L}{\partial \lambda} = a + b + c - 1 = 0 \end{cases}$$

结合已知，只有当 $a=b=\dfrac{1}{4}$，$c=\dfrac{1}{2}$ 满足条件，即有唯一驻点 $\left(\dfrac{1}{4},\dfrac{1}{4},\dfrac{1}{2}\right)$，故 $I(a,b,c)$ 有最大值

$$I_{\max}=I\left(\dfrac{1}{4},\dfrac{1}{4},\dfrac{1}{2}\right)=\dfrac{\dfrac{1}{4}\times\dfrac{1}{4}\times\left(\dfrac{1}{2}\right)^2}{24}=\dfrac{1}{1536}$$

119. 设 Σ 为光滑闭曲面，取外侧，$I=\iint\limits_{\Sigma}(x^3-x)\mathrm{d}y\mathrm{d}z+(y^3-y)\mathrm{d}z\mathrm{d}x+(z^3-z)\mathrm{d}x\mathrm{d}y$.

（1）确定曲面 Σ 使得 I 最小，并求 I 的最小值；

（2）若（1）中曲面 Σ 被曲面 $z=\sqrt{x^2+y^2}$ 分成两部分，求这两部分曲面的面积之比.

解：（1）设 Σ 围成的立体为 V，则由高斯公式，有

$$I=3\iiint\limits_{V}(x^2+y^2+z^2-1)\mathrm{d}V$$

为使 I 达到最小，要求 V 是使得 $x^2+y^2+z^2-1\leq 0$ 的最大空间区域，故 $V=\{(x,y,z)\mid x^2+y^2+z^2\leq 1\}$，所以，$V$ 是球体，Σ 为球体表面，此时 I 最小，其最小值为

$$I=3\iiint\limits_{V}(x^2+y^2+z^2-1)\mathrm{d}V\xlongequal{\text{球坐标变换}}3\int_0^{2\pi}\mathrm{d}\theta\int_0^{\pi}\mathrm{d}\varphi\int_0^1 r^2\cdot r^2\sin\varphi\mathrm{d}r-3\iiint\limits_{V}\mathrm{d}V$$

$$=\dfrac{12\pi}{5}-3\times\dfrac{4}{3}\pi\times 1^3=-\dfrac{8\pi}{5}$$

（2）记 Σ_1 为曲面 Σ 被 $z=\sqrt{x^2+y^2}$ 所截且位于圆锥面 $z=\sqrt{x^2+y^2}$ 上方的部分，其曲面面积为

$$S_1=\iint\limits_{\Sigma_1}\mathrm{d}S=\iint\limits_{D_1}\sqrt{1+z_x'^2+z_y'^2}\mathrm{d}x\mathrm{d}y$$

由 $z=\sqrt{1-x^2-y^2}$，知 $\sqrt{1+z_x'^2+z_y'^2}=\dfrac{1}{\sqrt{1-x^2-y^2}}$，记 D_1 为 Σ_1 在 xOy 平面上的投影区域，如右图所示，故

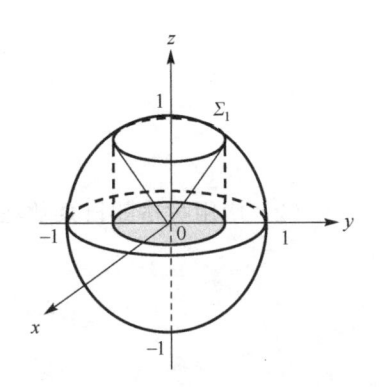

$$S_1=\iint\limits_{D_1}\dfrac{1}{\sqrt{1-x^2-y^2}}\mathrm{d}x\mathrm{d}y$$

$$=\int_0^{2\pi}\mathrm{d}\theta\int_0^{\frac{\sqrt{2}}{2}}\dfrac{1}{\sqrt{1-r^2}}r\mathrm{d}r$$

$$=(2-\sqrt{2})\pi$$

$$S_2=4\pi\times 1^2-S_1=4\pi-(2-\sqrt{2})\pi=2\pi+\sqrt{2}\pi=(2+\sqrt{2})\pi$$

所以 $S_1:S_2=(2-\sqrt{2}):(2+\sqrt{2})$.

第 11 章 无穷级数习题解析

1. 选择题.

(1) 设 $a_n, b_n > 0$，$n = 1, 2, \cdots$，$\sum_{n=1}^{\infty}(a_n - b_n)$ 条件收敛，则 $\sum_{n=1}^{\infty}\left(a_n - \dfrac{k}{2^n}\right)$ (   ).

　　(A) 绝对收敛　　(B) 条件收敛　　(C) 发散　　(D) 收敛性与 k 有关

解：由于 $\sum_{n=1}^{\infty}|a_n - b_n| \leqslant \sum_{n=1}^{\infty}(|a_n| + |b_n|) = \sum_{n=1}^{\infty}(a_n + b_n)$ 且 $\sum_{n=1}^{\infty}(a_n - b_n)$ 条件收敛，故由比较判别法可知，级数 $\sum_{n=1}^{\infty}(a_n + b_n)$ 发散.

若 $\sum_{n=1}^{\infty}a_n$ 收敛，则 $\sum_{n=1}^{\infty}b_n$ 必发散，从而有 $\sum_{n=1}^{\infty}(a_n - b_n)$ 发散. 这与已知条件矛盾，故 $\sum_{n=1}^{\infty}a_n$ 发散. 由于 $\sum_{n=1}^{\infty}\dfrac{k}{2^n}$ 收敛，故 $\sum_{n=1}^{\infty}\left(a_n - \dfrac{k}{2^n}\right)$ 发散. 故选择（C）.

(2) 已知级数 $\sum_{n=1}^{\infty}(-1)^{n-1}a_n = 2$，$\sum_{n=1}^{\infty}a_{2n-1} = 5$，则级数 $\sum_{n=1}^{\infty}a_n$ 等于（   ）.

　　(A) 3　　　　　(B) 7　　　　　(C) 8　　　　　(D) 9

解：
$$a_1 - a_2 + a_3 - a_4 + \cdots + = 2 \quad ①$$
$$a_1 + a_3 + a_5 + a_7 + \cdots + = 5 \quad ②$$

①+②得
$$2a_1 - a_2 + 2a_3 - a_4 + 2a_5 + \cdots = 7 \quad ③$$

②−①得
$$a_2 + a_4 + a_6 + \cdots = 3 \quad ④$$

④×3+③得
$$2(a_1 + a_2 + \cdots + a_n + \cdots) = 16$$

故 $a_1 + a_2 + \cdots + a_n + \cdots = 8$，选择（C）.

(3) 设 $0 \leqslant a_n < \dfrac{1}{n}$，$n = 1, 2, \cdots$，则下列级数中收敛的是（   ）.

　　(A) $\sum_{n=1}^{\infty}a_n$　　　(B) $\sum_{n=1}^{\infty}(-1)^n a_n$　　　(C) $\sum_{n=1}^{\infty}\sqrt{a_n}$　　　(D) $\sum_{n=1}^{\infty}(-1)^n a_n^2$

解：由 $0 \leqslant a_n < \dfrac{1}{n}$ 可得，$0 \leqslant a_n^2 < \dfrac{1}{n^2}$. 由 $\sum_{n=1}^{\infty}\dfrac{1}{n^2}$ 收敛，知 $\sum_{n=1}^{\infty}a_n^2$ 收敛，故 $\sum_{n=1}^{\infty}(-1)^n a_n^2$ 收敛. 故选择（D）.

(4) 若 $\alpha > 0$ 为常数，则级数 $\sum_{n=1}^{\infty}(-1)^n\left(1 - \cos\dfrac{\alpha}{n}\right)$ (   ).

　　(A) 发散　　(B) 条件收敛　　(C) 绝对收敛　　(D) 敛散性与 α 有关

195

解：由 $\lim\limits_{n\to\infty}\dfrac{1-\cos\dfrac{\alpha}{n}}{\dfrac{\alpha^2}{n^2}}=\dfrac{1}{2}$，且 $\sum\limits_{n=1}^{\infty}\dfrac{1}{n^2}$ 收敛，可知 $\sum\limits_{n=1}^{\infty}\left|(-1)^n\left(1-\cos\dfrac{\alpha}{n}\right)\right|$ 收敛．故选择（C）．

（5）设常数 $\lambda>0$，且级数 $\sum\limits_{n=1}^{\infty}a_n^2$ 收敛，则级数 $\sum\limits_{n=1}^{\infty}(-1)^n\dfrac{|a_n|}{\sqrt{n^2+\lambda}}$ （　　）．

（A）发散　　（B）条件收敛　　（C）绝对收敛　　（D）敛散性与 λ 有关

解：$\dfrac{|a_n|}{\sqrt{n^2+\lambda}}\leqslant\dfrac{|a_n|}{n}<a_n^2+\dfrac{1}{n^2}$，由 $\sum\limits_{n=1}^{\infty}a_n^2$ 和 $\sum\limits_{n=1}^{\infty}\dfrac{1}{n^2}$ 都收敛，故原级数绝对收敛．故选择（C）．

（6）设 $u_n=(-1)^n\ln\left(1+\dfrac{1}{\sqrt{n}}\right)$，则级数（　　）．

（A）$\sum\limits_{n=1}^{\infty}u_n$ 与 $\sum\limits_{n=1}^{\infty}u_n^2$ 都收敛　　　　（B）$\sum\limits_{n=1}^{\infty}u_n$ 与 $\sum\limits_{n=1}^{\infty}u_n^2$ 都发散

（C）$\sum\limits_{n=1}^{\infty}u_n$ 收敛，而 $\sum\limits_{n=1}^{\infty}u_n^2$ 发散　　（D）$\sum\limits_{n=1}^{\infty}u_n$ 发散，而 $\sum\limits_{n=1}^{\infty}u_n^2$ 收敛

解：由 $\lim\limits_{n\to\infty}\ln\left(1+\dfrac{1}{\sqrt{n}}\right)=0$，且 $\ln\left(1+\dfrac{1}{\sqrt{n+1}}\right)<\ln\left(1+\dfrac{1}{\sqrt{n}}\right)$，可得 $\sum\limits_{n=1}^{\infty}(-1)^n\ln\left(1+\dfrac{1}{\sqrt{n}}\right)$ 收敛．但 $\lim\limits_{n\to\infty}\dfrac{\ln^2\left(1+\dfrac{1}{\sqrt{n}}\right)}{\left(\dfrac{1}{\sqrt{n}}\right)^2}=1$，而 $\sum\limits_{n=1}^{\infty}\dfrac{1}{n}$ 发散，故 $\sum\limits_{n=1}^{\infty}u_n^2$ 发散．故选择（C）．

（7）设 $a_n>0$，$n=1,2,\cdots$，且 $\sum\limits_{n=1}^{\infty}a_n$ 收敛，常数 $\lambda\in\left(0,\dfrac{\pi}{2}\right)$，则级数 $\sum\limits_{n=1}^{\infty}(-1)^n\left(n\tan\dfrac{\lambda}{n}\right)a_{2n}$
（　　）．

（A）绝对收敛　　（B）条件收敛　　（C）发散　　（D）敛散性与 λ 有关

解：由 $a_n>0$，且 $\sum\limits_{n=1}^{\infty}a_n$ 收敛，故 $\sum\limits_{n=1}^{\infty}a_{2n}$ 收敛．另外

$$\lim_{n\to\infty}\dfrac{\left(n\tan\dfrac{\lambda}{n}\right)a_{2n}}{\lambda a_{2n}}=\lim_{n\to\infty}\dfrac{\tan\dfrac{\lambda}{n}}{\dfrac{\lambda}{n}}=1$$

所以 $\sum\limits_{n=1}^{\infty}\left|(-1)^n\left(n\tan\dfrac{\lambda}{n}\right)a_{2n}\right|$ 收敛．故选择（A）．

（8）下面选项中正确的是（　　）．

（A）若 $\sum\limits_{n=1}^{\infty}u_n^2$ 和 $\sum\limits_{n=1}^{\infty}v_n^2$ 都收敛，则 $\sum\limits_{n=1}^{\infty}(u_n+v_n)^2$ 收敛

（B）若 $\sum\limits_{n=1}^{\infty}|u_nv_n|$ 收敛，则 $\sum\limits_{n=1}^{\infty}u_n^2$ 与 $\sum\limits_{n=1}^{\infty}v_n^2$ 都收敛

(C) 若正项级数 $\sum\limits_{n=1}^{\infty}u_n$ 发散，则 $u_n \geq \dfrac{1}{n}$

(D) 若级数 $\sum\limits_{n=1}^{\infty}u_n$ 收敛，且 $u_n \geq v_n$，$n=1,2,\cdots$，则级数 $\sum\limits_{n=1}^{\infty}v_n$ 也收敛

解：由 $|u_n v_n| < u_n^2 + v_n^2$，$\sum\limits_{n=1}^{\infty}u_n^2$ 和 $\sum\limits_{n=1}^{\infty}v_n^2$ 都收敛，可得 $\sum\limits_{n=1}^{\infty}|u_n v_n|$ 收敛．又因 $(u_n+v_n)^2 = u_n^2 + 2u_n v_n + v_n^2$，故 $\sum\limits_{n=1}^{\infty}(u_n+v_n)^2$ 收敛．故选择（A）.

(9) 设 $f(x) = \int_0^{\sin x}\sin(t^2)dt$，$g(x) = \sum\limits_{n=1}^{\infty}\dfrac{x^{2n+1}}{n^n+2}$，则当 $x \to 0$ 时，$f(x)$ 是 $g(x)$ 的（　　）．

(A) 等价无穷小　　　　(B) 同阶，但不等价无穷小
(C) 低阶无穷小　　　　(D) 高阶无穷小

解：由 $\lim\limits_{n\to\infty}\left|\dfrac{x^{2n+3}}{(n+1)^{n+1}+2}\cdot\dfrac{n^n+2}{x^{2n+1}}\right| = \lim\limits_{n\to\infty}\dfrac{\left(1+\dfrac{2}{n^n}\right)x^2}{\left(1+\dfrac{1}{n}\right)^n(n+1)+\dfrac{2}{n^n}} = 0$，则级数 $\sum\limits_{n=1}^{\infty}\dfrac{x^{2n+1}}{n^n+2}$ 的收敛域为 $|x|<+\infty$．由洛必达法则，有

$$\lim_{x\to 0}\dfrac{f(x)}{g(x)} = \lim_{x\to 0}\dfrac{f'(x)}{g'(x)} = \lim_{x\to 0}\dfrac{\sin(\sin^2 x)\cos x}{\sum\limits_{n=1}^{\infty}\dfrac{2n+1}{n^n+2}x^{2n}}$$

当 $x\to 0$ 时，$\sin(\sin^2 x) \sim \sin x^2 \sim x^2$，于是

$$\lim_{x\to 0}\dfrac{f(x)}{g(x)} = \lim_{x\to 0}\dfrac{x^2}{x^2 + \dfrac{5}{6}x^4 + o(x^4)} = 1$$

故选择（A）.

(10) 设 $f(x) = x^2$，$0 \leq x < 1$，而 $S(x) = \sum\limits_{n=1}^{\infty}b_n\sin n\pi x$，$-\infty < x < +\infty$．其中，$b_n = 2\int_0^1 f(x)\sin n\pi x dx$，$n=1,2,\cdots$．则 $S\left(-\dfrac{1}{2}\right) = $（　　）．

(A) $-\dfrac{1}{2}$　　(B) $-\dfrac{1}{4}$　　(C) $\dfrac{1}{4}$　　(D) $\dfrac{1}{2}$

解：将函数 $f(x)$ 奇性延拓成周期为 2 的奇函数，则 $S(x)$ 为其傅里叶级数的和函数．故 $S\left(-\dfrac{1}{2}\right) = -\left(-\dfrac{1}{2}\right)^2 = -\dfrac{1}{4}$．故选择（B）.

(11) 设数列 $\{a_n\}$ 单调递减，$\lim\limits_{n\to\infty}a_n = 0$，$S_n = \sum\limits_{k=1}^{n}a_k$（$n=1,2,\cdots$）无界，则幂级数

$\sum\limits_{n=1}^{\infty} a_n (x-1)^n$ 的收敛域为（　　）．

(A) $(-1,1]$　　　　(B) $[-1,1)$　　　　(C) $[0,2)$　　　　(D) $(0,2]$

解：数列 $\{a_n\}$ 单调递减且 $\lim\limits_{n\to\infty} a_n = 0$，由莱布尼兹判别法可知，交错级数 $\sum\limits_{n=1}^{\infty} (-1)^n a_n$ 收敛．即幂级数 $\sum\limits_{n=1}^{\infty} a_n (x-1)^n$ 在点 $x=0$ 处收敛，则其收敛半径为 $R \geq 1$．又由于 $S_n = \sum\limits_{k=1}^{n} a_k$（$n=1,2,\cdots$）无界，所以 $\sum\limits_{n=1}^{\infty} a_n (x-1)^n$ 在点 $x=2$ 处发散，即 $R \leq 1$．故 $R=1$．综上，$\sum\limits_{n=1}^{\infty} a_n (x-1)^n$ 的收敛域为 $[0,2)$．故选择（C）．

（12）设 $f(x) = \left| x - \dfrac{1}{2} \right|$，$b_n = 2\int_0^1 f(x) \sin n\pi x\, \mathrm{d}x$（$n=1,2,\cdots$）．令 $S(x) = \sum\limits_{n=1}^{\infty} b_n \sin n\pi x$，则 $S\left(-\dfrac{9}{4}\right) = $（　　）．

(A) $\dfrac{3}{4}$　　　　(B) $\dfrac{1}{4}$　　　　(C) $-\dfrac{1}{4}$　　　　(D) $-\dfrac{3}{4}$

解：$S(x)$ 是 $f(x)$ 周期为 2 的正弦级数展开式，根据狄利克雷收敛定理，得
$$S\left(-\dfrac{9}{4}\right) = S\left(-\dfrac{1}{4}\right) = -S\left(\dfrac{1}{4}\right) = -f\left(\dfrac{1}{4}\right) = -\dfrac{1}{4}$$
故选择（C）．

（13）设级数 $\sum\limits_{n=1}^{\infty} \dfrac{n!}{n^n} \mathrm{e}^{-nx}$ 的收敛域为 $(a, +\infty)$，则 $a =$（　　）．

(A) -1　　　　(B) 0　　　　(C) 1　　　　(D) 2

解：
$$\lim_{n\to\infty} \left| \dfrac{u_{n+1}(x)}{u_n(x)} \right| = \lim_{n\to\infty} \left| \dfrac{\dfrac{(n+1)!}{(n+1)^{n+1}} \mathrm{e}^{-(n+1)x}}{\dfrac{n!}{n^n} \mathrm{e}^{-nx}} \right| = \mathrm{e}^{-x-1} < 1$$

解得 $x > -1$，故 $a = -1$．故选择（A）．

（14）若级数 $\sum\limits_{n=1}^{\infty} a_n$ 条件收敛，则 $x = \sqrt{3}$ 与 $x = 3$ 依次为幂级数 $\sum\limits_{n=1}^{\infty} n a_n (x-1)^n$ 的（　　）．

(A) 收敛点，收敛点　　　　(B) 收敛点，发散点
(C) 发散点，收敛点　　　　(D) 发散点，发散点

解：由 $\sum\limits_{n=1}^{\infty} a_n$ 条件收敛可知，$\sum\limits_{n=1}^{\infty} a_n t^n$ 的收敛半径为 $R=1$．若不然，$R<1$，则 $\sum\limits_{n=1}^{\infty} a_n = \sum\limits_{n=1}^{\infty} a_n t^n \bigg|_{t=1}$ 发散，矛盾；若 $R>1$，则 $\sum\limits_{n=1}^{\infty} a_n = \sum\limits_{n=1}^{\infty} a_n t^n \bigg|_{t=1}$ 绝对收敛，矛盾．

故 $\sum_{n=1}^{\infty}na_nt^n = t\sum_{n=1}^{\infty}na_nt^{n-1} = t\left(\sum_{n=1}^{\infty}a_nt^n\right)'$ 的收敛半径为 $R=1$. 则当 $x=\sqrt{3}$ 时，$\sum_{n=1}^{\infty}na_n(\sqrt{3}-1)^n$ 绝对收敛；当 $x=3$ 时，$\sum_{n=1}^{\infty}na_n(3-1)^n = \sum_{n=1}^{\infty}na_n2^n$ 发散. 故选择（B）.

（15） $\sum_{n=0}^{\infty}(-1)^n\dfrac{2n+3}{(2n+1)!} = $ （　　）.

(A) $\sin 1 + \cos 1$ (B) $2\sin 1 + \cos 1$
(C) $2\sin 1 + 2\cos 1$ (D) $2\sin 1 + 3\cos 1$

解：由于 $\sin x = \sum_{n=0}^{\infty}\dfrac{(-1)^n x^{2n+1}}{(2n+1)!}$ （$|x|<+\infty$），$\cos x = \sum_{n=0}^{\infty}\dfrac{(-1)^n x^{2n}}{(2n)!}$ （$|x|<+\infty$）. 题中级数 $\sum_{n=0}^{\infty}(-1)^n\dfrac{2n+3}{(2n+1)!} = \sum_{n=0}^{\infty}\dfrac{(-1)^n}{(2n)!} + 2\sum_{n=0}^{\infty}\dfrac{(-1)^n}{(2n+1)!} = \cos 1 + 2\sin 1$. 故选择（B）.

（16）设 $\{u_n\}$ 是单调递增的有界数列，则下列级数中收敛的是（　　）.

(A) $\sum_{n=1}^{\infty}\dfrac{u_n}{n}$ (B) $\sum_{n=1}^{\infty}(-1)^n\dfrac{1}{u_n}$
(C) $\sum_{n=1}^{\infty}\left(1-\dfrac{u_n}{u_{n+1}}\right)$ (D) $\sum_{n=1}^{\infty}(u_{n+1}^2 - u_n^2)$

解：由于 $\{u_n\}$ 是单调递增的有界数列，故 $\lim_{n\to\infty}u_n$ 存在，记为 a. 设 $\sum_{n=1}^{\infty}(u_{n+1}^2 - u_n^2)$ 的前 n 项和为 S_n，则 $S_n = u_{n+1}^2 - u_1^2$，故 $\lim_{n\to\infty}S_n = a^2 - u_1^2$. 故选择（D）.

若取 $u_n = -\dfrac{1}{\ln(1+n)}$，则（A）发散；若取 $u_n = -\dfrac{1}{n}$，则（B）、（C）发散.

（17）设 R 为幂级数 $\sum_{n=1}^{\infty}a_nx^n$ 的收敛半径，r 是实数，则（　　）.

(A) 当 $\sum_{n=1}^{\infty}a_nr^n$ 发散时，$|r| \geq R$ (B) 当 $\sum_{n=1}^{\infty}a_nr^n$ 发散时，$|r| \leq R$

(C) 当 $|r| \geq R$ 时，$\sum_{n=1}^{\infty}a_nr^n$ 发散   (D) 当 $|r| \leq R$ 时，$\sum_{n=1}^{\infty}a_nr^n$ 发散

解：R 为幂级数 $\sum_{n=1}^{\infty}a_nx^n$ 的收敛半径，故 $\sum_{n=1}^{\infty}a_nx^n$ 在 $(-R,R)$ 内收敛. 则当 $\sum_{n=1}^{\infty}a_nr^n$ 发散时，$|r| \leq R$. 故选择（A）.

（18）已知 $f(x) = x^2\ln(1-x)$，则当 $n \geq 3$ 时，$f^{(n)}(0) = $ （　　）.

(A) $-\dfrac{n!}{n-2}$ (B) $\dfrac{n!}{n-2}$ (C) $-\dfrac{(n-2)!}{n}$ (D) $\dfrac{(n-2)!}{n}$

解：
方法一：由莱布尼兹公式得

$$f^{(n)}(x) = \sum_{k=0}^{n} C_n^k (x^2)^{(k)} (\ln(1-x))^{(n-k)}$$

$$= -(n-1)! \frac{x^2}{(1-x)^n} - C_n^1 (n-2)! \frac{x}{(1-x)^{n-1}} - 2C_n^2 (n-3)! \frac{1}{(1-x)^{n-2}}$$

代入 $x=0$，得 $f^{(n)}(0) = -2C_n^2 (n-3)! = -\frac{n!}{n-2}$. 故选择（A）.

方法二：利用函数幂级数展开式的唯一性，得

$$f(x) = x^2 \ln(1-x) = x^2 \sum_{n=1}^{\infty} \left(-\frac{x^n}{n}\right) = -\sum_{n=1}^{\infty} \frac{x^{n+2}}{n} = -\sum_{n=3}^{\infty} \frac{x^n}{n-2} = \sum_{n=0}^{\infty} \frac{f^{(n)}(0)}{n!} x^n$$

故 $\frac{f^{(n)}(0)}{n!} = -\frac{1}{n-2}$.

（19）已知幂级数 $\sum_{n=1}^{\infty} a_n (x-2)^n$ 的收敛域为 $(-2,6)$，则 $\sum_{n=1}^{\infty} n a_n (x+1)^{2n}$ 的收敛域为（　　）.

（A）$(-2,6)$　　（B）$(-3,1)$　　（C）$(-5,3)$　　（D）$(-17,15)$

解：知 $\sum_{n=1}^{\infty} a_n x^n$ 的收敛半径为 4，逐项微分后的幂级数 $\sum_{n=1}^{\infty} n a_n x^{n-1}$ 的收敛半径仍为 4. 故 $\sum_{n=1}^{\infty} n a_n (x+1)^{2n}$ 的收敛域满足 $(x+1)^2 < 4$，即 $x \in (-3,1)$. 故选择（B）.

2．求下列数项级数的和.

（1）$\sum_{n=1}^{\infty} \frac{1}{(5n-4)(5n+1)}$

解：因为 $\frac{1}{(5n-4)(5n+1)} = \frac{1}{5}\left(\frac{1}{5n-4} - \frac{1}{5n+1}\right)$

所以 $S_n = \frac{1}{5}\left[\left(1 - \frac{1}{6}\right) + \left(\frac{1}{6} - \frac{1}{11}\right) + \cdots + \left(\frac{1}{5n-4} - \frac{1}{5n+1}\right)\right]$

$= \frac{1}{5}\left(1 - \frac{1}{5(n+1)}\right) \to \frac{1}{5}, \quad n \to \infty$

于是 $\sum_{n=1}^{\infty} \frac{1}{(5n-4)(5n+1)} = \frac{1}{5}$.

（2）$\sum_{n=1}^{\infty} \frac{2n+1}{n^2(n+1)^2}$

解：因为 $\frac{2n+1}{n^2(n+1)^2} = \frac{1}{n^2} - \frac{1}{(n+1)^2}$，所以

$$S_n = \left(1 - \frac{1}{2^2}\right) + \left(\frac{1}{2^2} - \frac{1}{3^2}\right) + \cdots + \left(\frac{1}{n^2} - \frac{1}{(n+1)^2}\right)$$

$$= 1 - \frac{1}{(n+1)^2} \to 1, \quad n \to \infty$$

于是 $\sum_{n=1}^{\infty} \frac{2n+1}{n^2(n+1)^2} = 1$.

（3） $\sum_{n=1}^{\infty} \frac{n}{(n+1)!}$

解：因为 $\frac{n}{(n+1)!} = \frac{n+1}{(n+1)!} - \frac{1}{(n+1)!} = \frac{1}{n!} - \frac{1}{(n+1)!}$

所以 $S_n = \left(1 - \frac{1}{2!}\right) + \left(\frac{1}{2!} - \frac{1}{3!}\right) + \cdots + \left(\frac{1}{n!} - \frac{1}{(n+1)!}\right)$

$= 1 - \frac{1}{(n+1)!} \to 1$，$n \to \infty$

于是 $\sum_{n=1}^{\infty} \frac{n}{(n+1)!} = 1$.

（4） $\sum_{n=1}^{\infty} (-1)^{n-1} \frac{2n-1}{2^{n-1}}$

解：由于 $S_n = \sum_{k=1}^{n} (-1)^{k-1} \frac{2k-1}{2^{k-1}} = \sum_{k=1}^{n} (2k-1)\left(-\frac{1}{2}\right)^{k-1} = 2\sum_{k=1}^{n} k\left(-\frac{1}{2}\right)^{k-1} - \sum_{k=1}^{n} \left(-\frac{1}{2}\right)^{k-1}$

$= 2\left[\frac{1}{1-\left(-\frac{1}{2}\right)} \left(\frac{1-\left(-\frac{1}{2}\right)^n}{1-\left(-\frac{1}{2}\right)}\right) - n\left(-\frac{1}{2}\right)^n\right] - \frac{1-\left(-\frac{1}{2}\right)^n}{1-\left(-\frac{1}{2}\right)}$

$= \frac{2}{9}\left(1 - \left(-\frac{1}{2}\right)^n\right) - \frac{4n}{3}\left(-\frac{1}{2}\right)^n \to \frac{2}{9}$，$n \to \infty$

故 $\sum_{n=1}^{\infty} (-1)^{n-1} \frac{2n-1}{2^{n-1}} = \frac{2}{9}$.

（5） $\sum_{n=1}^{\infty} \frac{(-1)^{n-1}}{n(n+2)}$

解：因为 $S_n = \sum_{k=1}^{n} (-1)^{k-1} \frac{1}{k(k+2)} = \frac{1}{2} \sum_{k=1}^{n} (-1)^{k-1} \left(\frac{1}{k} - \frac{1}{k+2}\right)$

$= \frac{1}{2}\left[\sum_{k=1}^{n} (-1)^{k-1} \frac{1}{k} - \sum_{k=1}^{n} (-1)^{k-1} \frac{1}{k+2}\right]$

$= \frac{1}{2}\left[\left(1 - \frac{1}{2}\right) - \left(\frac{(-1)^n}{n+1} + \frac{(-1)^{n+1}}{n+2}\right)\right] \to \frac{1}{4}$，$n \to \infty$

即 $\sum_{n=1}^{\infty} \frac{(-1)^{n-1}}{n(n+2)} = \frac{1}{4}$.

（6） $\sum_{n=1}^{\infty} \frac{1}{\sqrt{n(n+1)}(\sqrt{n+1}+\sqrt{n})}$

解：因为 $S_n = \sum_{k=1}^{n} \frac{1}{\sqrt{k(k+1)}(\sqrt{k+1}+\sqrt{k})} = \sum_{k=1}^{n} \left(\frac{1}{\sqrt{k}} - \frac{1}{\sqrt{k+1}}\right)$

$$= 1 - \frac{1}{\sqrt{n+1}} \to 1, \quad n \to \infty$$

故 $\sum_{n=1}^{\infty} \frac{1}{\sqrt{n(n+1)}(\sqrt{n+1}+\sqrt{n})} = 1$.

3．证明下列各题．

(1) 若正项级数 $\sum_{n=1}^{\infty} a_n$ 发散，则 $\sum_{n=1}^{\infty} \sqrt{a_n}$ 也发散．

证明：用反证法．若正项级数 $\sum_{n=1}^{\infty} \sqrt{a_n}$ 收敛，则存在正整数 N，当 $n > N$ 时，有 $0 < \sqrt{a_n} < 1$，从而有 $0 < a_n < \sqrt{a_n}$．故 $\sum_{n=1}^{\infty} a_n$ 收敛，与假设矛盾．所以，正项级数 $\sum_{n=1}^{\infty} \sqrt{a_n}$ 发散．

(2) 设有两个正项级数 $\sum_{n=1}^{\infty} a_n$ 和 $\sum_{n=1}^{\infty} b_n$，试证：若 $\lim_{n \to \infty} \frac{a_n}{b_n} = k$（$0 < k < +\infty$），则这两个级数同时收敛或同时发散．

证明：由 $\lim_{n \to \infty} \frac{a_n}{b_n} = k$，对 $\varepsilon = \frac{k}{2}$，存在自然数 N，当 $n > N$ 时，恒有 $\left| \frac{a_n}{b_n} - k \right| < \frac{k}{2}$，即有

$$0 < \frac{k}{2} b_n < a_n < \frac{3k}{2} b_n$$

若 $\sum_{n=1}^{\infty} b_n$ 收敛，可得 $\sum_{n=1}^{\infty} a_n$ 收敛；同理，若 $\sum_{n=1}^{\infty} a_n$ 收敛，可得 $\sum_{n=1}^{\infty} b_n$ 收敛．若 $\sum_{n=1}^{\infty} b_n$ 发散，可得 $\sum_{n=1}^{\infty} a_n$ 发散；同理，若 $\sum_{n=1}^{\infty} a_n$ 发散，可得 $\sum_{n=1}^{\infty} b_n$ 发散．

(3) 设级数 $\sum_{n=1}^{\infty} a_n^2$（$a_n > 0$）收敛，则级数 $\sum_{n=1}^{\infty} \frac{a_n}{n}$ 收敛．

证明：由 $a_n > 0$，且 $0 < \frac{a_n}{n} < a_n^2 + \frac{1}{n^2}$，又因 $\sum_{n=1}^{\infty} a_n^2$ 及 $\sum_{n=1}^{\infty} \frac{1}{n^2}$ 收敛，可得 $\sum_{n=1}^{\infty} \frac{a_n}{n}$ 收敛．

(4) 设正项级数 $\sum_{n=1}^{\infty} a_n$ 收敛，则级数 $\sum_{n=1}^{\infty} \sqrt{a_n \cdot a_{n+1}}$ 也收敛．

证明：由 $0 < \sqrt{a_n \cdot a_{n+1}} < a_n + a_{n+1}$，且 $\sum_{n=1}^{\infty} (a_n + a_{n+1}) = \sum_{n=1}^{\infty} a_n + \sum_{n=1}^{\infty} a_{n+1}$ 收敛，故 $\sum_{n=1}^{\infty} \sqrt{a_n \cdot a_{n+1}}$ 收敛．

(5) 设 $a_n \geq 0$，且 $\{na_n\}$ 有界，则级数 $\sum_{n=1}^{\infty} a_n^2$ 收敛．

证明：由 $\{na_n\}$ 有界，则存在 $M > 0$，有 $0 \leq na_n \leq M$，即 $0 \leq a_n \leq \frac{M}{n}$，于是 $0 \leq a_n^2 \leq \frac{M^2}{n^2}$．又因 $\sum_{n=1}^{\infty} \frac{1}{n^2}$ 收敛，可得 $\sum_{n=1}^{\infty} a_n^2$ 收敛．

(6) 设 $\lim\limits_{n\to\infty} na_n = a \neq 0$，则级数 $\sum\limits_{n=1}^{\infty} a_n$ 发散.

证明：不妨设 $a > 0$. 若 $a < 0$，可考虑 $\sum\limits_{n=1}^{\infty}(-a_n)$. 由 $\lim\limits_{n\to\infty} na_n = a > 0$，取 $\varepsilon = \dfrac{a}{2}$，则存在正整数 N，当 $n > N$ 时，恒有 $|na_n - a| < \dfrac{a}{2}$，则 $a_n > \dfrac{a}{2} \cdot \dfrac{1}{n}$. 由级数 $\sum\limits_{n=1}^{\infty} \dfrac{a}{2n}$ 发散，可得 $\sum\limits_{n=1}^{\infty} a_n$ 发散.

(7) 设正项级数 $\sum\limits_{n=1}^{\infty} a_n$ 和 $\sum\limits_{n=1}^{\infty} b_n$ 均收敛，则级数 $\sum\limits_{n=1}^{\infty} a_n b_n$，$\sum\limits_{n=1}^{\infty}(a_n + b_n)^2$ 也收敛.

证明：由于 $\sum\limits_{n=1}^{\infty} a_n$ 收敛，则 $\lim\limits_{n\to\infty} a_n = 0$. 对 $\varepsilon = 1$，存在 $N > 0$，当 $n > N$ 时，$0 < a_n < 1$，则 $0 < a_n^2 < a_n$，进而有 $\sum\limits_{n=1}^{\infty} a_n^2$ 收敛. 同理，$\sum\limits_{n=1}^{\infty} b_n^2$ 也收敛.

又因 $0 < a_n b_n < a_n^2 + b_n^2$，得 $\sum\limits_{n=1}^{\infty} a_n b_n$ 收敛. 由于 $(a_n + b_n)^2 = a_n^2 + 2a_n b_n + b_n^2$，可得 $\sum\limits_{n=1}^{\infty}(a_n + b_n)^2$ 收敛.

(8) 设 $\sum\limits_{n=1}^{\infty} a_n$ 和 $\sum\limits_{n=1}^{\infty} b_n$ 均为正项级数，若当 $n > N_0$ 时，有 $\dfrac{a_{n+1}}{a_n} > \dfrac{b_{n+1}}{b_n}$，则当 $\sum\limits_{n=1}^{\infty} a_n$ 收敛时，$\sum\limits_{n=1}^{\infty} b_n$ 也收敛；当 $\sum\limits_{n=1}^{\infty} b_n$ 发散时，$\sum\limits_{n=1}^{\infty} a_n$ 也发散.

证明：当 $n > N_0$ 时，$\dfrac{a_{n+1}}{a_n} > \dfrac{b_{n+1}}{b_n}$，则对任意自然数 m，都有

$$\frac{a_{N_0+m}}{a_{N_0}} > \frac{b_{N_0+m}}{b_{N_0}} > 0$$

若 $\sum\limits_{n=1}^{\infty} a_n$ 收敛，可得 $\sum\limits_{m=1}^{\infty} a_{N_0+m}$ 收敛. 由正项级数比较判别法可知 $\sum\limits_{m=1}^{\infty} b_{N_0+m}$ 收敛，所以 $\sum\limits_{n=1}^{\infty} b_n$ 收敛. 同理，若 $\sum\limits_{n=1}^{\infty} b_n$ 发散，$\sum\limits_{n=1}^{\infty} a_n$ 也发散.

4．判定下列级数的敛散性．

(1) $\sum\limits_{n=1}^{\infty} \dfrac{1}{n^{\ln n}}$

解：当 $n \geq 9$ 时，$\ln n > 2$，则有 $\dfrac{1}{n^{\ln n}} < \dfrac{1}{n^2}$. 又因 $\sum\limits_{n=1}^{\infty} \dfrac{1}{n^2}$ 收敛，由正项级数比较判别法可知级数 $\sum\limits_{n=1}^{\infty} \dfrac{1}{n^{\ln n}}$ 收敛.

(2) $\sum\limits_{n=1}^{\infty} n^3 \dfrac{(\sqrt{2} + (-1)^n)^n}{3^n}$

解：$0 < \dfrac{n^3(\sqrt{2} + (-1)^n)^n}{3^n} \leq \dfrac{n^3(\sqrt{2} + 1)^n}{3^n}$

而 $\lim\limits_{n\to\infty}\sqrt[n]{\dfrac{n^3(\sqrt{2}+1)^n}{3^n}} = \lim\limits_{n\to\infty} n^{\frac{3}{n}}\left(\dfrac{\sqrt{2}+1}{3}\right) = \dfrac{\sqrt{2}+1}{3} < 1$，由比较判别法可知原级数收敛．

(3) $\sum\limits_{n=1}^{\infty}\dfrac{\ln n}{2^n}$

解：由于 $\dfrac{\frac{\ln n}{2^n}}{\left(\frac{2}{3}\right)^n} = \left(\dfrac{3}{4}\right)^n \ln n \to 0$（$n\to\infty$），且 $\sum\limits_{n=1}^{\infty}\left(\dfrac{2}{3}\right)^n$ 收敛，可知原级数收敛．

(4) $\sum\limits_{n=2}^{\infty}\dfrac{1}{\sqrt{n}\ln n}$

解：当 $n\geqslant 2$ 时，$\dfrac{1}{\sqrt{n}\ln n} > \dfrac{1}{n\ln n}$．令 $f(x) = \dfrac{1}{x\ln x}$，$x\geqslant 2$．计算得

$$\int_2^{+\infty}\dfrac{\mathrm{d}x}{x\ln x} = \lim\limits_{b\to+\infty}[\ln\ln b - \ln\ln 2] = +\infty$$

由积分判别法可知，$\sum\limits_{n=2}^{\infty}\dfrac{1}{n\ln n}$ 发散，故 $\sum\limits_{n=2}^{\infty}\dfrac{1}{\sqrt{n}\ln n}$ 发散．

(5) $\sum\limits_{n=1}^{\infty}\dfrac{1}{n^p}\sin\dfrac{1}{n}$

解：计算得 $\lim\limits_{n\to\infty}\dfrac{\frac{1}{n^p}\sin\frac{1}{n}}{\frac{1}{n^p}\cdot\frac{1}{n}} = 1$．由级数 $\sum\limits_{n=1}^{\infty}\dfrac{1}{n^{p+1}}$ 的敛散性可知，当 $p+1>1$，即 $p>0$ 时，原级数收敛；当 $p+1\leqslant 1$，即 $p\leqslant 0$ 时，级数发散．

(6) $\sum\limits_{n=1}^{\infty}\dfrac{3^n n!}{n^n}$

解：因 $\lim\limits_{n\to\infty}\dfrac{3^{n+1}(n+1)!}{(n+1)^{n+1}}\cdot\dfrac{n^n}{3^n n!} = \lim\limits_{n\to\infty}\dfrac{3}{\left(1+\frac{1}{n}\right)^n} = \dfrac{3}{\mathrm{e}} > 1$，由比值判别法可知原级数发散．

(7) $\sum\limits_{n=3}^{\infty}\dfrac{1}{n\ln n(\ln\ln n)^p}$

解：当 $p=1$ 时，$\int_3^{+\infty}\dfrac{\mathrm{d}(\ln\ln x)}{(\ln\ln x)^p} = \lim\limits_{b\to+\infty}[\ln\ln\ln b - \ln\ln\ln 3] = +\infty$．于是，广义积分 $\int_3^{+\infty}\dfrac{\mathrm{d}x}{x\ln x(\ln\ln x)^p}$ 发散，故原级数发散．

当 $p\neq 1$ 时，$\int_3^{+\infty}\dfrac{\mathrm{d}(\ln\ln x)}{(\ln\ln x)^p} = \dfrac{1}{1-p}(\ln\ln x)^{1-p}\Big|_3^{+\infty}$．

所以，当 $p>1$ 时，广义积分 $\int_3^{+\infty}\dfrac{\mathrm{d}x}{x\ln x(\ln\ln x)^p}$ 收敛；当 $p<1$ 时，广义积分 $\int_3^{+\infty}\dfrac{\mathrm{d}x}{x\ln x(\ln\ln x)^p}$ 发散．由积分判别法可知，当 $p>1$ 时，原级数收敛；当 $p\leqslant 1$ 时，原级数

发散.

(8) $\sum_{n=2}^{\infty}\frac{1}{(\ln n)^{\ln n}}$

解：对充分大的 n，$\ln\ln n > 2$，故 $\frac{1}{(\ln n)^{\ln n}} = \frac{1}{n^{\ln\ln n}} < \frac{1}{n^2}$. 由比较判别法可知，原级数收敛.

(9) $\sum_{n=1}^{\infty}\frac{1}{a^{\sqrt{n}}}$, $a > 1$

解：计算得

$$\int_1^{+\infty}\frac{dx}{a^{\sqrt{x}}} \xlongequal{x=t^2} \int_1^{+\infty}\frac{2t}{a^t}dt = -2\left[\frac{t}{\ln a} + \frac{1}{\ln^2 a}\right]a^{-t}\bigg|_1^{+\infty} = 2\left[\frac{1}{\ln a} + \frac{1}{\ln^2 a}\right]a^{-1}$$

所以，由积分判别法可知原级数收敛.

(10) $\sum_{n=1}^{\infty}\frac{1}{a^{\ln n}}$, $a > 1$

解：由 $\int_1^{+\infty}\frac{dx}{a^{\ln x}} \xlongequal{x=e^t} \int_0^{+\infty}\frac{e^t}{a^t}dt = \int_0^{+\infty}\left(\frac{e}{a}\right)^t dt$

$$= \frac{\left(\frac{e}{a}\right)^t}{1-\ln a}\bigg|_0^{+\infty} = \begin{cases}\frac{1}{\ln a - 1}, & a > e \\ +\infty, & a < e\end{cases}$$

另外，当 $a = e$ 时，广义积分发散. 所以，由积分判别法可知，当 $1 < a \leq e$ 时，原级数发散；当 $a > e$ 时，原级数收敛.

(11) $\sum_{n=1}^{\infty}\left(e - \left(1+\frac{1}{n}\right)^n\right)^p$, $p > 0$

解：由于 $\lim_{n\to\infty}\frac{e - \left(1+\frac{1}{n}\right)^n}{\frac{1}{n}} = \lim_{x\to 0}\frac{e - (1+x)^{\frac{1}{x}}}{x}$

$$= \lim_{x\to 0}\left[-(1+x)^{\frac{1}{x}}\right]' = \lim_{x\to 0} -(1+x)^{\frac{1}{x}}\left[\frac{1}{x(1+x)} - \frac{1}{x^2}\ln(1+x)\right]$$

$$= -e\lim_{x\to 0}\frac{x - (1+x)\ln(1+x)}{x^2(1+x)} = -e\lim_{x\to 0}\frac{-\ln(1+x)}{2x + 3x^2} = \frac{e}{2}$$

所以，当 $n \to \infty$ 时，$\left(e - \left(1+\frac{1}{n}\right)^n\right)^p \sim \left(\frac{e}{2}\right)^p\frac{1}{n^p}$（$p > 0$）. 从而，当 $0 < p \leq 1$ 时，原级数发散；当 $p > 1$ 时，原级数收敛.

(12) $\sum_{n=1}^{\infty}(\sqrt{n+1} - \sqrt[4]{n^2+n+1})$

解：由泰勒公式得

$$\sqrt{n+1} - \sqrt[4]{n^2+n+1} = n^{\frac{1}{2}} \left[\left(1+\frac{1}{n}\right)^{\frac{1}{2}} - \left(1+\frac{1}{n}+\frac{1}{n^2}\right)^{\frac{1}{4}} \right]$$

$$= n^{\frac{1}{2}} \left[\left(1+\frac{1}{2n}+\frac{\frac{1}{2}\left(-\frac{1}{2}\right)}{2}\frac{1}{n^2}+\cdots\right) - \left(1+\frac{1}{4}\left(\frac{1}{n}+\frac{1}{n^2}\right)+\frac{\frac{1}{4}\left(-\frac{3}{4}\right)}{2}\left(\frac{1}{n}+\frac{1}{n^2}\right)^2+\cdots\right) \right]$$

故当 $n \to \infty$ 时，

$$\sqrt{n+1} - \sqrt[4]{n^2+n+1} \sim n^{\frac{1}{2}} \left[\frac{1}{4n}\right] = \frac{1}{4\sqrt{n}}$$

从而由 $\sum\limits_{n=1}^{\infty} \dfrac{1}{4\sqrt{n}}$ 发散可知，原级数发散．

5．判定下列级数的绝对收敛性或条件收敛性．

（1） $\sum\limits_{n=1}^{\infty} (-1)^n \dfrac{n-1}{(n+1)\cdot\sqrt[100]{n}}$

解：因 $\lim\limits_{n\to\infty} \dfrac{\frac{n-1}{(n+1)\cdot\sqrt[100]{n}}}{\frac{1}{n}} = \lim\limits_{n\to\infty} \dfrac{n(n-1)}{(n+1)\cdot\sqrt[100]{n}} = \infty$ 及级数 $\sum\limits_{n=1}^{\infty} \dfrac{1}{n}$ 发散，故 $\sum\limits_{n=1}^{\infty} \left|(-1)^n \dfrac{n-1}{(n+1)\cdot\sqrt[100]{n}}\right|$ 发散．但 $\lim\limits_{n\to\infty} \dfrac{n-1}{(n+1)\cdot\sqrt[100]{n}} = 0$，且当 n 充分大时，

$$\left(1+\frac{2}{(n-1)(n+2)}\right)^{100} \leqslant \left(1+\frac{2}{n^2}\right)^{100} = 1+o\left(\frac{1}{n}\right) < 1+\frac{1}{n}$$

所以，$\sqrt[100]{1+\dfrac{1}{n}} > 1+\dfrac{2}{(n-1)(n+2)} = \dfrac{n(n+1)}{(n-1)(n+2)}$．从而由莱布尼兹判别法可知，原级数收敛．

综上，原级数条件收敛．

（2） $\sum\limits_{n=1}^{\infty} (-1)^{n-1} \dfrac{1}{n^{p+\frac{1}{n}}}$

解：当 $p \leqslant 0$ 时，由于 $\lim\limits_{n\to\infty} n^{\frac{1}{n}} = 1$，故级数一般项不趋于零，则级数发散．

当 $0 < p \leqslant 1$ 时，$\lim\limits_{n\to\infty} \dfrac{1}{n^{p+\frac{1}{n}}} = 0$，且

$$\dfrac{\dfrac{1}{n^{p+\frac{1}{n}}}}{\dfrac{1}{(n+1)^{p+\frac{1}{n+1}}}} = \dfrac{(n+1)^{p+\frac{1}{n+1}}}{n^{p+\frac{1}{n}}} = \dfrac{(1+\frac{1}{n})^p (n+1)^{\frac{1}{n+1}}}{n^{\frac{1}{n}}} > \dfrac{(1+\frac{1}{n})^p}{n^{\frac{1}{n(n+1)}}}$$

由于 $\left(1+\frac{1}{n}\right)^n \to e$ 及 $n^{\frac{1}{n+1}} \to 1$，故当 n 充分大时，$\left(1+\frac{1}{n}\right)^{np} > n^{\frac{1}{n+1}}$，即 $\left(1+\frac{1}{n}\right)^p > n^{\frac{1}{n(n+1)}}$. 从而由莱布尼兹判别法可知，$\sum_{n=1}^{\infty}(-1)^{n-1}\dfrac{1}{n^{p+\frac{1}{n}}}$ 收敛.

另外，$\dfrac{1}{n^{1+\frac{1}{n}}} \leq \dfrac{1}{n^{p+\frac{1}{n}}}$，且 $\lim\limits_{n\to\infty}\dfrac{\frac{1}{n^{1+\frac{1}{n}}}}{\frac{1}{n}} = 1$. 由于 $\sum_{n=1}^{\infty}\dfrac{1}{n^{1+\frac{1}{n}}}$ 发散，则 $\sum_{n=1}^{\infty}\left|(-1)^{n-1}\dfrac{1}{n^{p+\frac{1}{n}}}\right|$ 发散.

综上，原级数条件收敛.

当 $p>1$ 时，$\lim\limits_{n\to\infty}\dfrac{\frac{1}{n^{p+\frac{1}{n}}}}{\frac{1}{n^p}} = \lim\limits_{n\to\infty}\dfrac{1}{\sqrt[n]{n}} = 1$. 由级数 $\sum_{n=1}^{\infty}\dfrac{1}{n^p}$ 的敛散性可知，当 $p>1$ 时，原级数绝对收敛.

（3）$\sum_{n=1}^{\infty}(-1)^{n-1}\dfrac{\ln\left(2+\frac{1}{n}\right)}{\sqrt{(3n-2)(3n+2)}}$

解：计算得 $\lim\limits_{n\to\infty}\dfrac{\ln\left(2+\frac{1}{n}\right)}{\sqrt{(3n-2)(3n+2)}} = \lim\limits_{n\to\infty}\dfrac{\ln\left(2+\frac{1}{n}\right)}{\sqrt{9n^2-4}} = 0$. 另外，

$$\dfrac{u_{n+1}}{u_n} = \dfrac{\ln\left(2+\frac{1}{n+1}\right)}{\sqrt{(3n+1)(3n+5)}} \cdot \dfrac{\sqrt{(3n-2)(3n+2)}}{\ln\left(2+\frac{1}{n}\right)}$$

$$= \dfrac{\ln\left(2+\frac{1}{n+1}\right)}{\ln\left(2+\frac{1}{n}\right)} \cdot \dfrac{\sqrt{(3n-2)(3n+2)}}{\sqrt{(3n+1)(3n+5)}} < 1$$

即 $u_{n+1} < u_n$. 由莱布尼兹判别法可知此级数收敛. 但因

$$\dfrac{\ln\left(2+\frac{1}{n}\right)}{\sqrt{(3n-2)(3n+2)}} > \dfrac{\ln 2}{\sqrt{(3n+2)^2}} = \dfrac{\ln 2}{3n+2} > \dfrac{\ln 2}{3} \cdot \dfrac{1}{n+1}$$

由 $\sum_{n=1}^{\infty}\dfrac{1}{n+1}$ 发散可知，$\sum_{n=1}^{\infty}\left|(-1)^{n-1}\dfrac{\ln\left(2+\frac{1}{n}\right)}{\sqrt{(3n-2)(3n+2)}}\right|$ 发散，故原级数条件收敛.

（4）$\sum_{n=1}^{\infty}(-1)^{n-1}\dfrac{1}{n}\dfrac{1}{1+a^n}$，$a>0$

解：当 $a>1$ 时，由 $\left|(-1)^{n-1}\dfrac{1}{n}\dfrac{1}{1+a^n}\right| < \left(\dfrac{1}{a}\right)^n$ 可知，级数绝对收敛.

当 $a=1$ 时，级数条件收敛.

当 $0<a<1$ 时．由 $na^n \to 0$（$n\to\infty$），对充分大的 n，有 $n(a^n-a^{n+1})+a^{n+1}<1$．所以，$n(1+a^n)<(n+1)(1+a^{n+1})$．另外，$\dfrac{1}{n}\dfrac{1}{1+a^n}\to 0$（$n\to\infty$）．故由莱布尼兹判别法可知，级数收敛．但是，当 $n\to\infty$ 时，$\dfrac{1}{n}\dfrac{1}{1+a^n}\sim\dfrac{1}{n}$，故级数条件收敛．

(5) $\displaystyle\sum_{n=1}^{\infty}(-1)^n\dfrac{1+\dfrac{1}{2}+\cdots+\dfrac{1}{n}}{n}$

解：记 $a_n=\dfrac{1}{n}$，则 $\dfrac{1}{n}(a_1+\cdots+a_n)=\dfrac{1}{n}\left(1+\dfrac{1}{2}+\cdots+\dfrac{1}{n}\right)\to 0$．又

$$\dfrac{1+\dfrac{1}{2}+\cdots+\dfrac{1}{n}+\dfrac{1}{n+1}}{n+1}<\dfrac{1+\dfrac{1}{2}+\cdots+\dfrac{1}{n}}{n}$$

故由莱布尼兹判别法可知，原级数收敛．

又上式等价于不等式

$$\dfrac{1}{(n+1)^2}<\dfrac{1}{n}\left(1+\dfrac{1}{2}+\cdots+\dfrac{1}{n}\right)-\dfrac{1}{n+1}\left(1+\dfrac{1}{2}+\cdots+\dfrac{1}{n}\right)$$

由于

$$\dfrac{1}{n}\left(1+\dfrac{1}{2}+\cdots+\dfrac{1}{n}\right)-\dfrac{1}{n+1}\left(1+\dfrac{1}{2}+\cdots+\dfrac{1}{n}\right)=\dfrac{1+\dfrac{1}{2}+\cdots+\dfrac{1}{n}}{n(n+1)}$$

显然有 $\dfrac{1}{(n+1)^2}\leqslant\dfrac{1+\dfrac{1}{2}+\cdots+\dfrac{1}{n}}{n(n+1)}$ 恒成立，即 $\dfrac{1+\dfrac{1}{2}+\cdots+\dfrac{1}{n}}{n}\geqslant\dfrac{1}{n}$，故级数条件收敛．

(6) $\displaystyle\sum_{n=1}^{\infty}\dfrac{(2n-1)!!}{(2n)!!}\dfrac{(-1)^n}{(2n+1)}$

解：设 $a_n=\dfrac{(2n-1)!!}{(2n)!!}=\left(1-\dfrac{1}{2}\right)\left(1-\dfrac{1}{4}\right)\cdots\left(1-\dfrac{1}{2n}\right)$．从而有

$$\ln a_n=\ln\left(1-\dfrac{1}{2}\right)+\ln\left(1-\dfrac{1}{4}\right)+\cdots+\ln\left(1-\dfrac{1}{2n}\right)$$

再由不等式 $\ln(1+x)<x$（$x\neq 0, x>-1$），则有

$$\ln a_n<-\dfrac{1}{2}\left(1+\dfrac{1}{2}+\cdots+\dfrac{1}{n}\right)$$

又 $1+\dfrac{1}{2}+\cdots+\dfrac{1}{n}=\ln n+c+\gamma_n$，其中，$c$ 为欧拉常数，$\gamma_n\to 0$，得 $\ln a_n<-\dfrac{1}{2}(\ln n+c+\gamma_n)$．所以，$a_n<\mathrm{e}^{-\frac{c}{2}}\cdot\mathrm{e}^{-\frac{\gamma_n}{2}}\dfrac{1}{\sqrt{n}}$．故

$$\frac{(2n-1)!!}{(2n)!!}\frac{1}{2n+1} < e^{-\frac{c}{2}} \cdot e^{\frac{\gamma_n}{2}} \frac{1}{\sqrt{n}} \frac{1}{(2n+1)}$$

由于 $e^{-\frac{c}{2}} \cdot e^{\frac{\gamma_n}{2}} \frac{1}{\sqrt{n}} \frac{1}{(2n+1)} \sim e^{-\frac{c}{2}} \frac{1}{\sqrt{n}} \frac{1}{(2n+1)}$，级数 $\sum_{n=1}^{\infty} \frac{1}{\sqrt{n}} \frac{1}{2n+1}$ 收敛，可知原级数绝对收敛．

6. 设 $a_1 = 2$，$a_{n+1} = \frac{1}{2}\left(a_n + \frac{1}{a_n}\right)$，$n = 1, 2, \cdots$．证明：

（1）$\lim_{n \to \infty} a_n$ 存在；（2）级数 $\sum_{n=1}^{\infty} \left(\frac{a_n}{a_{n+1}} - 1\right)$ 收敛．

证明：（1）$a_{n+1} = \frac{1}{2}\left(a_n + \frac{1}{a_n}\right) \geqslant \sqrt{a_n \cdot \frac{1}{a_n}} = 1$

$$a_{n+1} - a_n = \frac{1}{2}\left(a_n + \frac{1}{a_n}\right) - a_n = \frac{1 - a_n^2}{2a_n} \leqslant 0$$

故 $\{a_n\}$ 单调递减有下界，进而 $\lim_{n \to \infty} a_n$ 存在．

（2）设 $A = \lim_{n \to \infty} a_n$．由于

$$0 \leqslant \frac{a_n}{a_{n+1}} - 1 = \frac{a_n - a_{n+1}}{a_{n+1}} < a_n - a_{n+1}$$

$$S_n = \sum_{k=1}^{n} (a_k - a_{k+1}) = a_1 - a_{n+1} \to a_1 - A \ (n \to \infty)$$

即 $\sum_{k=1}^{\infty} (a_k - a_{k+1})$ 收敛，由正项级数比较判别法可知 $\sum_{n=1}^{\infty} \left(\frac{a_n}{a_{n+1}} - 1\right)$ 收敛．

7. 从点 $P_1(1,0)$ 作 x 轴的垂线，交抛物线 $y = x^2$ 于点 $Q_1(1,1)$；再从 Q_1 作这条抛物线的切线，与 x 轴交于 P_2；然后从 P_2 作 x 轴的垂线，交抛物线于点 Q_2．依次重复上述过程，得到一系列的点 $P_1, Q_1, P_2, Q_2, \cdots, P_n, Q_n, \cdots$．

（1）求 $\overline{OP_n}$；

（2）求级数 $\overline{Q_1P_1} + \overline{Q_2P_2} + \cdots + \overline{Q_nP_n} + \cdots$ 的和，$n \geqslant 1$ 为自然数．注，$\overline{M_1M_2}$ 表示点 M_1 与 M_2 之间的距离．

解：（1）由 $y = x^2$ 得，$y' = 2x$．对任意 $0 < a \leqslant 1$，抛物线 $y = x^2$ 在点 (a, a^2) 处的切线方程为 $y - a^2 = 2a(x - a)$，且该切线与 x 轴的交点为 $\left(\frac{a}{2}, 0\right)$．由 $\overline{OP_1} = 1$，可见 $\overline{OP_2} = \frac{1}{2}\overline{OP_1} = \frac{1}{2}$，$\overline{OP_3} = \frac{1}{2}\overline{OP_2} = \frac{1}{2^2}, \cdots, \overline{OP_n} = \frac{1}{2^{n-1}}$．

（2）由于 $\overline{Q_nP_n} = \left(\overline{OP_n}\right)^2 = \left(\frac{1}{2^{n-1}}\right)^2 = \left(\frac{1}{4}\right)^{n-1}$，于是 $\sum_{n=1}^{\infty} \overline{Q_nP_n} = \sum_{n=1}^{\infty} \left(\frac{1}{4}\right)^{n-1} = \frac{1}{1 - \frac{1}{4}} = \frac{4}{3}$．

8. 设有两条抛物线 $y = nx^2 + \frac{1}{n}$ 和 $y = (n+1)x^2 + \frac{1}{n+1}$，记它们交点的横坐标的绝对值为 a_n．

（1）求由这两条抛物线围成平面图形的面积 S_n；

（2）求级数 $\sum_{n=1}^{\infty} \dfrac{S_n}{a_n}$ 的和.

解：（1）联立 $y = nx^2 + \dfrac{1}{n}$ 与 $y = (n+1)x^2 + \dfrac{1}{n+1}$，得 $a_n = \dfrac{1}{\sqrt{n(n+1)}}$. 因图形关于 y 轴对称，所以

$$S_n = 2\int_0^{a_n} \left[\left(nx^2 + \dfrac{1}{n}\right) - (n+1)x^2 - \dfrac{1}{n+1}\right] dx$$

$$= 2\int_0^{a_n} \left[\dfrac{1}{n(n+1)} - x^2\right] dx = \dfrac{4}{3} \dfrac{1}{n(n+1)\sqrt{n(n+1)}}$$

（2）由 $\dfrac{S_n}{a_n} = \dfrac{4}{3} \cdot \dfrac{1}{n(n+1)} = \dfrac{4}{3}\left(\dfrac{1}{n} - \dfrac{1}{n+1}\right)$，从而

$$\sum_{n=1}^{\infty} \dfrac{S_n}{a_n} = \lim_{n\to\infty} \sum_{k=1}^{n} \dfrac{S_k}{a_k} = \lim_{n\to\infty}\left[\dfrac{4}{3}\left(1 - \dfrac{1}{n+1}\right)\right] = \dfrac{4}{3}$$

9. 设 $x_n > 0$ 且单调递增有界，求证 $\sum_{n=1}^{\infty}\left(1 - \dfrac{x_n}{x_{n+1}}\right)$ 收敛.

证明：设 $x_n \to x > 0$，则 $x_1 \leq x_n \leq x$. 由于 $0 < \left(1 - \dfrac{x_n}{x_{n+1}}\right) = \dfrac{x_{n+1} - x_n}{x_{n+1}} \leq \dfrac{1}{x_1}(x_{n+1} - x_n)$，且级数 $\dfrac{1}{x_1}\sum_{n=1}^{\infty}(x_{n+1} - x_n)$ 收敛，由比较判别法可知原级数收敛.

10. 设 $a_n > 0$ 且单调递减，$\sum_{n=1}^{\infty} a_n$ 收敛. 求证 $\lim_{n\to\infty} na_n = 0$.

证明：由级数 $\sum_{n=1}^{\infty} a_n$ 收敛知 $a_n \to 0$，且

$$\gamma_n = a_{n+1} + a_{n+2} + \cdots + a_{n+p} + \cdots \to 0$$

任取 $\varepsilon > 0$，存在 N_1，使 $\gamma_{N_1} = a_{N_1+1} + a_{N_1+2} + a_{N_1+p} + \cdots < \dfrac{\varepsilon}{2}$. 再由 $N_1 a_n \to 0$，存在 $N > N_1$，当 $n > N$ 时，$N_1 a_n < \dfrac{\varepsilon}{2}$. 则当 $n > N$ 时，由 $\gamma_{N_1} = a_{N_1+1} + a_{N_1+2} + \cdots + a_n + \cdots > (n - N_1)a_n$，即

$$na_n < N_1 a_n + \gamma_{N_1} < \dfrac{\varepsilon}{2} + \dfrac{\varepsilon}{2} = \varepsilon$$

则 $\lim_{n\to\infty} na_n = 0$.

11. 设 $a_n > 0$，$\sum_{n=1}^{\infty} a_n$ 发散. 记 $S_n = a_1 + a_2 + \cdots + a_n$，讨论级数 $\sum_{n=1}^{\infty} \dfrac{a_n}{S_n^p}$ 的敛散性.

证明：由正项级数 $\sum_{n=1}^{\infty} a_n$ 发散，知 $S_n \to +\infty$.

当 $p=1$ 时,可断定级数 $\sum_{n=1}^{\infty}\dfrac{a_n}{S_n}$ 必发散. 若级数收敛,则 $\gamma_n=\dfrac{a_{n+1}}{S_{n+1}}+\cdots+\dfrac{a_{n+p}}{S_{n+p}}+\cdots\to 0$,又

$$\gamma_n=\lim_{p\to\infty}\left[\dfrac{a_{n+1}}{S_{n+1}}+\cdots+\dfrac{a_{n+p}}{S_{n+p}}\right]\geqslant\lim_{p\to\infty}\dfrac{a_{n+1}+\cdots+a_{n+p}}{S_{n+p}}$$

$$=\lim_{p\to\infty}\dfrac{S_{n+p}-S_n}{S_{n+p}}=\lim_{p\to\infty}\left[1-\dfrac{S_n}{S_{n+p}}\right]=1$$

产生矛盾. 故当 $p=1$ 时,$\sum_{n=1}^{\infty}\dfrac{a_n}{S_n^p}$ 发散.

当 $p<1$ 时. 由 $S_n\to+\infty$,对充分大的 n,有 $S_n^p\leqslant S_n$,从而 $\dfrac{a_n}{S_n^p}\geqslant\dfrac{a_n}{S_n}$. 由比较判别法可知级数 $\sum_{n=1}^{\infty}\dfrac{a_n}{S_n^p}$ 发散.

当 $p>1$ 时. 对 $f(x)=x^{1-p}$ 在 $[S_{n-1},S_n]$ 上应用拉格朗日中值定理,得 $S_n^{1-p}-S_{n-1}^{1-p}=(1-p)\dfrac{a_n}{\xi_n^p}$,其中,$S_{n-1}<\xi_n<S_n$,从而 $\dfrac{1}{p-1}(S_{n-1}^{1-p}-S_n^{1-p})=\dfrac{a_n}{\xi_n^p}>\dfrac{a_n}{S_n^p}$. 由 $p>1$,级数

$$\dfrac{1}{p-1}\sum_{n=2}^{\infty}(S_{n-1}^{1-p}-S_n^{1-p})=\dfrac{1}{p-1}\lim_{n\to\infty}[S_1^{1-p}-S_{n+1}^{1-p}]=\dfrac{a_1^{1-p}}{p-1}$$

收敛. 由比较判别法可知 $\sum_{n=1}^{\infty}\dfrac{a_n}{S_n^p}$ 收敛.

综上,当 $p\leqslant 1$ 时,原级数发散;当 $p>1$ 时,原级数收敛.

12. 设 $a_n>0$,且 $\sum_{n=1}^{\infty}a_n$ 收敛. 记 $\gamma_n=\sum_{k=n}^{\infty}a_k$,讨论级数 $\sum_{n=1}^{\infty}\dfrac{a_n}{\gamma_n^p}$ 的敛散性.

证明:由于 $\sum_{n=1}^{\infty}a_n$ 收敛,故有 $\gamma_n=\sum_{k=n}^{\infty}a_k\to 0$.

当 $p=1$ 时,级数 $\sum_{n=1}^{\infty}\dfrac{a_n}{\gamma_n}$ 发散. 若 $\sum_{n=1}^{\infty}\dfrac{a_n}{\gamma_n}$ 收敛,当 $n\to\infty$ 时,余项 $\sum_{k=n+1}^{\infty}\dfrac{a_k}{\gamma_k}\to 0$. 但

$$\sum_{k=n+1}^{\infty}\dfrac{a_k}{\gamma_k}=\lim_{p\to+\infty}\left[\dfrac{a_{n+1}}{\gamma_{n+1}}+\dfrac{a_{n+2}}{\gamma_{n+2}}+\cdots+\dfrac{a_{n+p}}{\gamma_{n+p}}\right]\geqslant\lim_{p\to+\infty}\dfrac{\gamma_{n+1}-\gamma_{n+p+1}}{\gamma_{n+1}}=\dfrac{\gamma_{n+1}}{\gamma_{n+1}}=1$$

产生矛盾. 因此 $\sum_{n=1}^{\infty}\dfrac{a_n}{\gamma_n^p}$ 发散.

当 $p>1$ 时,有 $\gamma_n\to 0$. 从而对充分大的 n,$\gamma_n>\gamma_n^p$,故有 $\dfrac{a_n}{\gamma_n}<\dfrac{a_n}{\gamma_n^p}$. 由比较判别法可知 $\sum_{n=1}^{\infty}\dfrac{a_n}{\gamma_n^p}$ 发散.

当 $0<p<1$ 时，对 $f(x)=x^{1-p}$ 在 $[\gamma_{n+1},\gamma_n]$ 上应用拉格朗日中值定理，得

$$\gamma_n^{1-p}-\gamma_{n+1}^{1-p}=(1-p)\frac{a_n}{\xi_n^p}$$

其中，$\gamma_{n+1}<\xi_n<\gamma_n$. 由于 $\frac{1}{\xi_n^p}>\frac{1}{\gamma_n^p}$，则 $\gamma_n^{1-p}-\gamma_{n+1}^{1-p}>(1-p)\frac{a_n}{\gamma_n^p}$. 因为级数 $\sum_{n=1}^{\infty}(\gamma_n^{1-p}-\gamma_{n+1}^{1-p})=\gamma_1^{1-p}$ 收敛，从而级数 $\sum_{n=1}^{\infty}\frac{a_n}{\gamma_n^p}$ 收敛.

当 $p\leq 0$ 时，级数显然收敛.

综上，当 $p<1$ 时，级数 $\sum_{n=1}^{\infty}\frac{a_n}{\gamma_n^p}$ 收敛；当 $p\geq 1$ 时，$\sum_{n=1}^{\infty}\frac{a_n}{\gamma_n^p}$ 发散.

13. 设 $a_n>0$，且 $\lim_{n\to\infty}n\left(\frac{a_n}{a_{n+1}}-1\right)=a>0$，求证：级数 $\sum_{n=1}^{\infty}(-1)^{n-1}a_n$ 收敛.

证明：由 $\lim_{n\to\infty}n\left(\frac{a_n}{a_{n+1}}-1\right)=a>0$，对充分大的 n，有 $n\left(\frac{a_n}{a_{n+1}}-1\right)>0$，即 $\frac{a_n}{a_{n+1}}>1$. 从而 $a_n>a_{n+1}$，故 a_n 是单调下降的，进而知 $\{a_n\}$ 存在极限.

由极限保号性可知，存在 N，当 $n>N$ 时，有 $n\left(\frac{a_n}{a_{n+1}}-1\right)>\frac{a}{2}$，也即 $a_n-a_{n+1}>\frac{a}{2n}a_{n+1}$. 由于 a_n 有极限，知 $\sum_{n=1}^{\infty}(a_n-a_{n+1})$ 收敛，由比较法可知 $\sum_{n=1}^{\infty}\frac{a_{n+1}}{n}$ 收敛.

又因为 $\frac{a_{n+1}}{n}$ 单调下降，由题 10 知 $\lim_{n\to\infty}n\frac{a_{n+1}}{n}=\lim_{n\to\infty}a_{n+1}=0$. 从而由莱布尼兹判别法可知，级数 $\sum_{n=1}^{\infty}(-1)^{n-1}a_n$ 收敛.

14. 设 $a_n=\int_0^{\frac{\pi}{4}}\tan^n x\,\mathrm{d}x$.

（1）求 $\sum_{n=1}^{\infty}\frac{1}{n}(a_n+a_{n+2})$ 的值；

（2）证明当 $\lambda>0$ 时，级数 $\sum_{n=1}^{\infty}\frac{a_n}{n^{\lambda}}$ 收敛.

（1）**解**：$a_n+a_{n+2}=\int_0^{\frac{\pi}{4}}(\tan^n x+\tan^{n+2}x)\mathrm{d}x=\int_0^{\frac{\pi}{4}}\tan^n x(1+\tan^2 x)\mathrm{d}x$

$$=\int_0^{\frac{\pi}{4}}\tan^n x\,\mathrm{d}\tan x=\frac{1}{n+1}\tan^{n+1}x\Big|_0^{\frac{\pi}{4}}=\frac{1}{n+1}$$

故 $\sum_{n=1}^{\infty}\frac{1}{n}(a_n+a_{n+2})=\sum_{n=1}^{\infty}\frac{1}{n(n+1)}=\sum_{n=1}^{\infty}\left(\frac{1}{n}-\frac{1}{n+1}\right)=1$.

（2）**证明**：设 $t=\tan x$，则 $x=\arctan t$，$\mathrm{d}x=\frac{1}{1+t^2}\mathrm{d}t$. 故

$$a_n = \int_0^1 \frac{t^n}{1+t^2}dt \leq \int_0^1 t^n dt = \frac{1}{n+1}$$

所以，$\sum_{n=1}^{\infty} \frac{a_n}{n^\lambda} \leq \sum_{n=1}^{\infty} \frac{1}{n^\lambda(n+1)} \leq \sum_{n=1}^{\infty} \frac{1}{n^{\lambda+1}}$. 由于 $\lambda+1>1$，故级数 $\sum_{n=1}^{\infty} \frac{1}{n^{\lambda+1}}$ 收敛. 由比较判别法可知，级数 $\sum_{n=1}^{\infty} \frac{a_n}{n^\lambda}$ 收敛.

15. 讨论级数 $\sum_{n=1}^{\infty}\left\{(-1)^{n-1}\left[\frac{1}{n\times 1}+\frac{1}{(n-1)\times 2}+\cdots+\frac{1}{2\times(n-1)}+\frac{1}{1\times n}\right]\right\}$ 的敛散性.

解：当 $1 \leq k \leq n$ 时，
$$\frac{1}{k(n-k+1)} = \frac{1}{(n+1)}\left(\frac{1}{k}+\frac{1}{n-k+1}\right)$$

从而
$$\frac{1}{n\times 1}+\frac{1}{(n-1)\times 2}+\cdots+\frac{1}{1\times n} = \frac{1}{n+1}\left(\left(\frac{1}{n}+\frac{1}{1}\right)+\left(\frac{1}{n-1}+\frac{1}{2}\right)+\cdots+\left(\frac{1}{1}+\frac{1}{n}\right)\right) \triangleq \frac{2H_n}{n+1}$$

其中，$H_n = 1+\frac{1}{2}+\cdots+\frac{1}{n} = \ln n + c + \gamma_n$，$c$ 为欧拉常数，$\gamma_n \to 0$. 从而知 $\lim_{n\to\infty}\frac{2H_n}{n+1}=0$. 又

$$\frac{H_n}{n+1}-\frac{H_{n+1}}{n+2} = \frac{H_n}{n+1}-\frac{H_n+\frac{1}{n+1}}{n+2} = H_n\left(\frac{1}{n+1}-\frac{1}{n+2}\right)-\frac{1}{(n+1)(n+2)}$$
$$= (H_n-1)\frac{1}{(n+1)(n+2)} > 0$$

由莱布尼兹判别法可知，原级数收敛. 但由于 $\frac{2H_n}{n+1} \geq \frac{2}{n+1}$，知原级数条件收敛.

16. 讨论级数 $\sum_{n=1}^{\infty}\left(1-\frac{\ln n}{n}\right)^n$ 的敛散性.

解：记 $a_n = \left(1-\frac{\ln n}{n}\right)^n$. 由泰勒公式 $\ln(1+x) = x - \frac{x^2}{2}+o(x^2)$ 及 $\lim_{n\to\infty}\frac{\ln^2 n}{n}=0$，有

$$a_n = e^{n\ln\left(1-\frac{\ln n}{n}\right)} = e^{n\left[-\frac{\ln n}{n}-\frac{\ln^2 n}{2n^2}+o\left(\frac{\ln^2 n}{n^2}\right)\right]} = e^{-\ln n - \frac{\ln^2 n}{2n}+o\left(\frac{\ln^2 n}{n}\right)} = \frac{1}{n}e^{-\frac{\ln^2 n}{2n}+o\left(\frac{\ln^2 n}{n}\right)}$$

进而当 $n \to \infty$ 时，$a_n \sim \frac{1}{n}$. 从而原级数发散.

17. 把数列的收敛化为级数的收敛，讨论下面数列的敛散性.

（1）$x_n = 1 + \frac{1}{\sqrt{2}} + \cdots + \frac{1}{\sqrt{n}} - 2\sqrt{n}$；

（2）$x_n = \sum_{k=1}^{n}\frac{\ln k}{k} - \frac{1}{2}\ln^2 n$.

解：（1）以 x_n 为前 n 项和的级数是 $x_1 + (x_2-x_1)+\cdots+(x_n-x_{n-1})+\cdots$. 设 $a_n = x_n - x_{n-1}$，从

而数列 $\{x_n\}$ 的收敛等价于级数 $\sum_{n=1}^{\infty} a_n$ 的收敛. 由于

$$a_n = \frac{1}{\sqrt{n}} - 2(\sqrt{n} - \sqrt{n-1}) = \frac{1}{\sqrt{n}} - \frac{2}{\sqrt{n} + \sqrt{n-1}} = -\frac{\sqrt{n} - \sqrt{n-1}}{\sqrt{n}(\sqrt{n} + \sqrt{n-1})} = -\frac{1}{\sqrt{n}(\sqrt{n} + \sqrt{n-1})^2}$$

另外, 当 $n \to \infty$ 时, $-\dfrac{1}{\sqrt{n}(\sqrt{n} + \sqrt{n-1})^2} \sim -\dfrac{1}{4n^{\frac{3}{2}}}$. 从而级数收敛, 故 $\{x_n\}$ 收敛.

(2) $a_n = x_n - x_{n-1} = \dfrac{\ln n}{n} - \dfrac{1}{2}[\ln^2 n - \ln^2(n-1)]$

$$= \frac{\ln n}{n} - \frac{1}{2}\left[2\ln n + \ln\left(1 - \frac{1}{n}\right)\right]\ln\left(1 + \frac{1}{n-1}\right)$$

$$= \frac{\ln n}{n} - (\ln n)\ln\left(1 + \frac{1}{n-1}\right) + \frac{1}{2}\ln^2\left(1 + \frac{1}{n-1}\right)$$

$$= (\ln n)\left[\frac{1}{n} - \ln\left(1 + \frac{1}{n-1}\right)\right] + \frac{1}{2}\ln^2\left(1 + \frac{1}{n-1}\right)$$

当 $x > 0$ 时, $\dfrac{x}{1+x} < \ln(1+x) < x$, 知 $\dfrac{1}{n} < \ln\left(1 + \dfrac{1}{n-1}\right) < \dfrac{1}{n-1}$. 故

$$0 < (\ln n)\left[\ln\left(1 + \frac{1}{n-1}\right) - \frac{1}{n}\right] < \ln n \cdot \left(\frac{1}{n-1} - \frac{1}{n}\right) = (\ln n)\frac{1}{n(n-1)}$$

由级数 $\sum_{n=1}^{\infty} \dfrac{\ln n}{n^2}$ 及 $\sum_{n=1}^{\infty} \dfrac{1}{(n-1)^2}$ 的收敛性可知, 级数 $\sum_{n=1}^{\infty} (\ln n)\left(\dfrac{1}{n} - \ln\left(1 + \dfrac{1}{n-1}\right)\right)$ 及 $\sum_{n=1}^{\infty} \ln^2\left(1 + \dfrac{1}{n-1}\right)$

收敛. 进而 $\sum_{n=1}^{\infty} a_n$ 收敛, 从而 $\{x_n\}$ 收敛.

18. 求下列函数项级数的收敛域.

(1) $\sum_{n=1}^{\infty} \dfrac{3^n + (-2)^n}{n}(x+1)^n$

解: (1) $\sum_{n=1}^{\infty} \dfrac{3^n + (-2)^n}{n}(x+1)^n = \sum_{n=1}^{\infty} \dfrac{3^n(x+1)^n}{n} + \sum_{n=1}^{\infty} \dfrac{(-2)^n}{n}(x+1)^n$.

设上式右端两个级数的收敛半径分别为 R_1 和 R_2, 则有

$$R_1 = \lim_{n \to \infty} \left|\frac{a_n}{a_{n+1}}\right| = \lim_{n \to \infty} \left|\frac{3^n}{n} \cdot \frac{n+1}{3^{n+1}}\right| = \frac{1}{3}$$

$$R_2 = \lim_{n \to \infty} \left|\frac{a_n}{a_{n+1}}\right| = \lim_{n \to \infty} \left|\frac{2^n}{n} \cdot \frac{n+1}{2^{n+1}}\right| = \frac{1}{2}$$

于是 $R = \min\{R_1, R_2\} = \dfrac{1}{3}$. 则收敛区间为 $|x+1| < \dfrac{1}{3}$, 即 $-\dfrac{4}{3} < x < -\dfrac{2}{3}$.

当 $x = -\dfrac{4}{3}$ 时, $\sum_{n=1}^{\infty} (-1)^n \dfrac{1}{n} + \sum_{n=1}^{\infty} \dfrac{1}{n}\left(\dfrac{2}{3}\right)^n$ 收敛;

当 $x=-\frac{2}{3}$ 时，$\sum_{n=1}^{\infty}\frac{1}{n}+\sum_{n=1}^{\infty}(-1)^n\frac{1}{n}\left(\frac{2}{3}\right)^n$ 发散.

于是，原级数的收敛域为 $-\frac{4}{3}\leqslant x<-\frac{2}{3}$.

（2）$\sum_{n=1}^{\infty}\frac{\ln(n+1)}{n+1}x^{n+1}$

解：收敛半径 $R=\lim\limits_{n\to\infty}\left|\frac{\ln(n+1)}{n+1}\cdot\frac{(n+2)}{\ln(n+2)}\right|=1$.

当 $x=-1$ 时，交错级数 $\sum_{n=1}^{\infty}(-1)^{n+1}\frac{\ln(n+1)}{n+1}$ 满足莱布尼兹判别法，故收敛；

当 $x=1$ 时，因 $n>2$ 时，有 $\frac{\ln(n+1)}{n+1}>\frac{1}{n+1}$，故 $\sum_{n=1}^{\infty}\frac{\ln(n+1)}{n+1}$ 发散.

综上，原级数的收敛域为 $[-1,1)$.

（3）$\sum_{n=1}^{\infty}n2^{2n}x^n(1-x)^n$

解：令 $y=x(1-x)$，原级数化为 $\sum_{n=1}^{\infty}n2^{2n}y^n$，该级数的收敛半径为

$$R=\lim_{n\to\infty}\left|\frac{n2^{2n}}{(n+1)2^{2(n+1)}}\right|=\lim_{n\to\infty}\left(\frac{n}{n+1}\cdot\frac{1}{4}\right)=\frac{1}{4}$$

当 $y=-\frac{1}{4}$ 时，$\sum_{n=1}^{\infty}n2^{2n}\left(-\frac{1}{4}\right)^n=\sum_{n=1}^{\infty}(-1)^n n$ 发散；

当 $y=\frac{1}{4}$ 时，$\sum_{n=1}^{\infty}n2^{2n}\left(\frac{1}{4}\right)^n=\sum_{n=1}^{\infty}n$ 发散.

所以，级数 $\sum_{n=1}^{\infty}n2^{2n}y^n$ 的收敛域为 $-\frac{1}{4}<y<\frac{1}{4}$. 则原级数的收敛域为 $-\frac{1}{4}<x(1-x)<\frac{1}{4}$，即 $\frac{1-\sqrt{2}}{2}<x<\frac{1}{2}$，$\frac{1}{2}<x<\frac{1+\sqrt{2}}{2}$.

（4）$\sum_{n=0}^{\infty}\frac{1}{3n+1}\left(\frac{1-x}{1+x}\right)^{2n}$

解：令 $y=\left(\frac{1-x}{1+x}\right)^2$，则级数为 $\sum_{n=0}^{\infty}\frac{1}{3n+1}y^n$. 此级数的收敛半径为

$$R=\lim_{n\to\infty}\left|\frac{1}{3n+1}\cdot\frac{3n+4}{1}\right|=1$$

其收敛区间为 $|y|<1$，即 $\left(\frac{1-x}{1+x}\right)^2<1$，解得 $x>0$. 当 $x=0$ 时，原级数为 $\sum_{n=0}^{\infty}\frac{1}{3n+1}$ 发散. 故原级数的收敛域为 $x>0$.

(5) $\sum_{n=0}^{\infty} \frac{x^n}{\sqrt{n+1}}$

解：此级数的收敛半径 $R = \lim_{n \to \infty} \frac{\sqrt{n+2}}{\sqrt{n+1}} = 1$. 当 $x = -1$ 时，$\sum_{n=0}^{\infty} \frac{(-1)^n}{\sqrt{n+1}}$ 收敛；当 $x = 1$ 时，$\sum_{n=0}^{\infty} \frac{1}{\sqrt{n+1}}$ 发散. 故原级数的收敛域为 $-1 \leqslant x < 1$.

(6) $\sum_{n=1}^{\infty} \frac{(x-3)^n}{3^n n}$

解：此级数的收敛半径 $R = \lim_{n \to \infty} \frac{(n+1)3^{n+1}}{3^n n} = 3$. 故收敛区间为 $-3 < x - 3 < 3$，得 $0 < x < 6$. 当 $x = 0$ 时，$\sum_{n=1}^{\infty} (-1)^n \frac{1}{n}$ 收敛；当 $x = 6$ 时，$\sum_{n=1}^{\infty} \frac{1}{n}$ 发散. 综上，原级数的收敛域为 $0 \leqslant x < 6$.

(7) $\sum_{n=1}^{\infty} \frac{(x-2)^{2n}}{4^n n}$

解：$\lim_{n \to \infty} \left| \frac{u_{n+1}(x)}{u_n(x)} \right| = \lim \left| \frac{(x-2)^{2(n+1)}}{4^{n+1}(n+1)} \cdot \frac{n 4^n}{(x-2)^{2n}} \right| = \frac{|x-2|^2}{4} < 1$

则当 $|x-2| < 2$，即 $0 < x < 4$ 时，原级数收敛.

当 $x = 0$ 时，$\sum_{n=1}^{\infty} \frac{1}{n}$ 发散；当 $x = 4$ 时，$\sum_{n=1}^{\infty} \frac{1}{n}$ 发散. 故原级数的收敛域为 $0 < x < 4$.

19. 已知幂级数 $\sum_{n=1}^{\infty} a_n(x+2)^n$ 在点 $x=0$ 处收敛，在点 $x=-4$ 处发散. 求幂级数 $\sum_{n=1}^{\infty} a_n(x-3)^n$ 的收敛域.

解：由题可知，级数 $\sum_{n=0}^{\infty} a_n(x+2)^n$ 与 $\sum_{n=0}^{\infty} a_n(x-3)^n$ 的收敛半径相同. 而级数 $\sum_{n=0}^{\infty} a_n(x+2)^n$ 在点 $x=0$ 处收敛，在点 $x=-4$ 处发散，故其收敛半径为 2；对级数 $\sum_{n=0}^{\infty} a_n(x-3)^n$，当 $x=1$ 时，$\sum_{n=1}^{\infty} a_n(-2)^n$ 发散；当 $x=5$ 时，$\sum_{n=0}^{\infty} a_n 2^n$ 收敛. 故 $\sum_{n=0}^{\infty} a_n(x-3)^n$ 的收敛域为 $(1,5]$.

20. 设幂级数 $\sum_{n=0}^{\infty} a_n x^n$ 的收敛半径为 3，求幂级数 $\sum_{n=1}^{\infty} n a_n(x-1)^{n+1}$ 的收敛区间.

解：幂级数 $\sum_{n=0}^{\infty} a_n x^n$，$\sum_{n=1}^{\infty} a_n(x-1)^n$ 及 $\sum_{n=1}^{\infty} n a_n(x-1)^{n+1}$ 的收敛半径相同，故 $\sum_{n=1}^{\infty} n a_n(x-1)^{n+1}$ 的收敛区间为 $(-2,4)$.

21. 求下列函数项级数的和函数.

(1) $\sum_{n=1}^{\infty} \frac{x^{2n-1}}{2n-1}$

解：$\lim\limits_{n\to\infty}\left|\dfrac{u_{n+1}(x)}{u_n(x)}\right|=\lim\limits_{n\to\infty}\left|\dfrac{x^{2n+1}}{2n+1}\cdot\dfrac{2n-1}{x^{2n-1}}\right|=\lim\limits_{n\to\infty}\dfrac{2n-1}{2n+1}|x|^2=|x|^2$. 则当 $|x|^2<1$，即 $-1<x<1$ 时，

级数收敛；当 $x=-1$ 时，$\sum\limits_{n=1}^{\infty}\dfrac{-1}{2n-1}$ 发散；当 $x=1$ 时，$\sum\limits_{n=1}^{\infty}\dfrac{1}{2n-1}$ 发散.

令 $S(x)=\sum\limits_{n=1}^{\infty}\dfrac{x^{2n-1}}{2n-1}$，$|x|<1$，则 $S'(x)=\sum\limits_{n=1}^{\infty}x^{2n-2}=\sum\limits_{n=0}^{\infty}x^{2n}=\dfrac{1}{1-x^2}$. 因 $S(0)=0$，所以，$S(x)=$

$\int_0^x\dfrac{1}{1-x^2}\mathrm{d}x=\dfrac{1}{2}\ln\dfrac{1+x}{1-x}$，$-1<x<1$.

（2）$\sum\limits_{n=1}^{\infty}\dfrac{(x+1)^n}{n\cdot 2^n}$

解：$R=\lim\limits_{n\to\infty}\left|\dfrac{(n+1)2^{n+1}}{n\cdot 2^n}\right|=2$. 则收敛区间为 $|x+1|<2$，即 $-3<x<1$.

当 $x=-3$ 时，$\sum\limits_{n=1}^{\infty}(-1)^n\dfrac{1}{n}$ 收敛；当 $x=1$ 时，$\sum\limits_{n=1}^{\infty}\dfrac{1}{n}$ 发散. 故收敛域为 $-3\leqslant x<1$.

令 $y=\dfrac{x+1}{2}$. 记 $S(y)=\sum\limits_{n=1}^{\infty}\dfrac{1}{n}y^n$，$-1<y<1$. 则

$$S'(y)=\left(\sum_{n=1}^{\infty}\dfrac{1}{n}y^n\right)'=\sum_{n=1}^{\infty}y^{n-1}=\dfrac{1}{1-y}$$

任取 $-1<y<1$，则

$$S(y)=\int_0^y\dfrac{1}{1-y}\mathrm{d}y=-\ln(1-y)\big|_0^y=-\ln(1-y)$$

当 $y=-1$ 时，$S(-1)=\lim\limits_{y\to -1^+}S(y)=\lim\limits_{y\to -1^+}-\ln(1-y)=-\ln 2$.

所以，原级数的和函数为 $S\left(\dfrac{x+1}{2}\right)=-\ln\left(1-\dfrac{x+1}{2}\right)$，$-3\leqslant x<1$.

（3）$\sum\limits_{n=1}^{\infty}(-1)^{n+1}n^2x^n$

解：计算得此级数的收敛半径 $R=1$，收敛域为 $|x|<1$. 令 $S(x)=\sum\limits_{n=1}^{\infty}(-1)^{n+1}n^2x^n$，则

$$\int_0^x S(t)\mathrm{d}t=\sum_{n=1}^{\infty}\int_0^x(-1)^{n+1}n^2t^n\mathrm{d}t=\sum_{n=1}^{\infty}(-1)^{n+1}\dfrac{n^2}{n+1}x^{n+1}=\sum_{n=1}^{\infty}(-1)^{n+1}\left[(n-1)+\dfrac{1}{n+1}\right]x^{n+1}$$

$$=\sum_{n=1}^{\infty}(-1)^{n+1}(n-1)x^{n+1}+\sum_{n=1}^{\infty}(-1)^{n+1}\dfrac{x^{n+1}}{n+1}=\sum_{n=1}^{\infty}(-1)^n nx^{n+2}+\sum_{n=1}^{\infty}(-1)^{n+1}\dfrac{x^{n+1}}{n+1}$$

$$=x^3\sum_{n=1}^{\infty}(-1)^n nx^{n-1}-\sum_{n=0}^{\infty}(-1)^n\dfrac{x^{n+1}}{n+1}+x$$

$$=x^3\left[\sum_{n=1}^{\infty}(-1)^n x^n\right]'-\ln(1+x)+x=x^3\left(\dfrac{-x}{1+x}\right)'-\ln(1+x)+x$$

$$= -\frac{x^3}{(1+x)^2} - \ln(1+x) + x$$

两端对 x 求导得 $S(x) = \dfrac{x(1-x)}{(1+x)^3}$，$|x|<1$．

（4）$\displaystyle\sum_{n=0}^{\infty}(2n+1)x^{2n+1}$

解：$\displaystyle\lim_{n\to\infty}\left|\dfrac{u_{n+1}(x)}{u_n(x)}\right| = \lim_{n\to\infty}\left|\dfrac{(2n+3)x^{2n+3}}{(2n+1)x^{2n+1}}\right| = \lim_{n\to\infty}\left|\dfrac{2n+3}{2n+1}\right|x^2 = |x|^2 < 1$．由于当 $|x|=1$ 时，原级数发散，故此级数的收敛域为 $|x|<1$．和函数为

$$S(x) = \sum_{n=0}^{\infty}(2n+1)x^{2n+1} = x\sum_{n=0}^{\infty}(2n+1)x^{2n} = x\left(\sum_{n=0}^{\infty}x^{2n+1}\right)'$$

$$= x\cdot\left(x\sum_{n=0}^{\infty}x^{2n}\right)' = x\left(\dfrac{x}{1-x^2}\right)' = x\cdot\dfrac{(1-x^2)-x(-2x)}{(1-x^2)^2} = \dfrac{x(1+x^2)}{(1-x^2)^2}$$

（5）$\displaystyle\sum_{n=1}^{\infty}\dfrac{x^{2n}}{2n(2n-1)}$

解：级数的收敛域为 $|x|\leq 1$．设 $S(x) = \displaystyle\sum_{n=1}^{\infty}\dfrac{x^{2n}}{2n(2n-1)}$．计算得 $S'(x) = \displaystyle\sum_{n=1}^{\infty}\dfrac{1}{2n-1}x^{2n-1}$，

$S''(x) = \displaystyle\sum_{n=1}^{\infty}x^{2n-2} = \sum_{n=0}^{\infty}x^{2n} = \dfrac{1}{1-x^2}$．由于 $S(0)=0$，$S'(0)=0$，于是当 $|x|<1$ 时，

$$S'(x) = \int_0^x \dfrac{1}{1-x^2}dx = \dfrac{1}{2}\ln\dfrac{1+x}{1-x}$$

$$S(x) = \int_0^x \dfrac{1}{2}\ln\dfrac{(1+x)}{(1-x)}dx = \dfrac{1}{2}\left[\int_0^x \ln(1+x)dx - \int_0^x \ln(1-x)dx\right]$$

$$= \dfrac{1}{2}\left[x\ln(1+x) - \int_0^x \dfrac{xdx}{1+x} - x\ln(1-x) - \int_0^x \dfrac{xdx}{1-x}\right]$$

$$= \dfrac{1}{2}\left(x\ln\dfrac{1+x}{1-x} - \int_0^x \dfrac{2x}{1-x^2}dx\right) = \dfrac{1}{2}\left[x\ln\dfrac{1+x}{1-x} + \ln(1-x^2)\right]$$

另外，

$$S(\pm 1) = \sum_{n=1}^{\infty}\dfrac{1}{2n(2n-1)} = \dfrac{1}{1\cdot 2} + \dfrac{1}{3\cdot 4} + \cdots + \dfrac{1}{2n(2n-1)} + \cdots$$

$$= 1 - \dfrac{1}{2} + \dfrac{1}{3} - \dfrac{1}{4} + \cdots = \ln 2$$

（6）$\displaystyle\sum_{n=1}^{\infty}\dfrac{1}{2n}\left(\dfrac{3+x}{3-2x}\right)^{2n}$

解：令 $y = \dfrac{3+x}{3-2x}$，原级数化为 $\displaystyle\sum_{n=1}^{\infty}\dfrac{1}{2n}y^{2n}$．由于

$$\lim_{n\to\infty}\left|\dfrac{y^{2n+2}}{2n+2}\cdot\dfrac{2n}{y^{2n}}\right| = \lim_{n\to\infty}\dfrac{2n}{2n+2}\cdot y^2 = y^2$$

可知 $\sum_{n=1}^{\infty}\frac{1}{2n}y^{2n}$ 收敛域为 $|y|<1$，则原级数的收敛域为 $\left|\frac{3+x}{3-2x}\right|<1$，解得 $x<0$ 或 $x>6$．

又因

$$S(y)=\sum_{n=1}^{\infty}\frac{1}{2n}y^{2n}=\sum_{m=1}^{\infty}\int_0^y y^{2n-1}\mathrm{d}y=\int_0^y\left(\sum_{n=1}^{\infty}y^{2n-1}\right)\mathrm{d}y$$

$$=\int_0^y y\left(\sum_{n=0}^{\infty}y^{2n}\right)\mathrm{d}y=\int_0^y\frac{y\mathrm{d}y}{1-y^2}=-\frac{1}{2}\ln|1-y^2|$$

故原级数 $\sum_{n=1}^{\infty}\frac{1}{2n}\left(\frac{3+x}{3-2x}\right)^{2n}=-\frac{1}{2}\ln\left|1-\left(\frac{3+x}{3-2x}\right)^2\right|$．

（7）$\sum_{n=0}^{\infty}(2n+1)x^n$

解：计算得，级数的收敛半径 $R=\lim_{n\to\infty}\left|\frac{2n+1}{2n+3}\right|=1$．另外，当 $x=1$ 时，$\sum_{n=1}^{\infty}(2n+1)$ 发散；当 $x=-1$ 时，$\sum_{n=1}^{\infty}(-1)^n(2n+1)$ 发散．故级数的收敛域为 $|x|<1$．和函数为

$$S(x)=\sum_{n=0}^{\infty}(2n+1)x^n=2\sum_{n=0}^{\infty}nx^n+\sum_{n=0}^{\infty}x^n$$

$$=2x\sum_{n=0}^{\infty}nx^{n-1}+\frac{1}{1-x}=2x\left(\sum_{n=0}^{\infty}x^n\right)'+\frac{1}{1-x}$$

$$=2x\cdot\left(\frac{1}{1-x}\right)'+\frac{1}{1-x}=\frac{2x}{(1-x)^2}+\frac{1}{1-x}=\frac{1+x}{(1-x)^2}$$

22．求级数 $\sum_{n=0}^{\infty}\frac{(-1)^n n^2-n+1}{2^n}$ 的和．

解：原式 $=\sum_{n=0}^{\infty}(n^2-n+1)\left(-\frac{1}{2}\right)^n=\sum_{n=0}^{\infty}n(n-1)\left(-\frac{1}{2}\right)^n+\sum_{n=0}^{\infty}\left(-\frac{1}{2}\right)^n$．而 $\sum_{n=0}^{\infty}\left(-\frac{1}{2}\right)^n=\frac{1}{1+\frac{1}{2}}=\frac{2}{3}$．

下面，考虑幂级数 $\sum_{n=0}^{\infty}n(n-1)x^n$．其收敛域为 $|x|<1$．另外，

$$S(x)=\sum_{n=0}^{\infty}n(n-1)x^n=x^2\left(\sum_{n=0}^{\infty}x^n\right)''=x^2\left(\frac{1}{1-x}\right)''=\frac{2x^2}{(1-x)^3}$$

所以，$\sum_{n=0}^{\infty}n(n-1)\left(-\frac{1}{2}\right)^n=S\left(-\frac{1}{2}\right)=\left.\frac{2x^2}{(1-x)^3}\right|_{x=-\frac{1}{2}}=\frac{4}{27}$．故

$$\sum_{n=0}^{\infty}\frac{(-1)^n(n^2-n+1)}{2^n}=\frac{4}{27}+\frac{2}{3}=\frac{22}{27}$$

23．求函数 $f(x) = \dfrac{1-x}{1+x}$ 在点 $x=0$ 处带拉格朗日型余项的 n 阶泰勒展开式．

解：整理得，$f(x) = \dfrac{1-x}{1+x} = \dfrac{2}{1+x} - 1$．所以，

$$f'(x) = -2(1+x)^{-2}, \quad f''(x) = (-2)(-2)(1+x)^{-3}$$

$$f'''(x) = (-2)(-2)(-3)(1+x)^{-4}, \cdots, f^{(k)}(x) = \dfrac{(-1)^k 2 \cdot k!}{(1+x)^{k+1}}$$

于是 $f^{(k)}(0) = (-1)^k 2 \cdot k!$．则

$$f(x) = f(0) + f'(0)x + \dfrac{1}{2!}f''(0)x^2 + \cdots + \dfrac{f^{(n)}(0)}{n!}x^n + R_n$$

$$= 1 - 2x + 2x^2 - \cdots + (-1)^n 2x^n + (-1)^{n+1}\dfrac{2x^{n+1}}{(1+\theta x)^{n+2}}, \quad 0 < \theta < 1$$

24．将下列函数展开成 x 的幂级数．

（1）$\ln(1 + x + x^2 + x^3)$

解：因为 $\ln(1 + x + x^2 + x^3) = \ln\dfrac{1-x^4}{1-x} = \ln(1-x^4) - \ln(1-x)$，而当 $|x| < 1$ 时，

$$\ln(1-x) = -\sum_{n=0}^{\infty} \dfrac{x^{n+1}}{n+1}$$

$$\ln(1-x^4) = -\sum_{n=0}^{\infty} \dfrac{x^{4(n+1)}}{n+1}$$

故 $\ln(1 + x + x^2 + x^3) = \sum\limits_{n=0}^{\infty} \dfrac{x^{n+1}}{n+1} - \sum\limits_{n=0}^{\infty} \dfrac{x^{4(n+1)}}{n+1}$，$|x| < 1$．

（2）$\sin^2 x$

解：因为 $\sin^2 x = \dfrac{1}{2} - \dfrac{1}{2}\cos 2x$，而 $\cos 2x = \sum\limits_{n=0}^{\infty}(-1)^n \dfrac{(2x)^{2n}}{(2n)!}$，$|x| < +\infty$，所以

$$\sin^2 x = \dfrac{1}{2} - \dfrac{1}{2}\sum_{n=0}^{\infty}(-1)^n \dfrac{(2x)^{2n}}{(2n)!} = \sum_{n=1}^{\infty}(-1)^{n+1}\dfrac{2^{2n-1}}{(2n)!}x^{2n}, \quad |x| < +\infty$$

（3）$\dfrac{12-5x}{6-5x-x^2}$

解：$\dfrac{12-5x}{6-5x-x^2} = \dfrac{5x-12}{7}\left(\dfrac{1}{x-1} - \dfrac{1}{x+6}\right) = \dfrac{5x-12}{7}\left(-\dfrac{1}{1-x} - \dfrac{1}{6} \cdot \dfrac{1}{1+\dfrac{x}{6}}\right)$

$$= \dfrac{5x-12}{7}\left[-\sum_{n=0}^{\infty} x^n - \dfrac{1}{6}\sum_{n=0}^{\infty}(-1)^n\left(\dfrac{x}{6}\right)^n\right]$$

$$= \dfrac{1}{7}\left[-5\sum_{n=0}^{\infty} x^{n+1} + 12\sum_{n=0}^{\infty} x^n - \dfrac{5}{6}\sum_{n=0}^{\infty}(-1)^n \dfrac{x^{n+1}}{6^n} + 2\sum_{n=0}^{\infty}(-1)^n\left(\dfrac{x}{6}\right)^n\right]$$

$$= -\frac{5}{7}\sum_{n=0}^{\infty}\left[1+\frac{(-1)^n}{6^{n+1}}\right]x^{n+1}+\frac{1}{7}\sum_{n=0}^{\infty}\left[12+2\cdot\frac{(-1)^n}{6^n}\right]x^n,\quad |x|<1$$

(4) $(1+x)\ln(1+x)$

解：$(1+x)\ln(1+x) = (1+x)\sum_{n=0}^{\infty}(-1)^n\frac{x^{n+1}}{n+1}$

$$= \sum_{n=0}^{\infty}(-1)^n\frac{x^{n+1}}{n+1} + \sum_{n=0}^{\infty}(-1)^n\frac{x^{n+2}}{n+1}$$

$$= \left(x-\frac{x^2}{2}+\frac{x^3}{3}-\frac{x^4}{4}+\cdots\right)+\left(x^2-\frac{x^3}{2}+\frac{x^4}{3}-\cdots\right)$$

$$= x+\left(1-\frac{1}{2}\right)x^2-\left(\frac{1}{2}-\frac{1}{3}\right)x^3+\cdots = x+\sum_{n=1}^{\infty}(-1)^{n+1}\frac{x^{n+1}}{n(n+1)},\quad -1<x\leq 1$$

(5) $\dfrac{3x}{2-x-x^2}$

解：$\dfrac{3x}{2-x-x^2} = x\left[\dfrac{1}{2}\cdot\dfrac{1}{1+\dfrac{x}{2}}+\dfrac{1}{1-x}\right]$

$$= x\left[\frac{1}{2}\sum_{n=0}^{\infty}(-1)^n\left(\frac{x}{2}\right)^n+\sum_{n=0}^{\infty}x^n\right] = \sum_{n=0}^{\infty}\left[\frac{(-1)^n}{2^{n+1}}+1\right]x^{n+1},\quad |x|<1$$

(6) $\dfrac{1}{x^2-3x+2}$

解：$\dfrac{1}{x^2-3x+2} = \dfrac{1}{(1-x)(2-x)} = \dfrac{1}{1-x}-\dfrac{1}{2-x}$

$$= \sum_{n=0}^{\infty}x^n - \frac{1}{2}\sum_{n=0}^{\infty}\left(\frac{x}{2}\right)^n = \sum_{n=0}^{\infty}\left(1-\frac{1}{2^{n+1}}\right)x^n,\quad |x|<1$$

(7) $\dfrac{1}{4}\ln\dfrac{1+x}{1-x}+\dfrac{1}{2}\arctan x - x$

解：令 $f(x) = \dfrac{1}{4}\ln\dfrac{1+x}{1-x}+\dfrac{1}{2}\arctan x - x$. 计算得

$$f'(x) = \frac{1}{4}\left(\frac{1}{1+x}+\frac{1}{1-x}\right)+\frac{1}{2}\cdot\frac{1}{1+x^2}-1 = \frac{1}{1-x^4}-1 = \sum_{n=1}^{\infty}x^{4n},\quad |x|<1$$

由于 $f(0)=0$，任取 $|x|<1$，有

$$f(x) = \int_0^x f'(x)\mathrm{d}x = \int_0^x \sum_{n=1}^{\infty}x^{4n}\mathrm{d}x = \sum_{n=1}^{\infty}\frac{1}{4n+1}x^{4n+1}$$

25. 求极限 $\lim\limits_{x\to 1^-}(1-x)^3\sum\limits_{n=1}^{\infty}n^2x^n$.

解：级数 $\sum\limits_{n=1}^{\infty}n^2x^n$ 的收敛半径 $R = \lim\limits_{n\to\infty}\left|\dfrac{n^2}{(n+1)^2}\right| = 1$，收敛域为 $|x|<1$. 设 $S(x) = \sum\limits_{n=1}^{\infty}n^2x^n$，$|x|<1$. 则

221

$$S(x) = x\left[\sum_{n=1}^{\infty}(n+1)nx^{n-1} - \sum_{n=1}^{\infty}nx^{n-1}\right] = x\left[\sum_{n=1}^{\infty}(x^{n+1})'' - \sum_{n=1}^{\infty}(x^n)'\right]$$

$$= x\left[\left(\frac{x^2}{1-x}\right)'' - \left(\frac{x}{1-x}\right)'\right] = \frac{x(1+x)}{(1-x)^3}$$

故 $\lim_{x \to 1^-}(1-x)^3 S(x) = \lim_{x \to 1^-}\left[(1-x)^3 \frac{x(1+x)}{(1-x)^3}\right] = 2$.

26． 设函数 $f(x) = \begin{cases} \dfrac{1+x^2}{x}\arctan x, & x \neq 0 \\ 1, & x = 0 \end{cases}$. 试将 $f(x)$ 展开成 x 的幂级数，并求级数 $\sum_{n=1}^{\infty}\dfrac{(-1)^n}{1-4n^2}$ 的和.

解： $\arctan x = \int_0^x \dfrac{dt}{1+t^2} = \int_0^x \sum_{n=0}^{\infty}(-1)^n t^{2n} dt = \sum_{n=0}^{\infty}\dfrac{(-1)^n}{2n+1}x^{2n+1}$, $x \in (-1, 1)$.

当 $x = 1$ 时，$\sum_{n=0}^{\infty}\dfrac{(-1)^n}{2n+1} = \lim_{x \to 1^-}\sum_{n=0}^{\infty}\dfrac{(-1)^n}{2n+1}x^{2n+1} = \lim_{x \to 1^-}\arctan x = \dfrac{\pi}{4}$.

类似地，当 $x = -1$ 时，$\sum_{n=0}^{\infty}-\dfrac{(-1)^n}{2n+1} = \lim_{x \to -1^+}\sum_{n=0}^{\infty}\dfrac{(-1)^n}{2n+1}x^{2n+1} = \lim_{x \to -1^+}\arctan x = -\dfrac{\pi}{4}$.

所以，当 $x \in [-1, 1]$ 时，$\sum_{n=0}^{\infty}\dfrac{(-1)^n}{2n+1}x^{2n+1} = \arctan x$.

于是，当 $x \in [-1, 1]$ 时，

$$f(x) = 1 + \sum_{n=1}^{\infty}\dfrac{(-1)^n}{2n+1}x^{2n} + \sum_{n=0}^{\infty}\dfrac{(-1)^n}{2n+1}x^{2n+2} = 1 + \sum_{n=1}^{\infty}\dfrac{(-1)^n}{(2n+1)}x^{2n} + \sum_{n=1}^{\infty}\dfrac{(-1)^{n-1}}{2n-1}x^{2n}$$

$$= 1 + \sum_{n=1}^{\infty}\dfrac{(-1)^n 2}{1-4n^2}x^{2n}$$

因此，$\sum_{n=1}^{\infty}\dfrac{(-1)^n}{1-4n^2} = \dfrac{1}{2}[f(1) - 1] = \dfrac{\pi}{4} - \dfrac{1}{2}$.

27． 已知 $f_n(x)$ 满足 $f_n'(x) = f_n(x) + x^{n-1}e^x$（$n$ 为正整数），且 $f_n(1) = \dfrac{e}{n}$. 求函数项级数 $\sum_{n=1}^{\infty}f_n(x)$ 之和.

解： 解方程 $f_n'(x) - f_n(x) = x^{n-1}e^x$，其通解为

$$f_n(x) = e^{\int dx}\left(c + \int x^{n-1}e^x e^{-\int dx}dx\right) = e^x\left(\dfrac{x^n}{n} + c\right)$$

由初始条件 $f_n(1) = \dfrac{e}{n}$，得 $c = 0$. 故 $f_n(x) = \dfrac{x^n e^x}{n}$，从而 $\sum_{n=1}^{\infty}f_n(x) = \sum_{n=1}^{\infty}\dfrac{x^n e^x}{n} = e^x \sum_{n=1}^{\infty}\dfrac{x^n}{n}$.

设 $S(x) = \sum_{n=1}^{\infty}\dfrac{x^n}{n}$，$x \in [-1, 1)$. 当 $x \in (-1, 1)$ 时，有

$$S'(x) = \sum_{n=1}^{\infty} x^{n-1} = \frac{1}{1-x}$$

故 $S(x) = \int_0^x \frac{\mathrm{d}x}{1-x} = -\ln(1-x)$.

当 $x = -1$ 时，$\sum_{n=1}^{\infty} f_n(x) = -\mathrm{e}^{-1}\ln 2$. 于是，当 $-1 \leq x < 1$ 时，

$$\sum_{n=1}^{\infty} f_n(x) = -\mathrm{e}^x \ln(1-x)$$

28. 将函数 $f(x) = \arctan\frac{1-2x}{1+2x}$ 展开成 x 的幂级数，并求级数 $\sum_{n=0}^{\infty}\frac{(-1)^n}{2n+1}$ 的和.

解：因为 $f'(x) = -\frac{2}{1+4x^2} = -2\sum_{n=0}^{\infty}(-1)^n 4^n x^{2n}$，$x \in \left(-\frac{1}{2}, \frac{1}{2}\right)$. 又 $f(0) = \frac{\pi}{4}$，所以当 $x \in \left(-\frac{1}{2}, \frac{1}{2}\right)$ 时，

$$f(x) = f(0) + \int_0^x f'(t)\mathrm{d}t = \frac{\pi}{4} - 2\int_0^x \left[\sum_{n=0}^{\infty}(-1)^n 4^n t^{2n}\right]\mathrm{d}t = \frac{\pi}{4} - 2\sum_{n=0}^{\infty}\frac{(-1)^n 4^n}{2n+1}x^{2n+1}$$

因为当 $x = \frac{1}{2}$ 时，级数 $2\sum_{n=0}^{\infty}\frac{(-1)^n 4^n}{2n+1}x^{2n+1} = \sum_{n=0}^{\infty}\frac{(-1)^n}{2n+1}$ 收敛，且函数 $f(x)$ 在 $x = \frac{1}{2}$ 处连续，所以当 $x = \frac{1}{2}$ 时，$f(x) = \frac{\pi}{4} - 2\sum_{n=0}^{\infty}\frac{(-1)^n 4^n}{2n+1}\frac{1}{2^{2n+1}}$. 由 $f\left(\frac{1}{2}\right) = 0$ 得

$$\sum_{n=0}^{\infty}\frac{(-1)^n}{2n+1} = \frac{\pi}{4} - f\left(\frac{1}{2}\right) = \frac{\pi}{4}$$

29. 设函数 $f(x) = \pi x + x^2$（$-\pi < x < \pi$）的傅里叶级数展开式为 $\frac{a_0}{2} + \sum_{n=1}^{\infty}(a_n\cos nx + b_n\sin nx)$，求系数 b_n 的值.

解：$b_n = \frac{1}{\pi}\int_{-\pi}^{\pi}(\pi x + x^2)\sin nx\mathrm{d}x = \int_{-\pi}^{\pi} x\sin nx\mathrm{d}x + \frac{1}{\pi}\int_{-\pi}^{\pi} x^2\sin nx\mathrm{d}x$

$= 2\int_0^{\pi} x\sin nx\mathrm{d}x + 0 = 2\left(-\frac{x}{n}\cos nx\Big|_0^{\pi} + \int_0^{\pi}\frac{\cos nx}{n}\mathrm{d}x\right)$

$= 2\left(-\frac{\pi}{n}\cos n\pi + \frac{1}{n^2}\sin nx\Big|_0^{\pi}\right) = (-1)^{n+1}\frac{2\pi}{n}$

30. 将下列周期函数展开成傅里叶级数.

（1）$f(x) = \begin{cases} \sin x, & 0 \leq x < \pi \\ 0, & -\pi \leq x < 0 \end{cases}$

解：$a_0 = \frac{1}{\pi}\int_{-\pi}^{\pi} f(x)\mathrm{d}x = \frac{1}{\pi}\int_0^{\pi}\sin x\mathrm{d}x = \frac{2}{\pi}$

$$a_1 = \frac{1}{\pi}\int_{-\pi}^{\pi} f(x)\cos x\,dx = \frac{1}{\pi}\int_0^{\pi} \sin x\cos x\,dx = 0$$

$$a_n = \frac{1}{\pi}\int_{-\pi}^{\pi} f(x)\cos nx\,dx = \frac{1}{\pi}\int_0^{\pi} \sin x\cos nx\,dx, \quad n \neq 1$$

$$= \frac{1}{\pi}\int_0^{\pi} \frac{\sin(1+n)x + \sin(1-n)x}{2}\,dx$$

$$= \frac{1}{\pi}\left(-\frac{\cos(1+n)x}{2(1+n)} - \frac{\cos(1-n)x}{2(1-n)}\right)\Big|_0^{\pi}$$

$$= \frac{1+(-1)^n}{(1-n^2)\pi} = \begin{cases} 0, & n\text{为奇数} \\ \dfrac{2}{(1-n^2)\pi}, & n\text{为偶数} \end{cases}$$

$$b_1 = \frac{1}{\pi}\int_{-\pi}^{\pi} f(x)\sin x\,dx = \frac{1}{\pi}\int_0^{\pi} \sin^2 x\,dx = \frac{1}{\pi}\int_0^{\pi} \frac{1-\cos 2x}{2}\,dx = \frac{1}{2}$$

$$b_n = \frac{1}{\pi}\int_{-\pi}^{\pi} f(x)\sin nx\,dx = \frac{1}{\pi}\int_0^{\pi} \sin x\sin nx\,dx$$

$$= \frac{1}{\pi}\left[\frac{-\sin(1+n)x}{2(1+n)} + \frac{\sin(1-n)x}{2(1-n)}\right]\Big|_0^{\pi} = 0$$

$$f(x) = \frac{1}{\pi} + \frac{1}{2}\sin x + \sum_{k=1}^{\infty} \frac{2}{(1-4k^2)\pi}\cos 2kx, \quad |x|\leq \pi$$

（2） $f(x) = \pi^2 - x^2$, $|x|\leq \pi$

解：$f(x)$ 为偶函数，则 $b_n = 0$, $n = 1,2,\cdots$,

$$a_0 = \frac{2}{\pi}\int_0^{\pi} (\pi^2 - x^2)\,dx = \frac{4}{3}\pi^2$$

$$a_n = \frac{2}{\pi}\int_0^{\pi} (\pi^2 - x^2)\cos nx\,dx = -\frac{2}{\pi}\int_0^{\pi} \frac{x^2}{n}\,d(\sin nx)$$

$$= -\frac{2}{\pi}\left(\frac{x^2\sin nx}{n}\Big|_0^{\pi} - \frac{2}{n}\int_0^{\pi} x\sin nx\,dx\right) = \frac{4}{n\pi}\int_0^{\pi} \frac{-x}{n}\,d(\cos nx)$$

$$= \frac{4}{n\pi}\left(-\frac{x}{n}\cos nx\Big|_0^{\pi} + \frac{1}{n}\int_0^{\pi} \cos nx\,dx\right) = (-1)^{n-1}\frac{4}{n^2}$$

又 $\dfrac{f(-\pi^+) + f(\pi^-)}{2} = 0 = f(\pm\pi)$，故 $\pi^2 - x^2 = \dfrac{2}{3}\pi^2 + 4\sum_{n=1}^{\infty} \dfrac{(-1)^{n-1}}{n^2}\cos nx$, $|x|\leq \pi$.

31. 设 $f(x) = |x|$, $-\pi\leq x\leq \pi$, 求数项级数 $\sum\limits_{n=1}^{\infty} \dfrac{1}{(2n)^2}$, $\sum\limits_{n=1}^{\infty} (-1)^{n-1}\dfrac{1}{n^2}$ 的和.

解：由 $f(x) = |x|$ 为偶函数，$b_n = 0$,

$$a_0 = \frac{2}{\pi}\int_0^{\pi} f(x)\,dx = \frac{2}{\pi}\int_0^{\pi} x\,dx = \pi$$

$$a_n = \frac{2}{\pi}\int_0^{\pi} f(x)\cos nx\,dx = \frac{2}{\pi}\int_0^{\pi} x\cos nx\,dx$$

$$= \frac{2}{\pi}\left(\frac{x\sin nx}{n} + \frac{\cos nx}{n^2}\right)\Big|_0^\pi = \frac{2}{n^2\pi}(\cos n\pi - 1)$$

$$= \frac{2}{n^2\pi}[(-1)^n - 1] = \begin{cases} 0, & n\text{为偶数} \\ -\dfrac{4}{n^2\pi}, & n\text{为奇数} \end{cases}$$

故 $|x| = \dfrac{\pi}{2} - \dfrac{4}{\pi}\left(\cos x + \dfrac{1}{3^2}\cos 3x + \dfrac{1}{5^2}\cos 5x + \cdots\right)$, $|x| \le \pi$.

当 $x = 0$ 时，$f(0) = 0$，得 $S_1 = 1 + \dfrac{1}{3^2} + \dfrac{1}{5^2} + \cdots = \dfrac{\pi^2}{8}$，设

$$S = 1 + \frac{1}{2^2} + \frac{1}{3^2} + \frac{1}{4^2} + \cdots, \quad S_2 = \sum_{n=1}^\infty \frac{1}{(2n)^2} = \frac{1}{2^2} + \frac{1}{4^2} + \frac{1}{6^2} + \cdots$$

$$S_3 = \sum_{n=1}^\infty (-1)^{n-1}\frac{1}{n^2} = 1 - \frac{1}{2^2} + \frac{1}{3^2} - \frac{1}{4^2} + \cdots$$

则由 $S_2 = \dfrac{1}{4}S = \dfrac{1}{4}(S_1 + S_2)$ 得

$$S_2 = \frac{1}{3}S_1 = \frac{\pi^2}{24}, \quad S = 4S_2 = \frac{\pi^2}{6}, \quad S_3 = 2S_1 - S = \frac{\pi^2}{12}$$

故知 $\sum_{n=1}^\infty \dfrac{1}{(2n)^2} = S_2 = \dfrac{\pi^2}{24}$，$\sum_{n=1}^\infty (-1)^{n-1}\dfrac{1}{n^2} = S_3 = \dfrac{\pi^2}{12}$.

32. 将 $f(x) = x^3$（$0 \le x \le \pi$）展开为余弦级数，并求 $\sum_{n=1}^\infty \dfrac{1}{n^4}$ 的和.

解：对 $f(x) = x^3$ 作偶延拓，则

$$a_0 = \frac{2}{\pi}\int_0^\pi x^3 dx = \frac{\pi^3}{2}$$

$$a_n = \frac{2}{\pi}\int_0^\pi x^3 \cos nx dx = \frac{2}{\pi}\left(\frac{x^3 \sin nx}{n} + \frac{3x^2 \cos nx}{n^2} - \frac{6x\sin nx}{n^3} - \frac{6\cos nx}{n^4}\right)\Big|_0^\pi$$

$$= \frac{2}{\pi}\left[\frac{3\pi^2 \cos n\pi}{n^2} - \frac{6}{n^4}(\cos n\pi - 1)\right] = \frac{2}{\pi}\left[\frac{6}{n^4} + \left(\frac{3\pi^2}{n^2} - \frac{6}{n^4}\right)(-1)^n\right]$$

$$a_1 = \frac{24}{\pi \cdot 1^4} - \frac{6\pi}{1^2}, \quad a_2 = \frac{6\pi}{2^2}, \quad a_3 = \frac{24}{\pi \cdot 3^4} - \frac{6\pi}{3^2}, \quad a_4 = \frac{6\pi}{4^2}, \quad a_5 = \frac{24}{\pi \cdot 5^4} - \frac{6\pi}{5^2}, \quad \cdots$$

$$x^3 = \frac{\pi^3}{4} + \left(\frac{24}{\pi \cdot 1^4} - \frac{6\pi}{1^2}\right)\cos x + \frac{6\pi}{2^2}\cos 2x + \left(\frac{24}{\pi \cdot 3^4} - \frac{6\pi}{3^2}\right)\cos 3x\cdots, \quad x \in [0, \pi]$$

当 $x = 0$ 时，$0 = \dfrac{\pi^2}{4} + \left(\dfrac{24}{\pi \cdot 1^4} - \dfrac{6\pi}{1^2}\right) + \dfrac{6\pi}{2^2} + \left(\dfrac{24}{\pi \cdot 3^4} - \dfrac{6\pi}{3^2}\right) + \cdots$，所以

$$\frac{24}{\pi}\left[\frac{1}{1^4} + \frac{1}{3^4} + \frac{1}{5^4} + \cdots + \frac{1}{(2n-1)^4} + \cdots\right] = -\frac{\pi^3}{4} + 6\pi\left[\frac{1}{1^2} - \frac{1}{2^2} + \cdots + (-1)^{n-1}\frac{1}{n^2} + \cdots\right]$$

而 $\dfrac{1}{1^2} - \dfrac{1}{2^2} + \dfrac{1}{3^2} + (-1)^{n-1}\dfrac{1}{n^2} + \cdots = \dfrac{\pi^2}{12}$

所以 $\dfrac{24}{\pi}\left[\dfrac{1}{1^4} + \dfrac{1}{3^4} + \cdots + \dfrac{1}{(2n-1)^4} + \cdots\right] = -\dfrac{\pi^3}{4} + 6\pi \cdot \dfrac{\pi^2}{12} = \dfrac{\pi^3}{4}$

即 $\dfrac{1}{1^4} + \dfrac{1}{3^4} + \cdots = \dfrac{\pi^4}{96}$ ①

而 $\dfrac{1}{2^4} + \dfrac{1}{4^4} + \dfrac{1}{6^4} + \cdots = \dfrac{1}{16}\left(\dfrac{1}{1^4} + \dfrac{1}{2^4} + \dfrac{1}{3^4} + \cdots\right)$ ②

记 $\sigma = \sum\limits_{n=1}^{\infty}\dfrac{1}{n^4}$，①+②得 $\sigma = \dfrac{\pi^4}{96} + \dfrac{\sigma}{16}$，所以 $\sigma = \sum\limits_{n=1}^{\infty}\dfrac{1}{n^4} = \dfrac{\pi^4}{90}$.

33. 将 $f(x) = \begin{cases} 2x+1, & -3 \leq x < 0 \\ 1, & 0 \leq x < 3 \end{cases}$ 展开成以 6 为周期的傅里叶级数.

解：$a_0 = \dfrac{1}{3}\int_{-3}^{3} f(x)dx = \dfrac{1}{3}\left[\int_{-3}^{0}(2x+1)dx + \int_{0}^{3} 1dx\right] = -1$

$a_n = \dfrac{1}{3}\int_{-3}^{3} f(x)\cos\dfrac{n\pi x}{3}dx = \dfrac{1}{3}\left[\int_{-3}^{0}(2x+1)\cos\dfrac{n\pi x}{3}dx + \int_{0}^{3}\cos\dfrac{n\pi x}{3}dx\right]$

$= \dfrac{1}{3}\cdot\dfrac{6}{n\pi}\int_{-3}^{0} x\left(\sin\dfrac{n\pi x}{3}\right)dx = \dfrac{2}{n\pi}\cdot\dfrac{3}{n\pi}\cos\dfrac{n\pi x}{3}\bigg|_{-3}^{0} = \dfrac{6}{n^2\pi^2}(1+(-1)^{n+1})$

$b_n = \dfrac{1}{3}\int_{-3}^{3} f(x)\sin\dfrac{n\pi x}{3}dx = \dfrac{1}{3}\left[\int_{-3}^{0}(2x+1)\sin\dfrac{n\pi x}{3}dx + \int_{0}^{3}\sin\dfrac{n\pi x}{3}dx\right] = \dfrac{6}{n\pi}(-1)^{n+1}$

当 $|x| < 3$ 时，

$$f(x) = -\dfrac{1}{2} + \sum_{n=1}^{\infty}\left[\dfrac{6}{n^2\pi^2}(1+(-1)^{n+1})\cos\dfrac{n\pi x}{3} + \dfrac{6}{n\pi}(-1)^{n+1}\sin\dfrac{n\pi x}{3}\right]$$

当 $x = \pm 3$ 时，

$$-\dfrac{1}{2} + \sum_{n=1}^{\infty}\left[\dfrac{6}{n^2\pi^2}(1+(-1)^{n+1})\cos\dfrac{n\pi x}{3} + \dfrac{6}{n\pi}(-1)^{n+1}\sin\dfrac{n\pi x}{3}\right] = \dfrac{f(3^-) + f(-3^+)}{2} = -2$$

34. 将函数 $f(x) = 2 + |x|$（$-1 \leq x \leq 1$）展开成以 2 为周期的傅里叶级数，并由此求级数 $\sum\limits_{n=1}^{\infty}\dfrac{1}{n^2}$ 的和.

解：由于函数 $f(x) = 2 + |x|$ 在 $-1 \leq x \leq 1$ 时是偶函数，则 $b_n = 0$，$n = 1,3,\cdots$. 另外，

$$a_0 = 2\int_{0}^{1}(2+x)dx = 5$$

$$a_n = \dfrac{2}{1}\int_{0}^{1}(2+x)\cos n\pi x dx = 2\int_{0}^{1} x\cos n\pi x dx$$

$$= \dfrac{2(\cos n\pi - 1)}{n^2\pi^2} = \begin{cases} -\dfrac{4}{n^2\pi^2}, & n \text{ 为奇数} \\ 0, & n \text{ 为偶数} \end{cases}$$

函数 $f(x)$ 在区间 $[-1,1]$ 上满足收敛定理条件，则

$$2+|x| = \frac{5}{2} + \sum_{n=1}^{\infty} \frac{2(\cos n\pi - 1)}{n^2 \pi^2} \cos n\pi x = \frac{5}{2} - \frac{4}{\pi^2} \sum_{k=0}^{\infty} \frac{\cos(2k+1)\pi x}{(2k+1)^2}$$

当 $x=0$ 时，$2 = \frac{5}{2} - \frac{4}{\pi^2} \sum_{k=0}^{\infty} \frac{1}{(2k+1)^2}$，从而 $\sum_{k=0}^{\infty} \frac{1}{(2k+1)^2} = \frac{\pi^2}{8}$．所以，

$$\sum_{n=1}^{\infty} \frac{1}{n^2} = \sum_{k=0}^{\infty} \frac{1}{(2k+1)^2} + \sum_{k=1}^{\infty} \frac{1}{(2k)^2} = \frac{\pi^2}{8} + \frac{1}{4} \sum_{n=1}^{\infty} \frac{1}{n^2}$$

于是 $\sum_{n=1}^{\infty} \frac{1}{n^2} = \frac{\pi^2}{6}$．

35． 将函数 $f(x) = x-1$（$0 \leqslant x \leqslant 2$）展开成周期为 4 的余弦级数．

解：易知 $b_n = 0$，$n = 1, 2, 3, \cdots$．

$$a_0 = \frac{2}{2} \int_0^2 (x-1) \mathrm{d}x = 0$$

$$a_n = \frac{2}{2} \int_0^2 (x-1) \cos \frac{n\pi x}{2} \mathrm{d}x = \frac{2}{n\pi} \int_0^2 (x-1) \mathrm{d} \sin \frac{n\pi x}{2}$$

$$= -\frac{2}{n\pi} \int_0^2 \sin \frac{n\pi x}{2} \mathrm{d}x = \frac{4}{n^2 \pi^2} [(-1)^n - 1]$$

$$= \begin{cases} 0, & n = 2k \\ -\dfrac{8}{(2k-1)^2 \pi^2}, & n = 2k-1 \end{cases}$$

其中，$k = 1, 2, \cdots$．由傅里叶级数的收敛定理可知，当 $0 \leqslant x \leqslant 2$ 时，

$$f(x) = -\frac{8}{\pi^2} \sum_{k=1}^{\infty} \frac{1}{(2k-1)^2} \cos \frac{(2k-1)\pi x}{2}$$

36． 将区间 $\left(0, \dfrac{\pi}{2}\right)$ 上的可积函数 $f(x)$ 延拓到区间 $(-\pi, \pi)$ 上，使得它展开成如下形式的傅里叶级数：

$$f(x) = \sum_{n=0}^{\infty} a_n \cos(2n-1)x, \quad 0 < x < \frac{\pi}{2}$$

解：由于傅里叶级数只有余弦项，需要对函数 $f(x)$ 进行偶延拓．由展开式中 $\cos 2nx$ 项不出现，故 $a_{2n} = 0, n = 0, 1, 2 \cdots$．由于

$$a_{2n} = \frac{2}{\pi} \int_0^{\pi} f(x) \cos 2nx \mathrm{d}x$$

$$= \frac{2}{\pi} \left[\int_0^{\frac{\pi}{2}} f(x) \cos 2nx \mathrm{d}x + \int_{\frac{\pi}{2}}^{\pi} f(x) \cos 2nx \mathrm{d}x \right]$$

$$= \frac{2}{\pi}\int_0^{\frac{\pi}{2}} f(x)\cos 2nx\mathrm{d}x + \frac{2}{\pi}\int_{\frac{\pi}{2}}^0 f(\pi-t)\cos 2n(\pi-t)\mathrm{d}(\pi-t)$$

$$= \frac{2}{\pi}\int_0^{\frac{\pi}{2}}[f(x)+f(\pi-x)]\cos 2nx\mathrm{d}x = 0$$

只需当 $x\in\left(0,\frac{\pi}{2}\right)$ 时，$f(\pi-x)=-f(x)$ 即可．故当 $f(\pi-x)=-f(x)$，且 $f(-x)=f(x)$ 时，可使 $f(x)$ 的展开式符合题意要求．

37. 已知周期为 2π 的可积函数 $f(x)$ 的傅里叶系数为 a_n, b_n，求 $f_h(x)=\frac{1}{2h}\int_{x-h}^{x+h}f(\xi)\mathrm{d}\xi$ 的傅里叶系数 A_n, B_n（$n=0,1,2,\cdots$）．

解： $A_0 = \frac{1}{\pi}\int_{-\pi}^{\pi} f_h(x)\mathrm{d}x = \frac{1}{\pi}\int_{-\pi}^{\pi}\left[\frac{1}{2h}\int_{x-h}^{x+h}f(\xi)\mathrm{d}\xi\right]\mathrm{d}x$

$$= \frac{1}{2\pi h}\int_{-\pi}^{\pi}\left[\int_{-h}^{h}f(x+t)\mathrm{d}t\right]\mathrm{d}x = \frac{1}{2h}\int_{-h}^{h}\left[\frac{1}{\pi}\int_{-\pi}^{\pi}f(x+t)\mathrm{d}x\right]\mathrm{d}t$$

令 $u=x+t$，则

$$A_0 = \frac{1}{2h}\int_{-h}^{h}\left[\frac{1}{\pi}\int_{-\pi+t}^{\pi+t}f(u)\mathrm{d}u\right]\mathrm{d}t = \frac{1}{2h}\int_{-h}^{h}a_0\mathrm{d}t = a_0$$

$$A_n = \frac{1}{\pi}\int_{-\pi}^{\pi} f_h(x)\cos nx\mathrm{d}x$$

$$= \frac{1}{2\pi h}\int_{-\pi}^{\pi}\left[\int_{x-h}^{x+h}f(\xi)\mathrm{d}\xi\right]\cos nx\mathrm{d}x$$

$$= \frac{1}{2h}\int_{-h}^{h}\left[\frac{1}{\pi}\int_{-\pi}^{\pi}f(x+t)\cos nx\mathrm{d}x\right]\mathrm{d}t$$

令 $y=x+t$，于是

$$A_n = \frac{1}{2h}\int_{-h}^{h}\left[\frac{1}{\pi}\int_{-\pi+t}^{\pi+t}f(y)\cos n(y-t)\mathrm{d}y\right]\mathrm{d}t$$

$$= \frac{1}{2h}\int_{-h}^{h}\left[\frac{1}{\pi}\int_{-\pi+t}^{\pi+t}f(y)(\cos ny\cos nt+\sin ny\sin nt)\mathrm{d}y\right]\mathrm{d}t$$

$$= \frac{1}{2h}\int_{-h}^{h}(a_n\cos nt + b_n\sin nt)\mathrm{d}t$$

$$= \frac{a_n}{2h}\int_{-h}^{h}\cos nt\mathrm{d}t + \frac{b_n}{2h}\int_{-h}^{h}\sin nt\mathrm{d}t = \frac{a_n}{h}\int_0^h \cos nt\mathrm{d}t$$

$$= \frac{a_n\sin nh}{nh},\quad n=1,2,\cdots$$

同理，$B_n = \dfrac{b_n \sin nh}{nh}$.

38．求幂级数 $\sum_{n=1}^{\infty} \dfrac{(-1)^{n-1}}{2n-1} x^{2n}$ 的收敛域及和函数．

解：记 $u_n(x) = \dfrac{(-1)^{n-1}}{2n-1} x^{2n}$．由于

$$\lim_{n\to\infty}\left|\dfrac{u_{n+1}(x)}{u_n(x)}\right| = \lim_{n\to\infty}\dfrac{2n-1}{2n+1}x^2 = x^2$$

当 $|x|<1$ 时，$\sum_{n=1}^{\infty} u_n(x)$ 绝对收敛；当 $|x|>1$ 时，$\lim_{n\to\infty}|u_n(x)| = +\infty$，$\sum_{n=1}^{\infty} u_n(x)$ 发散．因此，幂级数 $\sum_{n=1}^{\infty} \dfrac{(-1)^{n-1}}{2n-1} x^{2n}$ 的收敛半径为 $R=1$．

当 $x=\pm 1$ 时，$\sum_{n=1}^{\infty} \dfrac{(-1)^{n-1}}{2n-1} x^{2n} = \sum_{n=1}^{\infty} \dfrac{(-1)^{n-1}}{2n-1}$ 为交错级数．由莱布尼兹判别法可知，级数收敛．故幂级数 $\sum_{n=1}^{\infty} \dfrac{(-1)^{n-1}}{2n-1} x^{2n}$ 的收敛域为 $[-1,1]$．

设 $S(x) = \sum_{n=1}^{\infty} \dfrac{(-1)^{n-1}}{2n-1} x^{2n-1}$，$x\in[-1,1]$．由于 $S'(x) = \sum_{n=1}^{\infty}(-1)^{n-1}x^{2n-2} = \dfrac{1}{1+x^2}$，且 $S(0)=0$．则当 $x\in(-1,1)$ 时，

$$S(x) = \int_0^x \dfrac{1}{1+t^2}\,\mathrm{d}t = \arctan x$$

当 $x=1$ 时，$S(1) = \lim_{x\to 1^-}S(x) = \lim_{x\to 1^-}\arctan x = \dfrac{\pi}{4}$．类似地，

$$S(-1) = \lim_{x\to -1^+} S(x) = \lim_{x\to -1^+}\arctan x = -\dfrac{\pi}{4}$$

从而 $\sum_{n=1}^{\infty} \dfrac{(-1)^{n-1}}{2n-1} x^{2n} = xS(x) = x\arctan x$，$x\in[-1,1]$．

39．求幂级数 $\sum_{n=0}^{\infty} \dfrac{4n^2+4n+3}{2n+1} x^{2n}$ 的收敛域及和函数．

解：

方法一：记 $u_n(x) = \dfrac{4n^2+4n+3}{2n+1} x^{2n}$．计算得 $\lim_{n\to\infty}\left|\dfrac{u_{n+1}(x)}{u_n(x)}\right| = x^2$．当 $x^2<1$，即 $|x|<1$ 时，原幂级数绝对收敛；当 $x^2>1$，即 $|x|>1$ 时，原幂级数发散．故幂级数的收敛半径为 $R=1$．当 $x=\pm 1$

时，级数 $\sum\limits_{n=0}^{\infty}\dfrac{4n^2+4n+3}{2n+1}$ 发散，所以原幂级数的收敛域为 $(-1,1)$.

记 $S(x)=\sum\limits_{n=0}^{\infty}\dfrac{4n^2+4n+3}{2n+1}x^{2n}$ （$-1<x<1$），则

$$S(x)=\sum_{n=0}^{\infty}(2n+1)x^{2n}+2\sum_{n=0}^{\infty}\dfrac{1}{2n+1}x^{2n}$$

由于 $\sum\limits_{n=0}^{\infty}(2n+1)x^{2n}=\left(\sum\limits_{n=0}^{\infty}x^{2n+1}\right)'=\left(\dfrac{x}{1-x^2}\right)'=\dfrac{1+x^2}{(1-x^2)^2}$ （$-1<x<1$），则当 $0<|x|<1$ 时，

$$\sum_{n=0}^{\infty}\dfrac{1}{2n+1}x^{2n}=\dfrac{1}{x}\sum_{n=0}^{\infty}\dfrac{1}{2n+1}x^{2n+1}=\dfrac{1}{x}\int_0^x\left(\sum_{n=0}^{\infty}t^{2n}\right)\mathrm{d}t$$

$$=\dfrac{1}{x}\int_0^x\dfrac{1}{1-t^2}\mathrm{d}t=\dfrac{1}{2x}\ln\dfrac{1+x}{1-x}$$

另外，$S(0)=3$. 所以

$$S(x)=\begin{cases}\dfrac{1+x^2}{(1-x^2)^2}+\dfrac{1}{x}\ln\dfrac{1+x}{1-x}, & 0<|x|<1\\ 3, & x=0\end{cases}$$

方法二：求收敛域同方法一.

记 $S(x)=\sum\limits_{n=0}^{\infty}\dfrac{4n^2+4n+3}{2n+1}x^{2n}$ （$-1<x<1$）. 则当 $0<|x|<1$ 时，

$$S(x)=\dfrac{1}{x}\sum_{n=0}^{\infty}\dfrac{4n^2+4n+3}{2n+1}x^{2n+1}=\dfrac{1}{x}\int_0^x\left[\sum_{n=0}^{\infty}(4n^2+4n+3)t^{2n}\right]\mathrm{d}t$$

因为 $\sum\limits_{n=0}^{\infty}3x^{2n}=\dfrac{3}{1-x^2}(|x|<1)$,

$$\sum_{n=1}^{\infty}4nx^{2n}=2x\left(\sum_{n=1}^{\infty}x^{2n}\right)'=2x\left(\dfrac{x^2}{1-x^2}\right)'=\dfrac{4x^2}{(1-x^2)^2},\ |x|<1$$

$$\sum_{n=1}^{\infty}4n^2x^{2n}=x\left(\sum_{n=1}^{\infty}2nx^{2n}\right)'=x\left[x\left(\sum_{n=1}^{\infty}x^{2n}\right)'\right]'=x\left[x\left(\dfrac{x^2}{1-x^2}\right)'\right]'=\dfrac{4x^2(1+x^2)}{(1-x^2)^3},\ |x|<1$$

所以
$$S(x)=\frac{1}{x}\int_0^x \frac{3+2t^2+3t^4}{(1-t^2)^3}\mathrm{d}t=\frac{1+x^2}{(1-x^2)^2}+\frac{1}{x}\ln\frac{1+x}{1-x},\quad 0<|x|<1$$

由于 $S(0)=3$，则
$$S(x)=\begin{cases}\dfrac{1+x^2}{(1-x^2)^2}+\dfrac{1}{x}\ln\dfrac{1+x}{1-x}, & 0<|x|<1 \\ 3, & x=0\end{cases}$$

40. 设数列 $\{a_n\}$ 满足条件：$a_0=3$，$a_1=1$，$a_{n-2}-n(n-1)a_n=0$（$n\geq 2$），$S(x)$ 是幂级数 $\sum_{n=0}^{\infty}a_n x^n$ 的和函数.

（1）证明 $S''(x)-S(x)=0$；

（2）求 $S(x)$ 的表达式.

（1）证明：

方法一：由题设 $a_{2n}=\dfrac{3}{(2n)!}$，$a_{2n+1}=\dfrac{1}{(2n+1)!}$，所以，$\sum_{n=0}^{\infty}a_n x^n$ 的收敛半径为 $+\infty$. 因为 $S(x)=\sum_{n=0}^{\infty}a_n x^n$，则 $S'(x)=\sum_{n=1}^{\infty}na_n x^{n-1}$，$S''(x)=\sum_{n=2}^{\infty}n(n-1)a_n x^{n-2}$.

由于 $a_{n-2}-n(n-1)a_n=0$（$n\geq 2$），所以 $S''(x)=\sum_{n=2}^{\infty}a_{n-2}x^{n-2}=\sum_{n=0}^{\infty}a_n x^n$. 故 $S''(x)-S(x)=0$.

方法二：由题设得 $a_{2n}=\dfrac{3}{(2n)!}$，$a_{2n+1}=\dfrac{1}{(2n+1)!}$，所以，$\sum_{n=0}^{\infty}a_n x^n$ 的收敛半径为 $+\infty$. 由于 $\mathrm{e}^x=\sum_{n=0}^{\infty}\dfrac{x^n}{n!}$，$\mathrm{e}^{-x}=\sum_{n=0}^{\infty}(-1)^n\dfrac{x^n}{n!}$. 故 $\mathrm{e}^x+\mathrm{e}^{-x}=2\sum_{n=0}^{\infty}\dfrac{x^{2n}}{(2n)!}$，$\mathrm{e}^x-\mathrm{e}^{-x}=2\sum_{n=0}^{\infty}\dfrac{x^{2n+1}}{(2n+1)!}$.

从而 $S(x)=\sum_{n=0}^{\infty}a_n x^n=3\sum_{n=0}^{\infty}\dfrac{x^{2n}}{(2n)!}+\sum_{n=0}^{\infty}\dfrac{x^{2n+1}}{(2n+1)!}=2\mathrm{e}^x+\mathrm{e}^{-x}$.

所以 $S'(x)=2\mathrm{e}^x-\mathrm{e}^{-x}$，$S''(x)=2\mathrm{e}^x+\mathrm{e}^{-x}$. 进而有 $S''(x)-S(x)=0$.

（2）解：齐次方程 $S''(x)-S(x)=0$ 的特征方程为 $\lambda^2-1=0$，特征根为 ± 1. 通解为 $S(x)=c_1\mathrm{e}^x+c_2\mathrm{e}^{-x}$.

由 $S(0)=a_0=3$，$S'(0)=a_1=1$，得 $c_1=2,c_2=1$. 所以 $S(x)=2\mathrm{e}^x+\mathrm{e}^{-x}$.

41. 设数列 $\{a_n\},\{b_n\}$ 满足条件：$0<a_n<\dfrac{\pi}{2}$，$0<b_n<\dfrac{\pi}{2}$，$\cos a_n-a_n=\cos b_n$，且级数 $\sum_{n=1}^{\infty}b_n$ 收敛.

（1）证明 $\lim_{n\to\infty}a_n=0$；

（2）证明级数 $\sum_{n=1}^{\infty}\dfrac{a_n}{b_n}$ 收敛.

证明：（1）由条件，$0 < a_n < b_n$．由于 $\sum_{n=1}^{\infty} b_n$ 收敛，则 $\lim_{n\to\infty} b_n = 0$，进而 $\lim_{n\to\infty} a_n = 0$．

（2）由于

$$\lim_{n\to\infty} \frac{a_n}{b_n^2} = \lim_{n\to\infty} \frac{1-\cos b_n}{b_n^2} \cdot \frac{a_n}{1-\cos b_n} = \frac{1}{2} \lim_{n\to\infty} \frac{a_n}{1-\cos b_n} = \frac{1}{2} \lim_{n\to\infty} \frac{a_n}{1+a_n-\cos a_n} = \frac{1}{2}$$

且 $\sum_{n=1}^{\infty} b_n$ 收敛，所以级数 $\sum_{n=1}^{\infty} \frac{a_n}{b_n}$ 收敛．

42． 已知函数 $f(x)$ 可导，且 $f(0) = 1$，$0 < f'(x) < \frac{1}{2}$．设数列 $\{x_n\}$ 满足 $x_{n+1} = f(x_n)$（$n = 1, 2, \cdots$）．证明：

（1）级数 $\sum_{n=1}^{\infty} (x_{n+1} - x_n)$ 绝对收敛；

（2）$\lim_{n\to\infty} x_n$ 存在，且 $0 < \lim_{n\to\infty} x_n < 2$．

证明：（1）由于 $|x_{n+1} - x_n| = |f(x_n) - f(x_{n-1})| = |f'(\xi)(x_n - x_{n-1})|$，其中，$\xi$ 介于 x_n 与 x_{n-1} 之间．又 $0 < f'(x) < \frac{1}{2}$，所以 $|x_{n+1} - x_n| \le \frac{1}{2} |x_n - x_{n-1}| \le \cdots \le \frac{1}{2^{n-1}} |x_2 - x_1|$．由于级数 $\sum_{n=1}^{\infty} \frac{1}{2^{n-1}} |x_2 - x_1|$ 收敛，所以级数 $\sum_{n=1}^{\infty} (x_{n+1} - x_n)$ 绝对收敛．

（2）设 $\sum_{n=1}^{\infty}(x_{n+1} - x_n)$ 的前 n 项和为 S_n，则 $S_n = x_{n+1} - x_1$．由（1）知，$\lim_{n\to\infty} S_n$ 存在，即 $\lim_{n\to\infty}(x_{n+1} - x_1)$ 存在，所以 $\lim_{n\to\infty} x_n$ 存在．设 $\lim_{n\to\infty} x_n = c$．由于 $x_{n+1} = f(x_n)$ 及 $f(x)$ 连续，则 $c = f(c)$，即 c 是 $g(x) = x - f(x)$ 的零点．

由于 $g(0) = -1, g(2) = 2 - f(2) = 1 - [f(2) - f(0)] = 1 - 2f'(\eta) > 0$，$\eta \in (0, 2)$．又 $g'(x) = 1 - f'(x) > 0$，所以 $g(x)$ 存在唯一零点，且零点位于区间 $(0, 2)$ 内．于是 $0 < c < 2$，即 $0 < \lim_{n\to\infty} x_n < 2$．

43． 求幂级数 $\sum_{n=1}^{\infty} (-1)^{n-1} n x^{n-1}$ 在区间 $(-1, 1)$ 内的和函数 $S(x)$．

解： 逐项积分后进行幂级数求和，则 $S(x) = \left[\sum_{n=1}^{\infty} (-1)^{n-1} x^n\right]' = \left(\frac{x}{1+x}\right)' = \frac{1}{(1+x)^2}$，$|x| < 1$．

44． 求幂级数 $\sum_{n=0}^{\infty} \frac{(-1)^n}{(2n)!} x^n$ 在 $(0, +\infty)$ 内的和函数 $S(x)$．

解： 已知 $\cos x = \sum_{n=0}^{\infty} \frac{(-1)^n x^{2n}}{(2n)!}$，$|x| < +\infty$，所以

$$\sum_{n=0}^{\infty} \frac{(-1)^n}{(2n)!} x^n = \sum_{n=0}^{\infty} \frac{(-1)^n}{(2n)!} (\sqrt{x})^{2n} = \cos\sqrt{x}$$

45． 设数列 $\{a_n\}$ 满足 $a_1 = 1$，$(n+1)a_{n+1} = \left(n + \frac{1}{2}\right) a_n$．证明：当 $|x| < 1$ 时，幂级数 $\sum_{n=1}^{\infty} a_n x^n$ 收

敛，并求出和函数．

解：收敛半径为 $R = \lim\limits_{n\to\infty}\left|\dfrac{a_n}{a_{n+1}}\right| = \lim\limits_{n\to\infty}\dfrac{n+1}{n+\frac{1}{2}} = 1$．故当 $|x| < 1$ 时，幂级数收敛．令 $S(x) = \sum\limits_{n=1}^{\infty} a_n x^n$．则

$$S'(x) = \sum_{n=1}^{\infty} n a_n x^{n-1} = \sum_{n=0}^{\infty}(n+1)a_{n+1}x^n = a_1 + \sum_{n=1}^{\infty}\left(n+\dfrac{1}{2}\right)a_n x^n$$

$$= 1 + \sum_{n=1}^{\infty} n a_n x^n + \dfrac{1}{2}\sum_{n=1}^{\infty} a_n x^n = 1 + xS'(x) + \dfrac{1}{2}S(x)$$

故 $S'(x) - \dfrac{1}{2(1-x)}S(x) = \dfrac{1}{1-x}$．解此一阶线性微分方程得 $S(x) = \dfrac{c}{\sqrt{1-x^2}} - 2$．

再由 $S(0) = c - 2$，故 $c = 2$．因此和函数为 $S(x) = \dfrac{2}{\sqrt{1-x^2}} - 2$．